普通高等院校土木专业“十二五”规划精品教材

土木工程材料
（第二版）
Materials in Civil Engineering

本书顾问委员会

本书主审　冯乃谦

本书主编　朋改非

本书副主编　刘娟红　李　悦　严林木

本书编写委员会

朋改非　刘娟红　李　悦　严林木

尉　敏　高少霞　杨新磊　潘　雨

许乾慰　宋少民　邓宋才　高礼雄

华中科技大学出版社

中国·武汉

内容提要

本书共分为十二章，包括绪论、土木工程材料的基本性质、气硬性胶凝材料、水泥、混凝土、砂浆、钢材、砌体材料、装饰装修材料、沥青和沥青混合料、合成高分子建筑材料、木材绿色建筑材料与功能材料。

本书适用于土木工程及与土木建筑相关专业的学生学习使用，也可供土木工程设计、施工、科研、管理与监理等人员学习参考。

图书在版编目(CIP)数据

土木工程材料/朋改非主编. —2 版. —武汉：华中科技大学出版社，2013.6
ISBN 978-7-5609-8714-9

Ⅰ.土… Ⅱ.朋… Ⅲ.土本工程-建筑材料-高等学校-教材 Ⅳ.TU5

中国版本图书馆 CIP 数据核字(2013)第 030925 号

土木工程材料(第二版) 朋改非 主编

责任编辑：金 紫
责任校对：周 娟
封面设计：张 璐
责任监印：徐 露

出版发行：华中科技大学出版社(中国·武汉) 电话：(027)81321913
武汉市东湖新技术开发区华工科技园 邮编：430223

录 排：华中科技大学惠友文印中心
印 刷：北京虎彩文化传播有限公司
开 本：850mm×1060mm 1/16
印 张：25.75
字 数：562 千字
版 次：2019 年 3月第 2 版第 8 次印刷
定 价：75.00 元

普通高等院校土木专业“十二五”规划精品教材

总　　序

教育可理解为教书与育人。所谓教书，不外乎是教给学生科学知识、技术方法和运作技能等，教学生以安身之本。所谓育人，则要教给学生做人道理，提升学生的人文素质和科学精神，教学生以立命之本。我们教育工作者应该从中华民族振兴的历史使命出发，来从事教书与育人工作。作为教育本源之一的教材，必然要承载教书和育人的双重责任，体现两者的高度结合。

中国经济建设高速持续发展，国家对各类建筑人才需求日增，对高校土建类高素质人才培养提出了新的要求，从而对土建类教材建设也提出了新的要求。这套教材正是为了适应当今时代对高层次建设人才培养的需求而编写的。

一部好的教材应该把人文素质和科学精神的培养放在重要位置。教材中不仅要从内容上体现人文素质教育和科学精神教育，而且还要从科学严谨性、法规权威性、工程技术创新性来启发和促进学生科学世界观的形成。简而言之，这套教材有以下特点。

一方面，从指导思想来讲，这套教材注意到“六个面向”，即面向社会需求、面向建筑实践、面向人才市场、面向教学改革、面向学生现状、面向新兴技术。

二方面，教材编写体系有所创新。结合具有土建类学科特色的教学理论、教学方法和教学模式，这套教材进行了许多新的教学方式的探索，如引入案例式教学、研讨式教学等。

三方面，这套教材适应现在教学改革发展的要求，提倡所谓“宽口径、少学时”的人才培养模式。在教学体系、教材编写内容和数量等方面也做了相应改变，而且教学起点也可随着学生水平做相应调整。同时，在这套教材编写中，特别重视人才的能力培养和基本技能培养，适应土建专业特别强调实践性的要求。

我们希望这套教材能有助于培养适应社会发展需要的、素质全面的新型工程建设人才。我们也相信这套教材能达到这个目标，从形式到内容都成为精品，为教师和学生，以及专业人士所喜爱。

中国工程院院士 王思敬

2006 年 6 月于北京

第二版前言

本书自 2009 年第一版印刷、发行以来，受到国内多所高等学校的大量采用，被选定为教学用书，深受广大师生的欢迎和好评。然而，自 2009 年以来，涉及多种土木工程材料如水泥、混凝土、胶凝材料等，已有多部标准、规范或规程进行了修订或制订，因这些标准、规范或规程条文的变动，对应的教材内容需要做必要的修改；此外，我国近几年来又有一些新材料与新技术在工程建设中得到了成功的应用，也有一些重点工程结构或标志性建筑的建设取得了成功的经验，都提供了重要的新颖科技成果和前沿技术，作为教材内容的必要补充。在第一版教材的使用中还陆续发现了一些错别字词，或者使用不当的文字、图表，对此需要做必要的改进。鉴于上述情况，我们对第一版教材进行了认真的修订，努力使第二版教材的质量能有显著的提高。

编者

2013 年 5 月 1 日

前　言

本书是高等院校土木工程及相关专业基础课程学习教材，可用于结构工程、道路与铁道工程、桥梁工程、隧道与地下工程、工业与民用建筑工程、建筑学等学科的专业基础课程学习。本教材为学生提供土木工程材料的基本理论、基本知识和试验技能，为今后从事土木工程专业及相关专业的科技工作，能开展材料选用、检验、质量控制、验收、改性和科学研究建立必要的基础，为大学后续课程如钢筋混凝土结构和施工等提供必要的准备。

本书根据高等学校土木工程专业指导委员会编制的《土木工程材料》教学大纲要求编写，主要介绍土木工程材料基本性质、气硬性胶凝材料、水泥、混凝土、砂浆、墙体材料、钢材、装饰材料、沥青、沥青混合料、合成高分子材料、绝热材料、吸声材料、木材、绿色建材等。

本书由北京交通大学朋改非任主编，北京科技大学刘娟红、北京工业大学李悦、哈尔滨商业大学严林木任副主编。

参加编写人员与分工如下。

北京交通大学朋改非(绪论，第 3 章，第 4 章第 4 节)

北京科技大学刘娟红(第 1 章，第 4 章第 1、6、9 节)

北京工业大学李悦(第 4 章第 3、5 节，第 9 章)

哈尔滨商业大学严林木(第 4 章第 8、14 节，第 5 章，第 11 章，第 12 章第 1～4 节)

山西师范大学尉敏(第 2 章，第 4 章第 2 节，第 10 章第 5 节，第 12 章第 5、6 节)

大连水产学院高少霞(第 4 章第 11 节，第 6 章)

天津城建学院杨新磊(第 4 章第 7、16 节，第 7 章，第 8 章第 2 节)

北京交通大学潘雨(第 8 章，除第 2 节)

同济大学许乾慰(第 10 章，除第 5 节)

北京建筑工程学院宋少民(第 4 章第 10、13、17 节)

北京工业大学邓宗才(第 4 章第 12 节)

石家庄铁道学院高礼雄(第 4 章第 15 节)

本书强调理论联系实际，重点突出，思路表达清晰，能反映当前国内外土木工程领域的新材料、新技术、新动态。在编写过程中，得到了编者所在单位的大力支持与帮助，在此表示衷心的感谢。书中不当之处，恳请读者批评指正。

编　者

2007 年 8 月

目　　录

第0章　绪　　论

土木工程材料是用于土木工程中的多种材料的总称，包括气硬性胶凝材料、水泥、混凝土、砂浆、墙体材料、钢材、木材、沥青、沥青混合料、合成高分子材料、绝热材料、吸声材料、装饰材料等。其英文术语为 Materials in civil engineering，或者 Civil engineering materials。土木工程材料这一概念，基本上等同于我国 20 世纪常用的"建筑材料"概念，以前诸多题为"建筑材料"的书籍所涉及的内容基本上均为土木工程材料。但进入 21 世纪以后，为了更好地适应我国土木工程行业发展，更好地与国际上土木工程学科发展规律接轨，更清晰地确立土木工程材料的概念，不宜再沿用建筑材料一词，故采用土木工程材料这一术语。

土木工程材料是土木工程的物质基础，在土木工程行业中其意义之重要自不待言。土木工程材料具有丰富的内涵，它既是土木工程学科范围内的一个学科方向，有着活跃的学科发展前沿动态；同时它又是土木工程专业学生及相关专业学生的一门重要专业基础课，其课程内容既可提供给学生大量的"应知应会"的从业知识，又能提供进一步研究深造的知识基础；它还在每一个具体的土木工程建设项目中起重要作用，决定项目的安全性、耐久性与经济性，譬如在建筑工程中，建筑物造价的 40%～60%为土木工程材料费用，每平方米建筑面积房屋要用 1～2 t 的土木工程材料。

土木工程材料是材料科学在土木工程中应用的产物。作为当今人类社会科技发展的主要分支之一，材料科学是研究材料内部组成、结构对材料性能的影响及其相互关系的一门新兴交叉科学。材料科学通常采用三个不同的尺度分析问题，即微观、细观和宏观尺度。微观尺度约为 nm 数量级，其对象为原子、分子；细观尺度约为 μm 级，材料被视为连续介质，不考虑其中单个原子、分子；宏观尺度约为 mm 级及更大尺寸范围，主要涉及材料的宏观性能或行为。

土木工程材料作为土木工程学科与材料学科交叉、渗透的产物，其主要关注的是宏观尺度上的材料性能与行为，在必要时则进一步探究材料细观尺度乃至微观尺度的组成与结构的特征，明确这些组成及结构特征与宏观性能、行为的关系，在此基础上，为土木工程材料的工程应用和性能优化提供依据。因此，土木工程材料是一门实用性与学术性两方面特色都很突出的学科。

一方面，土木工程材料的不断更新优化，使得我国近年来重要的工程建设项目都建立在高质量的工程材料基础上，例如，青藏铁路工程采用了抗冻高性能混凝土，三峡大坝工程采用了低水化热高性能混凝土，2008 年北京奥运会国家体育中心"鸟巢"工程采用了高强优质钢材，京沪高速铁路工程采用了高性能混凝土；一些超高层建筑如广州的"西塔"(104 层)与深圳的"京基 100"(100 层)，分别采用了超高性能混凝土。另一方面,随着人类在地球甚至在太空开展科学探索及较长时间的生存、生活,对建筑群与构筑物的工程要求越来越高,促使土木工程材料研究不断深化,例如近年来日本开始研究在微重力条件下的水泥水化过程,这是为人类开发太空、在太空或其他星球上使用水泥做必要的前期准备与探索。由此可见,土木工程材料研究探索与实际工程应用具有互相推动、互相促进的关系,这种关系极大地激励着土木工程行业众多学科科技人员进行探索创新。近年来在土木工程材料的研究应用中,已出现了多学科结合的趋势,例如材料与结构工程的结合、材料与隧道工程的结合、材料与水利工程的结合、材料与道路铁道工程的结合、建筑结构的健康检测及诊断等,这些结合也产生了一批复合型科技人才与工作岗位。

土木工程材料包含各式各样的材料,按化学成分可将其划分为无机材料、有机材料与复合材料,如图 0-1 所示。

- 土木工程材料
  - 无机材料
    - 金属材料(钢材、铝材等)
    - 非金属材料(石灰、石膏、水泥、混凝土、石材等)
  - 有机材料
    - 植物材料(竹材、木材等)
    - 沥青材料(石油沥青、煤沥青等)
    - 合成高分子材料(塑料、合成涂料、合成橡胶等)
  - 复合材料:集结状复合材料(如聚合物混凝土)、层状复合材料(如玻璃钢等)

图 0-1 土木工程材料按化学成分分类

按功能,还可将土木工程材料划分为承重材料、防水材料、隔热保温材料、吸声隔音材料、装饰装修材料与防护材料等;按用途,可将土木工程材料划分为结构材料、墙体材料、屋面材料、地面材料、装饰材料与吊顶材料等。

土木工程材料发展的历史,充分说明材料与土木工程技术是相互制约、相互促进的。在原始社会,人类只能简单使用天然材料如泥土、砂石和树木。在学会用黏土烧制砖瓦,用岩石烧制石灰、石膏后,人类开始使用人造材料,并建成了保存现今的万里长城、赵州桥、古埃及金字塔等。在公元初,人类学会了使用水硬性胶凝材料,建造了罗马圣庙与庞贝城。近代土木工程材料方面具有划时代意义的事件,是 1824 年英国人 J. Aspdin 获得了人工配料生产硅酸盐水泥的专利,开启了近现代的水泥混凝土时代。19 世纪中叶发明的工业化炼钢技术,催生了钢结构技术,从而使结构物跨度从砖木结构时代的几十米增加到超过百米,并出现了钢筋混凝土结构。20 世纪初发明的合成高分子材料现已进入了人类社会的方方面面。1928 年法国人 E. Freyssinet 获得预应力钢筋混凝土的专利,开创了预应力钢筋混凝土的应用。进入 21 世纪以来,土木工程材料的发展方向呈现为高性能、长寿命、节能、环境友好、人居舒适、多功能、复合化等多种要求的组合。

目前我国正在构建和谐社会,推动社会经济的可持续发展,必须大力发展循环经济。循环经济的核心是 3R 原理,即 Reduce(减量化)、Reuse(再使用)、Recycle(再循环)。水泥生产过程中节能、节材,高性能混凝土提高耐久性,减少材料的消耗,再生混凝土的研究开发,新型墙体材料的推广应用等,都是 3R 原理的具体表现。

标准规范是土木工程材料使用的重要技术依据。本书涉及的标准及规范符号分别是：国家标准(GB)、建筑工程国家标准(GBJ)、建设部行业标准(JGJ)、建筑工业行业标准(JG)、中国工程建设标准化协会标准(CECS)、建材标准(JC)、冶金标准(YB)、铁道部标准(TB)、化工部标准(HG)、林业标准(LY)等。国外常见标准为美国材料试验标准(ASTM)、欧洲共同体标准(EU)、国际标准(ISO)、英国标准(BS)、德国国家标准(DIN)、日本工业标准(JIS)等。

为提高读者的阅读效率与本书的参考价值，本书在各章节专门辟有介绍相关标准规范的内容。因为这些标准规范的时间截止到本书出版，所以请读者在使用本书的同时，还应注意标准规范如有更新，则应以最新版本为准。

土木工程材料课程的教学目的是：为后续专业课，如钢筋混凝土结构、钢结构、房屋建筑学、建筑施工等的学习建立必要的基础知识；毕业后在设计和施工中能够合理选用土木工程材料；为今后从事土木工程结构与材料的科学应用研究准备必要的基础。

土木工程材料课程，不像数学、物理等基础课有较多的复杂计算，而是有其特定的学习特点，即以理解原理为要。应注重多用比较、归纳的方法，首先熟悉某一特定材料的性能特征，再从材料组成、结构着手，了解形成材料性能特征的内在根源。在熟悉材料性能特征的基础上，了解材料的适用范围与注意事项。在有一定可比性的多种材料之间，注意分析、比较、归纳它们的相同点与不同点，并知晓其不同点的根源。实验课，以及反映最新科研成果或工程应用的参考文献阅读，均为本课程的重要学习环节，有助于验证理论、理论联系实际、基本理论联系最新动态。在学习本课程过程中，应养成仔细观察现象、认真理性分析本质的良好习惯，培养严谨的科学态度与实事求是的精神，培养专业兴趣，建立必要的工程概念。

第1章　土木工程材料的基本性质

【本章要点】

本章主要介绍土木工程材料的基本性质，包括基本物理性质、力学性质及耐久性等方面内容。土木工程材料发挥不同的作用，就须具备不同的性质。本章的学习目标是熟悉和掌握各种材料的基本性质，在工程设计与施工中正确选择和合理使用各种材料。

1.1　材料的基本物理性质

在土木工程各类建筑物中，材料要受到物理、化学、力学等因素的单独及综合作用。例如，用于各种受力结构中的材料，要受到各种外力的作用；有些土木工程材料，长期暴露于大气环境中或与酸性、碱性等侵蚀性介质相接触，除受到冲刷磨损、机械振动外，还会受到化学侵蚀、干湿循环、冻融循环等破坏作用。可见土木工程材料在实际工程中所受的作用是复杂的。

材料的应用与其所具有的性质是密切相关的。根据材料科学的基本理论，材料的性质又是由材料的组成、结构(或构造)等因素所决定的。所以，为了确保工程项目安全、经济、美观、经久耐用，要求必须掌握材料的性质，并了解它们与材料的组成、结构的关系，从而合理地选用材料。

1.1.1　材料的密度、表观密度、堆积密度

1. 密度

密度是指材料在绝对密实状态下单位体积的质量，计算式如下：

$$\rho=\frac{m}{V} \tag{1-1}$$

式中　ρ——材料的密度，g/cm^3 或 kg/m^3；

m——材料的质量，g 或 kg；

V——材料的绝对密实体积，cm^3 或 m^3。

材料的绝对密实体积是指材料内部没有孔隙时的体积，或是不包括内部孔隙的材料体积。玻璃、钢铁、沥青等少数材料在自然状态下绝对密实，较易于测定其绝对密实体积，从而测定其密度。但大多数材料在自然状态下或多或少含有孔隙，如砖、石等块状材料，一般先将其粉碎磨细成粉状，消除内部孔隙，经干燥至恒重后，用李氏

瓶测定其体积,再测定其密度。材料粉磨得越细,测定结果越准确。

材料的密度 ρ 的大小取决于组成物质的原子量和分子结构。重金属材料的密度为 7.50~9.00 g/cm³,硅铝酸盐的密度多在 1.80~3.30 g/cm³ 之间,有机高分子材料的密度小于 2.50 g/cm³。同为碳原子组成,石墨的分子结构较松散,密度为 2.20 g/cm³,而金刚石极为坚实,密度高达 3.50 g/cm³。

2. 表观密度

表观密度是指材料在自然状态下单位体积的质量,计算式如下:

$$\rho_0 = \frac{m}{V_0} \tag{1-2}$$

式中 ρ_0——材料的表观密度,g/cm³ 或 kg/m³;

m——材料的质量,g 或 kg;

V_0——材料的表观体积,cm³ 或 m³。

单个颗粒内部有孔隙,包括开口孔和闭口孔,这样一个整体材料的外观体积称为材料的表观体积。规则外形材料的表观体积,可通过直接测量体积尺度得到,按式(1-2)计算得到的表观密度也称为体积密度;不规则外形材料的表观体积,如砂石类散粒材料,可用排水法测得,它实际上扣除了材料内部的开口孔隙的体积,故称用排水法测得材料的体积为近似表观体积,也称为视体积,按上式计算得到的表观密度也称为视密度。

根据材料所处含水状态或环境的不同,有干表观密度和湿表观密度之分。未注明含水情况常指气干状态。绝干状态下的表观密度称为干表观密度。

土木工程中用的粉状材料,如水泥、粉煤灰、磨细生石灰粉等,其颗粒很小,与一般块体材料测定密度时所研碎制作的试样粒径相近似,因而它们的表观密度,特别是干表观密度值与密度值可视为相等。

3. 堆积密度

堆积密度是指粉状或散粒材料在自然堆积状态下单位体积的质量,计算式如下:

$$\rho_0' = \frac{m}{V_0'} \tag{1-3}$$

式中 ρ_0'——材料的堆积密度,g/cm³ 或 kg/m³;

m——材料的质量,g 或 kg;

V_0'——材料的堆积体积,cm³ 或 m³。

测定散粒材料的堆积密度时,材料的质量是指填充在一定容器内的材料质量,其堆积体积是指所用容器的体积,因此,材料的堆积体积包含了颗粒之间的空隙。同一种材料堆积状态不同,堆积体积大小也不一样,松散堆积下的体积较大,密实堆积状态下的体积较小。按自然堆积体积计算的密度为松堆密度,以振实体积计算的则为紧堆密度。

对于同一种材料,由于材料内部存在孔隙和空隙,故一般有“密度大于表观密度,表观密度大于堆积密度”之说。土木工程中常用材料的密度、表观密度、堆积密度见

表 1-1。

表 1-1　土木工程中常用材料密度

材料名称	密度 /(g/cm^3)	表观密度 /(kg/m^3)	堆积密度 /(kg/m^3)
钢材	7.85	—	—
铝合金	2.7	—	—
石灰石	2.4～2.6	1 600～2 400	1 400～1 700(碎石)
花岗石	2.7～3.0	2 500～2 900	—
砂	2.5～2.6	—	1 450～1 650
黏土	2.5～2.7	—	1 600～1 800
粉煤灰	1.95～2.40	—	550～800
水泥	2.8～3.1	—	1 250～1 600
普通混凝土	—	1 900～2 500	—
空心砖	2.6～2.7	—	1 000～1 400
玻璃	2.45～2.55	2 450～2 500	—
红松木	1.55～1.60	400～500	—
石油沥青	0.96～1.04	—	—
泡沫塑料	—	20～50	—

1.1.2　材料的密实度与孔隙率

1. 材料的密实度

材料的密实度是指材料的体积内被固体物质填充的程度，计算式如下：

$$D=\frac{V}{V_0}\times 100\%=\frac{\rho}{\rho_0}\times 100\% \tag{1-4}$$

2. 材料的孔隙率

材料的孔隙率是指材料内部孔隙的体积占其总体积的百分率，计算式如下：

$$P=\frac{V_0-V}{V_0}\times 100\%=\left(1-\frac{\rho}{\rho_0}\right)\times 100\% \tag{1-5}$$

即

$$P+D=1 \tag{1-6}$$

材料的孔隙特征多种多样，如大小、形状、分布、连通性等。材料孔隙特征直接影响材料的多种性质。一般情况下，孔隙率大的材料宜选择作为保温隔热材料和吸声材料，同时还要考虑材料开口与闭口状态。开口孔隙指材料内部孔隙不仅彼此互相贯通，并且与外界相连。开口孔隙对吸水、透水、吸声有利，对材料的强度、抗渗、抗冻和耐久性不利。闭口孔隙指材料内部孔隙彼此不贯通，而且与外界隔绝。微小而均匀的闭口孔隙可降低材料表观密度和导热系数，使材料具有轻质绝热的性能，并可提高材料的耐久性。由此可见，材料的孔隙率 P 也可分为开口孔隙率 P_{OP} 和闭口孔隙率 P_{CL}。

按照孔径大小可将材料内部的孔隙分为气孔（或大孔）、毛细孔和凝胶孔三种，其中气孔的平均孔径范围为 50～200 μm，最大甚至达到 1 mm 以上；毛细孔的孔径范围为 2.0 nm～20 μm，对材料的吸水性、干缩性和抗冻性影响较大；凝胶孔极其微细，孔径为 20 nm 以下，对材料的性能几乎没有任何影响。所以，除孔隙率之外，孔径大小、孔隙特征对材料的性能都具有重要的影响作用。

1.1.3　材料的填充率与空隙率

材料的填充率与孔隙率是仅适用于粉状或散粒材料的两个术语。

1. 材料的填充率

材料的填充率是指在某堆积体积中，被散粒状材料所填充的程度，计算公式如下：

$$D'=\frac{V}{V_0'}\times 100\%=\frac{\rho_0'}{\rho_0}\times 100\% \tag{1-7}$$

2. 材料的空隙率

材料的空隙率是指散粒状材料堆积体积中，颗粒间空隙的体积占其总体积的百分率，计算公式如下：

$$P'=\frac{V_0'-V}{V_0'}\times 100\%=\left(1-\frac{\rho_0'}{\rho_0}\right)\times 100\% \tag{1-8}$$

即

$$P'+D'=1 \tag{1-9}$$

空隙率的大小反映了散粒材料的颗粒之间互相填充的程度，在配制混凝土、砂浆时可作为控制集料的级配、计算配合比的依据。其基本思路是粗集料空隙被细集料填充，细集料空隙被细粉填充，细粉空隙被胶凝材料填充，以达到节约胶凝材料的效果。

1.1.4　材料与水相关的性质

1. 材料的亲水性与憎水性

材料在使用过程中，常与水或大气中的水汽相接触，但材料与水的亲和情况是不同的。当材料与水接触时，能被水湿润的性质称为亲水性，具备这种性质的材料称为亲水性材料；反之，不能被水湿润的性质称为憎水性，具备这种性质的材料称为憎水性材料。

材料的亲水性和憎水性用润湿边角区分。如图 1-1 所示，在材料、水和空气的三相交点处,沿水滴表面的切线与水和固体接触面所形成的夹角 θ,称为润湿边角,θ 角愈小,浸润性愈好。如果润湿边角 θ 为零,表示材料完全被水所浸润。一般认为,当 $\theta \leqslant 90°$ 时为亲水性材料,材料分子与水分子之间的亲和作用力大于水分子间的内聚力,材料表面易被水润湿;当材料润湿边角 $\theta > 90°$ 时,为憎水性材料,材料分子与水分子之间的亲和作用力小于水分子间的内聚力,材料表面不易被水润湿。

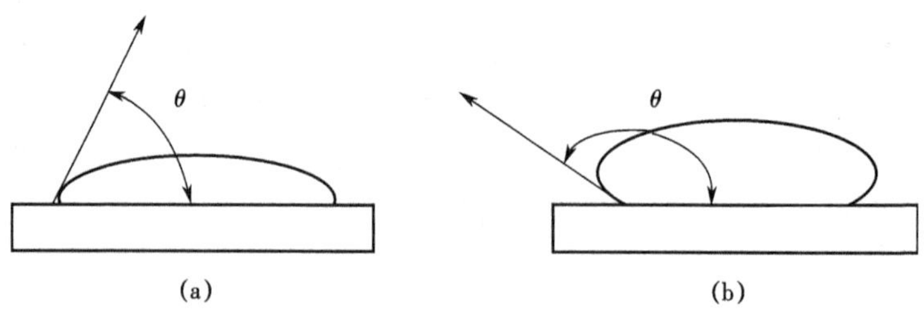

图 1-1　材料润湿边角

(a)亲水性材料;(b)憎水性材料

土木工程中的多数材料,如钢筋、集料、砌块、砂浆和混凝土、木材等属于亲水性材料;多数高分子有机材料,如塑料、沥青、石蜡等属于憎水性材料,表面不易被水润湿,适宜作防水材料和防潮材料,这样外界水分难以渗入材料的毛细管中,从而能降低材料的吸水性与渗透性,此外还可用于涂覆亲水性材料表面,以改善其耐水性能。

2. 材料的吸水性与吸湿性

材料与水接触时吸收水分的性质为吸水性。吸水性的大小用吸水率表示,吸水率分为质量吸水率和体积吸水率两种。

质量吸水率指材料吸水饱和时所吸水量占材料干燥状态下质量的百分比,计算式如下:

$$W_m = \frac{m_1 - m}{m} \times 100\% \tag{1-10}$$

式中　W_m——材料吸水率,%;

m_1——材料吸水饱和状态下的质量, g 或 kg;

m——材料在干燥状态下的质量, g 或 kg。

体积吸水率是材料吸水饱和时所吸水分的体积占材料自然状态下体积的百分比,计算式如下:

$$W_V = \frac{m_1 - m}{V_0} \cdot \frac{1}{\rho_W} \times 100\% \tag{1-11}$$

式中　W_V——材料吸水率,%;

m_1——材料吸水饱和状态下的质量, g 或 kg;

m——材料在干燥状态下的质量, g 或 kg;

V_0——材料在自然状态下的体积, cm^3 或 m^3;

ρ_W——水的密度,常温取 1.0 g/cm^3 或 1 000 kg/m^3。

材料的质量吸水率与体积吸水率的关系为：

$$W_{m}=W_{V}\times\frac{\rho_{W}}{\rho_{0}} \tag{1-12}$$

式中　ρ_0——材料在干燥状态下的表观密度。

材料吸水率的大小，主要取决于其孔隙特征。如果材料具有闭口孔隙，则水分不易进入；若是粗大开口的孔隙，则水分易渗入孔隙，但材料孔隙表面仅被水湿润，不易在空中留存；若是微小开口且连通孔隙（毛细孔）的材料，则具有很强的吸水能力。材料吸水会使材料的强度降低，表观密度和导热性增大，体积膨胀，因此，吸水这种行为往往对材料性质产生不利影响。

由于孔隙率和孔隙结构不同，各种材料的吸水率相差很大，如花岗岩等致密岩石的吸水率仅为0.5%～0.7%，普通混凝土为2%～3%，黏土砖为8%～20%，而加气混凝土、软木轻质材料吸水率常大于100%。

材料在潮湿的空气中吸收水分的性质为吸湿性。吸湿性的大小用含水率表示，计算式如下：

$$W_{k}=\frac{m_{k}-m}{m}\times100\% \tag{1-13}$$

式中　W_k——材料含水率，%；

m_k——材料在含水状态下的质量，g或kg；

m——材料在干燥状态下的质量，g或kg。

含水率是材料所含水的质量占材料干燥质量的百分率。材料含水率不仅与材料本身的孔隙率有关，还与大气温度和湿度有关。在一定的温度和湿度条件下，材料与空气湿度达到平衡时的含水率称为材料的平衡含水率。材料吸湿后，也会对材料性质产生一系列不良影响，如表观密度增大、体积膨胀、强度下降、保温性能降低、抗冻性变差等，所以材料的含水状态对材料性质有很大影响。

3. 材料的耐水性

材料在饱和水的长期作用下维持不破坏而且强度也不明显降低的性质称为耐水性。水对材料的力学性质、光学性质、装饰性等多方面均有劣化作用，但习惯上将水对材料的力学性质及结构性质的劣化作用称为耐水性，也称为狭义耐水性。材料的耐水性用软化系数表示，计算式如下：

$$K_{R}=\frac{f_{1}}{f_{0}} \tag{1-14}$$

式中　K_R——材料的软化系数；

f_1——材料在吸水饱和状态下的抗压强度，MPa；

f_0——材料在干燥状态下的抗压强度，MPa。

水分子进入材料后，会在材料表面力的作用下产生定向吸附，发生劈裂破坏作用；同时，材料可能发生吸水膨胀，导致开裂破坏；此外，材料内部某些可溶性物质发生溶解，材料孔隙率增加，都将使强度有不同程度的降低，如花岗岩长期浸泡在水中，强度将下降3%,黏土砖和木材吸水后强度降低更大。所以,材料软化系数在0～1之间,钢铁、玻璃、陶瓷近似于1,石膏、石灰的软化系数较低。通常认为软化系数大于0.85的材料为耐水材料。

根据建筑物所处的环境,软化系数成为选择材料的重要依据。长期受水浸泡或处于潮湿环境的重要建筑物,必须选用软化系数不低于0.85的材料建造,受潮较轻或次要建筑物的材料,其软化系数也不宜小于0.75。

4. 材料的抗渗性

材料的抗渗性是指材料抵抗压力水渗透的性质。材料的抗渗性用渗透系数或抗渗等级来表示。对于防潮、防水材料,如油毡、瓦、沥青、沥青混凝土等材料,常用渗透系数 K 表示其抗渗性,计算式如下:

$$K=\frac{Qd}{Ath} \tag{1-15}$$

式中 K——材料的渗透系数,cm/h;

Q——透水量,cm^3;

d——试件厚度,cm;

A——透水面积,cm^2;

t——时间,h;

h——静水压力水头,cm。

渗透系数越小,材料抗渗性也越好。

对于砂浆、混凝土等材料,常用抗渗等级 P 表示其抗渗性。抗渗等级是以在标准试验条件下,规定的一组六个试件所能承受的最大水压力来确定的,试验从水压为0.1 MPa开始,以后每隔8 h增加水压0.1 MPa,并且要随时注意观察试件端面的渗水情况。当6个试件中有3个试件端面有渗水现象时,或加至规定压力(设计抗渗等级)在8 h内6个试件中表面渗水试件少于3个时,即可停止试验,记下当时的水压。在试验过程中,如发现水从试件周边渗出,则应停止试验,重新密封。抗渗等级 P 以每组6个试件中4个未出现渗水时的最大水压力计算,其计算公式为:

$$P=10H-1 \tag{1-16}$$

式中 P——抗渗等级;

H——6个试件中3个渗水时的水压力(MPa)数值。

若加压至规定数值,在8 h内,6个试件中表面渗水的试件少于3个,则试件的抗渗等级等于或大于规定值。

材料抗渗性与材料的孔隙率、孔隙特征及亲水、憎水性有密切关系。对于微细连通孔、开口大孔,水易渗入,材料的抗渗性能差;对于闭口孔隙,水不易渗入,材料的抗渗性能良好;对于微细连通孔,如材料属憎水性的,则水不易渗入,材料的抗渗性能较好。抗渗性是决定材料满足使用性质和耐久性的重要因素。对于地下建筑、基础、压力管道和容器、水工构筑物等,常受到压力水的作用,故对材料抗渗性的要求较高。

防水材料的抗渗性是检验产品的重要指标。材料抵抗其他液体渗透的性质，也属于抗渗性，如贮油罐则要求材料具有良好的不渗油性。

5. 材料的抗冻性

材料的抗冻性是指材料在吸水饱和状态下，能抵抗多次冻融循环作用而不破坏，同时也不严重降低强度的性质，其用抗冻等级来表示。材料抗冻等级是用材料在吸水饱和状态下，经一定次数的冻融循环作用，其强度损失率不超过 25%且质量损失率不超过 5%，并无明显损坏和剥落时所能抵抗的最多冻融循环次数来确定的，表示符号为 D，如 D25、D50、D100 等，分别表示在经受 25 次、50 次、100 次的冻融循环后仍可满足使用要求。烧结普通砖、陶瓷面砖等墙体材料一般要求抗冻等级为 D15 或 D25。

对于抗冻性要求高的混凝土可用快冻法来测定其抗冻性能，确定其抗冻等级。混凝土试件在吸水饱和状态下，按规定测其横向基频的初始值；在规定的冻融循环条件下，每隔 25 次循环做一次横向基频测量。冻融达到以下三种情况之一时即可停止试验：① 冻融至规定的循环次数；② 相对动弹性模量下降至初始值的 60%；③ 重量损失率达 5%。混凝土试件的相对动弹性模量可按下式计算：

$$P=\frac{f_n^2}{f_0^2} \tag{1-17}$$

式中　P——经 n 次冻融循环后试件的相对动弹性模量，%；

f_n——n 次冻融循环后试件的横向基频，Hz；

f_0——冻融循环试验前测得的试件横向基频初始值，Hz。

混凝土试件冻融后的质量损失率按下式计算：

$$\Delta W_n=\frac{G_0-G_n}{G_0}\times 100 \tag{1-18}$$

式中　ΔW_n——n 次冻融循环后试件的质量损失率，%；

G_0——冻融循环试验前的试件质量，kg；

G_n——经 n 次冻融循环后的试件质量，kg。

混凝土相对动弹性模量值下降至初始值的 60%或质量损失率达 5%时，即可认为试件已破坏，并以相应的冻融循环次数作为该混凝土的抗冻等级，以 F 表示。若冻融至规定的循环次数，而相对动弹性模量值或质量损失率均未到上述指标，可认为混凝土的抗冻性已满足设计要求。用于桥梁和道路的混凝土材料应为 F100、F150 或 F250，而水工混凝土要求高达 F500。

材料在冻融循环作用下产生破坏主要是材料内部孔隙中的水分结冰引起的。水结冰时体积膨胀约 9%，对材料孔壁产生巨大的压力而使孔壁开裂，使材料内部产生裂纹，强度下降。所以材料的抗冻性与材料的强度、孔隙构造及冻结条件（冻结温度、冻结速度、冻融循环频率）有关。

抗冻性良好的材料，具有较强的抵抗温度变化、干湿交替等风化作用的能力，所以抗冻性常作为考查材料耐久性的一个指标。寒冷地区和寒冷环境的建筑必须选择抗冻性好的材料;处于温暖地区的建筑物,虽无冻害作用,为抵抗大气的风化作用,确保建筑物的耐久性,对材料也常提出一定的抗冻性要求。

1.1.5 材料的热工性质

土木工程材料除了满足强度和其他性能的要求,还要考虑材料的热工性质,使建筑物结构具有保温和隔热性质,以达到节约建筑使用能耗、维持室内温度的目的。

1. 材料的导热性

导热性是指材料将热量从温度高的一侧传递到温度低的一侧的能力,用导热系数表示,即厚度为 1 m 的材料,当温度改变 1 K 时,在 1 s 时间内通过 1 m^2 面积的热量,计算式如下:

$$\lambda=\frac{Q\delta}{At(T_2-T_1)} \tag{1-19}$$

式中 λ——导热系数,W/(m·K);

Q——传导的热量,J;

δ——材料的厚度,m;

A——材料的传热面积,m^2;

t——传热时间,h;

T_2-T_1——材料两侧的温度差,K。

导热系数小的材料,导热性差、绝热性好,通常将 $\lambda\leqslant 0.23$ W/(m·k)的材料为绝热材料。为了提高建筑物的保温效果,节省温控能耗,房屋建筑的围护结构应尽量采用导热系数小的材料。

影响材料导热系数大小的因素有物质构成、微观结构、孔隙率与孔隙特征、温度、湿度与热流方向等。固体导热系数最大,液体次之,气体最小,材料孔隙率越大,尤其是闭口孔隙率越大,导热系数越小,材料吸湿受潮或冰冻后导热系数增大,故对绝热材料要注意防潮。

2. 材料的热阻

热阻是指热量通过材料层时所受到的阻力,即材料层厚度 δ 与导热系数 λ 的比值,$R=\delta/\lambda$(m^2·K/W)。在同样的温差条件下,热阻越大,通过材料层的热量越小。热阻或导热系数是评定材料绝热性能的主要指标。

3. 材料的热容量

热容量是指材料受热时吸收热量、冷却时放出热量的性质,用比热 c 表示,即单位质量的材料,当温度升高或降低 1 K 时所吸收或放出的热量,计算式如下:

$$c=\frac{Q}{m(T_1-T_2)} \tag{1-20}$$

式中 c——材料的比热,kJ/(kg·K);

Q——材料的热容量,kJ;

m——材料的质量,kg;

T_1-T_2——材料受热或冷却前后的温度差，K。

比热 c 与材料质量 m 的乘积为热容量。材料的热容量对保持室内温度的稳定、减少能耗、冬季施工等有很重要的作用。

导热系数表示热量通过材料传递的速度，热容量或比热表示材料内部存储热量的能力。对于建筑物围护结构所用材料，设计时应选择导热系数较小而热容量较大的材料，来达到冬季保暖、夏季隔热的目的。土木工程常用材料的导热系数和比热如表 1-2 所示。

表 1-2 常用土木工程材料的导热系数和比热

材料名称	导热系数 W/(m·K)	比热 kJ/(kg·K)
钢	55	0.46
普通混凝土	1.80	0.88
加气混凝土	0.16	—
松木(横纹)	0.15	1.63
花岗岩	2.90	0.80
大理石	3.40	0.88
泡沫塑料	0.035	1.30
静止空气	0.025	1.00
水	0.60	4.19
冰	2.20	2.05
黏土砖	0.55	0.84

1.2 材料的基本力学性质

1.2.1 材料的强度和比强度

1. 强度

材料在荷载作用下抵抗破坏的能力称为强度。当材料受外力作用时，内部就会产生抵抗外力作用的内力，单位面积上所产生的内力叫做应力，在数值上等于外力除以受力面积。外力增加时，材料内部的抵抗力(即应力)也相应增加，当该应力值达到材料内部质点间结合力的最大值时材料破坏。因此，材料的强度即为材料内部抵抗破坏的极限应力。

根据外力作用方式不同,材料的强度可分为抗压强度、抗拉强度、抗剪强度和抗弯强度等,如图 1-2 所示。

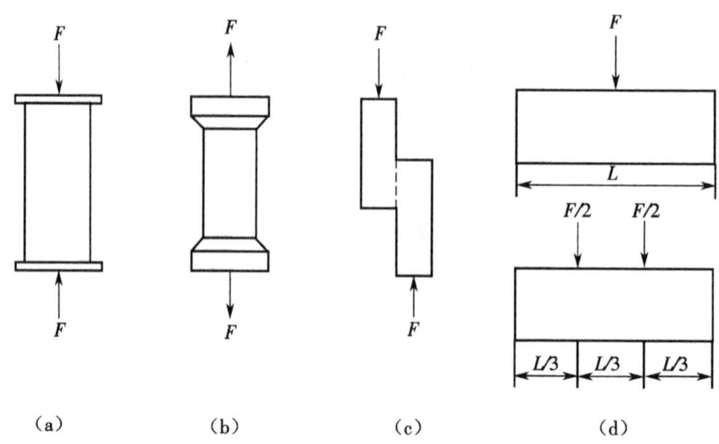

图 1-2 材料受力情况示意图

(a)受压;(b)受拉;(c)受剪;(d)受弯

材料的抗压强度、抗拉强度和抗剪强度的计算公式为:

$$f=\frac{F}{A} \tag{1-21}$$

式中 f——材料的极限抗压(抗拉或抗剪)强度,MPa;

F——材料破坏时的最大荷载,N;

A——材料的受力面积,mm^2。

材料抗弯试验有不同的加载方法,抗弯强度计算公式也不相同,当矩形截面的条形试件两支点的中点作用于一集中荷载时,抗弯强度计算式为:

$$f_m=\frac{3Fl}{2bh^2} \tag{1-22}$$

当在试件两支点的三分点处作用两个相等的集中荷载($F/2$)时,抗弯强度计算式为:

$$f_m=\frac{Fl}{bh^2} \tag{1-23}$$

式中 f_m——材料的抗弯(抗折)强度,MPa;

F——材料能承受的最大荷载,N;

l——两支点间距,mm;

b、h——分别为试件截面的宽度和高度,mm。

材料的强度与其组成、构造等因素有关。相同种类的材料因构造不同,强度也有较大差异。同种材料,孔隙率越低,强度越高(见图 1-3)。不同种类的材料具有不同的抵抗外力的特点。如石材、砖、混凝土和铸铁等脆性材料都具有较高的抗压强度，而其抗拉及抗弯强度很低，故多用于结构承压部位；木材的强度具有方向性，顺纹方向强度与横纹方向强度不同，顺纹抗拉强度大于横纹抗拉强度，故按顺纹方向用于梁、屋架等；钢材的抗拉、抗压强度都很高，适用于承受各种外力的结构。

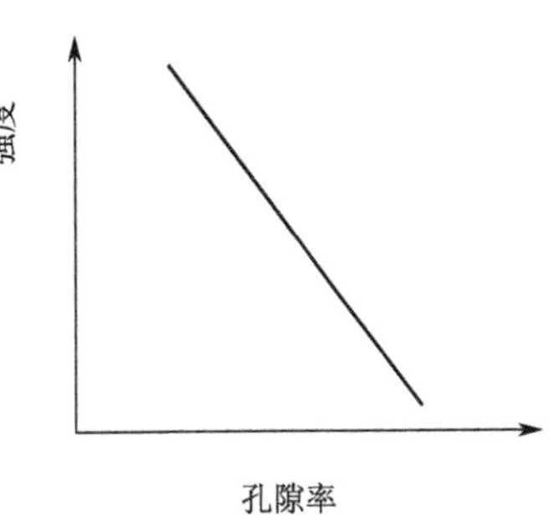

图1-3 材料强度与孔隙率的关系

材料的强度还与其含水状态及温度有关，含有水分的材料，其强度较干燥时低。一般来讲，温度高时，材料的强度将降低，这一点沥青混凝土尤为明显。

此外，材料的强度还与测试条件和方法等外部因素有很大关系。如材料相同，采用小试件测得的强度较大试件高；加荷速度快者，强度值偏高；表面涂润滑剂时，所测强度值低。

由此可知，材料的强度是在特定条件下测定的结果。为了使试验数据准确，且具有可比性，在测定材料强度时，必须严格按统一的试验标准进行。

材料的强度是大多数结构材料划分等级的依据。根据其强度的大小，将其划分为若干不同的等级，从而便于人们掌握材料性质，合理选用材料，正确进行设计和控制工程质量，同时，根据各种材料的特点，组成复合材料使用，扬长避短，对产品质量和经济效益是非常有益的。

常用土木工程材料的强度如表1-3所示。

表1-3 常用土木工程材料的强度 (单位：MPa)

材料	抗压强度	抗拉强度	抗弯强度
建筑钢材	215～1 500	215～1 500	215～1 500
普通混凝土	7.5～60	1～4	3.0～10.0
烧结普通砖	10～30	—	1.8～4.0
松木(顺纹)	30～50	80～120	60～100
花岗岩	100～250	5～8	10～14

2. 比强度

比强度是按单位体积质量计算的材料强度，其值等于材料的强度与其表观密度的比值。比强度是衡量材料轻质高强的重要指标，比强度值越大，材料轻质高强的性能越好。这对于建筑物保证强度、减小自重、向空间发展及节约材料有重要的实际意义。表1-4列出了几种土木工程结构材料的比强度。

表 1-4 常用结构材料的比强度

材　料	强　度	表观密度	比强度
	MPa	kg/m^3	
低碳钢	420	7 850	0.054
普通混凝土(抗压)	40	2 400	0.017
松木(顺纹抗拉)	100	500	0.200
玻璃钢(抗弯)	450	2 000	0.225

1.2.2 材料的弹性与塑性

材料在外力作用下,将产生变形。根据变形的性质分为弹性变形和塑性变形。

1. 弹性

物体在外力作用下产生变形,在取消外力后,变形能完全恢复,这种性质称为弹性,这种能够完全恢复的变形称为弹性变形,具有这种性质的材料称为弹性体。弹性体受力时的变形曲线如图 1-4 所示。

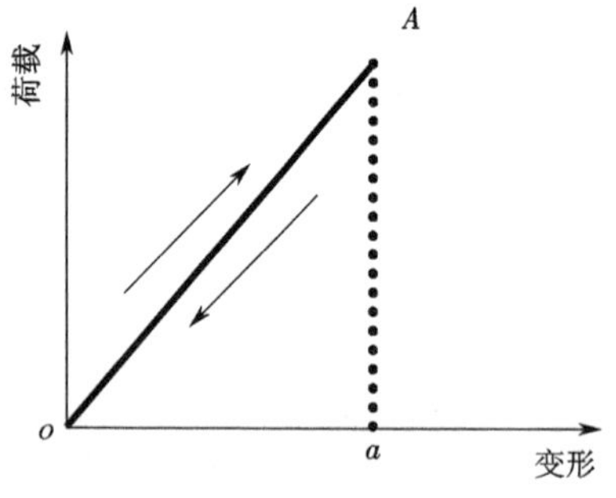

图 1-4 弹性材料的变形曲线

由图 1-4 可见,弹性体的变形曲线是一条闭合曲线,即弹性变形属于可逆变形。如果应力与应变呈直线关系,即符合虎克定律,如式 1-24 所示,则该物体叫做虎克弹性体,公式中的比例常数 E 叫做该材料的弹性模量。虎克定律表达式为:

$$\varepsilon=\frac{\sigma}{E} \tag{1-24}$$

式中 ε——材料的应变;

E——材料的弹性模量,MPa;

σ——材料的应力,MPa。

可见,弹性模量 E 等于应变为 1 时的应力值。E 值越大,表明材料越不容易变形,即刚性好。弹性模量是材料的一个重要性质,是进行结构设计时的重要参数。常用建筑钢材的弹性模量约为 2.1×10^5 MPa;普通混凝土的弹性模量是一个变值,一般约为 2.0×10^4 MPa。钢材的弹性模量不受强度变化的影响;混凝土的弹性模量,在相同的温度和湿度条件下,一般强度高者,其弹性模量大,二者关系密切,但不呈线性关系。有些材料受力时应力与应变不成比例关系,但去除外力后变形也能完全恢复，这种物体叫做非虎克体，非虎克体的弹性模量不是一个定值。

2. 塑性

物体在外力作用下产生变形，当取消外力后，有一部分变形不能恢复，这种性质称为塑性，这种不能恢复的变形称为塑性变形（或永久变形）（见图 1-5）。

实际上纯弹性变形的材料是没有的，通常一些材料在受力不大时，表现为弹性变形，可视为弹性材料，而当外力达到一定值时，则呈现塑性变形，如建筑钢材。另外，有的材料在受力一开始，弹性变形和塑性变形便同时发生，除去外力后，弹性变形可以恢复（见图 1-6ab 段），而塑性变形（见图 1-6ob 段）不会消失，如图 1-6 所示，这类材料称为弹塑性材料，如常见的混凝土材料。

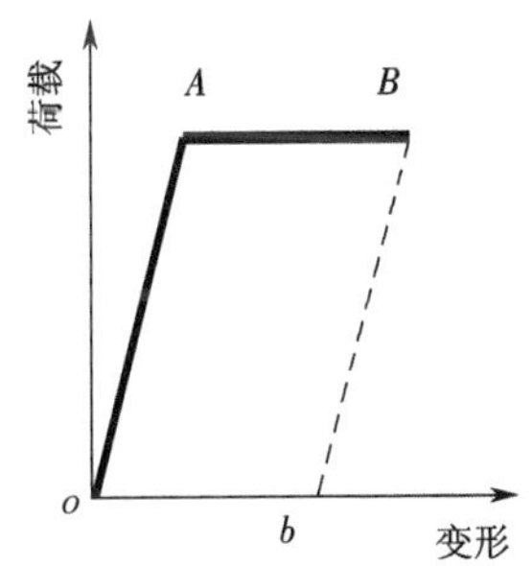

图 1-5　塑性材料的变形曲线

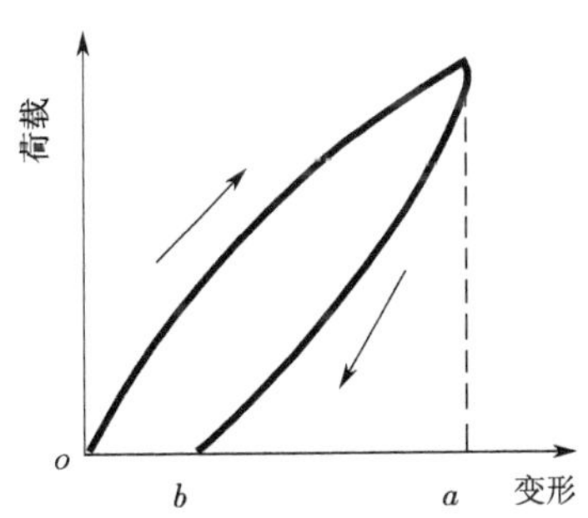

图 1-6　弹塑性材料的变形曲线

1.2.3　材料的韧性与脆性

外力作用于材料，并达到一定值时，材料并不产生明显变形即发生突然破坏，材料的这种性质称为脆性，具有此性质的材料称为脆性材料，如图 1-7 所示。脆性材料的抗压强度远大于抗拉、抗弯强度，如混凝土的抗压强度是其抗拉强度的 8 到 12 倍，但抗冲击能力和抗震能力均较差。砖、石、陶瓷、混凝土、生铁和玻璃等都属于脆性材料。

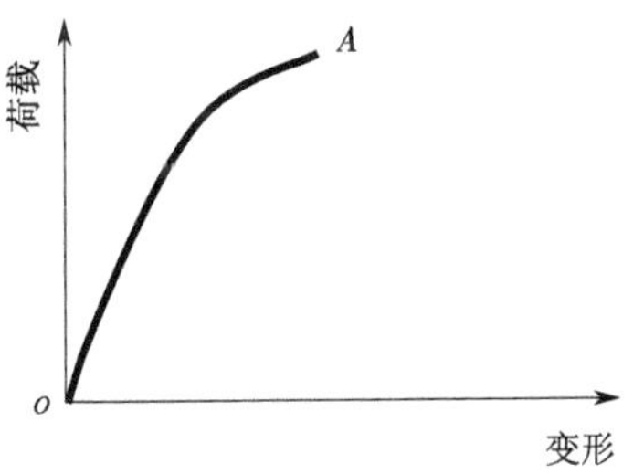

图 1-7　脆性材料的变形曲线

材料在冲击、振动荷载作用下能吸收大量能量并能承受较大的变形而不突然破坏的性质称为韧性，可用冲击试验来检验。韧性材料的变形大，抗拉强度接近或高于抗压强度。低碳钢、低合金钢、木材等都属于韧性材料，可用于受冲击或振动荷载的路面、吊车梁、桥梁等。

1.3 材料的耐久性

材料在长期使用过程中,抵抗其自身和环境的长期破坏作用,保持其原有性能不被破坏的能力称为材料的耐久性。影响材料耐久性的作用包括机械作用、物理作用、化学作用和生物作用。

机械作用包括持续荷载作用、交变荷载作用,以及撞击引起的材料疲劳、磨损、磨耗等。

物理作用包括环境温度、湿度的变化引起材料热胀冷缩、干缩湿胀、冻融循环,导致材料体积变化或产生内应力,如此反复,使材料逐渐被破坏。

化学作用包括大气,土壤,水中酸、碱、盐,以及其他有害物质对材料的侵蚀作用,使材料产生质变而被破坏,此外,阳光、紫外线对材料也有不利作用。

生物作用包括昆虫、菌类等对材料产生的蛀蚀、腐朽等破坏作用。

材料耐久性的好坏说明材料在具体的气候和使用条件下能够保持工作性能的年限,因此,材料的耐久性是材料的一项综合性质。材料组成与结构不同,耐久性考虑的项目也不相同,例如钢材易受氧化和电化学腐蚀,无机非金属材料有抗渗性、抗冻性、耐腐蚀性、抗碳化性、耐热性、耐溶蚀性、耐磨性、耐光性等要求,有机材料多因腐烂、虫蛀、老化而变质。

在进行土木工程结构设计中,必须充分考虑材料的耐久性,根据实际情况和材料特点采取相应的措施,如合理选用材料以减轻环境的破坏作用、提高材料的密实度等,来延长工程结构的使用寿命。

1.3.1 耐久性与安全性

谈到建筑物的安全性,人们首先想到的是结构物的承载能力和整体牢固性,即强度。所以长期以来人们主要依据结构物将要承受的各种荷载,包括静荷载、动荷载进行结构设计。但是,结构物是较长时间使用的产品,环境作用下材料性能的劣化,最终会影响结构物的安全性。耐久性是衡量材料乃至结构在长期使用条件下的安全性能。尤其对于水工、海洋工程、地下等比较苛刻条件下的结构物,耐久性比强度更为重要。很多工程实际表明,造成结构物破坏的原因是多方面的,仅仅由强度不足引起的破坏事例并不多见,而耐久性不良往往是引起结构物破坏最主要的原因。

北京地区的很多立交桥,由于冻融循环和除冰盐腐蚀而破损严重,国内最早建成的北京西直门立交桥就因此被迫拆除,使用时间不到 19 年;北京东直门、大北窑桥等二十座立交桥也因此不得不提前进行大修加固。天津中环路上的众多立交桥,在运行十余年后,也因钢筋锈蚀和混凝土冻蚀而陆续进行大修或部分更换。山东潍坊白浪河大桥,因位于盐渍地区而受盐、冻侵蚀,仅使用 8 年已成危桥。1970—1980 年日本沿海地带修建了大量的高架道路,由于长年处于海风、海潮侵蚀的环境下,建造后十几年时间桥墩等部位出现了大量的裂缝。可见耐久性是影响结构物长期安全性的重要性质。

1.3.2　耐久性与经济性

材料的耐久性与结构物的使用年限直接相关，耐久性好，就可以延长结构物的使用寿命，减少维修费用，因耐久性不好带来的庞大修理费用也使一些国家的财政不堪重负。另外，由于土木工程所消耗的材料数量巨大，生产这些材料不但破坏生态、污染环境，而且有的资源已近枯竭。随着可持续发展观念的日益强化，土木工程的耐久性也日益受到重视。

在以往的建设工程中，比较注重建造时的初始成本，而容易忽略结构物在整个寿命周期内，包括建造、运行、维修保养，以及解体工程在内的总成本。最近半个世纪以来，世界各国建造了大量的土木、建筑等基础设施，目前大部分已经迎来了老龄时期。每年用于这些建筑物、结构物的维修费用是一笔巨大的开支。据不完全统计，美国从1978年起每年用于道路维修的费用高达63亿美元，平均每两天就发生一起桥梁事故。造成这些破坏事故的原因多数是由于混凝土被冻融破坏、钢筋被腐蚀，致使混凝土保护层脱落。有资料报道，美国每年用于基础设施修复的费用约为这些基础设施总资产的10%。更为严重的是，对于桥梁这样的生命线工程来说，因修复或更换造成交通延误与影响生产等间接损失更大，美国研究结果认为，间接的经济损失是直接用于桥梁修复费用的10倍。

我国东北寒冷地区的路面常有很严重的剥落现象。有许多大型水电站如丰满、云峰等也遭受到严重的冻融破坏，有些防波堤的混凝土块受海水侵蚀，使用几年就严重破坏。随着现代社会人类开发建设力度加大，结构物所处的环境条件也越来越苛刻；同时大型结构物投资巨大，建设周期长，对它的寿命要求也越来越长，因此，提高材料的耐久性对于结构物的安全性和经济性均具有重要意义。结构设计不仅要考虑荷载作用下的强度，还要重视耐久性，引入耐久性设计的概念，建立耐久性设计的理论体系和方法，这就需要研究、完善建筑材料的耐久性试验方法和评价指标，为结构物的耐久性设计提供依据。

1.3.3　耐久性试验方法原理

材料在实际环境中的耐久性指标需要经过长期观察或测定才能获得，不可能像强度指标那样由破坏试验直接获得强度值。为了在材料使用之前就能获得其耐久性评价结果，就必须采用强化的环境条件进行快速试验，这样取得的试验结果可能会与实际情况有些差距。因此必须研究材料耐久性试验方法的科学性，以及快速试验结果与长期耐久性能之间的对应关系。

同时，材料耐久性包括多方面内容，是一个综合指标。对于不同用途的材料、不同的环境条件，所要求的耐久性指标不完全相同。例如在地下、水中或潮湿环境下，有挡水要求的构件要重点考虑抗渗性及防止水侵蚀的能力;处于水位经常变化、正负温度变化等部位的构件或材料要考虑对于干湿循环作用和冻融循环的抵抗能力;海洋工程结构物或氯离子含量较高的环境要考虑盐溶液的侵蚀、钢筋锈蚀等因素;工厂、高温车间、城市道路附近的建筑物要考虑碳化、高温及硫酸盐等侵蚀性介质的危害;沥青路面、塑料等高分子材料要考虑在氧气、紫外线等因素作用下的老化性能等。

总之,耐久性包括的内容很多,许多性能指标的试验方法还不成熟,对于试验结果与实际环境中材料耐久性能之间的关系研究还不深入。例如测定混凝土材料的抗渗性能只能在限定的时间内对混凝土试件施加水压力,测定水是否渗透,试件加压时间最长不过十几个小时至几天,如果试件没有透水即确定为合格,但是在实际结构物中混凝土需要长年处于压力水的作用下,长达几十年,混凝土内部存在许多孔隙,透水的可能性是很大的。所以如何正确评价与工程实际更为接近的材料的耐久性还需要做大量工作。

1.4 材料的组成及结构

材料的组成、结构和构造是决定材料性质的内在因素,要了解材料的性质,必须先了解材料的组成、结构与材料性质间的关系。

1.4.1 材料的组成

材料的组成包括材料的化学组成、矿物组成和相组成,它们是决定材料化学、物理、力学性质和耐久性的最基本因素。

1. 化学组成

化学组成是指构成材料的基本化合物或化学元素的种类和数量。材料与外界物质相接触时,将依照化学变化规律与之发生作用。例如钢材的锈蚀、材料的可燃性和耐火性、木材的腐蚀、混凝土的碳化及受到的酸碱盐类物质的侵蚀等都是由材料的化学组成决定的。

2. 矿物组成

材料中含有特定的晶体结构、特定物理力学性能的组织结构称为矿物。矿物组成是指构成材料的矿物种类和数量。材料的矿物组成是决定材料性质的主要因素。如硅酸盐类水泥的主要矿物组成为硅酸钙、铝酸钙、铁铝酸钙等,决定了水泥易水化成碱性凝胶体,并具有凝结硬化的性能;花岗石的主要矿物组成为长石、石英和少量云母,酸性岩石多,决定了花岗石耐酸性好,但耐火性差;大理石的主要矿物组成为方解石、白云石,含有少量石英,因此大理石不耐酸腐蚀,酸雨会使大理石中的方解石腐蚀成石膏,致使石材表面失去光泽;石英砂的主要成分是石英,如果其中含有玉髓、蛋白石,与高碱水泥同时使用时易发生碱-集料反应,降低水泥混凝土的耐久性。

3. 相组成

材料中结构相近、性质相同的均匀部分称为相。自然界中的物质可分为气相、液相、固相三种形态。凡由两相或两相以上物质组成的材料称为复合材料。例如，混凝土是由骨料颗粒（骨料相）分散在水泥浆基体（基相）中组成的两相复合材料。土木工程材料大多为复合材料，如钢筋混凝土、沥青混凝土、塑料泡沫夹心压型钢板，它们的配比和构造形式不同，材料性质变化可能较大。

复合材料的性质与其构成材料的相组成和界面特性有密切关系。所谓界面是指多相材料中相与相之间的分界面。在实际材料中，界面往往是一个较薄区域，它的成分和结构与相内的部分是不一样的，可作为"界面相"来处理。因此，对于土木工程材料，可通过改变和控制其相组成和界面特性，来改善和提高材料的技术性能。

1.4.2　材料的结构

材料的结构分微观结构、细观结构和宏观结构，是决定材料性质的重要因素之一。

1. 宏观结构

宏观结构是指用肉眼或放大镜就能够观察到的粗大组织，其尺寸在 10^{-3} m 级以上。

材料宏观结构按孔隙特征分为以下几种。

1）致密结构

致密结构指孔隙率很低或趋近为零、结构致密的材料，如钢材、玻璃、塑料、橡胶和沥青等，具有吸水率低、抗渗性好、强度较高等性质。

2）多孔结构

多孔结构指材料内部有粗大孔隙的结构，如加气混凝土、泡沫混凝土和泡沫塑料等，这类材料质轻、吸水率高、抗渗性差，但保温、隔热、吸声性好。

3）微孔结构

微孔结构指材料内部有分布较均匀的微细孔隙的结构，如石膏制品、低温烧结黏土制品等，这类材料也具有质轻、吸水率高、抗渗性差、保温隔热、吸声性好的特点。

材料宏观结构按材料的组织构造特征分为以下几种。

1）聚集结构

聚集结构指由集料与具有胶黏性或黏结性物质胶结而成的结构，例如混凝土、砂浆等。

2）纤维结构

纤维结构是由纤维状物质构成的材料结构，纤维之间存在相当多的孔隙，如木材、钢纤维、玻璃纤维、矿棉等。其平行纤维方向的抗拉强度较高，能用作保温隔热和吸声材料。

3）层状结构

层状结构是天然形成或采用人工黏结等方法将材料叠合成层状的结构，如胶合板、纸面石膏板、蜂窝板、泡沫压型钢板复合墙等。层状结构各层材料性质不同，但叠合后材料综合性质较好，提高了材料的强度、硬度、保温及装饰等性能，扩大了材料的使用范围。

4）散粒结构

散粒结构是材料呈松散颗粒状结构，如砂石、陶粒能作为普通混凝土集料、沥青混凝土集料及轻混凝土集料、膨胀珍珠岩、聚苯乙烯泡沫颗粒能作为轻混凝土和轻砂浆的集料，赋予材料以保温隔热性能。

2. 细观结构(亚微观结构)

细观结构是指在光学显微镜下能观察到的结构，其尺寸范围为 $10^{-6} \sim 10^{-3}$ m，主要用于研究材料内部的晶粒、颗粒的大小和形态、晶界与界面、孔隙与微裂纹等。材料的细观结构，只能针对某种具体土木工程材料来进行分类研究，如混凝土可分为基相、集料相、界面相；天然岩石可分为矿物、晶体颗粒、非晶体组织；钢铁可分为铁素体、渗碳体、珠光体；木材可分为木纤维、导管髓线、树脂道。

材料细观结构层次上的各种组织结构各异，其特征、数量、分布和界面性质对材料性能有重要影响。

3. 微观结构

材料微观结构是指用电子显微镜、扫描电子显微镜或 X 射线来分析研究材料的原子、分子层次的结构特征，其尺寸范围为 $10^{-10} \sim 10^{-6}$ m。材料的微观结构决定材料的许多物理、力学性质，如强度、硬度、熔点、导热、导电性等。

按材料组成质点的空间排列或联结方式，材料微观结构可分为晶体、玻璃体和胶体。

1）晶体

在空间上，质点(离子、原子、分子)按特定的规则呈周期性排列的固体称为晶体。晶体具有特定的几何外形和固定的熔点及化学稳定性。根据组成晶体的质点及化学键不同，晶体可分为：

① 原子晶体，中性原子以共价键结合而形成的晶体，如石英；

② 离子晶体，正负离子以离子键结合而形成的晶体，如 NaCl；

③ 分子晶体，以分子间的范德华力即分子键结合而成的晶体，如有机化合物；

④ 金属晶体，以金属阳离子为晶格，由自由电子与金属阳离子间的金属键结合而成的晶体，如钢铁材料。

从键的结合力来看，共价键和离子键最强，金属键较弱，分子键最弱。如纤维状矿物材料玻璃纤维和岩棉，纤维内链状方向上的共价键力要比纤维与纤维之间的分子键结合力大得多，这类材料易分散成纤维，强度具有方向性；云母、滑石等结构层状材料的层间键力是分子力，结合力较弱，这类材料易被剥离成薄片；岛状材料如石英，其硅氧原子以共价键结合成四面体，四面体在三维空间形成立体空间网架结构，因此质地坚硬，强度高。

2）玻璃体

玻璃体是高温熔融物在急速冷却时形成的无定型体，其质点来不及结晶或因某种原因不能按规则排列就产生凝固，大量的化学能未能释放出，具有化学不稳定结构，容易与其他物质起化学作用，具有较高的化学活性。如生产水泥熟料时，硅酸盐从高温水泥回转窑急速落入空气中，急冷过程使得它来不及作定向排列，质点间的能量只能以内能的形式储存起来，具有化学不稳定性，能与水反应产生水硬性；粉煤灰、水淬粒化高炉矿渣、火山灰等玻璃体材料，能与石膏、石灰在有水的条件下水化和硬化，常掺入到硅酸盐水泥中，丰富了硅酸盐水泥的品种。玻璃体结构特征为质点在空间上呈非周期性排列，故没有固定的熔点。

3）胶体

胶体是指物质以极微小的质点（粒径为 1～100 μm）分散在介质中所形成的结构。由于胶体中的分散质与分散介质带相反的电荷，胶体能保持稳定。分散质颗粒细小，使胶体具有黏结性。根据分散质与分散介质的相对比例不同，胶体结构上分为溶胶、溶凝胶和凝胶。乳胶漆是高分子树脂通过乳化剂分散在水中形成的涂料；道路石油沥青要求高温不软低温不脆，须具有溶凝胶结构；硅酸盐水泥水化形成的水化产物中的凝胶将砂和石黏结成一个整体，形成人工石材。

随着材料科学与工程的理论与技术的不断发展，深入研究材料的组成、结构、构造和材料性能之间的关系，不仅有利于为包括土木工程在内的各种工程正确选用材料，而且会加速人类自由设计生产工程所需的特殊性能新材料的进程。

【思考和练习】

1-1　材料的堆积密度、表观密度和密度有何区别？如何测定它们的值？

1-2　某岩石的密度为 2.66 g/cm^3，表观密度为 2.59 g/cm^3，堆积密度为 1 720 kg/m^3，试计算该岩石的孔隙率和空隙率。

1-3　某墙体材料密度为 2.7 g/cm^3，表观密度为 1 400 kg/m^3，质量吸水率为 17%，求其开口孔隙率、闭口孔隙率和体积吸水率。

1-4　含水率为 2.1%的湿砂 1 000 g，有干砂和水各多少？

1-5　普通黏土砖进行抗压试验，受压面积为 115 mm×120 mm，气干、绝干、水饱和情况下测得破坏荷载分别为 196 kN、209 kN 和 182 kN，问此砖是否宜用于建筑物常与水接触的部位？

1-6　亲水性材料与憎水性材料是如何区分的？材料的亲水性和憎水性有何工程意义？

1-7　影响材料强度测试结果的试验条件有哪些？怎样影响的？

1-8　晶体与玻璃态在性质上有何不同？

1-9　当某材料的孔隙率增大且连通孔增多时，该材料的密度、表观密度、强度、吸水率、抗冻性、导热性如何变化？

第 2 章　气硬性胶凝材料

【本章要点】

本章主要介绍生石灰、建筑石膏、水玻璃以及镁氧水泥的生产、凝结硬化、性能及用途，其中重点是生石灰、建筑石膏的硬化机理、性能及用途。

2.1　胶凝材料简介

在土木工程中，凡是经过一系列物理、化学作用，能将散粒材料（如砂子、石子）或块状材料（如砖或石块）黏结成整体的材料，统称为胶凝材料。胶凝材料是土木工程中重要的建筑材料。

根据胶凝材料的化学组成，一般可分为无机胶凝材料和有机胶凝材料两大类。有机胶凝材料以天然的或合成的有机高分子化合物为基本成分，常用的有沥青、天然树脂及各种合成树脂等。无机胶凝材料则以无机化合物为基本成分，常用的有石膏、石灰、各种水泥等。根据无机胶凝材料凝结硬化条件的不同，又可分为气硬性胶凝材料和水硬性胶凝材料两类。气硬性胶凝材料只能在空气中（即在干燥条件下）硬化，也只能在空气中保持和发展其强度；而水硬性胶凝材料不仅能在空气中，而且能在水中硬化且保持和发展其强度。

常用的胶凝材料分类如图 2-1 所示。

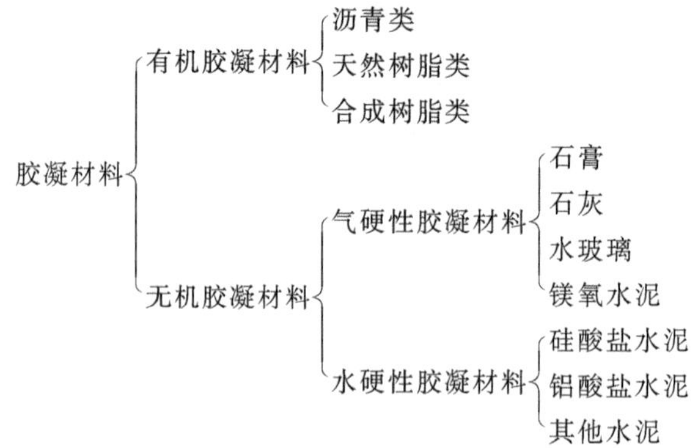

图 2-1　常用的胶凝材料分类

本章将介绍几种在土木工程中常用的气硬性胶凝材料，常用的有石灰、石膏和水玻璃等。

本章涉及的标准主要包括：

《建筑生石灰》(JC/T 479—1992)；
《建筑生石灰粉》(JC/T 480—1992)；
《建筑消石灰粉》(JC/T 481—1992)；
《镁质胶凝材料用原料》(JC/T 449—2008)；
《建筑石膏》(GB/T 9776—2008)；
《纸面石膏板》(GB/T 9775—2008)。

2.2　石灰

石灰是人类在土木工程中最早使用的胶凝材料之一，因其原材料蕴藏丰富、分布广、生产工艺简单、成本低廉、使用方便，至今仍被广泛应用于土木工程中。目前，工程中常用的石灰产品有磨细生石灰粉、消石灰粉和石灰膏。

2.2.1　石灰生产简介

1. 石灰的原料

生产石灰的主要原料是以碳酸钙为主要成分的天然岩石，常用的有石灰石、白云石、白垩等，这些天然原料中常含有黏土杂质，一般要求黏土杂质控制在 8%以内。

除了用天然原料生产外，石灰的另一原料来源是化学工业副产品。例如，用电石(碳化钙)制取乙炔时的电石渣，其主要成分是氢氧化钙，即消石灰。

2. 石灰的生产

石灰石经过煅烧，其主要成分碳酸钙分解成为氧化钙，得到块状生石灰，其化学反应式如下：

$$CaCO_3 \xrightarrow{900\ ℃} CaO + CO_2$$

实际生产中，由于石灰石致密程度、块体大小及杂质含量不同，并考虑到热损失，所以为了加速分解，煅烧温度常控制在 1 000～1 100 ℃。若煅烧温度过低，或煅烧时间不足，则碳酸钙不能完全分解，将生成欠火石灰，欠火石灰使用时，产浆量较低，质量较差，降低了石灰的利用率；若煅烧温度过高，将生成颜色较深、密度较大的过火石灰，使用时影响工程质量。

作为胶凝材料的石灰即为生石灰，是一种白色或灰色块状物质，其主要成分是氧化钙(CaO)。因为石灰原料中常含有一些碳酸镁成分，所以经煅烧生成的生石灰中，也相应含氧化镁(MgO)成分。按照我国建材行业标准《建筑生石灰》(JC/T 479—1992)规定，MgO 含量不大于 5%时，称为钙质生石灰；MgO 含量大于 5%时，称为镁质生石灰。

3. 石灰的熟化

生石灰加水生成氢氧化钙的过程，称为石灰的熟化或消解过程，其化学反应为：

$$CaO + H_2O = Ca(OH)_2 + 64.9\ kJ/mol$$

石灰熟化时放出大量的热,其体积膨胀1～2.5倍。

石灰熟化的理论用水量仅为石灰质量的32.1%,由于一部分水分蒸发,实际加水量较多(60%～80%)。若加水过多,会使温度下降,石灰熟化速度减慢,从而延长熟化时间。工地上熟化石灰常用方法有两种:消石灰浆法和消石灰粉法。

消石灰浆法是将生石灰在化灰池中熟化成石灰浆,通过筛网流入储灰坑,由于有过火石灰和欠火石灰的存在,为了防止过火石灰体积膨胀引起的隆起和开裂,石灰浆应在储灰坑中存放两星期以上,此为"陈伏"。"陈伏"期间,石灰浆表面应保持一层水分,与空气隔绝,以免碳化。消石灰粉法是加适量的水,将生石灰熟化成石灰粉。工地可采用分层浇水法,每层生石灰块厚约50 cm,或者在生石灰块堆中插入有孔的水管,缓慢地向内灌水。

2.2.2 石灰的硬化

石灰在空气中的硬化包括两个同时进行的过程。

1. 结晶作用

石灰浆在使用过程中,因游离水分逐渐蒸发并被砌体吸收,使得氢氧化钙溶液过饱和而逐渐结晶析出,促进石灰浆体的硬化,同时干燥使浆体紧缩而产生强度。

2. 碳化作用

氢氧化钙与空气中的二氧化碳作用,生成不溶解于水的碳酸钙晶体,析出的水分则逐渐被蒸发,其反应如下:

$$Ca(OH)_2+CO_2+nH_2O = CaCO_3+(n+1)H_2O$$

这个过程称为碳化,形成的碳酸钙晶体,使硬化石灰浆体结构致密,强度提高。

因空气中的二氧化碳含量少,碳化作用主要发生在与空气接触的表层上,而且表层生成的致密的碳酸钙膜层,阻碍了空气中的二氧化碳进一步渗入,同时也阻碍了内部水分向外蒸发,使氢氧化钙的结晶作用也进行得较慢。随着时间的增长,表层碳酸钙厚度增加,阻碍作用更大,在相当长的时间内,仍然是表层为碳酸钙,内部为氢氧化钙,所以石灰硬化是个相当缓慢的过程。

2.2.3 石灰的技术性质和要求

生石灰熟化成石灰浆时,能自动形成颗粒极细的、呈胶体分散状态的氢氧化钙,表面吸附一层厚的水膜。因此用石灰调成的石灰浆的突出优点是具有良好的可塑性,在水泥砂浆中掺入石灰浆,可使可塑性提高。

生石灰及生石灰粉的主要技术指标见表2-1、表2-2。根据《建筑消石灰粉》(JC/T 481—1992)的规定,将消石灰粉分为钙质消石灰粉(MgO含量<4%)、镁质消石灰粉(4%≤MgO含量<24%)和白云石消石灰粉(24%≤MgO含量<30%)三类,并按它们的技术指标分为优等品、一等品、合格品三个等级,主要技术指标见表2-3。通常优等品、一等品适用于饰面层和中间涂层,合格品仅用于砌筑。

表 2-1　建筑生石灰技术指标(JC/T 479—1992)

项　　目	钙质生石灰			镁质生石灰		
	优等品	一等品	合格品	优等品	一等品	合格品
CaO+MgO 含量不小于(%)	90	85	80	85	80	75
CO_2含量不大于(%)	5	7	9	6	8	10
未消化残渣含量(5 mm 圆孔筛余)不大于(%)	5	10	15	5	10	15
产浆量不小于(%)	2.8	2.3	2.0	2.8	2.3	2.0

表 2-2　建筑生石灰粉技术指标(JC/T 480—1992)

项　　目		钙质生石灰粉			镁质生石灰粉		
		优等品	一等品	合格品	优等品	一等品	合格品
CaO+MgO 含量不小于(%)		85	80	75	80	75	70
CO_2含量不大于(%)		7	9	11	8	10	12
细度	0.90 mm 筛的筛余不大于(%)	5	10	15	5	10	15
	0.125 mm 筛的筛余不大于(%)	2.8	2.3	2.0	2.8	2.3	2.0

表 2-3　建筑消石灰粉技术指标(JC/T 481—1992)

项　　目		钙质消石灰粉			镁质消石灰粉			白云石消石灰粉		
		优等品	一等品	合格品	优等品	一等品	合格品	优等品	一等品	合格品
CaO+MgO 含量不小于(%)		70	65	60	65	60	55	65	60	55
游离水(%)		0.4～2								
体积安定性		合格	合格	—	合格	合格	—	合格	合格	—
细度	0.90 mm 筛的筛余不大于(%)	0	0	0.5	0	0	0.5	0	0	0.5
	0.125 mm 筛的筛余不大于(%)	3	10	15	3	10	15	3	10	15

2.2.4　石灰的特性

1. 良好的保水性

生石灰熟化成的石灰浆具有良好的保水性能，因此可以掺入水泥砂浆中，提高砂浆的保水能力，便于施工。

2. 凝结硬化慢、强度低

由于石灰是气硬性胶凝材料,在空气中进行硬化时,碳酸钙和氢氧化钙的生产量少且缓慢,并且硬化后的强度也不高。试验表明,1∶3的石灰砂浆 28 d 抗压强度通常只有 0.2～0.5 MPa。另外受潮后会使石灰溶解,强度更低,在水中还会溃散,所以石灰不宜在潮湿的环境下使用,也不宜单独用于建筑物基础。

3. 耐水性差

氢氧化钙易溶于水,如果长期受潮或被水浸泡会使已硬化的石灰溃散。若石灰浆体在完全硬化之前就处于潮湿的环境中,石灰中的水分不能蒸发出去,其硬化就会被阻止,所以石灰不宜在潮湿的环境中应用。

4. 体积收缩大

石灰浆在硬化过程中,要蒸发掉大量的水分,引起体积收缩,从而出现干缩裂缝,因此除调成石灰乳作薄层粉刷外,不宜单独使用。在使用时,常在其中掺加砂、麻刀、纸筋等以抵抗收缩引起的开裂。

2.2.5 石灰的应用与储存

生石灰经加工处理后可得到很多品种的石灰,如生石灰粉、消石灰粉、石灰乳、石灰膏等,不同品种的石灰具有不同的用途。

1. 石灰粉

石灰粉可与含硅材料混合经加工制成硅酸盐制品。石灰粉还可与纤维材料(如玻璃纤维)或轻质骨料加水拌和成型,然后用二氧化碳进行人工碳化,制成碳化石灰板。碳化石灰板加工性能好,适合作非承重的内隔墙板、天花板。石灰粉和黏土按一定比例配合,可制成石灰土。石灰粉与黏土、砂石、炉渣等拌制成三合土。石灰土与三合土主要用在一些建筑物的基础、地面的垫层和公路的路基上。

2. 石灰乳和砂浆

将熟化好的石灰膏或消石灰粉加水稀释成石灰乳,被用作内外墙及天棚粉刷的涂料;如果掺入适量的砂或水泥和砂,即可配制成石灰砂浆或混合砂浆,可用于墙体砌筑或抹面工程;也可掺入纸筋、麻刀等制成石灰灰浆,用于内墙或顶棚抹面。

3. 生产硅酸盐制品

以磨细生石灰(或消石灰粉)与硅质材料(如粉煤灰、粒化高炉矿渣、浮石等)加水搅拌,必要时加入少量石膏,经成型、蒸养或蒸压养护等工序而成的建筑材料,统称为硅酸盐制品。

硅酸盐制品的主要水化产物是水化的硅酸钙,其水化反应式如下:

$$Ca(OH)_2 + SiO_2 + H_2O \longrightarrow CaO \cdot SiO_2 \cdot 2H_2O$$

硅酸盐制品按其密实程度可分为密实(有集料)和多孔(加气)两类,前者可用于生产墙板、砌块及砌墙砖,后者用于生产加气混凝土制品,如轻质墙板、砌块、各种隔热保温制品等。

4. 石灰的储存

生石灰会吸收空气中的水分和二氧化碳，生成碳酸钙粉末，从而失去黏结力。所以在工地上储存时要防止受潮，且不宜放太多、太久。另外，石灰熟化时要放出大量的热，因此应将生石灰与可燃物分开保管，以免引起火灾。通常进场后可立即陈伏，将储存期变为熟化期。

2.3 建筑石膏

石膏是以硫酸钙为主要成分的气硬性胶凝材料。由于石膏胶凝材料及其制品具有许多优良的性质，且原料来源丰富、生产能耗低，因而在建筑工程中得到广泛应用。石膏胶凝材料品种很多，主要有建筑石膏、高强石膏、无水石膏水泥、高温煅烧石膏等。

2.3.1 建筑石膏生产简介

生产石膏胶凝材料的原料主要是天然二水石膏($CaSO_4 \cdot 2H_2O$)，还有天然无水石膏($CaSO_4$)及含 $CaSO_4 \cdot 2H_2O$ 或含 $CaSO_4 \cdot 2H_2O$ 与 $CaSO_4$ 混合物的化工副产品。

在建筑工程中使用的石膏是天然二水石膏经加工而成的半水石膏($CaSO_4 \cdot 1/2H_2O$)，亦称熟石膏。天然二水石膏在加工时随加热方式和温度的不同，可以得到不同性质的石膏产品。生产的主要工序是破碎、加热与磨细。

将主要成分为二水石膏的天然二水石膏或化工石膏加热时，随着温度的升高，将发生如下变化。

当加热温度为 65～75 ℃时，$CaSO_4 \cdot 2H_2O$ 开始脱水；至 107～170 ℃时，生成半水石膏；当加热温度为 170～200 ℃时，半水石膏继续脱水，成为可溶性硬石膏，与水调和后仍能很快硬化；当加热温度为 200～250 ℃时，石膏中残留很少的水分，凝结硬化非常缓慢；当加热温度至 400～750 ℃时，石膏完全失去水分，成为不溶性硬石膏，失去凝结硬化的能力；当温度高于 800 ℃时，部分石膏分解成的氧化钙起催化作用，所得产品又重新具有凝结硬化性能。

在生成半水石膏的加热阶段，因加热条件不同，所获得的半水石膏有 α 型和 β 型两种形态。若将二水石膏在非密闭的窑炉中加热脱水，得到的是 β 型半水石膏，称为建筑石膏。建筑石膏的晶粒较细，调制成一定稠度的浆体时，需水量较大，因而硬化后强度较低。若将二水石膏置于 0.13 MPa、124 ℃的过饱和蒸汽条件下蒸炼脱水，或者置于某些盐溶液中沸煮，可得到 α 型半水石膏，称为高强石膏。高强石膏的晶粒较粗，调制成一定稠度的浆体时，需水量较小，因而硬化后强度较高。

建筑工程中最常用的品种是建筑石膏，主要成分是 β 型半水石膏。它是将天然二水石膏在 107～170 ℃温度下煅烧成半水石膏，经磨细而成的一种粉末状材料，它的反应式如下：

$$CaSO_4 \cdot 2H_2O \xrightarrow{107\sim170℃} CaSO_4 \cdot \frac{1}{2}H_2O + 1\frac{1}{2}H_2O$$

2.3.2 建筑石膏的硬化机理

建筑石膏与水拌和后，可调制成可塑性浆体，经过一段时间反应后，将失去塑性，并逐渐形成具有一定强度的固体，这种现象称为凝结硬化，它是由于浆体内部发生了一系列的物理、化学变化而产生的。

建筑石膏的凝结硬化主要是半水石膏与水相互作用，还原成二水石膏，其反应如下：

$$CaSO_4 \cdot \frac{1}{2}H_2O + 1\frac{1}{2}H_2O = CaSO_4 \cdot 2H_2O$$

半水石膏溶解在水中，并很快形成饱和溶液，溶液中的半水石膏与水化合，形成二水石膏。由于二水石膏在水中的溶解度比半水石膏小得多，所以半水石膏的饱和溶液对二水石膏来说，就形成了过饱和溶液，因此，二水石膏从过饱和溶液中以胶体微粒析出，这样促进了半水石膏不断地溶解和水化，直到半水石膏完全溶解。在这个过程中，浆体中的自由水分因水化和蒸发而逐渐减少，二水石膏胶体微粒不断增加，浆体稠度变大，颗粒之间的摩擦力和黏结力逐渐增加，因而浆体可塑性逐渐降低，此时称之为"凝结"。其后，浆体继续变稠，胶体颗粒逐渐成为晶体，晶体逐渐长大、共生并相互交错，使浆体逐渐产生强度，直到完全干燥，晶体之间的摩擦力和黏结力不再增加，强度才停止发展，这个过程称为"硬化"。实际上，石膏的凝结和硬化是一个连续的、复杂的物理、化学变化过程。

2.3.3 建筑石膏的技术要求

建筑石膏为白色，密度为 2.6～2.75 g/cm^3，堆积密度为 800～1 000 kg/m^3。根据《建筑石膏》(GB 9776—2008)的规定，建筑石膏按强度、细度、凝结时间指标分为优等品、一等品和合格品三个等级，其基本技术要求见表 2-4。

表 2-4 建筑石膏技术要求(GB 9776—2008)

技术指标		优等品	一等品	合格品
强度/MPa	抗折强度≥	2.5	2.1	1.8
	抗压强度≥	4.9	3.9	2.9
细度	0.2 mm 方孔筛筛余/(%)≤	5.0	10.0	15.0
凝结时间/min	初凝时间≥	6		
	终凝时间≤	30		

建筑石膏按产品名称、抗折强度及标准号的顺序进行产品标记，例如，抗折强度为 2.5 MPa 的建筑石膏表示为建筑石膏 2.5 GB 9776。

建筑石膏的水化，理论需水量只占半石膏重量的 18.6%，但实际上为使石膏浆体具有一定的可塑性，往往需加水 60%～80%，多余的水分在硬化过程中逐渐蒸发，但硬化后的石膏留有大量的孔隙，一般孔隙率为 50%～60%，因此建筑石膏硬化后具有强度较低、表观密度较小、导热性较低、吸声性较好等特点。

建筑石膏在贮运过程中，应防止受潮及混入杂物。不同等级的石膏应分别贮运，不得混杂。一般贮存期为 3 个月，超过 3 个月，强度将降低 30%左右。超过贮存期限的石膏应重新进行质量检验，以确定其等级。

2.3.4　建筑石膏的特性

建筑石膏具有以下特性。

1. 凝结时间短

建筑石膏的凝结时间，随煅烧温度、磨细程度和杂质含量等情况的不同而不同。一般与水拌和后，在常温下数分钟即可初凝，30 min 以内即可达到终凝。在室内自然干燥状态下，达到完全硬化需一周。凝结时间可按要求进行调整，若要延缓凝结时间，可掺入缓凝剂，以降低半水石膏的溶解度和溶解速度，如亚硫酸盐酒精废液、硼砂或用石灰活化的骨胶、皮胶和蛋白胶等；若要加速建筑石膏的凝结，则可掺入促凝剂，如氯化钠、硅氟酸钠、硫酸钠和硫酸镁等，它的作用在于增加半水石膏的溶解度和溶解速度。

2. 微膨胀性

建筑石膏硬化过程中体积略有膨胀，硬化时不出现裂缝，所以可以不掺加填料而单独使用。建筑石膏可以浇注成型，可用来制作尺寸准确、表面致密光滑的构件或装饰，可锯可钉，是一种较好的室内饰面材料。

3. 孔隙率大

石膏硬化后孔隙率可达 50%～60%，因此建筑石膏制品质轻，隔热、吸声性好，但孔隙率大，使石膏制品的强度低、吸水率大。

4. 耐水性差

建筑石膏制品软化系数小(0.2～0.3)，耐水性差，若吸水后受冻，将因水分结冰而崩裂，故建筑石膏的耐水性和抗冻性都较差，不宜用于室外。

5. 抗火性好

建筑石膏硬化后的主要成分是二水石膏，遇火时，其中的结晶水脱出，既能形成水蒸气帷幕，阻止火势的蔓延，又能吸收热量，生成的无水石膏为良好的热绝缘体。它的制品越厚，抗火性越好。

6. 塑性变形大

石膏及其制品，有明显的塑性变形性能，尤其在弯曲荷载下，徐变显得更加严重，因此一般不用于承重构件。

2.3.5 建筑石膏的应用

如上所述，建筑石膏具有许多优良的性能，它适宜用作室内装饰、保温绝热、吸声及阻燃等方面的材料，一般做成石膏抹面灰浆、建筑装饰制品和石膏板等。

1. 室内抹灰及粉刷

建筑石膏加水、砂拌和成石膏砂浆，可用于室内抹灰。这种抹灰墙面具有绝热、阻火、隔音、舒适、美观等特点。抹灰后的墙面和天棚还可以直接涂刷油漆及粘贴墙纸。

建筑石膏加水调成石膏浆体，掺入部分石灰可用于室内粉刷涂料。粉刷后的墙面光滑、细腻、洁白美观。

2. 装饰制品

以石膏为主要原料，掺加少量的纤维增强材料和胶料，加水搅拌成石膏浆体，利用石膏硬化时体积微膨胀的性能，可制成各种石膏雕塑、饰面板及各种装饰品。

3. 石膏板

我国目前生产的石膏板，主要有纸面石膏板、石膏空心条板、石膏装饰板、纤维石膏板等。

1）纸面石膏板

纸面石膏板是用石膏做芯材，两面用纸做护面而成的，规格为宽度 900～1 200 mm，厚度 9～12 mm，长度可按需要而定，主要用于内墙、隔墙和天花板等处。

2）石膏空心条板

石膏空心条板是以建筑石膏为主要原料，规格为：(2 500～3 500)mm×(450～600) mm×(60～100) mm，7～9 孔，孔洞率为 30%～40%。这种石膏板强度高，可用作住宅和公共建筑的内墙和隔墙等，安装时不需龙骨。

3）石膏装饰板

石膏装饰板是以建筑石膏为主要原料，规格为边长 300 mm、400 mm、500 mm、600 mm、900 mm 的正方形，有平板、多孔板、花纹板、浮雕板及装饰薄板等，它花色多样、颜色鲜艳、造型美观，主要用于公共建筑，可作为墙面和天花板等。

4）纤维石膏板

纤维石膏板是以建筑石膏、纸板和短切玻璃纤维为原料，这种板的抗弯强度高，可用于内墙和隔墙，也可用来代替木材制作家具。

此外还有石膏蜂窝板、防潮石膏板、石膏矿棉复合板等，可分别用作绝热板、吸声板、内墙和隔墙板、天花板、地面基层板等。

建筑石膏若配以纤维增强材料、胶黏剂等还可制成石膏角线、线板、角花、灯圈、罗马柱、雕塑等艺术装饰石膏制品。

2.4　水玻璃

水玻璃又称泡花碱，是一种能溶于水的硅酸盐，由不同比例的碱金属和二氧化硅所组成，也是一种气硬性胶凝材料。在建筑工程中常用来配制水玻璃水泥、水玻璃砂浆、水玻璃混凝土等。

2.4.1　水玻璃生成简介

生产水玻璃的方法有湿法和干法两种，目前生成水玻璃的主要方法是以纯碱和石英砂为原料，将其磨细拌匀后，在 1 300～1 400℃的熔炉中熔融，经冷却后生成固体水玻璃。其反应式如下：

$$NaCO_3 + nSiO_2 \xrightarrow{1300\sim1400℃} Na_2O \cdot nSiO_2 + CO_2 \uparrow$$

液体水玻璃是将固体水玻璃装进蒸压釜内，通入水蒸气使其溶于水而得，或者将石英砂和氢氧化钠溶液在压蒸锅内(20～30 kPa)用蒸汽加热并搅拌，使其直接反应而成液体水玻璃，其溶液具有碱性溶液的性质。纯净的水玻璃溶液应为无色透明液体，但因含杂质常呈青灰或黄绿等颜色。

除了液体水玻璃外，尚有不同形状的固体水玻璃，如未经溶解的块状或粒状水玻璃、溶液除去水分后呈粉状的水玻璃等。

2.4.2　水玻璃硬化

水玻璃溶液在空气中吸收二氧化碳，形成无定形硅酸，并逐渐干燥而硬化，其反应如下：

$$Na_2O \cdot nSiO_2 + CO_2 + mH_2O = NaCO_3 + nSiO_2 \cdot mH_2O$$

因为过程进行很慢，在使用过程中，常将水玻璃加热或加入氟硅酸钠(Na_2SiF_6)作为促硬剂，以加快水玻璃的硬化速度。水玻璃中加入氟硅酸钠后发生下面反应，促使硅酸凝胶加速析出：

$$2[Na_2O \cdot nSiO_2] + Na_2SiF_6 + mH_2O = 6\ NaF + (2n+1)SiO_2 \cdot mH_2O$$

氟硅酸钠的适宜用量为水玻璃重量的 12%～15%，如果用量太少，不但硬化速度缓慢、强度降低，而且未经反应的水玻璃易溶于水，因而耐水性差；但如果用量过多，又会引起凝结过速，使加工困难，而且渗透性大，强度也低。

2.4.3　水玻璃的特性

根据碱金属氧化物的不同，水玻璃可分为硅酸钠水玻璃和硅酸钾水玻璃等，以硅酸钠水玻璃为常用。水玻璃的组成中，氧化硅和氧化钠的分子比 n，称为水玻璃的模数，一般在 1.5～3.5 之间，它的大小决定着水玻璃的品质及其应用特性。模数低的固体水玻璃，较易溶于水，而模数越高，水玻璃的黏度越大，越难溶于水；模数低的水玻璃，晶体组分较多，黏结能力较差，模数升高，胶体组分增加，黏结能力增大。

水玻璃溶液可与水按任意比例混合，不同的用水量可使溶液具有不同的密度(或浓度)和黏度。同一模数的水玻璃溶液，其密度(或浓度)越大、黏度越大、黏结力越强。若在水玻璃中加入尿素，可在不改变黏度的情况下，提高其黏结能力。

水玻璃还具有很强的耐腐蚀性，能抵抗多数无机酸、有机酸和侵蚀性气体的腐蚀。水玻璃硬化时析出的硅酸凝胶还能堵塞材料的毛细孔隙，起到阻止水分渗透的作用。水玻璃还具有良好的耐热性能，在高温下不分解，强度不降低，甚至有所增加。

2.4.4 水玻璃的应用

1. 耐酸材料

以水玻璃为胶凝材料配制的耐酸水泥、耐酸砂浆及耐酸混凝土广泛用于防腐工程中。

2. 耐热材料

水玻璃耐高温性能好，能长期承受一定高温作用而强度不降低，可配制成耐热混凝土和耐热砂浆。

3. 涂料

利用水玻璃溶液可涂刷建筑材料表面或浸渍多孔材料，它渗入材料的缝隙或孔隙中，可增加材料的密实度和强度，增强抗风化能力。用浸渍法处理多孔材料时，可使其密度和强度提高。常用水将液体水玻璃稀释到密度为 1.35 g/cm^3 左右的溶液，多次涂刷或浸渍，对黏土砖、硅酸盐制品、水泥混凝土和石灰石等，均有较好效果。但不能对石膏制品进行涂刷和浸渍，因为水玻璃与石膏反应生成硫酸钠晶体，会在制品孔隙内部产生体积膨胀，使石膏制品破坏。调制液体水玻璃，可加入耐碱颜料和填料，兼有饰面效果。

4. 灌浆材料

将水玻璃与氯化钙溶液交替灌入土壤中，两种溶液发生化学反应，析出硅酸胶体，起到胶结和填充土壤空隙的作用，并可阻止水分的渗透，增加土壤的密实度和强度。硅酸胶体是一种吸水膨胀的冻状凝胶，因吸收地下水而经常处于膨胀状态，阻止水分的渗透，并使土壤固结。水玻璃与氯化钙的反应式为：

$$Na_2O \cdot nSiO_2 + CaCl_2 + xH_2O \longrightarrow 2\,NaCl + nSiO_2 \cdot (x-1)H_2O + Ca(OH)_2$$

5. 防水堵漏材料

防水堵漏材料指以水玻璃为基料，加入两种、三种或四种矾配制而成，称为两矾、三矾或四矾防水剂。四矾防水剂是以蓝矾(硫酸铜)、明矾(钾铝矾)、红矾(重铬酸钾)和紫矾(铬矾)各 1 份，溶于 60 份 100℃的水中，降温至 50℃，投入 400 份水玻璃溶液中，搅拌均匀而成。这种防水剂凝结迅速，一般不超过 1 min，适用于与水泥浆调和，堵塞漏洞、缝隙等局部抢修。

2.5　镁氧水泥

镁氧水泥(又称菱苦土、氯氧镁水泥,英文名称 Sorel Cement 或 Sorel's Cement)是一种气硬性无机胶凝材料,主要成分氧化镁(MgO),是一种白色或黄色的粉末,属镁质胶凝材料,它的原材料主要来源于天然菱镁矿($MgCO_3$),也可利用蛇纹石($3MgO \cdot 2SiO_2 \cdot 2H_2O$)、白云石($MgCO_3 \cdot CaCO_3$)、冶炼镁合金的熔渣(MgO 含量不低于 25%)提取,或者从海水中提取。

2.5.1　镁氧水泥的生产

菱镁矿中的 $MgCO_3$ 一般在 400℃时开始分解,600～650℃时反应剧烈进行,生产镁氧水泥时,煅烧温度通常控制在 750～850℃左右,其反应式如下:

$$MgCO_3 \longrightarrow MgO + CO_2 \uparrow$$

煅烧得到的块状产物经磨细后,即可得到镁氧水泥,其密度为 3.1～3.4 g/cm^3,堆积密度为 800～900 kg/m^3。

另外,将白云石($MgCO_3 \cdot CaCO_3$)在 650～750℃温度下煅烧,可生产出以氧化镁和碳酸钙为主的混合物,称为苛性白云石,其反应式如下:

$$MgCO_3 \cdot CaCO_3 \longrightarrow MgO + CaCO_3 + CO_2 \uparrow$$

苛性白云石也属于镁质胶凝材料,性质及用途与镁氧水泥相似。

2.5.2　镁氧水泥的硬化

镁氧水泥加水拌和后,氧化镁发生化学反应,生成氢氧化镁,并放出大量热,其反应式如下:

$$MgO + H_2O \longrightarrow Mg(OH)_2$$

用水调和浆体时,凝结硬化很慢,硬化后的强度也很低,所以经常使用调和剂,以加速其硬化过程的进行,最常用的调和剂是氯化镁溶液,反应式如下:

$$xMgO + MgCl_2 \cdot 6H_2O + 2H_2O \longrightarrow xMgO \cdot MgCl_2 \cdot 8H_2O$$

$$MgO + H_2O \longrightarrow Mg(OH)_2$$

反应生成的氯氧化镁($xMgO \cdot MgCl_2 \cdot 8H_2O$)和氢氧化镁从溶液中逐渐析出,并凝结和结晶,使浆体凝结硬化。加入调和剂后,不仅凝结硬化速度加快,而且强度也得到显著提高。

2.5.3　镁氧水泥的应用

镁氧水泥与植物纤维黏结性好,不会引起纤维的分解。因此,常与木丝、木屑等木质纤维混合应用,制成镁氧水泥木屑地板、木丝板及木屑板等制品。

为了提高制品的强度及耐磨性,在镁氧水泥中除木屑、木丝外,还加入滑石粉、石棉、细石英砂、砖粉等填充材料。镁氧水泥耐水性较差,故这类制品不宜用于长期潮湿的地方,镁氧水泥在使用过程中,常用氯化镁溶液调制,其氯离子对钢筋有锈蚀作用,因此其制品中不宜配置钢筋。应用大理石或中等硬度的岩石碎屑为骨料,可制成镁氧水泥磨石地板。

镁氧水泥地板具有保温、无尘土、耐磨、防火、表面光滑和弹性好等特点,若掺加耐碱矿物颜料,可将地面着色,是良好的地面材料。

镁氧水泥板有较高的紧密度和强度,而且具有吸音、隔热的效果,可做内墙、天花板和其他建筑材料之用。

加筋的镁氧水泥具有较高的强度,可以代替木材制成垫木、柱子等构件。

在镁氧水泥中加入泡沫剂可制成轻质多孔的绝热材料。

【思考和练习】

2-1 试述气硬性胶凝材料和水硬性胶凝材料的特点。

2-2 试述石膏的硬化机理。

2-3 水玻璃的主要性能和用途有哪些?

2-4 石灰有哪些特性?

2-5 说明石灰的硬化机理。

2-6 建筑石膏有哪些特性?

2-7 镁氧水泥有哪些方面的应用?

第3章　水　　泥

【本章要点】

本章主要介绍六大通用水泥即硅酸盐类水泥的组成、水化过程、凝结硬化过程与特点、技术性质与要求、性能特征和工程应用适用范围。另外还介绍了其他品种水泥，如铝酸盐水泥、白色水泥、彩色水泥、快硬水泥、膨胀与自应力水泥、砌筑水泥等。本章的学习目标是：熟悉和掌握六大通用水泥的性质特点与使用注意事项，了解其他品种水泥的性能特点与适用范围，学会在工程设计与施工中正确选择和合理使用通用水泥。

水泥属于水硬性胶凝材料，品种很多，按其用途和性能可分为通用水泥、专用水泥与特种水泥三大类。用于一般土木工程的水泥为通用水泥，如硅酸盐水泥、矿渣硅酸盐水泥等；具有专门用途的水泥称为专用水泥，如道路水泥、砌筑水泥、大坝水泥等；具有比较突出的某种性能的水泥称为特种水泥，如快硬硅酸盐水泥、膨胀水泥等。按主要水硬性物质名称不同，水泥又可分为硅酸盐水泥、铝酸盐水泥、硫铝酸盐水泥等。土木工程常用的主要是各种硅酸盐水泥。

本章涉及的标准主要包括：

《通用硅酸盐水泥》(GB 175—2007)；

《水泥胶砂强度检验方法(ISO 法)》(GB/T 17671—1999)；

《铝酸盐水泥》(GB 201—2000)；

《白色硅酸盐水泥》(GB/T 2015—2005)；

《硫铝酸盐水泥》(GB 20472—2006)；

《砌筑水泥》(GB/T 3183—2003)。

3.1　硅酸盐水泥

由硅酸盐水泥熟料、0～5%石灰石或粒化高炉矿渣、适量石膏磨细制成的水硬性胶凝材料，称为硅酸盐水泥。硅酸盐水泥分两种类型，不掺加混合材料的称为Ⅰ型硅酸盐水泥，其代号为P·Ⅰ；在硅酸盐水泥熟料粉磨时掺加不超过水泥质量5%的石灰石或粒化高炉矿渣混合材料的称为Ⅱ型硅酸盐水泥，其代号为P·Ⅱ。在生产水泥时，需加入水泥质量3%左右的石膏($CaSO_4 \cdot 2H_2O$)，其作用是延缓水泥的凝结，便于施工。

3.1.1 硅酸盐水泥熟料的矿物组成

国家标准《通用硅酸盐水泥》(GB 175—2007)定义:硅酸盐水泥熟料是由主要含 CaO、SiO_2、Al_2O_3、Fe_2O_3 的原料,按适当比例磨成细粉,烧至部分熔融所得的以硅酸钙为主要矿物的水硬性胶凝物质,其中硅酸钙矿物不小于 66%、氧化钙和氧化硅质量比不小于 2.0。熟料的主要矿物组成有硅酸三钙(分子式 $3CaO \cdot SiO_2$,简写 C_3S)、硅酸二钙($2CaO \cdot SiO_2$,简写 C_2S)、铝酸三钙($3CaO \cdot Al_2O_3$,简写 C_3A)与铁铝酸四钙($4CaO \cdot Al_2O_3 \cdot Fe_2O_3$,简写 C_4AF)。各矿物组成的性质见表 3-1。若调整熟料中各矿物组成的比例,则水泥的性质将有相应的变化。如提高硅酸三钙、铝酸三钙含量,可使硅酸盐水泥凝结、硬化快,早期强度高。

表 3-1 各种熟料矿物单独水化的特性

名　称	硅酸三钙 $3CaO \cdot SiO_2$ (C_3S)	硅酸二钙 $2CaO \cdot SiO_2$ (C_2S)	铝酸三钙 $3CaO \cdot Al_2O_3$ (C_3A)	铁铝酸四钙 $4CaO \cdot Al_2O_3 \cdot Fe_2O_3$ (C_4AF)
凝结硬化速度	快	慢	最快	快
28 d 水化放热量	多	少	最多	中
强度	高	早期低、后期高	低	低

3.1.2 硅酸盐水泥的水化、凝结、硬化

水泥加水拌和后,成为具有可塑性的水泥浆,水泥颗粒开始水化,随着水化反应的进行,水泥浆逐渐变稠并失去可塑性,但尚未具有强度,这一过程称为“凝结”。随后产生明显的强度并逐渐发展成为坚硬的水泥石,这一过程称为“硬化”。凝结和硬化是人为划分的,实际上这二者是一个连续的、复杂的物理化学变化过程。

1. 硅酸盐水泥的水化

水泥加水后,在水泥颗粒表面的熟料矿物立即水化,形成水化物并放出一定热量:

$$2(3CaO \cdot SiO_2)+6H_2O = 3CaO \cdot 2SiO_2 \cdot 3H_2O+3Ca(OH)_2$$

$$2(2CaO \cdot SiO_2)+4H_2O = 3CaO \cdot 2SiO_2 \cdot 3H_2O+Ca(OH)_2$$

$$3CaO \cdot Al_2O_3+6H_2O = 3CaO \cdot Al_2O_3 \cdot 6H_2O$$

$$4CaO \cdot Al_2O_3 \cdot Fe_2O_3+7H_2O = 3CaO \cdot Al_2O_3 \cdot 6H_2O+CaO \cdot Fe_2O \cdot H_2O$$

写成简写式,则为:

$$2C_3S+8H = CS_2H_3+5CH$$

$$2C_2S+6H = CS_2H_3+3CH$$

$$C_3A+6H = C_3AH_6$$

$$C_4AF + 7H = C_3AH_6 + CFH$$

水泥中掺入作为缓凝剂的石膏与水化铝酸钙反应生成高硫型水化硫铝酸钙($3CaO \cdot Al_2O_3 \cdot 3CaSO_4 \cdot 31H_2O$)和单硫型水化硫铝酸钙($3CaO \cdot Al_2O_3 \cdot CaSO_4 \cdot 12H_2O$),这两种水化物均为难溶于水的针状晶体。高硫型水化硫铝酸钙(又称钙矾石),呈针状晶体,英文简称 AF_t。

需要掺入石膏缓凝的原因是:在没有石膏或石膏数量不足的情况下,在水泥水化早期,因铝酸三钙与水反应速度很快,导致水泥颗粒周围迅速形成大量的水化铝酸钙晶体,这些晶体引发众多水泥颗粒彼此之间迅速接触与搭接,造成水泥浆整体的过早凝结,导致来不及进行正常的混凝土或砂浆施工,这种过快的凝结称为急凝或闪凝(Flash Set)。其特征是:水泥与水拌和后,水泥浆很快凝结,形成一种很粗糙、非塑性的混合物,并放出大量热量。

石膏缓凝的机理是:在水泥水化的早期,C_3A 反应所生成的水化铝酸钙与石膏发生反应,其产物钙矾石结晶沉积在水泥颗粒表面,构成覆盖水泥颗粒的保护膜,阻止水泥的过快反应,且不会引起众多水泥颗粒之间的过早接触,从而避免了闪凝,以后随着水泥水化的进行,水泥浆仍会发生正常的凝结,从而实现了石膏的缓凝。

2. 硅酸盐水泥的凝结、硬化

水泥加水生成的胶体状水化产物聚集在颗粒表面形成凝胶薄膜,使水泥反应减慢,并使水泥浆体具有可塑性。由于生成的胶体状水化产物不断增多并在某些点接触,构成疏松的网状结构,使浆体失去流动性及可塑性,这就是水泥的凝结。此后由于生成的水化产物(凝胶、晶体)不断增多,它们相互接触、连接到一定程度时,就建立起较紧密的网状结构,并在网状结构内部不断充实水化产物,使水泥具有初步的强度,此后水化产物不断增加,强度不断提高,最后形成有较高强度的水泥石,这就是水泥的硬化。

硬化后的水泥石是由水泥水化产物、未水化完的水泥颗粒、孔隙与水所组成。

水泥水化后生成的主要水化产物有凝胶与晶体两类。凝胶有水化硅酸钙(CSH)与水化铁酸钙(CFH);晶体有氢氧化钙[$Ca(OH)_2$]、水化铝酸钙(C_3AH_6)与水化硫铝酸钙($3CaO \cdot Al_2O_3 \cdot 3CaSO_4 \cdot 31H_2O$)等。在完全水化的水泥石中,水化硅酸钙凝胶约占70%,氢氧化钙约占20%,水化硫铝酸钙约占7%。水化硅酸钙凝胶难溶于水,且有较高的凝结能力,其水硬性与胶结力决定着水泥的水硬性与强度,因此它是水泥水化物中的关键成分。

水泥石中孔隙通常包含毛细孔、气孔、凝胶孔。通常在水灰比(拌和时,水与水泥质量比)为0.40～0.65的水泥石中,孔径为微米级的毛细孔作为水泥石所固有的组成部分之一,构成了孔隙的主体,对水泥石或者混凝土的性能有重要的作用;气孔为比毛细孔更为粗大的孔,主要来源于搅拌时夹带进水泥浆的空气,可通过控制搅拌、振捣密实减少其数量;凝胶孔也是水泥石所固有的组成部分之一,存在于水化硅酸钙凝胶体内部,尺寸比毛细孔更小,但一般对水泥石或混凝土性能的影响并不显著。

水泥的水化、凝结、硬化，除了与水泥矿物组成有关外，还与水泥的细度、拌和水量、温度、湿度、养护时间及石膏掺量等有关。

3. 硅酸盐水泥的技术性质

硅酸盐水泥的密度一般为 3.05～3.20 g/cm^3，堆积密度一般为 1 000～1 600 kg/m^3。

国家标准《通用硅酸盐水泥》(GB 175—2007)规定，硅酸盐水泥有不溶物、氧化镁、三氧化硫(SO_3)、烧失量、细度、凝结时间、安定性、强度和碱含量等九项技术要求。其中影响水泥性质的主要指标有细度、凝结时间、安定性与强度四项。此外还规定了对氯离子限量的要求，即水泥中氯离子含量不大于 0.06%；以 45 μm 方孔筛筛余不大于 30%作为选择性指标。

1) 细度

水泥的细度是指水泥的粗细程度。水泥颗粒越细，与水起反应的表面积越大，因而水泥颗粒细，水化迅速且完全，早期强度及后期强度均较高，但在空气中的硬化收缩较大，成本也较高。若水泥颗粒过粗，则不利于水泥活性的发挥。通常，粒径小于 40 μm 的水泥颗粒具备较高的水化活性。国家标准规定，硅酸盐水泥的细度用比表面积表示，即应大于 300 m^2/kg。

2) 凝结时间

水泥的凝结时间分初凝时间与终凝时间。初凝时间为自加水起至水泥净浆开始失去可塑性所需的时间，终凝时间为自加水起至水泥净浆完全失去可塑性并开始产生强度所需的时间。

水泥的凝结时间为用凝结时间测定仪测定的标准稠度的水泥净浆凝结所需的时间。所谓标准稠度的净浆，是指在标准稠度测度仪上，试锥下沉深度为 28 mm±2 mm范围内的净浆。要配制标准稠度的水泥净浆，需测出达到标准稠度时的所需拌和水量，以占水泥质量的百分率表示标准稠度用水量。硅酸盐水泥的标准稠度用水量一般在 24%～30%之间。

国家标准规定，硅酸盐水泥的初凝时间不得早于 45 min，终凝时间不得迟于 6.5 h。

3) 体积安定性

水泥的体积安定性是反映水泥加水硬化后体积变化均匀性的物理指标。体积安定性不良，是指水泥硬化后，产生不均匀的体积变化。使用体积安定性不良的水泥，会使构件产生膨胀开裂，降低建筑物或结构物的质量，甚至引起严重事故，因此体积安定性不良的水泥，在工程中应严禁使用。

水泥体积安定性不良的主要原因是熟料中含有过量的游离氧化钙或游离氧化镁，或者水泥中掺入的石膏过量。当熟料中含有过量的游离氧化钙时，因其是过火态的，相对于水泥的水化反应，游离氧化钙水化生成氢氧化钙的反应较为缓慢，而该反应生成物是体积膨胀的，所以将在硬化水泥浆中引起局部膨胀乃至开裂，构成体积安定性不良；当熟料中含有过量的游离氧化镁时，也会发生与过量游离氧化钙类似的情况;当水泥中掺有过量的石膏时,石膏除了适量的那一部分发挥缓凝作用,在水化初期与水化铝酸钙反应形成钙矾石以外,剩余的一部分则在逐渐硬化的水泥石中继续与水化铝酸钙反应,仍然形成钙矾石,体积比反应物膨胀 2.5 倍,也将在硬化水泥浆中引起局部膨胀乃至开裂。

这三种因素引发水泥安定性不良的共同点都是相对于早期水泥水化而言延迟形成的某种膨胀性产物,作为局部存在的物质,出现在周围已经硬化的水泥石中,随着这种膨胀性产物的数量逐渐增多,就会引起水泥石中局部的膨胀,当膨胀发生到一定程度时还会使作为脆性材料的水泥石发生开裂。这种因局部膨胀产物引起脆性材料损伤破坏的方式在水泥、混凝土中具有一定的典型性,值得关注。

国家标准规定,由熟料中游离氧化钙引起的安定性不良可用沸煮法检验。沸煮法可分为试饼法(观察标准稠度的水泥净浆试饼沸煮后的外形变化)与雷氏夹法(测定标准稠度的水泥净浆在雷氏夹中沸煮后的膨胀值)。由于游离氧化镁在压蒸条件下才加速熟化,石膏的危害则需长期在常温水中才能发现,两者均不便于快速检测。因此,为避免因过量游离氧化镁或石膏引起的体积安定性不良,国家标准还规定,水泥中的游离氧化镁含量不得超过 5.0%,三氧化硫含量不得超过 3.5%。

4) 强度

水泥强度是表征水泥质量的重要指标。国家标准规定,采用水泥胶砂法测定水泥强度,即采用水泥与标准砂和水以 1∶3∶0.5 比例拌和,按规定的方法制成 40 mm×40 mm×160 mm 的胶砂试件,在标准温度(20℃±2℃)的水中养护,分别测定其 3 d 与 28 d 的抗压强度与抗折强度。根据测定结果,将硅酸盐水泥分为 42.5、42.5R、52.5、52.5R、62.5、62.5R,其中有代号 R 者为早强型水泥。各强度等级硅酸盐水泥胶砂的各龄期强度不得低于表 3-2 中的数值。

表 3-2 硅酸盐水泥的强度要求(GB 175—2007)

强度等级	抗压强度/MPa		抗折强度/MPa	
	3 d	28 d	3 d	28 d
42.5	17.0	42.5	3.5	6.5
42.5R	22.0	42.5	4.0	6.5
52.5	23.0	52.5	4.0	7.0
52.5R	27.0	52.5	5.0	7.0
62.5	28.0	62.5	5.0	8.0
62.5R	32.0	62.5	5.5	8.0

5) 水化热

水泥水化是放热反应,其放热过程可持续很长时间,但大部分热量是在早期特别是在3 d龄期内放出的。因混凝土是传热不良导体，通常水化热导致混凝土内部温度升高。这在大体积混凝土中将导致混凝土内部温度显著升高，内外温差可达几十摄氏度，早期水泥石或混凝土的强度还很低，因温差引起的应力极易引发混凝土的开裂，造成混凝土的永久性损伤缺陷，降低混凝土结构的安全性与耐久性。因此，水化热是水泥性能的重要指标之一。在大体积混凝土工程中应选用水化热低的水泥。

水泥水化热主要与熟料矿物组成和水泥细度有关。水泥中C_3A的含量越高，则水化热越高；水泥磨得越细，则水化热越高。

6）碱含量

水泥碱含量，特指水泥中氧化钠(Na_2O)和氧化钾(K_2O)的总量，这是因为这两种化合物在水泥中起类似的作用，即当水泥碱含量较高时，如果混凝土骨料是活性的(即含较多的活性氧化硅)，则容易发生有害的碱—骨料反应，导致混凝土的损伤破坏。碱含量用氧化钠的等效质量含量表示，具体表示为($Na_2O+0.685K_2O$)。若混凝土工程使用活性骨料，则所选用的水泥应为低碱水泥，其碱含量小于熟料质量的0.6%。碱含量大于熟料质量0.6%的水泥称为高碱水泥，其使用不利于避免碱—骨料反应的发生。

7）水泥的废品与不合格品

国家标准规定，凡氧化镁、三氧化硫、初凝时间、安定性(指快速检测因游离氧化钙引起的安定性)中的任一项不符合标准规定时均为废品；凡细度、终凝时间、不溶物和烧失量中的任一项不符合标准规定或混合材料掺加量超过最大限量和强度低于商品规定的指标时称为不合格品。废品水泥严禁出厂、严禁在工程中使用。不合格品可酌情使用。

4. 硅酸盐水泥石的侵蚀与防止

硅酸盐水泥加水硬化而成的水泥石，在通常使用条件下，有较好的耐久性，但在某些侵蚀性液体或气体(统称侵蚀介质)的作用下，会逐渐遭受侵蚀，引起强度降低，甚至破坏，这种现象称为水泥石的侵蚀或腐蚀。

引起水泥石侵蚀的原因很多，侵蚀是一个相当复杂的过程，下面介绍几种典型的侵蚀。

1）软水侵蚀(溶出性侵蚀)

软水是不含或仅含少量钙、镁等可溶性盐的水。雨水、雪水、蒸馏水、工厂冷凝水以及含重碳酸盐甚少的河水与湖水等均属软水。软水能使水化产物中的氢氧化钙溶解，并促使水泥石中其他水化产物发生分解，故软水侵蚀又称为“溶出性侵蚀”。

水泥石中各水化产物都必须在一定的CaO浓度的液相中才能稳定存在，低于此极限石灰浓度时，水化产物将会发生逐步分解。各主要水化产物稳定存在时所必需的极限石灰(按CaO计)浓度如下：

氢氧化钙约为1.3 g CaO/L；

水化硅酸三钙稍大于1.2 g CaO/L；

水化铁铝酸四钙约为 1.06 g CaO/L；

水化硫铝酸钙约为 0.045 g CaO/L。

各种水化产物与水作用时，氢氧化钙由于溶解度最大，首先被溶出。在水量不多或无水压的静水情况下，由于周围的水迅速被溶出的氢氧化钙所饱和，溶出作用很快即中止，破坏作用仅发生于水泥石的表面部位，危害不大。但在大量水或流动水中，氢氧化钙会不断溶出，特别是当水泥石渗透性较大而又受压力水作用时，水不仅能渗入内部，而且还能产生渗流作用，将氢氧化钙溶解并渗滤出来，因此不仅减小了水泥石的密实度，影响其强度，而且由于液相中氢氧化钙的浓度降低，还会使一些高碱性水化产物向低碱性转变或溶解。于是水泥石的结构会相继受到破坏，强度不断降低，裂隙不断扩展，渗漏更加严重，最后可能导致整体破坏。

溶出性侵蚀的速度与环境水中重碳酸盐的含量有很大关系。重碳酸盐能与水泥石中的氢氧化钙起作用，生成几乎不溶于水的碳酸钙，反应如下：

$$Ca(OH)_2+Ca(HCO_3)_2=\!=\!=2CaCO_3+2H_2O$$

生成的碳酸钙积聚在已硬化水泥石的孔隙内，可阻滞外界水的侵入和内部的氢氧化钙向外扩散。

将要与软水接触的水泥混凝土制品事先在空气中放置一段时间，使其表面碳化，再与软水接触，对溶出性侵蚀有一定的抵抗作用。

2) 盐类腐蚀

(1) 硫酸盐腐蚀

在一些湖水、海水、沼泽水、地下水及某些工业污水中常含钠、钾、铵等的硫酸盐，它们会先与硬化的水泥石结构中的氢氧化钙起置换反应，生成硫酸钙。硫酸钙再与水泥石中的水化铝酸钙起反应，生成高硫型水化硫铝酸钙，反应如下：

$$3CaO\cdot Al_2O_3\cdot 6H_2O+3(CaSO_4\cdot 2H_2O)+19H_2O=\!=\!=CaO\cdot Al_2O_3\cdot 3CaSO_4\cdot 31H_2O$$

生成的高硫型水化硫铝酸钙含有大量结晶水，固相体积增加到 2.22 倍，由于是在已经硬化的水泥石中发生上述反应，因此对水泥石的破坏作用很大(前面所述的过量石膏引起水泥安定性不良，也是由于这种反应的发生所致)。高硫型水化硫铝酸钙，即钙矾石(AF_t)，由于其在发生硫酸盐侵蚀时所引起的负面效应，又被称为“水泥杆菌”，如图 3-1 所示。

当水中硫酸盐浓度较高时，硫酸钙会在孔隙中直接结晶成二水石膏，造成膨胀压力，引起水泥石的破坏。

(2) 镁盐腐蚀

在海水及地下水中，常含有大量的镁盐，主要是硫酸镁和氯化镁。它们与水泥石中的氢氧化钙起置换作用，其反应式如下：

$$MgSO_4+Ca(OH)_2+2H_2O\longrightarrow CaSO_4\cdot 2H_2O+Mg(OH)_2$$

$$MgCl_2+Ca(OH)_2\longrightarrow CaCl_2+Mg(OH)_2$$

图 3-1 水泥石中的钙矾石针状晶体

生成的氢氧化镁松软而无胶凝能力，氯化钙易溶于水，二水石膏则引起硫酸盐的破坏作用。因此，硫酸镁对水泥石起着镁盐和硫酸盐双重腐蚀的作用。

3）酸类腐蚀

（1）碳酸腐蚀

在工业污水、地下水中常溶解有较多的二氧化碳，它对水泥石的腐蚀作用是先生成碳酸钙，反应如下：

$$Ca(OH)_2+CO_2+H_2O = CaCO_3+2H_2O$$

生成的碳酸钙再与含碳酸的水反应生成碳酸氢钙，这是一个可逆反应：

$$CaCO_3+CO_2+H_2O = Ca(HCO_3)_2$$

生成的碳酸氢钙易溶于水。当水中含有较多的碳酸，并超过平衡浓度，则上式反应向右进行。因此，水泥石中的氢氧化钙，通过转变为易溶的碳酸氢钙而溶失。氢氧化钙浓度的降低还会导致水泥石中其他水化产物的分解，使腐蚀作用进一步加剧。

（2）一般酸腐蚀

工业废水、地下水、沼泽水中常含有无机酸和有机酸，工业窑炉中的烟气中常含有氧化硫，遇水后即生成亚硫酸。各种酸类对水泥石有不同程度的腐蚀作用，它们与水泥石中的碱（氢氧化钙）起中和反应，生成的化合物或者易溶于水，或者体积膨胀，在水泥石中形成孔洞或膨胀压力。对水泥石腐蚀作用较强的是无机酸中的盐酸、氢氟酸、硫酸、硝酸和有机酸中的醋酸、蚁酸和乳酸。

例如，盐酸与水泥石中的氢氧化钙起反应：

$$2HCl+Ca(OH)_2 = CaCl_2+2H_2O$$

生成的氯化钙易溶于水。

硫酸与水泥石中的氢氧化钙起反应：

$$H_2SO_4+Ca(OH)_2 = CaSO_4\cdot 2H_2O$$

生成的二水石膏可能与水泥石中的水化铝酸钙作用，生成高硫型的水化硫铝酸钙或直接在水泥石孔隙中结晶产生膨胀压力。

4）强碱腐蚀

碱类溶液如浓度不大时一般是无害的。但铝酸盐含量较高的硅酸盐水泥遇到强

碱(如氢氧化钠)作用后也会产生破坏。氢氧化钠会与水泥熟料中未水化的铝酸盐作用,生成易溶的铝酸钠,反应如下:

$$3CaO \cdot Al_2O_3 + 6Na(OH) = 3Na_2O \cdot Al_2O_3 + 3Ca(OH)_2$$

除上述几种腐蚀类型以外,还有其他一些物质,如糖类、脂肪等对水泥石也有腐蚀作用。

由上述分析可知,引起水泥石腐蚀的根本原因是水泥石中有易被腐蚀的成分及能与某些酸类和盐类起化学反应的成分,如氢氧化钙、水化铝酸钙;另外,水泥石本身不密实,有很多毛细孔通道,腐蚀性介质易于通过毛细孔深入到水泥石内部,加速腐蚀的进程。

实际的腐蚀往往是一个极为复杂的过程,可能是几种类型作用同时存在,互相影响。促使腐蚀发展的因素还有较高的温度、较快的水流速、干湿交替等。

5) 腐蚀的防止措施

综上所述,主要是下列原因可引起水泥石的侵蚀。

① 水泥石本身一些组分(氢氧化钙、水化铝酸钙)能溶解于水或与其他物质发生化学反应,生成易溶于水、体积膨胀的或松软无胶结能力的新产物,使水泥石遭受侵蚀。

② 水泥石本身不密实,有很多毛细孔通道,侵蚀性介质(淡水、酸、硫酸盐与镁盐溶液等)容易进入其内部。

防止侵蚀可采取以下措施。

a. 根据工程所处的环境特点,选择合适的水泥品种。

硅酸盐水泥的水化产物中氢氧化钙含量较高,因此耐腐蚀性较差。在有腐蚀性介质的环境中应优先考虑采用其他品种水泥。

b. 减少拌和时的用水量,提高水泥石的密实程度。

硅酸盐水泥水化理论需水量约为水泥质量的23%,实际使用中用水量往往是水泥质量的40%~70%,多余的水易形成毛细孔或水囊,使水泥石结构不密实,腐蚀性介质容易渗入水泥石内部,加速水泥石的腐蚀。降低水灰比、掺加减水剂、改进施工方法等可提高水泥石的密实程度,从而提高它的抗腐蚀性。

c. 采取表面防护处理。

在腐蚀性介质作用较强时,可采用表面涂层或表面加保护层的方法,如采用各种防腐涂料、玻璃、陶瓷、不锈钢板贴层等。

3.2 掺混合材料的硅酸盐水泥

掺混合材料的硅酸盐水泥包括普通硅酸盐水泥、矿渣硅酸盐水泥、火山灰质硅酸盐水泥、粉煤灰硅酸盐水泥和复合硅酸盐水泥。

在生产水泥时,掺入一定量的混合材料,目的是改善水泥的性能、调节水泥的强度、增加水泥品种、提高产量、节约水泥熟料、降低成本。

混合材料为天然的或人工的矿物材料，按其性能不同，可分为活性混合材料与非活性混合材料两大类。常用的活性混合材料有粒化高炉矿渣、火山灰质混合材料(如火山灰、浮石、硅藻土、烧黏土、煤矸石灰渣等)及粉煤灰等。非活性混合材料常用的有磨细石英砂、石灰石粉、黏土、磨细的块状高炉矿渣及炉灰等。

3.2.1 普通硅酸盐水泥

普通硅酸盐水泥简称普通水泥，其代号为 P·O，是由硅酸盐水泥熟料、6%～15%混合材料、适量石膏磨细制成的水硬性胶凝材料组成。

水泥标准规定，普通硅酸盐水泥的活性混合材料掺加量为 5%～20%，其中允许用不超过水泥质量 5%且符合标准规定的窑灰或不超过水泥质量 8%且符合标准规定的非活性混合材料代替。

普通水泥根据水泥胶砂 3 d、28 d 抗折强度与抗压强度划分强度等级。水泥标准规定，各强度等级的普通硅酸盐水泥的强度指标与硅酸盐水泥一致。普通水泥的初凝时间不得早于 45 min，终凝时间不得迟于 10 h。细度要求 0.080 mm 方孔筛的筛余不得超过 10%。安定性要求与硅酸盐水泥相同。还规定对氯离子限量的要求，即水泥中氯离子含量不大于 0.06%；以 45 μm 方孔筛筛余不大于 30%作为选择性指标。

普通水泥中混合材料掺量少，因此其性能与硅酸盐水泥相近。与硅酸盐水泥性能相比，普通水泥硬化稍慢，早期强度稍低，水化热稍小，抗冻性与耐磨性也稍差。其应用范围与硅酸盐水泥也相同，广泛应用于各种混凝土或钢筋混凝土工程。由于普通水泥与硅酸盐水泥的水化热高，且大部分在早期(3～7 d)放出，对于大型基础、水坝、桥墩等厚大体积混凝土的构筑物，因水化热在内部积聚、不易散发，内部温度可达 50～60 ℃以上，内外温度差所引起的应力，可使混凝土产生裂缝。因此，大体积混凝土工程不宜选用这两种水泥。

3.2.2 四种掺混合材料较多的硅酸盐水泥

1. 矿渣硅酸盐水泥(简称矿渣水泥)

水泥标准规定，由硅酸盐水泥熟料和粒化高炉矿渣、适量石膏磨细制成的水硬性胶凝材料称为矿渣硅酸盐水泥，其中矿渣掺加量为 20%～70%，并分为 A 型和 B 型。A 型矿渣掺量 20%～50%，代号 P·S·A；B 型矿渣掺量 50%～70%，代号 P·S·B。其中允许用不超过水泥质量 8%的活性混合材料、非活性混合材料或窑灰中的任一种材料代替。

2. 火山灰质硅酸盐水泥(简称火山灰水泥)

水泥标准规定，由硅酸盐水泥熟料和火山灰质混合材料、适量石膏磨细制成的水硬性胶凝材料称为火山灰质硅酸盐水泥，代号为 P·P，其中火山灰质混合材料掺量为 20%～40%。

3. 粉煤灰硅酸盐水泥(简称粉煤灰水泥)

由硅酸盐水泥熟料和粉煤灰、适量石膏磨细制成的水硬性胶凝材料称为粉煤灰硅酸盐水泥,代号为P·F。水泥中粉煤灰掺量按质量百分比计为20%～40%。

以上这三种水泥的技术要求基本与普通水泥相同。按3 d和28 d的抗压、抗折强度划分强度等级,其强度等级有32.5、32.5R、42.5、42.5R、52.5、52.5R。各强度等级普通水泥的各龄期胶砂强度不得低于表3-3中的数值。

表3-3 矿渣水泥、火山灰水泥及粉煤灰水泥的强度要求(GB 175—2007)

强度等级	抗压强度/MPa		抗折强度/MPa	
	3 d	28 d	3 d	28 d
32.5	10.0	32.5	2.5	5.5
32.5R	15.0	32.5	3.5	5.5
42.5	15.0	42.5	3.5	6.5
42.5R	19.0	42.5	4.0	6.5
52.5	21.0	52.5	4.0	7.0
52.5R	23.0	52.5	5.0	7.0

上述三种水泥的性质与硅酸盐水泥、普通硅酸盐水泥相比,它们的共同特点是:

① 早期强度较低,后期强度增长较快;

② 环境温、湿度对水泥凝结硬化的影响较大,故适于采用蒸汽养护;

③ 水化热较低,放热速度较慢;

④ 抗软水及硫酸盐侵蚀的能力较强;

⑤ 抗冻性、抗碳化性与耐磨性较差。

以上三种水泥与硅酸盐水泥、普通硅酸盐水泥性质上差异的原因,在于这三种水泥中活性混合材料的掺加量较大,熟料矿物的含量相对减少。由于所掺入的主要混合材料的性质不同,这三种水泥又具有各自的特性。例如矿渣水泥的耐热性较强,抗渗性较差,保水性较差。火山灰水泥保水性好,抗渗性好,但干燥收缩显著。粉煤灰水泥干缩性小,因而抗裂性好,且粉煤灰水泥流动性较好,因而配制的混凝土拌和物和易性好。这三种水泥的技术要求基本与普通水泥相同,但矿渣水泥中三氧化硫含量不得超过4.0%。

4. 复合水泥

水泥标准规定,由硅酸盐水泥熟料、两种或两种以上规定的混合材料、适量石膏磨细制成的水硬性胶凝材料称为复合硅酸盐水泥,简称复合水泥,代号为P·C。其中混合材料总掺加量为20%～50%,由两种(含)以上活性混合材料或非活性混合材料组成,其中允许用不超过水泥质量8%的窑灰代替。掺矿渣时混合材料掺量不得与矿渣硅酸盐水泥重复。

复合硅酸盐水泥的强度等级以及各强度等级的强度要求与矿渣硅酸盐水泥、火山灰质硅酸盐水泥、粉煤灰硅酸盐水泥相同。

复合水泥除了具有上述三种掺混合材料较多的硅酸盐水泥的共性以外,其性能特征还取决于所含有的混合材料以哪一种为主。复合水泥包装袋上均印有主要混合材料的名称。

5. 技术要求

水泥标准规定,四种掺混合材料较多的硅酸盐水泥,三氧化硫(除矿渣水泥不得超过4.0%以外)、细度、凝结时间、体积安定性、碱含量要求等同于普通硅酸盐水泥。矿渣硅酸盐水泥、火山灰质硅酸盐水泥、粉煤灰硅酸盐水泥和复合硅酸盐水泥中的氧化镁含量不大于6.0%,并规定如果水泥中氧化镁含量大于6.0%时,应进行水泥压蒸试验并合格,但P·S·B型水泥无此要求。还规定了对氯离子限量的要求,即水泥中氯离子含量不大于0.06%;以45 μm方孔筛筛余不大于30%作为选择性指标。

矿渣硅酸盐水泥、火山灰质硅酸盐水泥、粉煤灰硅酸盐水泥强度等级按不同龄期的抗折、抗压强度划分,各强度等级的强度要求见表3-3。

3.3 常用水泥的选用与储运

硅酸盐水泥、普通硅酸盐水泥、矿渣硅酸盐水泥、火山灰质硅酸盐水泥、粉煤灰硅酸盐水泥、复合硅酸盐水泥是建筑工程广泛使用的六种水泥(通用水泥),其主要性能与选用见表3-4及表3-5。表中主要列出了前五种水泥,复合硅酸盐水泥的性能与选用应与所掺主要混合材料的水泥类似。

水泥在运输与保管时,不得受潮和混入杂物,不同品种和强度等级的水泥应分别贮存,水泥贮存期不宜过长,宜在3个月以内(在正常贮存条件下,一般水泥每天强度损失率为0.2%~0.3%),尽量做到先存先用。

表3-4 五种通用水泥的性能特点与适用范围

项目	硅酸盐水泥 P·Ⅰ,P·Ⅱ	普通水泥 P·O	矿渣水泥 P·S·A,P·S·B	火山灰水泥 P·P	粉煤灰水泥 P·F
主要成分	以硅酸盐水泥熟料为主,含0~5%的混合材料	在硅酸盐水泥熟料中允许掺加不超过15%的混合材料	在硅酸盐水泥熟料中掺入占水泥质量20%~70%的粒化高炉矿渣	在硅酸盐水泥熟料中掺入占水泥质量20%~50%的火山灰质混合材料	在硅酸盐水泥熟料中掺入占水泥质量20%~40%的粉煤灰

续表

项目	硅酸盐水泥 P·Ⅰ,P·Ⅱ	普通水泥 P·O	矿渣水泥 P·S·A,P·S·B	火山灰水泥 P·P	粉煤灰水泥 P·F
特性	①高强； ②快硬早强； ③抗冻、耐磨性好； ④水化热大； ⑤耐腐蚀性较差； ⑥耐热性差	①早期强度较高； ②抗冻性较好； ③水化热较大； ④耐腐蚀性差； ⑤耐热性差	①强度早期低、后期增长较快； ②强度发展对养护温湿度敏感； ③水化热较低； ④耐软水、海水、硫酸盐腐蚀性较好； ⑤耐热性较好； ⑥抗冻、抗渗性较差	①抗渗性较好，但干缩大，耐磨性差，耐热性不及矿渣水泥； ②其他同矿渣水泥	①流动性较好，干缩较小，抗裂性较好； ②其他同矿渣水泥
适用范围	①高强混凝土； ②预应力混凝土； ③快硬早强混凝土； ④抗冻混凝土	①一般的混凝土； ②预应力混凝土； ③地下与水中混凝土； ④抗冻混凝土	①一般耐热要求的混凝土； ②大体积混凝土； ③蒸汽养护构件；一般混凝土构件；一般耐软水、海水、硫酸盐腐蚀要求的混凝土	①水中、地下、大体积混凝土，抗渗混凝土； ②其他同矿渣水泥的②、③两项	①地上混凝土； ②其他同火山灰水泥
不适用范围	①大体积混凝土； ②易受腐蚀的混凝土		①早期强度要求较高的混凝土； ②严寒地区的水位升降范围内的混凝土	①干燥环境及处在水位变化范围内的混凝土； ②耐磨要求的混凝土； ③其他同矿渣水泥	基本同火山灰水泥

表 3-5 通用水泥的选用

用途	混凝土工程特点及所处环境条件	优先选用	可以选用	不宜选用
普通混凝土	① 在一般气候环境中的混凝土	普通水泥、硅酸盐水泥	矿渣水泥、火山灰水泥、粉煤灰水泥	—
	② 在干燥环境中的混凝土	普通水泥、硅酸盐水泥	—	矿渣水泥、火山灰水泥、粉煤灰水泥
	③ 在高湿度环境中或长期处于水中的混凝土	矿渣水泥、火山灰水泥、粉煤灰水泥	普通水泥、硅酸盐水泥	—
	④ 厚、大体积的混凝土	矿渣水泥、火山灰水泥、粉煤灰水泥	普通水泥	硅酸盐水泥
有特殊要求的混凝土	① 要求快硬、较高强度(＞C40)的混凝土	硅酸盐水泥	普通水泥	矿渣水泥、火山灰水泥、粉煤灰水泥、复合水泥
	② 严寒地区的露天混凝土、寒冷地区处于水位升降范围内的混凝土	普通水泥	矿渣水泥	火山灰水泥、粉煤灰水泥
	③ 严寒地区处于水位升降范围内的混凝土	硅酸盐水泥、普通水泥	—	矿渣水泥、火山灰水泥、粉煤灰水泥
	④ 有抗渗要求的混凝土	普通水泥、火山灰水泥、粉煤灰水泥	硅酸盐水泥	矿渣水泥
	⑤ 有耐磨性要求的混凝土	硅酸盐水泥、普通水泥	矿渣水泥	火山灰水泥、粉煤灰水泥
	⑥ 受侵蚀性介质作用的混凝土	矿渣水泥、火山灰水泥、粉煤灰水泥	—	硅酸盐水泥、普通水泥

注:当水泥中掺有黏土质混合材料时,则不耐硫酸盐侵蚀。

3.4 铝酸盐水泥

铝酸盐水泥，旧称矾土水泥或高铝水泥，是以铝矾土和石灰石为原料，经煅烧制得的、以铝酸钙为主要成分、氧化铝含量约占50%的熟料，经磨细制成的水硬性胶凝材料。

3.4.1 铝酸盐水泥的矿物组成与水化产物

铝酸盐水泥的主要矿物组成为铝酸一钙（$CaO \cdot Al_2O_3$，简式 CA），其含量约占70%，还有二铝酸一钙（$CaO \cdot 2Al_2O_3$，简式 CA_2）及少量的硅酸二钙（$2CaO \cdot SiO_2$，简式 C_2S）和其他铝酸盐。

铝酸一钙（CA）具有较高的水硬活性，凝结不快，但硬化迅速，是铝酸盐水泥强度的主要来源。由于 CA 是铝酸盐水泥的主要矿物，因此，铝酸盐水泥的水化过程主要是 CA 的水化过程。一般认为，CA 在不同温度下进行水化时，可得到不同的水化产物，当温度低于 20℃时，主要水化产物为十水铝酸一钙（CAH_{10}）；温度在 20～30℃时，主要水化产物为八水铝酸二钙（C_2AH_8）；当温度大于 30℃时，主要水化产物为六水铝酸三钙（C_3AH_6）。此外，还有氢氧化铝凝胶（$Al_2O_3 \cdot 3H_2O$，简式 AH_3）。

CAH_{10}和 C_2AH_8为片状或针状晶体，能互相交错搭接成坚固的结晶连生体，形成晶体骨架，析出的氢氧化铝凝胶难溶于水，填充于晶体骨架的孔隙中，形成较密实的水泥石结构。水化 5～7 d 后，水化产物数量较少增长，因此，铝酸盐水泥硬化初期强度增长较快，后期强度则增长不显著。

CAH_{10}和 C_2AH_8都是不稳定的水化产物，会逐渐转变成较稳定的 C_3AH_6。晶体转变的结果使水泥石内析出游离水，增大了孔隙率；同时，又由于 C_3AH_6本身强度低，所以水泥石强度将显著下降。在湿热条件下，这种转变更为迅速。

3.4.2 铝酸盐水泥的技术性质

铝酸盐水泥常为黄色或褐色，也有呈灰色的，其密度、堆积密度与硅酸盐水泥相近。国家标准《铝酸盐水泥》(GB 201—2000)规定：

① 细度，0.08 mm 方孔筛筛余不得超过 10%；

② 凝结时间，初凝时间不得早于 40 min，终凝时间不迟于 10 h；

③ 铝酸盐水泥按 1 d、3 d 的抗折强度与抗压强度分为 425、525、625、725 四个标号，各龄期强度不得低于表 3-6 中的数值。

表 3-6 铝酸盐水泥各龄期的强度值

水泥标号	抗压强度/MPa		抗折强度/MPa	
	1 d	3 d	1 d	3 d
425	36.0	42.5	4.0	4.5
525	46.0	52.5	5.0	5.5
625	56.0	62.5	6.0	6.5
725	66.0	72.5	7.0	7.5

3.4.3 铝酸盐水泥的特征与应用

长期强度有降低的趋势。强度降低是由于晶体转化造成的,因此,铝酸盐水泥不宜用于长期承重的结构及处在高温、高湿环境的工程中。在一般的混凝土工程中应禁止使用。

早期强度增长快,1 d 强度可达最高强度的 80%以上,故宜用于紧急抢修工程及要求早期强度高的特殊工程。

水化热大,且放热速度快,1 d 内即可放出水化热总量的 70%~80%。因此,铝酸盐水泥适用于冬季施工的混凝土工程,但不宜用于大体积混凝土工程。

其最适宜的硬化温度为 15℃左右,一般不宜超过 25℃。因此,铝酸盐水泥不适用于高温季节施工,也不适合采用蒸汽养护。

耐热性较高,如采用耐火粗细集料(铬铁矿等)可制成使用温度达 1 300~1 400℃的耐热混凝土。

抗硫酸盐侵蚀性强,耐酸性好,但抗碱性极差,不得用于接触碱性溶液的工程。

铝酸盐水泥与硅酸盐水泥或石灰相混不但产生闪凝,而且由于生成高碱性的水化铝酸钙,使混凝土开裂,甚至破坏。因此,施工时除不得与石灰和硅酸盐水泥混合外,也不得与尚未硬化的硅酸盐水泥接触使用。

3.5 其他品种水泥

3.5.1 白色与彩色硅酸盐水泥

1. 白色硅酸盐水泥(简称白色水泥)

白色硅酸盐水泥与硅酸盐水泥的主要区别在于氧化铁含量少,因而色白。生产时原料的铁含量应严格控制,在煅烧、粉磨及运输时均应防止着色物质混入。

白色水泥的技术性质与产品等级:按国家标准《白色硅酸盐水泥》(GB/T 2015—2005)规定,白色水泥细度要求 0.080 mm 方孔筛的筛余不得超过 10%;初凝时间不得早于 45 min，终凝时间不得迟于 10 h；体积安定性用沸煮法检验必须合格，同时熟料中氧化镁含量不得超过 5.0%，水泥中三氧化硫含量不得超过 3.5%；按 3 d、28 d 的抗折强度与抗压强度分为 32.5、42.5、52.5 三个强度等级，各强度等级水泥在不同龄期的强度不得低于表 3-7 中数值。

表 3-7　白水泥各龄期强度数值

强度等级	抗压强度/MPa		抗折强度/MPa	
	3 d	28 d	3 d	28 d
32.5	12.0	32.5	3.0	6.0
42.5	17.0	42.5	3.5	6.5
52.5	22.0	52.5	4.0	7.0

对于白色水泥，凡 MgO、SO_3、初凝时间、安定性中的任一项不符合标准规定时均为废品；凡细度、终凝时间、不溶物与烧失量中的任一项不符合标准规定或混合材料掺加量超过最大限量、强度低于商品规定的指标或白度达不到要求时称为不合格品。

2. 彩色硅酸盐水泥(简称彩色水泥)

生产彩色水泥常用方法是将硅酸盐水泥熟料(白色水泥熟料或普通水泥熟料)、适量石膏与碱性矿物颜料共同磨细，也可用颜料与水泥粉直接混合制成，但后一种方式颜料用量大，水泥色泽也不易均匀。所用颜料要求不溶于水、分散性好、耐碱性强、抗大气稳定性好、不影响水泥的凝结硬化、着色力强等。

彩色水泥主要用于建筑物内外表面的装饰，如地面、墙、台阶等。

3.5.2　膨胀水泥与自应力水泥

这两种水泥特点是在硬化过程中体积不但不收缩，反而有不同程度的膨胀。在钢筋混凝土中使用膨胀水泥时，由于水泥膨胀引起混凝土的膨胀，从而使钢筋产生一定的拉应力，混凝土则受到相应的压应力，这种压应力能使混凝土免于产生内部微裂缝。当该膨胀值较大时，还能抵消一部分因外界因素(例如水泥混凝土管道中输送的压力水或压力气体)引发的拉应力，从而有效地改善混凝土抗拉强度低的缺点。由于这种压应力是依靠水泥自身的水化而产生的，所以称为“自应力”，并以自应力表示所产生压应力的大小。自应力大于或等于 3.0 MPa 的称为自应力水泥，自应力在 0.5 MPa 左右的则为膨胀水泥。

按水泥主要成分，我国常用的膨胀水泥有硅酸盐膨胀水泥、铝酸盐膨胀水泥、硫铝酸盐膨胀水泥及铁铝酸钙膨胀水泥等品种。其膨胀源均来自于水泥硬化初期，生成高硫型水化硫铝酸钙(钙矾石)，导致体积膨胀。

膨胀水泥主要用于配制防水砂浆、防水混凝土，构件的接缝与管道接头，结构的加固与修补等。自应力水泥主要用于制造自应力钢筋(或钢丝网)混凝土压力管等。

3.5.3 砌筑水泥

砌筑水泥是以一种或一种以上的水泥混合材料，加入适量硅酸盐水泥熟料和石膏，经磨细制成的工作性较好的水硬性胶凝材料，在国家标准《砌筑水泥》(GB/T 3183—2003)中其代号为 M。该水泥按强度分为 12.5、22.5 两个强度等级。其特性为硬化较慢、强度较低，配制的砂浆和易性好、成本低，适用于制备工业与民用建筑的砌筑砂浆，以及内外墙抹面砂浆和垫层混凝土，但不可用于结构混凝土。

【思考和练习】

3-1 生产硅酸盐水泥的主要原料有哪些?

3-2 生产硅酸盐水泥为什么要掺入适量石膏?

3-3 试述硅酸盐水泥的主要矿物成分及其对水泥性能的影响。

3-4 硅酸盐水泥的主要水化产物有哪几种? 水泥石的结构如何?

3-5 试述水泥细度对水泥性质的影响，怎样检验?

3-6 造成硅酸盐水泥体积安定性不良的原因有哪几种，怎样检验?

3-7 试述硅酸盐水泥的强度发展规律及影响因素。

3-8 在下列工程中适宜选择哪些水泥品种?

① 现浇混凝土梁、板、柱，冬季施工；

② 高层建筑基础底板(具有大体积混凝土特性和抗渗要求)；

③ 南方受海水侵蚀的钢筋混凝土工程；

④ 高炉炼铁炉基础；

⑤ 高强度预应力混凝土梁；

⑥ 地下铁道；

⑦ 冬季施工的东北某大桥的沉井基础及桥梁墩台。

3-9 某工程用一批普通水泥，强度检验结果如下，试评定该批水泥的标号。

龄期	抗折强度/MPa	抗压破坏荷载/kN
3 d	4.05,4.20,4.10	41.0,42.5,46.0,45.5,43.0,43.5
28 d	7.00,7.50,8.50	112,115,114,113,108,115

3-10 硅酸盐水泥石腐蚀的类型主要有哪几种? 产生腐蚀的主要原因是什么? 防止腐蚀的措施有哪些?

3-11 硅酸盐水泥检验中，哪些性能不符合要求时，该水泥属于不合格品? 哪些性能不符合要求时，该水泥属于废品？怎样处理不合格品和废品？

3-12 什么是活性混合材料和非活性混合材料？掺入硅酸盐水泥中能起到什么作用？

3-13 为什么掺较多活性混合材的硅酸盐水泥早期强度比较低，后期强度发展比较快，长期强度甚至超过同标号的硅酸盐水泥？

3-14 与普通水泥相比较，矿渣水泥、火山灰水泥和粉煤灰水泥在性能上有哪些不同，并分析这四种水泥的适用和禁用范围。

3-15 白色硅酸盐水泥对原料和工艺有什么要求？

3-16 膨胀水泥的膨胀过程与水泥体积安定性不良所形成的体积膨胀有何不同？

3-17 铝酸盐水泥有何特点？

3-18 简述铝酸盐水泥的水化过程及后期强度下降的原因。

3-19 水泥的强度等级检验为什么要用标准砂和规定的水灰比？试件为何要在标准条件下养护？

第4章 混 凝 土

【本章要点】

本章主要介绍普通混凝土的原材料选用和主要性能(包括和易性、力学性质、变形性能及耐久性等方面内容),还介绍混凝土的质量波动特征与质量控制、配合比设计方法与步骤。简要介绍其他品种混凝土,如轻质混凝土、高性能混凝土等。本章的学习目标是:熟悉和掌握普通混凝土的性能特点与工程应用特点,在工程设计与施工中正确选择原材料、合理确定配合比和评价混凝土性能。

4.1 概述

混凝土是现代建筑工程中用途最广、用量最大的建筑材料之一。目前全世界每年生产的混凝土材料超过100亿吨。广义来讲,混凝土是由胶凝材料、骨料按适当比例配合,与水(或不加水)拌和制成具有一定可塑性的流体,经硬化而成的具有一定强度的人造石。

混凝土作为建筑材料的历史其实很久远,用石灰、砂和卵石制成的砂浆和混凝土在公元前500年就已经在东欧使用,但最早使用水硬性胶凝材料制备混凝土的是罗马人。这种用火山灰、石灰、砂、石制备的"天然混凝土"具有凝结力强、坚固耐久、不透水等特点,在古罗马得到广泛应用,万神殿和罗马圆形剧场就是其中杰出的代表。因此,可以说混凝土建筑是古罗马最伟大的建筑遗产。

混凝土发展史中最重要的里程碑是1824年约瑟夫·阿斯普丁发明硅酸盐水泥,从此,水泥逐渐代替了火山灰、石灰用于制造混凝土,但主要用于墙体、屋瓦、铺地、栏杆等部位。直到1875年,威廉·拉塞尔斯(Willian Lascelles)采用改良后的钢筋强化的混凝土技术获得专利,混凝土才真正成为最重要的现代建筑材料。1895年至1900年间用混凝土成功地建造了第一批桥墩,至此,混凝土开始作为最主要的结构材料,影响和塑造着现代建筑。

4.1.1 混凝土的分类

混凝土的种类很多,从不同的角度考虑,有以下几种分类方法。

1. 按表观密度分类

1) 重混凝土

重混凝土的表观密度大于2 800 kg/m^3,常采用重晶石、铁矿石、钢屑等做骨料,和锶水泥、钡水泥共同配制防辐射混凝土，常作为核工程的屏蔽结构材料。

2）普通混凝土

普通混凝土的表观密度在 1 950～2 800 kg/m^3 范围内，是土木工程中应用最为普遍的混凝土，主要用作各种土木工程的承重结构材料。

3）轻混凝土

轻混凝土的表观密度小于 1 950 kg/m^3，采用陶粒、页岩等轻质多孔骨料或掺加引气剂、泡沫剂形成多孔结构的混凝土，具有保温隔热性能好、质量轻等优点，多用于保温材料或高层、大跨度建筑的结构材料。

2. 按所用胶凝材料分类

按照所用胶凝材料的种类，混凝土可以分为水泥混凝土、硅酸盐混凝土、石膏混凝土、水玻璃混凝土、沥青混凝土、聚合物混凝土和树脂混凝土等。

3. 按流动性分类

按照新拌混凝土流动性大小，可分为干硬性混凝土（坍落度小于 10 mm 且需用维勃稠度表示）、塑性混凝土（坍落度为 10～90 mm）、流动性混凝土（坍落度为 100～150 mm）及大流动性混凝土（坍落度大于等于 160 mm）。

4. 按用途分类

按用途，可分为结构混凝土、大体积混凝土、防水混凝土、耐热混凝土、膨胀混凝土、防辐射混凝土、道路混凝土等。

5. 按生产和施工方法分类

按照生产方式，混凝土可分为预拌混凝土和现场搅拌混凝土；按照施工方法可分为泵送混凝土、喷射混凝土、碾压混凝土、挤压混凝土、离心混凝土、压力灌浆混凝土等。

6. 按强度等级分类

① 低强度混凝土，抗压强度小于 30 MPa。

② 中强度混凝土，抗压强度为 30～60 MPa。

③ 高强度混凝土，抗压强度为 60～100 MPa。

④ 超高强混凝土，抗压强度在 100 MPa 以上。

混凝土的品种虽然繁多，但在实践工程中还是以普通的水泥混凝土应用最为广泛，如果没有特殊说明，狭义上通常称其为混凝土，本章将做重点讲述。

4.1.2 混凝土的组成及其应用

传统水泥混凝土的基本组成材料是水泥、粗细骨料和水。其中，水泥浆体占20%～30%，砂石骨料占70%左右。水泥浆在硬化前起润滑作用，使混凝土拌和物具有可塑性；在混凝土拌和物中，水泥浆填充砂子孔隙，包裹砂粒，形成砂浆，砂浆又填充石子孔隙、包裹石子颗粒，形成混凝土浆体；在混凝土硬化后，水泥浆则起胶结和填充作用。水泥浆多，混凝土拌和物流动性大，反之干稠；混凝土中水泥浆过多则混凝土水化温升高、收缩大、抗侵蚀性不好，容易引起耐久性不良。粗细骨料主要起骨架作用,传递应力,给混凝土带来很大的技术优点,它比水泥浆具有更高的体积稳定性和更好的耐久性,可以有效减少收缩裂缝的产生和发展,降低水化热。

现代混凝土中除了以上组分外,还多加入化学外加剂与矿物细粉掺和料。化学外加剂的品种很多,可以改善、调节混凝土的各种性能,而矿物细粉掺和料则可以有效提高混凝土的新拌性能和耐久性,同时降低成本。

4.1.3 混凝土的性能特点与基本要求

混凝土作为土木工程材料中使用最为广泛的一种,必然有其独特之处。它的优点主要体现在以下几个方面。

① 易塑性。现代混凝土可以具备很好的工作性,几乎可以随心所欲地通过设计和模板形成形态各异的建筑物及构件,可塑性强。

② 经济性。同其他材料相比,混凝土价格较低,容易就地取材,结构建成后的维护费用也较低。

③ 安全性。硬化混凝土具有较高的力学强度,目前工程构件最高强度可达130 MPa,与钢筋有牢固的黏结力,使结构安全性得到充分保证。

④ 耐火性。混凝土一般而言可有1～2 h的防火时效,比钢铁更安全,不会像钢结构建筑物那样在高温下很快软化而造成坍塌。

⑤ 多用性。混凝土在土木工程中适用于多种结构形式,满足多种施工要求。可以根据不同要求配制不同的混凝土加以满足,所以称之为“万用之石”。

⑥ 耐久性。混凝土本来就是一种耐久性很好的材料,古罗马建筑经过几千年的风雨仍然屹立不倒,这本身就昭示着混凝土能够“历久弥坚”。

混凝土具有许多优点,当然相应的缺点也不容忽视,主要表现如下。

① 抗拉强度低。混凝土抗拉强度是其抗压强度的1/10左右,是钢筋抗拉强度的1/100左右。

② 延展性不高。混凝土属于脆性材料,变形能力差,只能承受少量的张力变形(约0.003),否则就会因无法承受而开裂;混凝土抗冲击能力差,在冲击荷载作用下容易产生脆断。

③ 自重大、比强度低。高层、大跨度建筑物要求材料在保证力学性质的前提下,以轻为宜。

④ 体积不稳定性。尤其是当水泥浆量过大时,这一缺陷表现得更加突出,随着温度、湿度、环境介质的变化,容易引发体积变化、产生裂纹等内部缺陷,直接影响建筑物的使用寿命。

混凝土在建筑工程中使用,必须满足以下五项基本要求或准则。

① 满足与使用环境相适应的耐久性要求。

② 满足设计的强度要求。

③ 满足施工规定所需的工作性要求。

④ 满足业主或施工单位渴望的经济性要求。

⑤ 满足可持续发展所必需的生态性要求。

4.2 普通混凝土的组成材料

组成混凝土的基本材料是水泥、水、砂子和石子。为改善混凝土的某些性能还常加入适量的外加剂和掺和料，外加剂和掺和料常称为混凝土的第五组分和第六组分。

本节涉及的有关标准和规范主要有：

《建设用砂》(GB/T 14684—2011)；

《建设用卵石、碎石》(GB/T 14685—2011)；

《混凝土结构工程施工质量验收规范》(GB 50204—2002)；

《用于水泥和混凝土中的粉煤灰》(GB/T 1596—2005)；

《硅酸盐建筑制品用粉煤灰》(JC 409—2001)；

《粉煤灰混凝土应用技术规范》(GBJ 146—1990)。

4.2.1 混凝土中各组分的技术要求

1. 水泥

水泥是混凝土中最重要的组成材料，且价格相对较贵。配制混凝土时，如何正确选择水泥的品种及强度等级直接关系到混凝土的强度、耐久性和经济性。

1) 水泥品种的选择

配制混凝土时，应根据工程性质、部位、施工条件、环境状况等，按各品种水泥的特性作出合理的选择。配制混凝土一般可采用硅酸盐水泥、普通硅酸盐水泥、矿渣硅酸盐水泥、火山灰质硅酸盐水泥、粉煤灰硅酸盐水泥和复合硅酸盐水泥。必要时也可采用快硬硅酸盐水泥或其他水泥。六大常用水泥的选用原则，见本书的有关内容。

用混凝土泵和管道输送的混凝土，称为泵送混凝土。泵送混凝土应选用硅酸盐水泥、普通硅酸盐水泥、矿渣硅酸盐水泥和粉煤灰硅酸盐水泥，不宜采用火山灰质硅酸盐水泥。

道路工程中，由于道路路面要经受高速行驶车辆轮胎的摩擦、载重车辆的强烈冲击、路面和路基经常因温差产生胀缩应力及冻融等影响，因此要求路面混凝土抗折强度高、收缩变形小、耐磨性能好、抗冻性能好，并具有较好的弹性。由此配制混凝土所用的水泥，一般应采用强度高、收缩性小、耐磨性强、抗冻性好的水泥。公路、城市道路、厂矿道路应采用硅酸盐水泥或普通硅酸盐水泥。民航机场道面和高速公路，必须采用硅酸盐水泥。

2) 水泥强度等级的选择

水泥强度等级与混凝土的设计强度等级相适应。原则上，配制高强度等级的混凝土，应选用高强度等级水泥；配制低强度等级的混凝土，应选用低强度等级水泥。

一般水泥强度等级标准值(以 MPa 为单位)应为混凝土强度等级标准值的 1.5～2.0 倍为宜。水泥强度过高或过低,会导致混凝土内水泥用量过少或过多,对混凝土的技术性能及经济效果产生不利影响。如必须用高强度等级水泥配制低强度等级混凝土时,会使水泥用量偏少,影响和易性及密实度,所以应掺入一定数量的掺和料。

2. 细骨料

普通混凝土用骨料按粒径大小分为两种,粒径大于 4.75 mm 的称为粗骨料,粒径小于 4.75 mm 的称为细骨料。普通混凝土中所用细骨料有天然砂和人工砂两种,由天然岩石(不包括软质岩、风化岩石)经自然风化、水流搬运和分选、堆积等自然条件形成的天然砂;经除土处理的机制砂(由机械破碎、筛分制成的,粒径小于 4.75 mm 的岩石颗粒,但不包括软质岩、风化岩石的颗粒)与混合砂(由机制砂和天然砂混合制成的砂)统称为人工砂。根据产源不同,天然砂可分为河砂、湖砂、山砂和淡化海砂四类。普通混凝土通常所用的粗骨料有碎石和卵石两种。我国标准《建设用砂》(GB/T 14684—2011)规定,建筑用砂按技术质量要求分为Ⅰ类、Ⅱ类、Ⅲ类。Ⅰ类用于强度等级大于 C60 的混凝土,Ⅱ类宜用于强度等级大于 C30～C60 及有抗冻、抗渗或其他要求的混凝土,Ⅲ类宜用于强度等级小于 C30 的混凝土。配制混凝土时所采用的细骨料的质量要求有以下几个方面。

1) 泥和泥块含量

含泥量是指骨料中粒径小于 0.075 mm 的尘屑、淤泥及黏土的含量。

泥块含量在细骨料中是指粒径大于 1.18 mm,经水洗、手捏后变成小于 0.6 mm 的颗粒含量;在粗骨料中是指粒径大于 4.75 mm,经水洗、手捏后变成小于 2.36 mm 的颗粒含量。石粉含量是指人工砂中粒径小于 0.075 mm 的颗粒含量。

骨料中的泥颗粒极细,会黏附在骨料表面,影响水泥石与骨料之间的胶结力。而泥块会在混凝土中形成薄弱部分,对混凝土的质量影响很大。因此,对骨料中泥和泥块含量必须严格控制(见表 4-1)。

表 4-1　砂、石中的泥和泥块含量限制(GB/J 14684—2011)

项　目		指　标		
		Ⅰ类	Ⅱ类	Ⅲ类
含泥量(按质量计算)(%)	砂	<1.0	<3.0	<5.0
	石	<0.5	<1.0	<1.5
含泥块量(按质量计算)(%)	砂	0	<1.0	<2.0
	石	0	<0.5	<0.7

2) 有害杂质

国家标准《建设用砂》(GB/T 14684—2011)和《建设用卵石、碎石》(GB/T 14685—2011)强调建筑用砂中不应混有草根、树叶、树枝、煤块和炉渣等杂物。

配制混凝土的细骨料要求清洁不含杂质,以保证混凝土的质量。而砂中常含有一些有害杂质(如云母、黏土等),黏附在砂的表面,妨碍水泥与砂的黏结,降低混凝土的强度;同时还增加混凝土的用水量,从而加大混凝土的收缩,降低抗冻性和抗渗性。一些有机杂质、硫化物及硫酸盐,它们都对水泥有腐蚀作用。砂中杂质的含量一般应符合表4-2中规定。重要工程混凝土使用的砂,应进行碱活性检验,经检验判断为有潜在危害时,在配制混凝土时,应使用含碱量小于0.6%的水泥或采用能抑制碱一骨料反应的掺和料,如粉煤灰等;当使用含钾、钠离子的外加剂时,必须进行专门试验。在一般情况下,海砂可以配制混凝土和钢筋混凝土,但由于海砂含盐量较大,对钢筋有腐蚀作用,故对钢筋混凝土,海砂中氯离子含量不应超过0.06%(以干砂重的百分率计)。预应力混凝土不宜采用海砂,若必须用海砂时,则应经淡水冲洗,其氯离子含量不得大于0.02%。有些杂质如泥土、贝壳和杂物可在使用前经过冲洗、过滤处理将其清除。特别是配制高强度混凝土时更应严格些。当用较高强度等级水泥配制低强度混凝土时,由于水灰比大、水泥用量少,拌和物的和易性不好。这时,如果砂中泥土细粉多一些,则只要将搅拌时间稍加延长,就可改善拌和物的和易性。

表4-2 砂有害物质含量限制(GB/T 14684—2011)

项目	指标		
	Ⅰ类	Ⅱ类	Ⅲ类
云母(按质量计,%,<)	1.0	2.0	1.0
轻物质(按质量计,%,<)	1.0	1.0	1.0
有机物(比色法)	合格	合格	合格
硫化物及硫酸盐(按 SO_3 质量计,%,<)	0.5	0.5	0.5
氯化物(按氯离子质量计,%,<)	0.01	0.02	0.06

3) 颗粒形状和表面特征

细骨料的颗粒形状和表面特征会影响其与水泥的黏结及混凝土拌和物的流动性。山砂的颗粒多具有棱角、表面粗糙,但含泥量和有机物杂质较多,与水泥的黏结较差,使用时应加以限制;河砂、湖砂因长期经受流水和波浪的冲刷,颗粒多呈圆形,比较洁净,且分布较广,一般工程都采用这种砂;海砂因长期受到海流冲刷,颗粒圆滑、比较洁净且粒度一般比较整齐,但常混有贝壳及盐类等有害杂质,在配制钢筋混凝土时,海砂中氯离子含量不应大于0.06%。

4) 砂的级配和粗细程度

骨料的级配,是指骨料中不同粒径颗粒的搭配分布情况。良好的级配,不仅能减少水泥用量,而且能提高混凝土的密实度、强度及其他性能。骨料的粗细程度,是指不同粒径的颗粒混合物的平均粗细程度。

砂的颗粒级配,即表示砂大小颗粒的搭配情况。在混凝土中砂粒之间的空隙是由水泥浆所填充,为达到节约水泥和提高强度的目的,就应尽量减少砂粒之间的空隙。如图 4-1 可以看到:如果是同样粗细的砂,空隙最大如图 4-1(a)所示;两种粒径的砂搭配起来,空隙减小,如图 4-1(b)所示;三种粒径的砂搭配,空隙就更小,如图 4-1(c)所示。由此可见,要想减小砂粒间的空隙,就必须用大小不同的颗粒搭配。

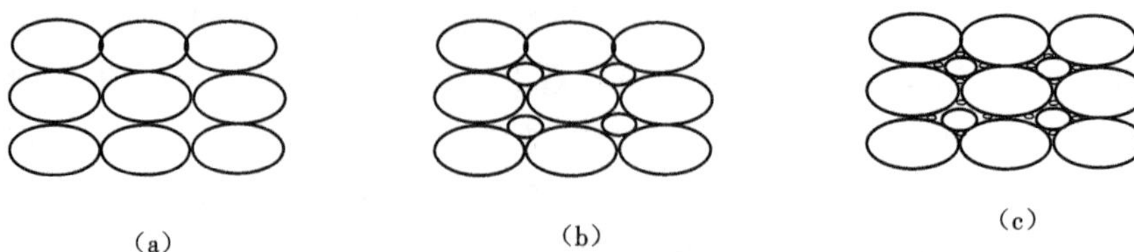

图 4-1 砂的颗粒级配

(a) 同样粗细的砂;(b) 两种粒径的砂;(c) 三种粒径的砂

砂的粗细程度,是指不同粒径的砂粒混合在一起后的总体粗细程度,通常有粗砂、中砂与细砂之分。在相同质量条件下,细砂的总表面积较大,而粗砂的总表面积较小。在混凝土中,砂子的表面需要有水泥浆包裹,砂子的总表面积愈大,则需要包裹砂粒表面的水泥浆就愈多。因此,一般说用粗砂拌制混凝土比用细砂所需的水泥浆为省。

综上所述,在拌制混凝土时,这两个因素(砂的颗粒级配和粗细程度)应同时考虑。当砂中含有较多的粗粒径砂,并以适当的中粒径砂及少量细粒径砂填充其空隙,则可使空隙率及总表面积均较小,这样的砂比较理想,不仅水泥浆用量较少,而且还可提高混凝土的密实度与强度。

砂的颗粒级配和粗细程度是用筛分法来测定的。用级配区表示砂的颗粒级配,用细度模数表示砂的粗细。具体采用一套孔径为 4.75 mm、2.36 mm、1.18 mm、0.60 mm、0.30 mm 和 0.15 mm 的标准筛,将抽样后经缩分所得 500 g 干砂,由粗到细依次筛析,然后称得各筛筛余量的质量,并计算出各筛上的分计筛余百分率 a_1、a_2、a_3、a_4、a_5、a_6(各筛上的筛余量占砂样总质量的百分率)及累计筛余百分率 A_1、A_2、A_3、A_4、A_5、A_6(各筛与比该筛粗的所有筛的分计筛余百分率之和)。累计筛余与分计筛余的关系见表 4-3。

细度模数 μ_f 的计算公式:

$$\mu_f=\frac{(A_1+A_2+A_3+A_4+A_5+A_6)}{100-A_1} \tag{4-1}$$

表 4-3 累计筛余与分计筛余的关系

筛孔尺寸/mm	分计筛余/(%)	累计筛余/(%)
4.75	a_1	$A_1=a_1$
2.36	a_2	$A_2=a_1+a_2$
1.18	a_3	$A_3=a_1+a_2+a_3$
0.60	a_4	$A_4=a_1+a_2+a_3+a_4$
0.3	a_5	$A_5=a_1+a_2+a_3+a_4+a_5$
0.15	a_6	$A_6=a_1+a_2+a_3+a_4+a_5+a_6$

细度模数越大，表示砂越粗。普通混凝土用砂的细度模数范围一般为1.6～3.7，其中μ_f在3.1～3.7范围内为粗砂，μ_f在2.3～3.0范围内为中砂，μ_f在1.6～2.3范围内为细砂，配制混凝土时应优先选用中砂。μ_f在0.7～1.5范围内为特细砂，配制混凝土时要特殊考虑。需要注意的是，砂的细度模数并不能反映其级配的优劣。细度模数相同的砂，级配可以很不相同。所以配制混凝土必须同时考虑砂的颗粒级配和细度模数。

按照《建设用砂》(GB/T 14684—2011)标准的规定，砂按0.6 mm筛孔的累计筛余百分率计，可分三个级配区（见表4-4），混凝土用砂的颗粒级配，应处于表4-4中的任何一个级配区内。以累计筛余百分率为纵坐标，以筛孔尺寸为横坐标，可以画出三个级配区上下限的筛分曲线。

表4-4 建设用砂颗粒级配(GB/T 14684—2011)

筛孔尺寸/mm	级配区		
	1区	2区	3区
	累计筛余(按质量计)/(%)		
9.50	0	0	0
4.75	0～10	0～10	0～10
2.36	5～35	0～25	0～15
1.18	35～65	10～50	10～25
0.60	71～85	41～70	16～40
0.30	80～95	70～92	55～85
0.15	90～100	90～100	90～100

从图4-2筛分曲线可看出砂的粗细，筛分曲线超过第1区往右下偏时，表示砂过粗；筛分曲线超过第3区往左上偏时，表示砂过细。

砂过粗（细度模数大于3.7）配成的混凝土，其拌和物的和易性不易控制，且内摩擦大，不易振捣成型；砂过细（细度模数小于0.7）配成的混凝土，既要增加较多的水泥用量，而且强度显著降低。所以这两种砂未包括在级配区内。

如果砂的自然级配不合适，不符合级配区的要求，就要采用人工级配的方法来改善。最简单的措施是将粗、细砂按适当比例进行试配，掺和使用。配制混凝土时宜优先选2区砂；若采用1区砂时，应提高砂率，并保持足够的水泥用量，以满足混凝土的和易性；若采用3区砂时，宜适当降低砂率，以保证混凝土的强度。

对于泵送混凝土，细骨料对混凝土的可泵性影响很大。混凝土拌和物之所以能在输送管中顺利流动，主要是由于粗骨料被包裹在砂浆中，且粗骨料是悬浮于砂浆中

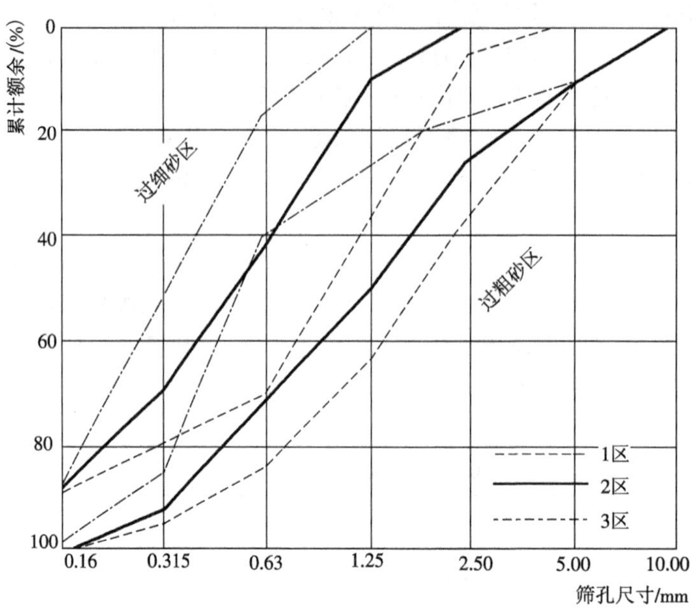

图 4-2 砂的 1、2、3 级配区曲线

的，由砂浆直接与管壁接触，起到润滑作用。故细骨料宜采用中砂，细度模数为 2.5～3.2，通过 0.30 mm 筛孔的砂不应少于 15%，通过 0.15 mm 筛孔的含量不应少于 5%。如砂的含量过低，输送管容易堵塞，使拌和物难以泵送，但细砂过多以及黏土、粉尘含量太大也是有害的，因为细砂含量过大则需要较多的水，并形成黏稠的拌和物，这种黏稠的拌和物沿管道的运动阻力大大增加，从而需要较高的泵送压力，增加泵送施工的难度。

5）砂的坚固性

砂的坚固性是指在自然风化和其他外界物理化学因素作用下，骨料抵抗破坏的能力。按规定通常采用硫酸钠溶液检验，试样经 5 次浸泡-干燥循环后，其质量损失应符合表 4-5 的规定。有抗疲劳、耐磨、抗冲击要求的混凝土用砂或有腐蚀介质作用或经常处于水位变化区的地下结构混凝土用砂，其坚固性质量损失率应小于 8%。

表 4-5 砂的坚固性指标

混凝土所处的环境条件	循环后的质量损失/(%)
在严寒及寒冷地区室外使用并经常处于潮湿或干湿交替状态下的混凝土	≤8
其他条件下使用的混凝土	≤10

3. 粗骨料

配制混凝土的粗骨料的质量要求有以下几个方面。

1）有害杂质

粗骨料中常含有一些有害杂质，如黏土、淤泥、细屑、硫酸盐、硫化物和有机杂质。它们的危害与在细骨料中的相同。它们的含量一般应符合表4-6中规定。当粗骨料中夹杂着活性氧化硅（活性氧化硅的矿物形式有蛋白石和鳞石英等，含有活性氧化硅的岩石有流纹岩、安山岩和凝灰岩等）时，如果混凝土中所用的水泥又含有较多的碱，就可能发生碱-骨料破坏。这是因为水泥中碱性氧化物水解后形成的氢氧化钠和氢氧化钾与骨料中的活性氧化硅起化学反应，结果在碱骨料表面生成了复杂的碱-硅酸凝胶。这样就改变了骨料与水泥浆原来界面，生成的凝胶是无限膨胀性的（指不断吸水后体积可以不断肿胀），由于凝胶为水泥石所包围，故当凝胶吸水不断肿胀时，会使水泥石胀裂。这种碱性氧化物和活性氧化硅之间的化学作用通常称为碱-骨料反应。重要工程的混凝土所使用的碎石或卵石应进行碱活性检验。经检验判定骨料有潜在危害时，则应遵守以下规定使用：① 使用含碱量小于0.6%的水泥或采用能抑制碱-骨料反应的掺和料；② 当使用含钾、钠离子的混凝土外加剂时，必须进行专门检验。目前最常用的检验方法是砂浆长度法。这种方法是用含性氧化硅的骨料与高碱水泥制成1∶1.25的胶砂试块，在恒温、恒湿中养护，定期测定试块的膨胀值，直到龄期12个月。如果在6个月中，试块的膨胀率超过0.05%或1年中超过0.1%，这种骨料就认为是具有活性的。若怀疑骨料中含有引起碱一碳酸盐反应的物质，应用岩石柱法进行检验，如果经检验判定骨料有潜在危害，则该骨料不宜用作混凝土骨料。另外，粗骨料中严禁混入煅烧过的白云石或石灰石块。

表4-6 对粗骨料有害杂质的要求（GB/T 14685—2011）

项　　目	指　　标		
	Ⅰ类	Ⅱ类	Ⅲ类
硫化物及硫酸盐（按SO_3质量计，%，<）	0.5	1.0	1.0
有机物	合格	合格	合格

2）颗粒形状及表面特征

粗骨料的颗粒形状及表面特征同样会影响其与水泥的黏结及混凝土拌和物的流动性。碎石具有棱角、表面粗糙、与水泥黏结较好，而卵石多为圆形、表面光滑、与水泥的黏结较差，在水泥用量和水用量相同的情况下，碎石拌制的混凝土流动性较差，但强度较高，而卵石拌制的混凝土则流动性较好，但强度降低。如要求流动性相同，用卵石时用水量可少些，结果强度不一定低。

3）最大粒径和颗粒级配

（1）最大粒径

石子中公称粒级的上限称该粒级的最大粒径。石子的最大粒径增大，在质量相同时，其总面积减小。因此，从经济的角度考虑，增大最大粒径可以节约水泥。所以在条件许可的情况下，最大粒径应尽可能选得大一些。选择石子最大粒径主要从以下三个方面来考虑：一是从结构上考虑，石子最大粒径应考虑建筑构件的截面尺寸及配筋疏密。根据《混凝土结构工程施工及验收规范》(GB 50204—2002)的规定，石子的最大粒径不得超过结构截面最小尺寸的1/4，同时不得大于钢筋间最小净距的3/4。对于混凝土实心板，石子的最大粒径不宜超过板厚的1/3，且最大不得超过40 mm。二是从施工上考虑，根据工程实践经验，对于泵送混凝土，最大粒径与输送管内径之比，当泵送高度在50 m以下时，碎石不宜大于1∶3，卵石不宜大于1∶2.5。泵送高度在50～100 m时，碎石不宜大于1∶4，卵石不宜大于1∶3。当泵送高度在100 m以上时，碎石不宜大于1∶5，卵石不宜大于1∶4，骨料应采用连续级配。粒径过大，对运输和搅拌都不方便。三是从经济上考虑。试验表明，最大粒径小于80 mm时，水泥用量随最大粒径减小而增加；最大粒径大于150 mm时，节约水泥效果却不明显。因此，从经济上考虑，最大粒径不宜超过150 mm。综上所述，一般在水利、海港等大型工程中最大粒径通常采用120 mm或150 mm，在房屋建筑工程中，一般采用20 mm、31.5 mm或40 mm。

对于泵送混凝土，为防止混凝土泵送时管道堵塞，保证泵顺利进行，其粗骨料的最大粒径与输送管的管径之比，应符合表4-7中的要求。粗骨料的粒径越小，空隙率就越大，从而增加了细骨料的体积，加大了水泥用量。所以，为改善混凝土的可泵性而无原则地减小粗骨料的粒径，既不经济也无必要。

表4-7　粗骨料的最大粒径与输送管径之比

石子品种	泵送高度/m	粗骨料最大粒径与输送管径比
碎石	＜50	≤1∶3
	50～100	≤1∶4
	＞100	≤1∶5
卵石	＜50	≤1∶2.5
	50～100	≤1∶3
	＞100	≤1∶4

(2) 颗粒级配

石子的颗粒级配分为连续粒级和单粒级两种，其级配也是通过筛分试验确定的，其标准筛有孔径为2.36 mm、4.75 mm、9.50 mm、16.0 mm、19.0 mm、26.5 mm、31.5 mm、37.5 mm、53.0 mm、63.0 mm、75.0 mm和90.0 mm共12个筛子，可按需要选用筛号进行筛分，其确定方法与细骨料相同。普通混凝土用碎石或卵石的颗粒级配应符合表4-8的规定。试样筛分所需筛号，应按表4-8中规定的级配要求选用。

在混凝土配合比设计中应优先选用连续级配。单粒径宜用于组合成具有要求级配的连续粒级，也可与连续粒级混合使用，以改善其级配或配成较大粒度的连续粒级。不宜用“单一”的单粒级配制混凝土。如必须单独使用单粒径，则应作技术经济分析，并应通过试验证明不会发生离析或影响混凝土的质量。

表 4-8 碎石或卵石的颗粒级配范围(GB/T 14685—2011)

级配情况	公称粒径/mm	累计筛余按质量计/(%)											
		筛孔尺寸(圆孔筛)/mm											
		2.5	5.0	10.0	16.0	20.0	25.0	31.5	40.0	50.0	63.0	80.0	100
连续粒级	5～10	90～100	80～100	0～15	0	—	—	—	—	—	—	—	—
	5～16	95～100	90～100	30～60	0～10	0	—	—	—	—	—	—	—
	5～20	95～100	90～100	40～70	—	0～10	0	—	—	—	—	—	—
	5～25	95～100	90～100	—	30～70	–	0～5	0	—	—	—	—	—
	5～31.5	95～100	90～100	70～90	—	15～45	—	0～5	0	—	—	—	—
	5～40	—	95～100	75～90	—	30～65	—	—	0～5	0	—	—	—
单粒级	10～20	—	95～100	85～100	—	0～15	0	—	—	—	—	—	—
	16～31.5	—	95～100	—	85～100	—	—	0～10	0	—	—	—	—
	20～40	—		95～100	—	80～100	—	—	0～10	0	—	—	—
	31.5～63	—	—	—	95～100	—	—	75～100	45～75	—	0～10	0	—
	40～80	—	—	—	—	95～100	—	—	70～100	—	30～60	0～10	0

注：公称粒径的上限为该粒级的最大粒径。单粒级一般用于组合成具有要求级配的连续粒级，它也可与连续粒级的碎石或卵石混合使用，以改善它们的级配或配成较大粒度的连续粒级。

4）强度

粗骨料在混凝土中起骨架作用，为保证混凝土的强度要求，粗骨料都必须致密并具有足够的强度。碎石的强度可用抗压强度和压碎指标值表示，卵石的强度只用压碎指标值来表示。

(1) 岩石抗压强度测定

将岩石制成边长 50 mm 的立方体（或直径与高均为 50 mm 的圆柱体）试件，在水饱和状态下测定其极限抗压强度值。通常其抗压强度与所采用的混凝土强度等级之比不应小于 1.5；火成岩强度不宜低于 80 MPa，变质岩强度不宜低于 60 MPa，水成岩强度不宜低于 30 MPa。碎石抗压强度一般在混凝土强度等级大于或等于 C60 时应检验，其他情况如有怀疑或必要时也可进行检验。

(2) 碎石和卵石的压碎指标值测定

将一定量的气干状态的 10～20 mm 石子装入标准筒（内径 152 mm 的圆筒）内，

按规定加荷速度,加荷至 200 kN,稳定 5 s。卸荷后称取试样质量 m_0,再用孔径为 2.5 mm的筛进行筛分,称取试样的筛余量 m_1,按下列公式计算压碎指标值:

$$\delta_0=\frac{m_0-m_1}{m_0}\times 100\% \tag{4-2}$$

压碎指标值越小,表明粗骨料抵抗受压破碎的能力越强。压碎指标应符合表4-9和表 4-10 的规定。

表 4-9 碎石的压碎指标值

岩 石 品 种	混凝土强度等级	碎石压碎指标值/(%)
水成岩	C40~C55	≤10
	≤C35	≤16
变质岩或深成的火成岩	C40~C55	≤12
	≤C35	≤20
火成岩	C40~C55	≤13
	≤C35	≤30

表 4-10 卵石的压碎指标值

混凝土强度等级	C40~C55	≤C35
压碎指标值/%	≤12	≤16

5)坚固性

有抗冻要求的混凝土所用粗骨料,要求测定其坚固性,即用硫酸钠溶液法检验,试样经五次循环后,其质量损失不超过表 4-11 的规定。

表 4-11 碎石或卵石的坚固性指标

混凝土所处的环境条件	循环后的质量损失/(%)
在严寒及寒冷地区室外使用,并经常处于潮湿或干湿交替状态下的混凝土	≤8
在其他条件下使用的混凝土	≤12

6)骨料的含水状态及饱和面干吸水率

粗、细骨料一般有干燥状态、气干状态、饱和面干状态和湿润状态等四种含水状态,如图 4-3 所示。

骨料含水率等于或接近于零时称为干燥状态;含水率与大气湿度相平衡时称为气干状态;骨料表面干燥而内部孔隙含水达饱和时称为饱和面干状态;骨料不仅内部孔隙充满水,而且表面还附有一层表面水时称为湿润状态。

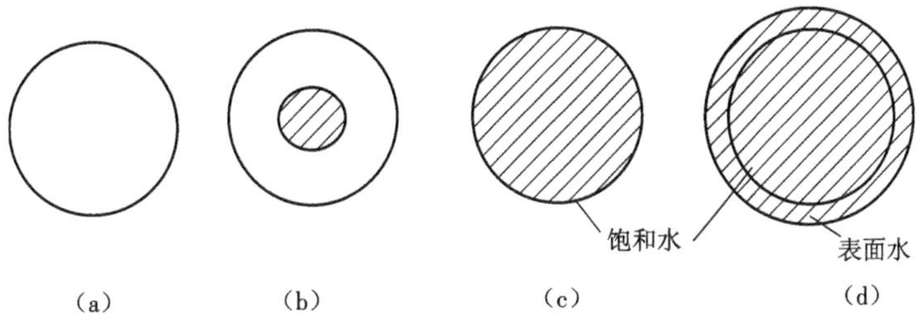

图 4-3 骨料的含水状态

(a) 全干状态;(b) 气干状态;(c) 饱和面干状态;(d) 湿润状态

在拌制混凝土时,骨料含水状态不同,将影响混凝土的用水量和骨料用量。骨料在饱和面干状态时的含水率,称为饱和面干吸水率。在计算混凝土中各材料的配合比时,如以饱和面干骨料为基准,则不会影响混凝土的用水量和骨料用量,因为饱和面干骨料既不从混凝土中吸取水分,也不向混凝土拌和物释放水分。因此一些大型水利工程、道路工程常以饱和面干状态骨料为基准,这样混凝土的用水量和骨料用量的控制就较准确。而在一般工业与民用建筑工程中混凝土配合比设计,常以干燥状态骨料为基准。这是因为坚固的骨料其饱和面干吸水率一般不超过 2%,而且在工程施工中,必须经常测定骨料的含水率,以便及时调整混凝土组成材料实际用量的比例,从而保证混凝土的质量。

7) 表观密度、堆积密度、空隙率

骨料的表观密度应大 2 500 kg/m^3,骨料的松散堆积密度应大于 1 350 kg/m^3,空隙率应小于 47%。

8) 碱-骨(集)料反应

碱-骨(集)料反应是指水泥、外加剂等混凝土组成物及环境中的碱与骨(集)料中碱活性矿物在潮湿环境下缓慢发生并导致混凝土开裂破坏的膨胀反应。经碱-骨(集)料反应试验后,由砂、卵石、碎石制备的试件应无裂缝、酥裂、胶体外溢等现象,在规定的试验龄期膨胀率应小于 0.10%。

4. 混凝土拌和用水

混凝土拌和用水的基本质量要求是:不能含影响水泥正常凝结与硬化的有害物质,无损于混凝土强度发展及耐久性,不能加快钢筋锈蚀,不引起预应力钢筋脆断,保证混凝土表面不受污染。

混凝土拌和用水按水源可分为饮用水、地表水、地下水、海水及经适当处理或处置后的工业废水。

5. 混凝土外加剂

混凝土外加剂是指在拌制混凝土过程中,根据不同的要求,为改善混凝土性能而掺入的物质。其掺量一般不大于水泥质量的 5%(特殊情况除外)。

1) 混凝土外加剂的分类

① 按化学成分可分为三类:无机化合物,多为电解质盐类;有机化合物,多为表

面活性剂;有机和无机的复合物。

② 按功能分为五类:改善混凝土流变性能的外加剂,如各种减水剂、泵送剂、引气剂、保水剂等;调节混凝土凝结时间或硬化性能的外加剂,如早强剂、缓凝剂、速凝剂等;调节混凝土气体含量的外加剂,如引气剂、加气剂、泡沫剂等;改善混凝土耐久性的外加剂,如引气剂、防冻剂、阻锈剂、防水剂等;改善混凝土其他性能的外加剂,如引气剂、膨胀剂、防水剂等。

2) 常用混凝土外加剂

(1) 减水剂

减水剂是指在混凝土拌和物坍落度基本相同的条件下,用来减少拌和用水量和增强作用的外加剂。减水剂按原材料及化学成分可分为:木质素磺酸盐类、聚烷基芳基磺酸盐类(俗称煤焦油系减水剂)、磺化三聚氢胺甲醛树脂磺酸盐类(俗称蜜胺类减水剂)、糖蜜类和腐殖酸类减水剂及新型的聚羧酸系高效减水剂。减水剂按功能和作用又分为:普通减水剂、高效减水剂、早强减水剂、缓凝减水剂、引气减水剂。

① 减水剂的作用机理及使用效果。

减水剂通常为表面活性剂,表面活性剂是指具有显著改变液体表面能力或两相间界面能力的物质。其分子由亲水基因和憎水基因两个部分组成。表面活性剂加入水溶液后,即溶解于水溶液,并从溶液中向界面富集,作定向排列,其亲水集团指向溶液,憎水集团指向空气或固体表面,形成定向吸附膜,从而降低水的表面能力和两相间的界面能力,这种现象称作表面活性。具有表面活性的物质,具有润湿、乳化、分散、润滑、起泡和洗涤等作用。

减水剂的作用机理:拌制混凝土时,若无减水剂,则由于水泥颗粒之间分子凝聚力的作用,使水泥浆容易形成絮凝结构,使一部分拌和用水(游离水)包裹在水泥颗粒的絮凝结构内,从而降低混凝土拌和物的流动性;如在水泥浆中加入减水剂,减水剂的憎水基因定向吸附于水泥颗粒表面,使水泥颗粒表面带有相同的电荷,产生静电斥力,使水泥颗粒易于分散,从而使游离水从絮凝体内释放出来,在不增加用水量的条件下,增加了流动性。另外,减水剂还能在水泥颗粒表面形成一层溶剂水膜,在水泥颗粒间起到很好的润滑作用。

减水剂的使用效果:a. 在维持用水量和水灰比不变的条件下,可增大混凝土拌和物的流动性;b. 在维持拌和物流动性和水泥用量不变的条件下,可减少用水量,从而降低了水灰比,提高了混凝土强度;c. 显著改善了混凝土的孔结构,提高了密实度,从而提高混凝土的耐久性;d. 在保持流动性及水灰比不变并减少用水量的同时,相应减少了水泥用量,即节约了水泥。此外,减水剂的加入还有减少混凝土拌和物泌水、离析现象,延缓拌和物的凝结时间和降低水化放热速度等效果。

② 减水剂的掺入方法。

减水剂掺入混凝土中的方法有先掺法、同掺法、滞水法和后掺法四种。

先掺法:将减水剂与水泥混合后再与骨料和水一起搅拌。这种做法的优点是使用方便，缺点是减水剂中有粗粒子时，在拌和物中不易分散，影响质量且搅拌时间要长，工程上不常采用。

同掺法：将减水剂先溶入水形成溶液后再加入拌和物中一起搅拌。这种做法的优点是计量准且易搅拌均匀，使用方便，缺点是增加了溶解和贮存工序，工程上经常采用。

后掺法：在混凝土拌和物运送到浇筑地点后，才加入减水剂再次搅拌均匀进行浇筑。这种做法的优点是可避免混凝土在运输过程中的分层、离析和坍落度损失，提高减水剂使用效果，提高减水剂对水泥的适应性，缺点是需二次或多次搅拌，此法适用于商品混凝土，且有混凝土运输搅拌车的情况。

滞水法：在搅拌过程中减水剂滞后 1～3 min 加入。这种做法的优点是能提高减水剂使用效果，缺点是搅拌时间长，生产效率低，一般不常用。

③ 常用减水剂的适宜掺量、效用和适用范围如表 4-12 所示。

表 4-12 常用减水剂

类别		普通减水剂		高效减水剂	
		木质素系	糖蜜系	多环芳香族磺酸盐系（萘系）	水溶性树脂系
主要品种		木质素磺酸钙（木钙） 木质素磺酸钠（木钠） 木质素磺酸镁（木镁）	3FG、TF、ST	NNO、NF、FDN、UNF、JN、建Ⅰ型、SN—2 等	SM、CRS 等
主要成分		木质素磺酸钙 木质素磺酸钠 木质素磺酸镁	矿渣、废蜜经石灰中和处理而成	芳香族磺酸盐甲醛缩合物	三聚氰胺树脂磺酸钠（SM）、古玛隆—茚树脂磺酸钠（CRS）
适宜掺量［占水泥质量/（%）］		0.2～0.3	0.2～0.3	0.2～1.0	0.5～2.0
效果	减水率/（%）	10 左右	6～10	15～25	18～30
	早强	—	—	明显	显著
	缓凝	1～3 h	3 h 以上	—	—
	引气/（%）	1～2	—	一般为非引气或引气<2	<2

④ 聚羧酸系高效减水剂。

聚羧酸系高效减水剂合成方法简单、生产过程无污染，符合绿色环保的要求。

聚羧酸系高性能减水剂具有以下特点。

掺量低、减水率高，一般掺量为胶凝材料的 0.2%～0.3%，减水率一般在 25%～

30%;混凝土拌和物的流动性好,坍落度损失明显低于萘系高效减水剂;对混凝土增强效果潜力大,早期抗压强度比提高更为显著,以 3 d、7 d 抗压强度为例,萘系高效减水剂的 3 d、7 d 抗压强度比一般在 130%左右,而聚羧酸系高性能减水剂的同龄期抗压强度比一般在 180%以上;混凝土收缩低,基本克服了第二代减水剂增大混凝土收缩的缺点;总碱含量极低,其带入混凝土中的总的碱含量仅为数十克,降低了发生碱—骨料反应的可能性,有利混凝土的耐久性;与第二代(高效)减水剂相比,其引气量有较大提高,平均在 3%~4%。

该类产品目前没有发现明显的缺陷和不足。尤其是其低坍落度损失和混凝土收缩小的优点为高性能混凝土的开发和推广提供了新的有力武器。

但需要说明的是目前国内聚羧酸系减水剂产品还不同程度地存在性能不够稳定的问题,以上优点还不能充分体现。

(2) 早强剂

能加速混凝土早期强度发展的外加剂称早强剂。早强剂主要有氯盐类、硫酸盐类、有机胺三类以及它们组成的复合早强剂。

① 常用的早强剂见表 4-13。

② 常用的早强剂的作用机理包括以下内容。

氯化钙($CaCl_2$)产生早强的作用机理如下。

$CaCl_2$能与水泥中 C_3A 作用,生成几乎不溶于水和 $CaCl_2$溶液的水化氯铝酸钙($3CaO \cdot Al_2O_3 \cdot 3CaCl_2 \cdot 32H_2O$),又能与水化产物 $Ca(OH)_2$反应,生成溶解度极小的氧氯化钙[$CaCl_2 \cdot 3Ca(OH)_2 \cdot 12H_2O$]。水化氯铝酸钙和氧氯化钙固相早期析出,形成骨架,加速水泥浆体结构的形成,同时也由于水泥浆中 $Ca(OH)_2$浓度的降低,有利于 C_3S 水化反应的进行,因此早期强度获得提高。

表 4-13 常用早强剂

类别	氯盐类	硫酸盐类	有机胺类	复 合 类
常用品种	氯化钙	硫酸钠	三乙醇胺	① 三乙醇胺(A)+氯化钠(B) ② 三乙醇胺(A)+亚硝酸钠(B)+氯化钠(C) ③ 三乙醇胺(A)+亚硝酸钠(B)+二水石膏(C) ④ 硫酸盐复合早强剂(NC)
适宜掺量[占水泥质量/(%)]	0.5~1.0	0.5~2.0	0.02~0.05 一般不单独使用,常与其他早强剂复合使用	①(A)0.05+(B)0.5 ② (A)0.05+(B)0.5+(C)0.5 ③ (A)0.05+(B)0.5+(C)2.0 ④ (NC)2.0~4.0

续表

类别	氯盐类	硫酸盐类	有机胺类	复 合 类
早强效果	显著 3 d强度可提高50%～100%；7 d强度可提高20%～40%	显著 掺1.5%时达到混凝土设计强度70%的时间可缩短一半	显著 早期强度可提高50%左右；28 d强度不变或稍有提高	显著 2 d强度可提高70% 28 d强度可提高20%

硫酸钠产生早强的作用机理如下。

Na_2SO_4掺入混凝土中能与水泥水化生成的$Ca(OH)_2$发生如下反应：

$$Na_2SO_4+Ca(OH)_2+2H_2O \longrightarrow CaSO_4 \cdot 2H_2O+2NaOH$$

生成的$CaSO_4$均匀分布在混凝土中，并且与C_3A反应，迅速生成水化硫铝酸钙，此反应的发生又能加速C_3S的水化，这将大大加快硬化速度，提高早期强度。

三乙醇胺产生早强的作用机理如下。

三乙醇胺是一种络合剂，在水泥水化的碱性溶液中，能与Fe^{3+}和Al^{3+}等离子形成较稳定的络离子，这种络离子与水泥的水化物作用生成溶解度很小的络盐并析出，有利于早期骨架的形成，从而使混凝土早期强度提高。

③ 早强剂的掺入方法。使用含有硫酸钠的粉状早强剂时，应加入水泥中，不能先与潮湿的砂石混合。含有粉煤灰等不溶物及溶解度较小的早强剂、早强减水剂应以粉剂掺入，并要适当延长搅拌时间。

(3) 引气剂

在搅拌混凝土过程中能引入大量均匀分布的、稳定而封闭的微小气泡（直径在10～100 μm）的外加剂，称为引气剂。主要品种有松香热聚物、松脂皂和烷基苯碳酸盐等。其中，以松香热聚物的效果较好，最常使用。松香热聚物是由松香与硫酸、石碳酸起聚合反应，再经氢氧化钠中和而得到的憎水性表面活性剂。

① 引气剂具有引气作用的机理。在搅拌混凝土的过程中必然会混入一些空气，在搅拌力作用下就会形成大量气泡，加入水溶液中的引气剂便吸附在水-气界面上，显著降低水的表面张力和界面能，引气剂分子定向排列在泡膜界面上，阻碍泡膜内水分子的移动，增加了泡膜的厚度及强度，使气泡不易破灭；水泥等微细颗粒吸附在泡膜上，水泥浆中的氢氧化钙与引气剂作用生成的钙皂沉积在泡膜壁上，也提高了泡膜的稳定性，从而使气泡稳定存在。

② 引气剂的使用方法。引气剂最常用的是松香热聚物，它不能直接溶解于水，使用时需将其溶解于加热的氢氧化钠溶液中，再加水配成一定浓度的溶液后加入混凝土中。当引气剂与减水剂、早强剂、缓凝剂等复合使用时，配制溶液时应注意其共溶性。

③ 引气剂掺入混凝土中对混凝土性能的影响。

a. 改善混凝土拌和物的和易性：在混凝土拌和物中引入的大量微小气泡，相对增加了水泥浆的体积，气泡本身又起到如同滚珠轴承的作用，使颗粒间摩擦力减小，从而可提高混凝土的流动性。由于水分均匀分布在气泡表面，又显著改善了混凝土的保水性和黏聚性。

b. 提高混凝土的耐久性：由于气泡能隔断混凝土中毛细管通道以及气泡对水泥石内水分结冰时所产生的水压力的缓冲作用，故能显著提高混凝土的抗渗性和抗冻性。

c. 对强度、耐磨性和变形的影响：由于引入大量的气泡，减小了混凝土受压有效面积，使混凝土强度和耐磨性有所降低，当保持水灰比不变时，含气量增加 1%，混凝土强度下降 3%～5%。

d. 大量气泡的存在，可使混凝土弹性模量有所降低，从而对提高混凝土的抗裂性有利。

④ 引气剂的掺量。引气剂的掺量应根据混凝土的含气量确定。一般松香热聚物引气剂的适宜掺量为 0.006%～0.012%(占水泥质量)。

(4) 缓凝剂

能延长混凝土凝结时间而不显著降低混凝土后期强度的外加剂，称为缓凝剂。主要种类有羟基羧酸及其盐类、含糖碳水化合物、无机盐类和木质素磺酸盐类等。最常用的是糖蜜和木质素磺酸钙，以糖蜜的效果最好。常用缓凝剂见表 4-14。

① 缓凝剂的作用机理。有机类缓凝剂多为表面活性剂，将其掺入混凝土中，能吸附在水泥颗粒表面，形成同种电荷的亲水膜，使水泥颗粒相互排斥，阻碍水泥水化产物凝聚，起到缓凝作用；无机类缓凝剂往往是在水泥颗粒表面形成一层难溶的薄膜，对水泥颗粒的正常水化起阻碍作用，从而导致缓凝。

表 4-14　常用缓凝剂

类　别	品　种	掺量[占水泥质量/(%)]	延缓凝结时间/h
糖　类	糖蜜类	0.2～0.5(水剂) 0.1～0.3(粉剂)	2～4
木质素磺酸类	木质素磺酸钙(钠)等	0.2～0.3	2～3
羟基羧酸盐类	柠檬酸、酒石酸钾(钠)	0.03～0.1	4～10
无机盐类	锌盐、硼酸盐、磷酸盐	0.1～0.2	—

② 缓凝剂的掺入方法。缓凝剂及缓凝减水剂应配制成适当浓度的溶液加入拌和水中使用。糖蜜减水剂中常有少量难溶和不溶物，静置时会有沉淀现象，使用时应搅拌成悬浮液。

当缓凝剂与其他外加剂复合使用时，必须是共溶的才能事先混合，否则应分别掺入。

(5) 速凝剂

能使混凝土迅速凝结硬化的外加剂，称为速凝剂。主要种类有无机盐类和有机物类，常用的是无机盐类。常用速凝剂见表4-15。

表4-15 常用速凝剂

种 类	铝氧熟料(红星Ⅰ型)	铝氧熟料(711型)	铝氧熟料(782型)
主要成分	铝酸钠＋碳酸钠＋生石灰	铝氧熟料＋无水石膏	矾泥＋铝氧熟料＋生石灰
适宜掺量[占水泥质量/(%)]	2.5～4.0	3.0～5.0	5.0～7.0
初凝/min	≤5		
终凝/min	≤10		
强 度	1 h产生强度，1 d强度可提高2～3倍，28 d强度为不掺的80%～90%		

① 速凝剂的作用机理。速凝剂加入混凝土后，其主要成分中的铝酸钠、碳酸钠在碱性溶液中迅速与水泥中的石膏反应生成硫酸钠，使石膏丧失其原有的缓凝作用，从而导致铝酸钙矿物C_3A迅速水化，并在溶液中析出其水化产物晶体，致使水泥混凝土迅速凝结。

② 速凝剂的使用方法。喷射混凝土施工工艺分干、湿两种。采用干法喷射时，将速凝剂(一般为细粉状)按一定比例与水泥、砂、石一起干拌均匀后，用压缩空气通过胶管将材料送到喷射机的喷嘴中，在喷嘴里引入高压水，与干拌料拌成混凝土，喷射到建筑物或构筑物上，这种方法比较简便，目前使用普遍，但存在施工时粉尘污染较大、回弹量较大的缺点；采用湿法喷射时，是在搅拌机中按水泥、砂、石、速凝剂和水拌成混凝土后，再由喷射机通过胶管从喷嘴喷出。

(6) 防冻剂

混凝土防冻剂是一种冬季施工的混凝土外加剂，能使混凝土在负温下硬化，使混凝土及砂浆在一定负温条件下继续保持强度的增长，并且不影响后期强度的外加剂。

① 常用防冻剂。常用防冻剂由多组分复合而成，其主要组分有防冻组分、减水组分、引气组分和早强组分等。防冻组分可分为三类：氯盐类(如氯化钙、氯化钠)、氯盐阻锈类(氯盐与阻锈剂复合，阻锈剂有亚硝酸钠、铬酸盐、磷酸盐等)、无氯盐类(硝酸盐、亚硝酸盐、碳酸盐、尿素、乙酸盐等)。减水、引气、早强组分则分别采用前面所述的各类减水剂、引气剂和早强剂。

② 防冻剂的作用机理。防冻剂中各组分对混凝土所起作用：防冻组分可改变混凝土液相浓度，降低冰点，保证混凝土在负温下有液相存在，使水泥仍能继续水化；减水组分可减少混凝土拌和用水量，从而减少混凝土中的成冰量，并使冰晶粒度细小且

均匀分散,减小对混凝土的破坏应力;引气组分是引入一定量的微小封闭气泡,减缓冻胀应力;早强组分能提高混凝土早期强度,增强混凝土抵抗冰冻的破坏能力。因此,防冻剂的综合效果是能显著提高混凝土的抗冻性。

(7) 膨胀剂

膨胀剂是能使混凝土产生一定体积膨胀的外加剂。混凝土工程中采用的膨胀剂种类有硫铝酸钙类、硫铝酸钙-氧化钙类、氧化钙类等。

① 常用膨胀剂。硫铝酸钙类有明矾石膨胀剂(主要成分是明矾石与无水石膏或二水石膏),CSA 膨胀剂(主要成分是无水硫铝酸钙);U 型膨胀剂(主要成分是无水硫铝酸钙、明矾石、石膏)等。

氧化钙类有多种制备方法。其主要成分为石灰,再加入石膏与水淬矿渣或硬脂酸或石膏与黏土,经一定的煅烧或混磨而成。

硫铝酸钙-氧化钙类为复合膨胀剂。

② 膨胀剂的作用机理。硫铝酸钙类膨胀剂加入混凝土中后,自身中无水硫铝酸钙水化或参与水泥矿物的水化或与水泥水化产物反应,生成三硫型水化硫铝酸钙(钙矾石),使固相体积大为增加,而导致体积膨胀。氧化钙类膨胀剂的膨胀作用主要由氧化钙晶体水化生成氢氧化钙晶体,体积增大而导致的。

③ 膨胀剂掺量的确定方法。为了保证掺有膨胀剂的混凝土的质量,混凝土的胶凝材料(水泥和掺和料)用量不能过少,膨胀剂的掺量也应合适。补偿收缩混凝土、填充用膨胀混凝土和自应力混凝土的胶凝材料最少用量分别为 300(有抗渗要求时为 320)、350 和 500,膨胀剂合适掺量分别为 6%~12%、10%~15%和 15%~25%。

④ 膨胀剂的使用。粉状膨胀剂应与混凝土其他原材料一起投入搅拌机,拌和时间应比普通混凝土延长 30 s。膨胀剂可与其他外加剂复合使用,但必须有良好的适应性。掺膨胀剂的混凝土不得采用硫铝酸盐水泥、铁铝酸盐水泥和高铝水泥。

(8) 泵送剂

泵送剂是指能改善混凝土拌和物泵送性能的外加剂。泵送剂一般分为非引气剂型(主要组分为木质素磺酸钙、高效减水剂等)和引气剂型(主要组分为减水剂、引气剂等)两类。个别情况下,如对大体积混凝土,为防止收缩裂缝,宜掺入适量的膨胀剂。木钙减水剂除可使拌和物的流动性显著增大外,还能减少泌水,延缓水泥的凝结,使水泥水化热的释放速度明显延缓,这对泵送的大体积混凝土十分重要。引气剂能使拌和物的流动性显著增加,而且也能降低拌和物的泌水性及水泥浆的离析现象,这对泵送混凝土的和易性和可泵性很有利。

(9) 阻锈剂

阻锈剂是指能减缓混凝土中钢筋或其他预埋金属锈蚀的外加剂,也称缓蚀剂,常用的是亚硝酸钠。有的外加剂中含有氯盐,氯盐对钢筋有锈蚀作用,在使用这种外加剂的同时应掺入阻锈剂,可以减缓对钢筋的锈蚀,从而达到保护钢筋的目的。

3) 常用混凝土外加剂的适用范围

常用混凝土外加剂的适用范围见表 4-16。

表 4-16 常用混凝土外加剂的适用范围

外加剂类别		使用目的或要求	适宜的混凝土工程	备注
减水剂	木质素磺酸盐	改善混凝土拌和物流变性能	一般混凝土、大模板、大体积浇注、滑模施工、泵送混凝土、夏季施工	不宜单独用于冬季施工、蒸气养护、预应力混凝土
	萘系	显著改善混凝土拌和物流变性能	早强、高强、流态、防水、蒸养、泵送混凝土	—
	水溶性树脂系	显著改善混凝土拌和物流变性能	早强、高强、流态、蒸养混凝土	—
	聚羧酸系高效减水剂	显著改善混凝土拌和物流变性能、提高早期强度、坍落度损失小	早强、高强、流态、防水、蒸养、泵送混凝土、清水混凝土	—
早强剂	糖类	改善混凝土拌和物流变性能	大体积、夏季施工等有缓凝要求的混凝土	不宜单独用于有早强要求、蒸养混凝土
	氯盐类	显著提高混凝土早期强度；冬季施工时为防止混凝土早期受冻破坏	冬季施工、紧急抢修工程、有早强要求或防冻要求的混凝土；硫酸盐类适用于不允许掺氯盐的混凝土	是否能使用氯盐类早强剂，以及氯盐类早强剂的掺量限制，均应符合有关标准的规定
	硫酸盐类			
	有机胺类			
引气剂	松香热聚物	改善混凝土拌和物和易性；提高混凝土抗冻、抗渗等耐久性	抗冻、抗渗、抗硫酸盐的混凝土、水工大体积混凝土、泵送混凝土	不宜用于蒸养混凝土、预应力混凝土
缓凝剂	木质素磺酸盐	要求缓凝的混凝土、降低水化热、分层浇注混凝土的过程中为防止出现冷缝等	夏季施工、大体积混凝土、泵送及滑模施工、远距离输送的混凝土	掺量过大，会使混凝土长期不硬化、强度严重下降；不宜单独用于蒸养混凝土；不宜用于低于5℃下施工的混凝土
	糖类			
速凝剂	红星Ⅰ型	施工中要求快凝、快硬的混凝土，迅速提高早期强度	矿山井巷、铁路隧道、引水涵洞、地下工程及喷锚支护时的喷射混凝土或喷射砂浆；抢修、堵漏工程	常与减水剂复合使用，以防混凝土后期强度降低
	711型			
	782型			
泵送剂	非引气型	混凝土泵送施工中为保证混凝土拌和物的可泵性，防止堵塞管道	泵送施工的混凝土	掺引气型外加剂的，泵送混凝土的含气量不宜大于4%
	引气型			

续表

外加剂类别		使用目的或要求	适宜的混凝土工程	备　注
防冻剂	氯盐类	要求混凝土在负温下能连续水化、硬化、增长强度,防止冰冻破坏	负温下施工的无筋混凝土	—
	氯盐阻锈类		负温下施工的钢筋混凝土	如含强电解质的早强剂的,应符合《混凝土外加剂应用技术规范》(GB 50119—2003)中的有关规定
	无氯盐类		负温下施工的钢筋混凝土和预应力钢筋混凝土	如含硝酸盐、亚硝酸盐、磺酸盐不得用于预应力混凝土;如含六价铬盐、亚硝酸盐等有毒防冻剂,严禁用于饮水工程及与食品接触部位
膨胀剂	① 硫铝酸钙类	减少混凝土干缩裂缝,提高抗裂性和抗渗性,提高机械设备和构件的安装质量	补偿收缩混凝土; 填充用膨胀混凝土; 自应力混凝土(仅用于常温下使用的自应力钢筋混凝土压力管)	①、③ 不得用于长期处于80℃以上的工程中,② 不得用于海水和有侵蚀性水的工程; 掺膨胀剂的混凝土只适用于有约束条件的钢筋混凝土工程和填充性混凝土工程; 掺膨胀剂的混凝土不得用硫铝酸盐水泥、铁铝酸盐水泥和高铝水泥
	② 氧化钙类			
	③ 硫铝酸钙-氧化钙类			

6. 混凝土掺和料

混凝土掺和料是指在混凝土搅拌前或在搅拌过程中,与混凝土其他组分一起,直接加入的人造或天然的矿物材料及工业废料,通常掺量一般应超过水泥质量的5%。常用的有粉煤灰、硅粉、磨细矿渣粉、烧黏土、天然火山灰质材料(如凝灰岩粉、沸石岩粉等)及磨细自燃煤矸石。其目的是为了改善混凝土性能、调节混凝土的强度等级和节约水泥用量等。

1）粉煤灰

粉煤灰是从煤粉炉排出的烟气中收集到的细粉末。按其排放方式的不同，分为干排灰与湿排灰两种。湿排灰内含水量大，活性降低较多，质量不如干排灰。按收集方法的不同，分静电收尘灰和机械收尘灰两种。静电收尘灰颗粒细、质量好。机械收尘灰颗粒较粗、质量较差。经磨细处理的称为磨细灰、未经加工的称为原状灰。

（1）粉煤灰的质量要求

粉煤灰有高钙灰（一般 CaO＞10％）和低钙灰（CaO＜10％）之分，由褐煤燃烧形成的粉煤灰呈褐黄色，为高钙灰，具有一定的水硬性；由烟煤和无烟煤燃烧形成的粉煤灰呈灰色或深灰色，为低钙灰，具有火山灰活性。

细度是评定粉煤灰品质的重要指标之一。粉煤灰中实心微珠颗粒最细、表面光滑，是粉煤灰中需水量最小、活性最高的成分，如果粉煤灰中实心微珠含量较多、未燃尽碳及不规则的粗粒含量较少时，粉煤灰就较细，品质较好。未燃尽的碳粒，颗粒较粗，可降低粉煤灰的活性，增大需水性，是有害成分，可用烧失量来评定。多孔玻璃体等非球形颗粒，表面粗糙、粒径较大，将增大需水量，当其含量较多时，使粉煤灰品质下降。SO_3是有害成分，应限制其含量。

我国粉煤灰质量控制、应用技术有关的技术标准、规范有《用于水泥和混凝土中的粉煤灰》（GB/T 1596—2005）、《硅酸盐建筑制品用粉煤灰》（JC 409—2001）和《粉煤灰混凝土应用技术规范》（GBJ 146—1990）等。《用于水泥和混凝土中的粉煤灰》（GB/T 1596—2005）规定，粉煤灰按煤种分为 F 类（由无烟煤或烟煤煅烧收集的粉煤灰）和 C 类（由褐煤或次烟煤煅烧收集的粉煤灰，其氧化钙含量一般大于 10％），分为Ⅰ、Ⅱ、Ⅲ三个等级，相应的技术要求如表 4-17 所示。

按《粉煤灰混凝土应用技术规范》（GBJ 146—1990）规定：Ⅰ级粉煤灰适用于钢筋混凝土和跨度小于 6 m 的预应力钢筋混凝土，Ⅱ级粉煤灰适用于钢筋混凝土和无筋混凝土，Ⅲ级粉煤灰主要用于无筋混凝土。对强度等级≥C30 的无筋粉煤灰混凝土，宜采用Ⅰ、Ⅱ级粉煤灰。

（2）粉煤灰掺入混凝土中的作用与效果。

粉煤灰在混凝土中，具有火山灰活性作用，它的活性成分 SiO_2 和 Al_2O_3 与水泥水化产物 $Ca(OH)_2$ 反应，生成水化硅酸钙和水化铝酸钙，成为胶凝材料的一部分；微珠球状颗粒具有增大混凝土（砂浆）的流动性、减少泌水、改善和易性的作用；若保持流动性不变，则可起到减水作用；其微细颗粒均匀分布在水泥浆中，可以填充孔隙，改善混凝土孔结构，提高混凝土的密实度，从而使混凝土的耐久性得到提高，同时还可降低水化热、抑制碱-骨料反应。

混凝土中掺入粉煤灰的效果，与粉煤灰的掺入方法有关。常用的方法有等量取代法、超量取代法和外加法。

表 4-17 用于混凝土中的粉煤灰技术要求(GB/T 1596—2005)

<table>
<tr><th colspan="2" rowspan="2">项　目</th><th colspan="3">粉煤灰等级</th></tr>
<tr><th>Ⅰ</th><th>Ⅱ</th><th>Ⅲ</th></tr>
<tr><td>细度[0.045 mm方孔筛筛余(%)]不大于</td><td rowspan="5">F类粉煤灰
C类粉煤灰</td><td>12.0</td><td>25.0</td><td>45.0</td></tr>
<tr><td>烧失量(%)不大于</td><td>5.0</td><td>8.0</td><td>15.0</td></tr>
<tr><td>需水量比(%)不大于</td><td>95.0</td><td>105.0</td><td>115.0</td></tr>
<tr><td>三氧化硫(%)不大于</td><td colspan="3">3</td></tr>
<tr><td>含水量(%)不大于</td><td colspan="3">1</td></tr>
<tr><td colspan="2">游离氧化钙(%)</td><td colspan="3">F类粉煤灰≤1.0,C类粉煤灰≤4.0</td></tr>
<tr><td colspan="2">安定性　雷氏夹沸煮后增加距离/mm</td><td colspan="3">C类粉煤灰≤5.0</td></tr>
</table>

等量取代法指以等质量粉煤灰取代混凝土中的水泥的方法。可节约水泥并减少混凝土发热量,改善混凝土和易性,提高混凝土抗渗性,适用于掺Ⅰ级粉煤灰、混凝土超强及大体积混凝土。

超量取代法指掺入的粉煤灰量超过取代的水泥量,超出的粉煤灰取代同体积的砂,其超量系数按规定选用,目的是保持混凝土28 d强度及和易性不变。

外加法指在保持混凝土中水泥用量不变情况下,外掺一定数量的粉煤灰,目的是为了改善混凝土拌和物的和易性。

有时也有用粉煤灰代砂。由于粉煤灰具有火山灰活性,故使混凝土强度有所提高,而且混凝土和易性及抗渗性等也有显著改善。

混凝土中掺入粉煤灰时,常与减水剂或引气剂等外加剂同时掺用,称为双掺技术。减水剂的掺入可以克服某些粉煤灰增大混凝土需水量的缺点;引气剂的掺用,可以解决粉煤灰混凝土抗冻性较差的问题;在低温条件下施工时,宜掺入早强剂或防冻剂。混凝土中掺入粉煤灰后,会使混凝土抗碳化性能降低,不利于防止钢筋锈蚀。为改善混凝土抗碳化性能,也应采取双掺措施,或在混凝土中掺入阻锈剂。

2) 硅粉

硅粉又称硅灰,是从生产硅铁合金或硅钢等所排放的烟气中收集的颗粒较细的烟尘,呈浅灰色;其颗粒是微细的玻璃球体,粒径为0.1～1.0 μm,是水泥颗粒的1/100～1/50,比表面积为18.5～20 m^2/g,密度为2.1～2.2 g/cm^3,堆积密度为250～300 kg/m^3。硅粉中无定形二氧化硅含量一般为85%～96%,具有很高的活性。

由于硅粉具有高比表面积,因而其需水量很大,将其作为混凝土掺和料必须配以高效减水剂方可保证混凝土的和易性。

硅粉掺入混凝土中,可取得以下几方面效果。

(1) 改善混凝土拌和物的黏聚性和保水性

在混凝土中掺入硅粉的同时又掺用了高效减水剂,保证了混凝土拌和物必须具有流动性的情况下,由于硅粉的掺入,会显著改善混凝土拌和物的黏聚性和保水性,故适宜配制高流态混凝土、泵送混凝土及水下灌注混凝土。

(2) 提高混凝土强度

当硅粉与高效减水剂配合使用时,硅粉与水化产物 $Ca(OH)_2$反应生成水化硅酸钙凝胶,填充水泥颗粒间的空隙,改善界面结构及黏结力,形成密实结构,从而显著提高混凝土强度。一般硅粉掺量为 5%～10%,便可配出抗压强度达 100 MPa 的超高强混凝土。

(3) 改善混凝土的孔结构,提高耐久性

掺入硅粉的混凝土,虽然其总孔隙率与不掺时基本相同,但其大毛细孔减少,超细孔隙增加,改善了水泥石的孔结构。因此混凝土的抗渗性、抗冻性及抗硫酸盐腐蚀性等耐久性显著提高。此外,混凝土的抗冲磨性随硅粉掺量的增加而提高,故适用于水工建筑物的抗冲刷部位及高速公路路面。硅粉还同样有抑制碱-骨科反应的作用。

3) 沸石粉

沸石粉由天然的沸石岩磨细而成,颜色为白色。沸石岩是一种经天然燃烧后的火山灰质铝硅酸盐矿物,含有一定量的活性二氧化硅和三氧化二铝,能与水泥水化产物 $Ca(OH)_2$作用,生成胶凝物质。沸石粉具有很大的内表面积和开放性结构,细度为 0.08 mm 筛,筛余量<5%,平均粒径为 5.0～6.5 μm。

沸石粉掺入混凝土后有以下几方面效果。

① 改善混凝土拌和物的和易性。沸石粉与其他矿物掺和料一样,具有改善混凝土和易性及可泵性的功能,因此适宜配制流态混凝土和泵送混凝土。

② 提高混凝土强度。沸石粉与高效减水剂配合使用,可显著提高混凝土强度,因而适于配制高强混凝土。

4) 其他混凝土掺和料

(1) 粒化高炉矿渣粉

粒化高炉矿渣粉是指将粒化高炉矿渣经干燥、磨细达到相当细度且符合相应活性指数的粉状材料,细度大于 350 m^2/kg,一般为 400～600 m^2/kg。其活性比粉煤灰高,根据《用于水泥和混凝土中的粒化高炉矿渣粉》(GB/T 18046—2008)的规定,按 7 d 和 28 d 的活性指数,分为 S105、S95 和 S75 三个级别。作为混凝土掺和料,其掺量也可较大。

(2) 磨细自燃煤矸石粉

自燃煤矸石是由煤矿洗煤过程中排出的矸石,经自燃而成,具有一定火山灰活性,将其磨细后成粉状,可作为混凝土掺和料使用。

(3) 超细微粒矿物质掺和料

超细微粒矿物质掺和料是指超细粉磨的高炉矿渣、粉煤灰、液态渣、沸石粉等,作为混凝土掺和料(简称超细粉掺和料),其比表面积一般>500 m^2/kg。将活性混合材料制成超细粉,超细化后便具有新的特性与功能,具体表现为:a. 表面能高;b. 微观填充作用;c. 化学活性增高。超细粉掺入混凝土中对混凝土有显著的流化与增强效应,并使结构致密化。采用超细粉的品种、细度和掺量的不同,其效果也不同,一般有以下几方面效果。

① 改善混凝土的流变性。当掺入超细矿渣粉后,可填充于水泥颗粒的间隙和絮凝结构中,占据了充水空间,原来絮凝结构中的水被释放出来,使流动性增大。如果掺入超细沸石粉,除有上述填充稀化效果外,由于其本身的多孔性,且为开放型,能吸入一部分水分,吸水性带来的稠化作用占优势,会使流动性减小。无论何种超细粉,均有表面能高的特点,自身或对水泥颗粒会产生吸附现象,在一定程度上形成凝聚结构,会使超细粉的填充稀化效应减小。但如将玻璃体的超细粉与高效减水剂共同掺用,这时超细粉可迅速吸附高效减水剂分子,从而降低其本身的表面能,不会再对水泥颗粒产生吸附,反而起分散作用,这样超细粉的微观填充稀化效应也得以正常发挥,混凝土的流动性显著增大。采用超细粉可配制大流动性且不离析的混凝土,如泵送混凝土等。

② 提高混凝土强度。超细化一方面明显增加了混合材料的化学反应活性,另一方面由于微观填充作用产生的减水增密效应,对混凝土起到显著增强效果,后者正是超细粉与一般混合材料的不同之处。采用超细粉可配制高强与超高强混凝土。

显著改善混凝土的耐久性:超细粉能显著改善硬化混凝土的微结构,使 $Ca(OH)_2$ 显著减少、CSH 增多,结构变得致密,从而显著提高混凝土的抗渗、抗冻等耐久性能,而且还能抑制碱-骨料反应。

4.3 新拌混凝土的和易性

本节涉及的标准规范主要有:

《普通混凝土拌和物性能试验方法》(GB/T 50080—2002)。

4.3.1 相关概念

(1) 新拌混凝土(也称混凝土拌和物):指将水泥、粗细骨料(砂、石)和水等组分按适当比例配合,并经搅拌均匀而成的塑性、尚未凝结的混凝土拌和物。

(2) 硬化混凝土(也简称混凝土):指新拌混凝土凝结硬化后的混凝土混合料。

4.3.2 和易性概念

在土木工程建设过程中,为获得密实而均匀的混凝土结构以方便施工操作(拌和、运输、浇注、振捣等过程),要求新拌混凝土必须具有良好的施工性能,如保持新拌混凝土不发生分层、离析、泌水等现象,并获得质量均匀、成型密实的混凝土。这种新拌混凝土施工性能称之为新拌混凝土的和易性。

混凝土拌和物的和易性是一项综合技术性能,包括流动性、黏聚性和保水性三方面的含义。

1. 流动性

流动性是指新拌混凝土在自重或机械振捣作用下,能够流动并均匀密实地填充模板的能力。流动性的大小直接影响浇捣施工的难易和硬化混凝土的质量,若新拌混凝土太干稠,则难以成型与捣实,且容易造成内部或表面孔洞等缺陷;若新拌混凝土过稀,经振捣后易出现水泥浆或水分上浮而石子等大颗粒骨料下沉的分层离析现象,影响混凝土质量的均匀性、成型的密实性。

2. 黏聚性

黏聚性是指新拌混凝土的组成材料之间具有一定的黏聚力,确保不致发生分层、离析现象,使混凝土能保持整体均匀稳定的性能。黏聚性差的新拌混凝土,容易导致石子与砂浆分离,振捣后容易出现蜂窝、空洞等现象。黏聚性过强,又容易导致混凝土流动性变差,振捣成型困难。

3. 保水性

新拌混凝土保持其内部水分的能力称为保水性。保水性好的混凝土在施工过程中不会产生严重的泌水现象。保水性差的混凝土中一部分水易从内部析出至表面,在水渗流之处留下许多毛细管孔道,成为以后混凝土内部的透水通路。

综上所述,新拌混凝土的流动性、黏聚性及保水性之间相互关联和制约。黏聚性好的新拌混凝土,往往保水性也好,但其流动性可能较差;流动性很大的新拌混凝土,往往黏聚性和保水性有变差的趋势。随着现代混凝土技术的发展,混凝土目前往往采用泵送施工方法,对新拌混凝土的和易性要求很高,三方面性能必须协调统一,才能既满足施工操作要求,又能确保后期工程质量良好。

4.3.3 和易性测定

由于新拌混凝土和易性内涵较复杂,所以目前尚没有一种能够全面有效地反映混凝土拌和物和易性的测定方法和指标。

根据现行标准《普通混凝土拌和物性能试验方法》(GB/T 50080—2002)的规定,土木工程建设中通常采用坍落度法或维勃稠度法来测定新拌混凝土的流动性,并辅以其他方法或经验,结合直观观察来评定其黏聚性和保水性,从而综合判定其和易性。

通常对较稀、在自重作用下具有可塑性或流动性的新拌混凝土采用坍落度法;而对于较干硬的新拌混凝土,采用维勃稠度法。

1. 坍落度法

坍落度法具体测定方法是:将新拌混凝土分三层装入圆锥形筒(标准坍落度圆锥

筒)内,每层均匀捣插 25 次,捣实后每层高度为筒高的 1/3 左右,抹平后将圆锥筒垂直平稳地向上提起,新拌混凝土锥体就会在自重作用下坍落,坍落高度即为该混凝土拌和物的坍落度值(单位为 mm)。新拌混凝土的坍落度值越大,表明其流动性越好,如图 4-4 所示。

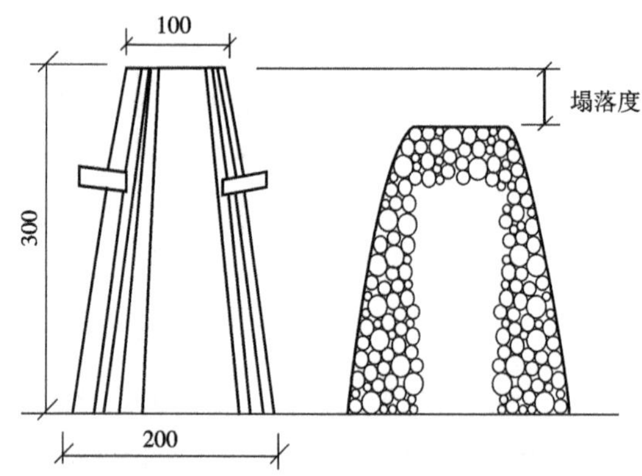

图 4-4 新拌混凝土坍落度测试示意图(单位:mm)

在测定坍落度的同时,应观察新拌混凝土的黏聚性和保水性,从而全面地评价其和易性。

黏聚性的检查方法是:用捣棒轻轻敲击已坍的新拌混凝土锥体,若锥体四周逐渐下沉,则黏聚性良好;若锥体倒塌或部分崩裂,或发生离析现象,则表示黏聚性不好。

保水性的观察方法是:根据新拌混凝土中稀浆析出的程度来评定。若坍落度筒提起后混凝土拌和物失浆而骨料外露,或较多稀浆自底部析出,则表示此混凝土拌和物保水性差;若坍落度筒提起后无稀浆或仅有少量稀浆由底部析出,则表明新拌混凝土的保水性良好。另外,常压泌水率和压力泌水率的数值也可以用来表示保水性的优劣。

根据新拌混凝土坍落度值的大小,可将其划分为四个流动性级别的混凝土:低塑性混凝土坍落度为 10~40 mm,塑性混凝土坍落度为 50~90 mm,流动性混凝土坍落度为 100~150 mm,大流动性混凝土坍落度为 160 mm 以上。

坍落度试验方法不适用于骨料最大粒径大于 40 mm 或坍落度值小于 10 mm 的新拌混凝土。

目前一种新型的大流动性混凝土——自密实混凝土引起了土木工程界的广泛关注,它是通过外加剂、胶结材料、粗细骨料的选择和配合比的设计,使混凝土拌和物屈服值减小且又具有足够的塑性黏度,粗细骨料能够不离析、不泌水,在不用或基本不用振捣的成型条件下,能充分填充在模板及钢筋空隙内,形成密实而均匀的混凝土结构的一种高性能混凝土。新拌自密实混凝土的坍落度通常在 250~270 mm 范围内,扩展度在 550~700 mm 范围内。

自密实混凝土的主要特点是无须振捣而能自密实。在实际施工中自密实混凝土消除了浇筑混凝土时的振捣噪声，提高了施工速度和质量，实现了混凝土浇筑的省力化；能改善有一定难度的混凝土施工，如过密配筋、薄壁、复杂形体、大体积、钢管混凝土的施工，高、深、快速施工，水下施工，以及具有特殊要求、振捣困难的工程施工，解决混凝土难以浇筑、振捣密实的问题。

2. 维勃稠度法

对坍落度小于 10 mm 的干硬性混凝土拌和物的流动性采用维勃稠度指标来表征，其检测仪器称为维勃稠度仪（见图 4-5）。

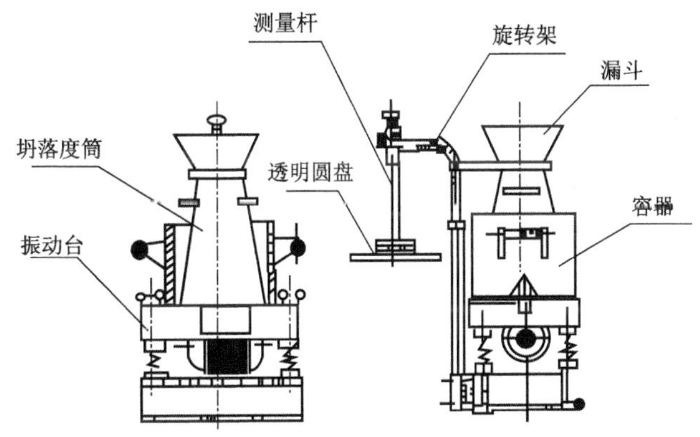

图 4-5 维勃稠度仪

维勃稠度法的具体测定方法是：将混凝土拌和物按规定方法装入截头圆锥筒内，装满刮平后，将圆锥筒垂直向上提起，在新拌混凝土锥体顶面盖一透明玻璃圆盘，然后开启振动台并记录时间，从开始振动至玻璃圆盘底面布满水泥浆时所经历的时间（以 s 计），即为新拌混凝土的维勃稠度值。

4.3.4 影响新拌混凝土和易性的因素

1. 水泥浆的数量和水灰比

在水灰比不变的情况下，水泥浆愈多，拌和物的流动性愈大。但水泥浆过多，将会出现流浆现象；若水泥浆过少，则骨料之间缺少黏结物质，易使拌和物发生离析。

在水泥用量、骨料用量不变的情况下，水灰比增大，水泥浆自身流动性增加，故拌和物流动性增大，反之则减小。但水灰比过大，拌和物的黏聚性和保水性将严重下降，容易造成分层离析和泌水现象；水灰比过小，会使拌和物流动性过低，影响施工。故水灰比一般应根据混凝土强度和耐久性要求合理地选用。

因此工程实际中绝不能以单纯加水的办法来增大流动性，而应在保持水灰比不变的条件下，以增加水泥浆量的办法来提高新拌混凝土的流动性。

2. 砂率

砂率对拌和物的和易性有很大影响。图 4-6 为水和水泥用量一定条件下，砂率对坍落度的影响关系。

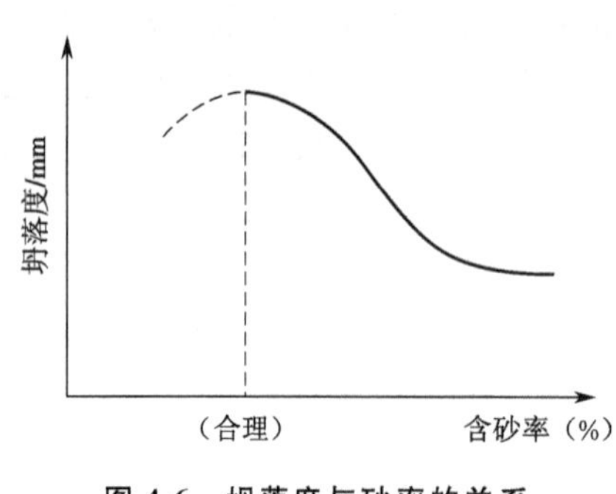

图 4-6 坍落度与砂率的关系
(当水和水泥用量一定时)

从图 4-6 可以看出,砂率对混凝土拌和物流动性的影响主要表现在以下几方面:在一定的砂率范围内,当砂率很小时,新拌混凝土的流动性较低,并且其黏聚性和保水性也较差。随砂率增大,拌和物流动性提高,其原因是砂量增加,导致砂浆数量增加,减少了粗骨料之间的摩擦力,增大了拌和物的润滑作用。当砂率增大超过一定范围后,流动性反而随砂率增加而降低,其原因是,砂率增大的同时,需要润湿砂子的水分增多,在用水量一定的条件下,拌和物流动用的自由水量降低,因此拌和物流动性降低。

适当的砂率不但填满了石子间的空隙,而且还能保证粗骨料间有一定厚度的砂浆层,以减小粗骨料间的摩擦阻力,使新拌混凝土获得较好的流动性。这个适宜的砂率称为合理砂率。

在用水量一定的情况下,合理砂率能使新拌混凝土获得最大的流动性,并且在保持良好的流动性、黏聚性和保水性的同时,使水泥用量达到最少。

3. 组成材料性质

1)水泥及掺和料

水泥对拌和物和易性的影响主要是水泥品种、水泥细度和水泥的需水量。

硅酸盐或普通硅酸盐水泥所配制的新拌混凝土的流动性及黏聚性较好。混凝土中掺加矿渣、火山灰等混合材料会造成需水量提高,因此在加水量相同的条件下,它们所配制的新拌混凝土流动性较低。

2)骨料

骨料的品种、级配、颗粒形状、表面特征及粒径等性质对新拌混凝土和易性的影响较大。级配好的骨料,其拌和物流动性较大,黏聚性与保水性较好;表面光滑的骨料,如河砂、卵石,其拌和物流动性较大;在一定程度内,骨料的粒径增大,总表面积减小,拌和物流动性就增大。

3)外加剂

加入减水剂或引气剂可明显提高拌和物的流动性,引气剂还可以有效地改善拌和物的黏聚性和保水性。

4)时间及环境温度

时间对新拌混凝土的和易性,尤其是流动性有较大影响。随着存放时间的延长,新拌混凝土逐渐变得越来越干稠,坍落度将逐渐减小,这种现象称为混凝土的坍落度损失。其原因是新拌混凝土中一部分水已参与水泥水化,另一部分水逐渐被骨料所吸收,还有一部分水被蒸发。这些因素综合作用的结果,使新拌混凝土随着时间的延长，流动阻力逐渐增大，从而表现为坍落度的逐渐损失。因此，在施工中测定和易性的时间，应以搅拌完后 15 min 为宜。

温度也会对新拌混凝土坍落度和流动性产生较大影响。随着环境温度的升高，混凝土拌和物的流动性降低，坍落度损失加快。这是由于温度升高加速了水泥的水化反应速率，增加了水分的蒸发，所以夏季施工时，为了保持一定的流动性应当提高拌和物的用水量。

5）施工工艺的影响

同样的配合比设计，机械拌和的坍落度大于人工拌和的坍落度，且搅拌时间相对越长，则坍落度越大。

4.3.5 选择与改善和易性的措施

土木工程中选择新拌混凝土和易性时，应根据施工方法、结构构件截面尺寸大小、配筋疏密等条件，并参考有关资料及经验等来确定。原则上应在不妨碍施工操作并能保证振捣密实的条件下，尽可能采用较小的坍落度，以节约水泥并获得质量较好的混凝土。

一般情况下，非泵送法施工时坍落度可以按表 4-18 选用。而采用泵送法施工时，混凝土坍落度一般要求大于 120 mm。

表 4-18 不同结构对新拌混凝土坍落度的要求

项目	结构种类	坍落度/mm
1	基础或地面等的垫层，无筋的厚大结构或配筋稀疏的结构构件	10～30
2	板、梁和大型及中型截面的柱子等	30～50
3	配筋密列的结构（薄壁、斗仓、筒仓、细柱等）	50～70
4	配筋特密的结构	70～90

表 4-18 中的数值是指采用机械振捣混凝土时的坍落度，当采用人工捣实时应适当提高坍落度值。对截面尺寸较小、形状复杂或配筋较密的构件，应选择较大的坍落度。对无筋厚大结构、钢筋配置稀疏易于施工的结构，尽可能选用较小的坍落度，以减少水泥浆用量。

在实际工程中，为改善新拌混凝土的和易性，通常采取以下措施。

1）改善砂、石（特别是石子）的级配

在可能的条件下，尽量采用较粗的砂、石；采用合理的砂率，可以改善新拌混凝土内部结构，获得良好的和易性并节约水泥。

2）增加水泥或骨料用量

当新拌混凝土坍落度太小时，应在保持水灰比不变的情况下，增加适量的水泥浆用量;当坍落度太大时,应在保持砂率不变的情况下,增加适量的砂、石。

3) 掺用外加剂或混合材料

掺用适当的外加剂或混合材料可以在基本不改变混凝土组成材料的情况下,有效改善新拌混凝土的和易性。

4.4 混凝土力学性能

本节涉及的标准规范主要有:

《普通混凝土力学性能试验方法标准》(GB/T 50081—2002);

《普通混凝土配合比设计规程》(JGJ 55—2011);

《混凝土结构工程施工质量验收规范》(GB 50204—2002)。

4.4.1 概述

混凝土的力学性能指在外力作用下发生变形和抵抗破坏的能力,包括受力变形、强度与韧性。

混凝土在土木工程中是一种主要的结构材料,用于钢筋混凝土结构或预应力混凝土结构中。在工程结构的服役状态下,混凝土材料可能会受到各种不同类型的荷载作用,如压、拉、弯、剪、疲劳或冲击等。在荷载作用下,混凝土会发生不同的变形,表现出不同的强度特征,如抗压、抗拉、抗弯、抗剪、抗疲劳等。由于混凝土属脆性材料,其主要长处是承受压力,其主要的受力方式是受压,所以混凝土受压破坏过程与抗压强度是应该学习掌握的混凝土基本知识。

4.4.2 混凝土受压破坏过程与抗压强度

1. 混凝土受压破坏过程

为简化起见,假定混凝土处于单轴受压状态,混凝土在此状态下典型的荷载-变形曲线见图 4-7。该曲线可用来表征混凝土受压破坏过程。混凝土的受压荷载-变形曲线,可大致划分为四段,在这四段中混凝土的荷载与变形关系各具特点。在第Ⅰ段,荷载与变形关系基本接近于线性,荷载从 0 增大到极限荷载的约 30%;第Ⅱ段,荷载与变形关系开始偏离线性,曲线开始出现上凸,荷载从极限荷载的约 30%增大到 70%~90%;第Ⅲ段,荷载与变形关系显著偏离线性,荷载从极限荷载的 70%~90%增大到 100%;第Ⅳ段亦即曲线的下降段,在此阶段,进一步的加载只能引起变形的进一步增大,但荷载却逐渐减小,上凸曲线逐渐下降,最终荷载与变形关系到达终点,混凝土发生断裂破坏。

需要说明的是,从强度与承载能力的角度考虑,在以上第Ⅳ段的末尾即当荷载达到极限荷载时,混凝土即进入到了破坏状态。

2. 混凝土受压破坏的本质

在前述曲线的第Ⅰ段,横向拉伸变形与纵向变形导出的拉应变与压应变关系基

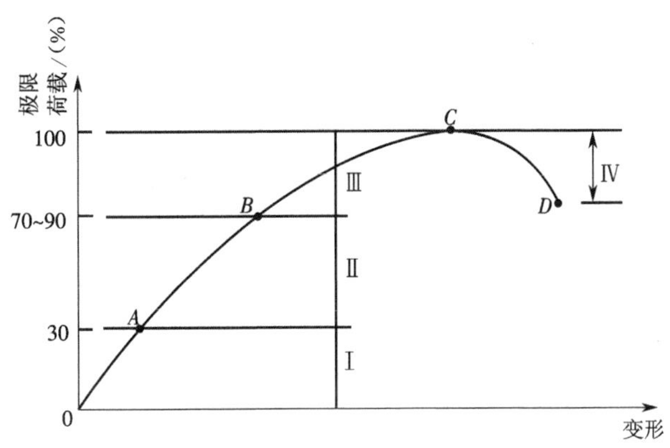

图 4-7　混凝土在单轴受压状态下典型的荷载-变形曲线示意图

本服从泊松比效应，即：

$$\mu = \varepsilon_{com} / \varepsilon_{ten} \tag{4-3}$$

式中　μ——泊松比；

ε_{com}——压应变；

ε_{ten}——拉应变。

通常普通混凝土的泊松比为 0.15～0.22。

在前述曲线的第Ⅱ、第Ⅲ与第Ⅳ段，虽然拉应变与压应变关系不再服从泊松比效应，但横向变形仍在持续增大。伴随着横向变形的增大，混凝土内部还出现了裂纹扩展现象。在不断加载的过程中，混凝土裂纹的逐渐扩展、连通乃至贯穿，导致了混凝土的最终破坏。因此，混凝土受压破坏的本质，是混凝土在受纵向压力荷载作用下引发了横向拉伸变形，当横向拉伸变形达到混凝土的极限拉应变时，混凝土发生破坏。这是一种在纵向压力荷载作用下的横向拉伸破坏。

3. 混凝土受压破坏过程中的裂纹扩展

混凝土受压破坏的过程中，混凝土内部裂纹发生了逐渐的扩展。

在前述曲线的第Ⅰ段，混凝土尚无裂纹扩展。但当加载进入图 4-7 曲线的第Ⅱ段后，因粗骨料与水泥浆黏结的界面区在普通混凝土中往往是一个薄弱环节，易出现局部孔隙率较高、存在因泌水而导致的先天裂纹等缺陷问题，加载导致在界面区首先引发裂纹扩展，称为界面裂纹扩展。当加载进入第Ⅲ段后，在界面裂纹扩展的同时，还发生砂浆裂纹的扩展。随着进一步加载，结束第Ⅲ段并进入第Ⅳ段后，界面裂纹与砂浆裂纹不断扩展，并逐渐互相连通、贯穿，表明混凝土已被破坏。

然而，需要指出的是，在受压破坏时，高强混凝土中的裂纹扩展过程与上述普通混凝土有显著不同的一点，即高强混凝土中首先出现的是砂浆裂纹扩展，而不是界面裂纹扩展，其原因是高强混凝土的界面区得到了强化，较普通混凝土有了显著改善，不再是薄弱环节了。当荷载继续增大到砂浆裂纹进一步扩展，并达到粗骨料表面即界面区时，接下来发生的裂纹扩展是穿越粗骨料的裂纹扩展，而并非界面裂纹扩展。

最终高强混凝土的破坏，主要是由砂浆裂纹与穿越粗骨料裂纹的扩展、连通而导致的。

4. 混凝土的抗压强度与变形特征

通常，普通混凝土的抗压强度为 20～60 MPa，高强混凝土的抗压强度在60 MPa以上。普通混凝土的弹性模量为 17.5～36 MPa 之间，高强混凝土的弹性模量高于36 MPa。

普通混凝土的泊松比为 0.15～0.22。通常随着混凝土强度的提高，泊松比逐渐增大，因此高强混凝土的泊松比是高于普通混凝土的。

4.4.3 关于混凝土强度的规定

1. 立方体抗压强度

混凝土在单向压力作用下的强度为单轴抗压强度，即通常所指的混凝土抗压强度，这是工程中最常提到的混凝土力学性能。在我国，一般采用立方体试件测定混凝土抗压强度。在有关国家标准或规范中，规定了若干与混凝土抗压强度有关的基本概念，如混凝土立方体抗压强度、立方体抗压强度标准值、强度等级。

1）混凝土立方体抗压强度 f_{cu}

我国标准规定，采用边长为 150 mm 的立方体试件，在标准养护条件(温度为20 ℃±2℃，相对湿度在 90%以上)下养护到 28 d 龄期，所测得的抗压强度称为混凝土立方体抗压强度，用符号“f_{cu}”表示。

有时混凝土抗压强度试验所用的立方体试件边长因各种具体情况而不一定是150 mm，则应乘以换算系数，方可将所测结果换算为对应于 150 mm 边长的混凝土立方体抗压强度(即 f_{cu})。例如立方体边长为 100 mm，则换算系数为 0.95；立方体边长为 200 mm，则换算系数为 1.05。在有些国家如美、日等国，采用 ϕ15 cm×高 30 cm的圆柱体试件，所测得的抗压强度值大致相当于 0.8f_{cu}。

2）混凝土立方体抗压强度标准值

通常对于某一指定混凝土，不同时间、不同批次测得的混凝土立方体抗压强度值呈现出一定的波动现象，且通常符合正态分布的统计规律。混凝土立方体抗压强度标准值(或立方体抗压标准强度)，是指对于某一指定的混凝土，在其混凝土立方体抗压强度值的总体分布中的某一特定抗压强度值，即总体分布中强度不低于该特定抗压强度值的保证率为 95%。换句话说，总体分布中强度低于该特定抗压强度值的百分率为 5%。

3）混凝土强度等级

混凝土强度等级是在规范中规定的、按混凝土强度立方体抗压强度标准值划分的一系列等级，从 7.5 MPa 开始，逐渐递增为 10 MPa、15 MPa 等，直至 80 MPa。混凝土强度等级记为在这些强度值前加上符号“C”，即 C7.5、C10、C15、C20、C25、C30、C35、C40、C45、C50、C55、C60、C65、C70、C75、C80。对于某一种混凝土，根据其混凝土立方体抗压强度标准值，可判断其归属的强度等级。例如，若该种混凝土的立方体抗压强度标准值是37.4 MPa，则该混凝土的强度等级应是C35。目前在我国，C55及以下的混凝土属普通混凝土，C60及以上的属高强混凝土；在工程中用量最大的混凝土强度等级在C15～C50范围内。

2. 劈裂抗拉强度

混凝土作为一种脆性材料，其抗拉强度很低，一般仅为其抗压强度的0.07～0.11。测定混凝土轴心抗拉强度的试验具有一定的难度，因为：应使荷载作用线与受拉试件轴线尽可能重合，应确保试件在受拉区破坏。这两大难题在常规试验中至今仍未得到很好的解决，致使测得值波动较大。因此国内外均采用劈裂抗拉强度试验来测定抗拉强度，该方法的原理是在试件的两相对表面的素线上，施加均匀分布的压力，在压力作用的竖向平面内产生均布拉应力（见图4-8），该拉应力随施加荷载而逐渐增大，当其达到混凝土的抗拉强度时，试件将发生拉伸破坏。该破坏属脆性破坏，破坏效果如同被劈裂开，试件沿两素线所成的竖向平面断裂成两半，故该强度称劈裂抗拉强度，简称劈拉强度。该试验方法大大简化了抗拉试件的制作，且能较正确地反映试件的抗拉强度。

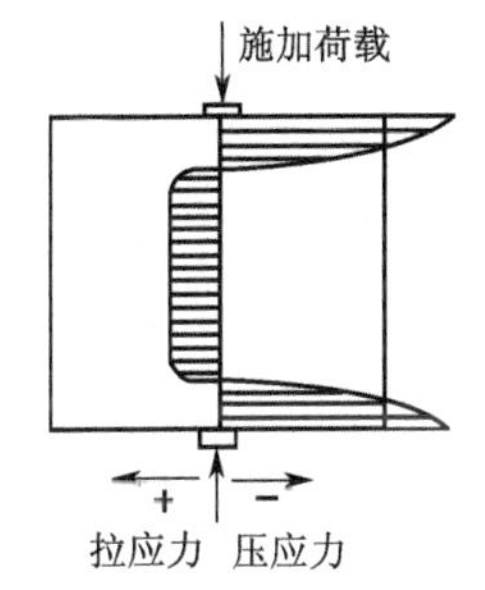

图4-8 劈裂抗拉强度试验中试件内应力分布示意图

我国在混凝土劈裂抗拉强度试验方法中规定：标准试件为150 mm×150 mm×150 mm的立方体试件，采用ϕ75 mm的弧形垫块并加三层胶合板垫条，按规定速度加载。在劈裂抗拉强度试验，破坏时的拉伸应力可根据弹性力学理论计算得出。故混凝土的劈裂抗拉强度f_{ts}按下式计算：

$$f_{ts}=\frac{2P}{\pi a^2}=\frac{0.637P}{a^2} \tag{4-4}$$

式中 P——破坏荷载，N；

a——立方体试件边长，mm。

因抗拉强度远低于抗压强度，在普通混凝土设计中抗拉强度通常不予考虑。但在抗裂性要求较高的结构（如路面、油库、水塔及预应力钢筋混凝土构件等）的设计中，抗拉强度却是确定混凝土抗裂度的主要指标。随着对钢筋混凝土及预应力钢筋混凝土裂缝控制与提高耐久性研究的深入开展，对提高混凝土抗拉强度的要求正日益迫切，其相关研究与认识也将逐渐深入。

3. 轴心抗压强度

在混凝土结构设计中，常以轴心抗压强度f_{cp}为设计依据。我国轴心抗压强度的标准试验方法规定：标准试件为150 mm×150 mm×300 mm的棱柱体试件，应在标准养护条件下养护至28 d龄期，所测得的抗压强度即为轴心抗压强度。通常，同一种混凝土的轴心抗压强度f_{cp}低于立方体抗压强度f_{cu}，二者的关系为：$f_{cp}=(0.7\sim0.8)f_{cu}$。

4. 抗折强度

交通道路路面或机场跑道用混凝土以抗折强度为主要强度指标，抗压强度为参考强度指标。抗折强度试件以标准方法制备，为 150 mm×150 mm×600 mm(或 550 mm)的棱柱体试件。在标准养护条件下养护至 28 d 龄期，采用三点弯曲加载方式，测定其抗折强度。

4.4.4 影响混凝土强度的因素

因普通混凝土常用骨料的强度一般都高于硬化水泥浆，普通混凝土的强度主要决定于水泥石(硬化水泥浆)的强度，以及水泥石与骨料之间的黏结强度。此外，混凝土强度还受搅拌、振捣密实效果、养护条件(温、湿度)和龄期的影响。

1. 水泥石的强度

混凝土强度的主要来源是水泥石的强度。水泥石强度主要取决于水泥的矿物组成与硬化产物的孔隙率。而孔隙率又取决于水灰比与水化程度。由于水泥水化的结合水一般只占水泥质量的 23 %左右，但在混凝土拌和时，为满足施工可塑性或流动性的要求，用水量高达水泥质量的 40 %～70 %。待混凝土硬化后，多余的水分蒸发或残留在混凝土中，形成毛细孔、气孔或水泡，使水泥石的有效断面减小，并且在这些孔隙周围易产生应力集中，使混凝土强度降低。

2. 水泥石与骨料的黏结强度

水泥石与骨料的黏结强度，与水泥强度和水灰比有关。水泥强度越高，水灰比越小，则水泥石与骨料的黏结强度越高。水泥石与骨料的黏结强度，还与骨料的表面状况有关：碎石表面粗糙、多棱角，与水泥石的黏结强度较高；卵石表面光滑，与水泥石的黏结强度较小。因此，在水泥强度与水灰比相同的条件下，碎石混凝土的强度高于卵石混凝土的强度。

以上两方面因素的影响规律可用下式概括表示：

$$f_{cu}=\alpha_a f_{ce}[(C/W)-\alpha_b] \tag{4-5}$$

式中 C——混凝土配合比中的水泥用量，kg/m^3；

W——混凝土配合比中的用水量，kg/m^3；

C/W——灰水比(水泥与水的质量比)；

f_{cu}——混凝土 28 d 龄期抗压强度，MPa；

f_{ce}——水泥的实际强度，MPa；

α_a、α_b——经验常数。

以上公式中，水泥的实际强度 f_{ce} 应通过试验测得；如不能通过试验得到水泥的实际强度，则可取：

$$f_{ce}=k f_{ce,g} \tag{4-6}$$

式中 $f_{ce,g}$——水泥强度等级；

k——富余系数，通常可取 1.13。

关于经验常数 α_a、α_b的取值，在一般情况下，现行国家行业标准《普通混凝土配合比设计规程》(JGJ 55—2011)规定：

卵石混凝土可取 $\alpha_a=0.49$，$\alpha_b=0.13$；

碎石混凝土可取 $\alpha_a=0.53$，$\alpha_b=0.20$。

上述经验常数 α_a、α_b的取值，适用于强度等级低于 C60，以硅酸盐水泥、普通水泥和矿渣水泥配制的塑性混凝土。如实际混凝土情况与此不符，可结合工程实际，采用工地原材料，进行多组不同水灰比的混凝土强度试验，计算得出符合实际情况的经验常数 α_a、α_b。

3. 搅拌与振捣效果

搅拌不均匀的混凝土，不但硬化后的强度低，且强度波动的幅度也大。当水灰(胶)比较小时，振捣效果的影响尤为显著；但当水灰比和拌和物流动性逐渐增大时，振捣效果的影响就不明显了。通常，机械振捣效果优于人工振捣效果。

4. 养护条件(温、湿度)

所谓养护，就是采取一定措施使混凝土在一种保持足够湿度和适当温度的环境中进行硬化。在混凝土浇筑完成后，应进行充分养护。养护不足或不当，将使混凝土强度及耐久性均有所下降。

在冬季施工条件下，混凝土需先进行保温养护，使混凝土在正温条件下凝结、硬化，且确保强度将达到一定的初始强度(或称临界强度)，然后方可进行负温养护，否则混凝土强度在达到初始强度之前即受负温作用，从而会导致混凝土中自由水的结冰膨胀，使混凝土发生早期冻伤，导致混凝土的强度与耐久性下降。

在干燥环境中，混凝土易出现水化硬化不足的问题，且易发生干燥收缩，甚至发生干缩开裂。为确保混凝土的正常硬化和强度的不断增长，混凝土浇筑完成后，应注意加强保湿养护。《混凝土结构工程施工质量验收规范》(GB 50204—2002)规定，在混凝土浇筑后的 12 h 以内，应加以覆盖与浇水：如采用硅酸盐水泥、普通硅酸盐水泥或矿渣水泥，浇水养护期不得少于 7 d；如采用火山灰水泥或粉煤灰水泥，或者在施工中掺用了缓凝型外加剂及有抗渗要求的混凝土，浇水养护期不得少于 14 d。

5. 龄期

通常，混凝土强度随龄期逐渐增长，但强度增长主要发生在 3～28 d 龄期内，此后强度增长逐渐缓慢。当某一龄期 n 大于或等于 3 d 时，在该龄期的混凝土强度 f_n 与 28d 强度 f_{28}的关系如下：

$$f_n=f_{28}\lg n/\lg 28 \tag{4-7}$$

上式适用于标准条件养护、龄期大于或等于 3 d、普通水泥配制的中等强度混凝土。

4.4.5 影响混凝土强度试验测试结果的因素

同一批混凝土，如果忽略其组成的不均匀性，在理论上其强度应该是某一确定值。然而,如果强度试验条件不同,则混凝土强度的测得值是不同的。在混凝土强度试验中,通常有尺寸效应、环箍效应和加载速度三因素,这三方面因素对强度测得值构成一定影响。

1. 尺寸效应

通常试件尺寸越小,其内部先天缺陷的尺寸相应的也越小,故测得混凝土强度值越高。因此,如前所述,100 mm 立方体试件的抗压强度值必须乘以 0.95 的换算系数,方可得到 150 mm 立方体试件的抗压强度值。

2. 环箍效应

当混凝土试件端面与试验机承压面之间存在摩擦力作用时,该摩擦力从接触界面逐渐向试件内部传递,使混凝土内的局部区域受到约束作用,使纵向受压的混凝土所发生的横向拉伸受到约束,如同受到一种环箍作用,如图 4-9 所示,故称环箍效应。如在混凝土试件端面与试验机承压面涂抹润滑油,消除界面摩擦力,便可去除环箍效应的影响。环箍效应的作用,使混凝土强度测得值高于无环箍效应作用试件的强度值。

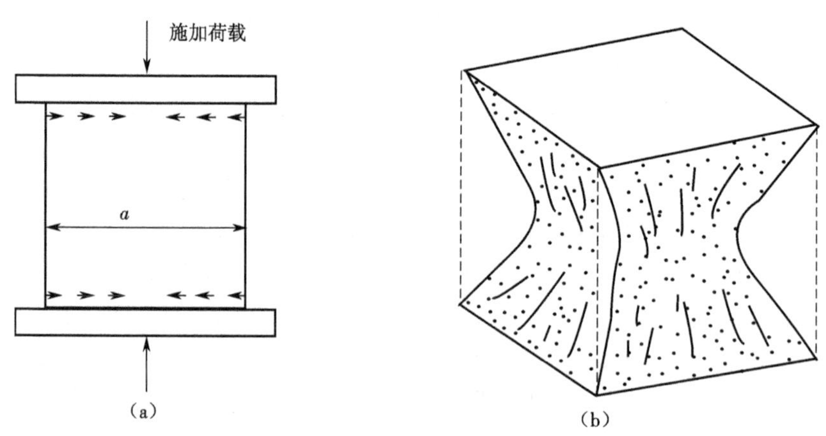

图 4-9 环箍效应作用示意图

(a) 因环箍效应引发的试件内应力分布;(b) 立方体试件破坏后形状

3. 加载速度

在一定范围内加载速度增大,将导致混凝土强度测得值增高,这是由于如果加载速度较大时,混凝土裂纹扩展的速度并未相应地成比例增大,致使混凝土受力引发的裂纹扩展来不及充分进行,最终导致混凝土在相对较小的裂纹尺寸条件下发生破坏,使得破坏荷载偏大,从而强度测得值偏高。

为此,国家标准规定,混凝土抗压强度的加载速度应介于 0.3~1.0 MPa/s,其中:对 C30 以下的混凝土,可取 0.3~0.5 MPa/s;对大于等于 C30 但小于 C60 的混凝土,可取 0.5~0.8 MPa/s;对大于等于 C60 的混凝土,可取 0.8~1.0 MPa/s。

4.4.6 混凝土的韧性

韧性作为混凝土的力学性能之一，在近年来的研究与工程应用中开始逐渐得到重视。通常，混凝土以断裂能、断裂韧性或断裂指数作为表征韧性的参数。作为脆性材料，普通混凝土的韧性参数比较低，如断裂能通常为100～250 J/m^2。换言之，普通混凝土具有高脆性、低韧性的典型特点。当外加荷载或环境因素作用产生内应力、进而引发裂纹扩展时，正是由于混凝土的高脆性、低韧性特征，使混凝土易于发生裂纹失稳扩展，导致混凝土发生脆性损伤破坏。纤维增韧可以改善混凝土的力学性能与裂纹扩展行为，这是目前国际上一个活跃的研究领域，其研究方兴未艾。而裂纹扩展行为的改善，也将是提高混凝土耐久性的重要途径之一。

4.5 变形

4.5.1 变形概念

混凝土在凝结硬化过程中将产生一定量的体积变形。这意味着，硬化混凝土除了受荷载作用产生变形外，在没有荷载作用的情况下，各种物理的或化学的因素也会导致混凝土的总体积或局部体积发生变化，即出现变形。

如果混凝土处于自由的非约束状态，那么体积变化一般不会产生不利影响。但是，实际使用中的混凝土结构总会受到基础、钢筋或相邻部件的牵制，而处于不同程度的约束状态。即使单一的混凝土试块没有受到外部的制约，其内部各组成相之间也还是互相制约的，因而仍处于约束状态。因此，混凝土的体积变化会由于约束的作用而在混凝土内部产生应力(通常为拉应力)。混凝土能承受较高的压应力，而其抗拉强度却很低，一般不超过抗压强度的10%。从理论上讲，在完全约束条件下，混凝土内部产生的拉应力可以达到3 MPa至十几兆帕(取决于混凝土的体积变化特性和弹性特性)。所以，对于受约束的混凝土，体积变化过大产生的拉应力一旦超过其自身的抗拉强度时，就会引起混凝土开裂，产生裂缝。裂缝不仅是影响混凝土承受设计荷载能力的一个弱点，而且还会严重损害混凝土的耐久性和外观。

4.5.2 变形分类

按不同的分类标准，可以将混凝土变形分为不同的类型。

1）按混凝土成型后的龄期长短划分

① 早期变形；

② 硬化过程中的变形；

③ 硬化后的变形。

2）按混凝土质点的间距变化划分

① 相向变形，指使混凝土质点间距缩小的变形；

② 背向变形,指使混凝土质点间距变大的变形。

吴中伟院士提出了这种分类方法,并认为:自由收缩使混凝土组织密实,混凝土与钢筋的黏结力提高,是相向变形;自由膨胀则使混凝土组织变松,膨胀超过一定限度就会开裂,是背向变形。

3) 按是否为受荷载作用划分

① 非荷载作用变形;

② 荷载作用变形。

常见非荷载作用变形有化学减缩、干缩、自收缩、温度变形、碳化收缩等几种常见情况。此外,就是受荷载作用下的变形。以下就这几种非荷载变形作简要的说明。

1. 化学减缩(化学收缩)

化学减缩指在没有干燥和其他外界因素的影响下,由于水泥发生水化作用和凝结硬化,导致水泥水化物的固体体积小于水化前反应物的总体积,从而产生的自身体积减缩。

化学收缩是不可恢复的,收缩量随混凝土的龄期延长而增加,大致与时间的对数成正比,亦即早期收缩大、后期收缩小。化学收缩的收缩率一般很小,为 $(4\sim100)\times10^{-6}$。因此,在结构设计中考虑限制应力作用时,不把它从较大的干燥收缩率中区分出来处理,而是在干燥收缩中一并计算。若混凝土一直在水中硬化时,体积不变,甚至略有膨胀,这是由于凝胶体吸水产生的溶胀作用,与化学收缩并不矛盾。

2. 干缩

处于空气中的混凝土当内部水分散失时,会引起体积收缩,称为干燥收缩,简称干缩。但受潮或浸入水中后体积又会膨胀,即为湿胀。

混凝土在第一次干燥后,若再放入较高湿度的环境中或水中,将发生膨胀。可是,并非全部初始干燥产生的收缩都能为膨胀所恢复,即使长期置于水中,也不可能全部恢复。

干缩是混凝土重要的非荷载变形之一,过大的干缩甚至会产生干缩裂缝,因此在设计时必须加以考虑,在实际工程中也必须引起施工人员的充分重视。在混凝土结构设计中,干缩率取值一般为 $(1.5\sim2.0)\times10^{-4}$。

3. 自收缩

自收缩是混凝土在初凝之后随着水化的进行,在恒温恒重条件下体积的减缩。自收缩不包括由于干燥、沉降、温度变化、遭受外力等原因引起的体积变化。自收缩产生的原因是随着水泥水化的进行,在硬化水泥石中形成大量微细孔,孔中自由水量逐渐降低,结果产生毛细孔应力,造成硬化水泥石受负压作用而产生收缩。自收缩的产生机理类似于干缩机理,但二者在相对湿度降低的机理上是不同的,造成干缩的原因是由于水分扩散到外部环境中,而自收缩是由于内部水分被水化反应所消耗而造成的,因此通过阻止水分扩散到外部环境中的方法来降低自收缩并不有效。

随着现代建筑技术的发展,高强混凝土、大体积混凝土及自密实混凝土等应用日益广泛，混凝土的自收缩现象发生得越来越频繁，也越来越引起人们的关注。实践中发现上述类型混凝土的自收缩较大。例如，水胶比低于0.3的混凝土自收缩率可以达到(2～4)$\times 10^{-4}$，当水胶比降低至0.23～0.17时，自收缩占总收缩的80%～100%，即水胶比极低的混凝土收缩的主要形式是自收缩。

4. 温度变形

混凝土与通常固体材料一样呈现热胀冷缩现象。混凝土通常的热膨胀系数约为(6～12)$\times 10^{-6}$/℃，设取10×10^{-6}/℃，则温度下降15℃造成的冷收缩率量达150×10^{-6}。如果混凝土的弹性模量为21 GPa，不考虑徐变等产生的应力松弛，该冷缩受到完全约束所产生的弹性拉应力为3.1 MPa，已经接近或超过普通混凝土的极限抗拉强度，容易引起冷缩开裂。因此，在结构设计中必须考虑到该冷收缩造成的不利影响。

温度变形还包括混凝土内部与外部的温差的影响，即大体积混凝土存在的温度变形问题。由于大体积混凝土水化过程产生的热量不易散失，因此在结构硬化过程中混凝土内部与外部环境之间存在温差，在混凝土内部冷却过程中，容易产生拉应力。可以分层分段浇筑，并采取一定控制温度变形的施工措施来降低内外温差的影响。

环境温度的变化也容易对大体积混凝土、纵长结构混凝土产生极为不利的影响，极易产生温度裂缝。如纵长100 m的混凝土，温度升高或降低30℃(冬夏季温差)，则将产生大约30 mm的膨胀或收缩，在完全约束条件下，混凝土内部将产生7.5 MPa左右的拉应力，足以导致混凝土开裂。故纵长结构或大面积混凝土均要设置伸缩缝，设置温度钢筋或掺入膨胀剂、减缩剂，防止混凝土开裂。

5. 碳化收缩

混凝土中水泥水化物与大气中CO_2发生化学反应称为碳化，伴随碳化产生的体积收缩称为碳化收缩。碳化收缩首先是指$Ca(OH)_2$与CO_2发生碳化反应，生成$CaCO_3$，导致体积收缩。其次，$Ca(OH)_2$碳化使水泥浆体中的碱度下降，有可能使C-S-H的钙硅比减小和钙矾石分解，加重上述碳化反应及引起的收缩。

混凝土湿度较大时，毛细孔中充满水，CO_2难以进入，因此碳化很难进行，例如，水中混凝土不会碳化。易于发生碳化的相对湿度是45%～70%。碳化收缩对混凝土开裂影响不大，其主要危害是对钢筋抗锈蚀不利，而钢筋锈蚀会导致混凝土保护层脱落。

4.5.3 影响混凝土收缩的主要因素

影响混凝土收缩的主要因素分内因和外因两个方面：内因指混凝土组成材料的品种、质量、级配、外加剂以及配合比等；除此之外，环境温度、湿度、风速等外因也对收缩有重大影响，其影响有时比内因产生的影响更大。

1. 水泥用量和品种

砂石骨料的收缩值很小，故混凝土的干缩主要来自水泥浆的收缩，水泥浆的收缩应变可达 2 000×10^{-6}以上。在水灰比一定时，水泥用量越大，混凝土干缩值也越大。故在高强混凝土配制时，尤其要控制水泥用量。对普通混凝土而言，相应的干缩比为混凝土∶砂浆∶水泥浆=1∶2∶4 左右。混凝土的极限收缩应变约为(500～900)×10^{-6} m/m。

水泥的品种不同，干缩值也有较大差异。一般情况下，矿渣水泥、火山灰水泥比普通水泥收缩大。故对干燥环境施工和使用的混凝土结构，要尽量避免使用矿渣水泥或火山灰水泥。

2. 骨料用量和质量

混凝土收缩的主要组分是水泥石。增加骨料用量可以适当减小收缩。在相同条件下，采用弹性模量相对较高的骨料，也可以减小收缩。

3. 水灰比

在水泥用量一定时，水灰比越大，意味着多余水分越多，蒸发产生的收缩值也会相应越大。因此要严格控制水灰比，尽量降低水灰比。

4. 外加剂

混凝土外加剂种类繁多，功能各异。常见的有减水剂、速凝剂、早强剂等。外加剂已经成为现代混凝土材料中不可或缺的组成部分，在土木工程建设中发挥着改善新拌混凝土和易性、调节新拌混凝土的凝结硬化性能、提高混凝土强度和耐久性，或者其他特殊性能的作用。

5. 环境条件

气温、湿度、风速对收缩都会产生重大影响。气温越高、环境湿度越小或风速越大，混凝土的干燥速度就越快，在混凝土凝结硬化初期特别容易引起干缩开裂，故必须根据不同环境情况采取早期浇水、保湿，或者蒸汽养护等具体措施。

4.5.4 减少收缩引起的开裂的常用措施

混凝土的收缩容易引起开裂，进而导致混凝土耐久性和力学性能的下降。为减少收缩引起的开裂，常采用以下措施：

① 合理选取水泥，采用低水化热水泥，并尽量减少水泥用量；

② 尽量减少用水量，降低水灰比；

③ 选用热膨胀系数低、弹性模量高的骨料；

④ 正确选用外加剂；

⑤ 在搅拌前预冷原材料；

⑥ 合理分缝、分块、减轻约束；

⑦ 在混凝土中埋冷却水管；

⑧ 表面绝热保温，调节表面温度的下降速率；

⑨ 采用蒸汽养护、蒸压养护等养护措施。

4.5.5 荷载作用下的变形

荷载作用下的变形，可分为短期荷载作用下的变形和长期荷载作用下的变形两种。

1. 短期荷载作用下的变形

混凝土在外力作用下的变形包括弹性变形和塑性变形两部分。由于混凝土是一种弹塑性材料(如图 4-7 所示)，在不超过其极限荷载 30%的条件下，短期荷载作用会引起混凝土的线性弹性变形。继续施加荷载，混凝土则发生塑性变形。

研究单向受压作用下混凝土的力学行为具有重要意义，为钢筋混凝土和预应力钢筋混凝土结构设计中规定相应的一系列混凝土力学性能指标(如混凝土设计强度、疲劳强度、长期荷载作用下的混凝土设计强度、预应力取值、弹性模量等)提供了依据。

2. 长期荷载作用下的变形(徐变)

混凝土承受持续一定荷载(如应力达到 50%～70%的极限强度)时，保持荷载不变，随时间的延长而增加的变形，称为徐变。

混凝土徐变在加荷早期增长较快，然后逐渐减慢，当混凝土卸载后，一部分变形瞬时恢复，还有一部分要过一段时间才恢复，称为徐变恢复。剩余不可恢复部分，称残余变形。徐变与徐变恢复见图 4-10。

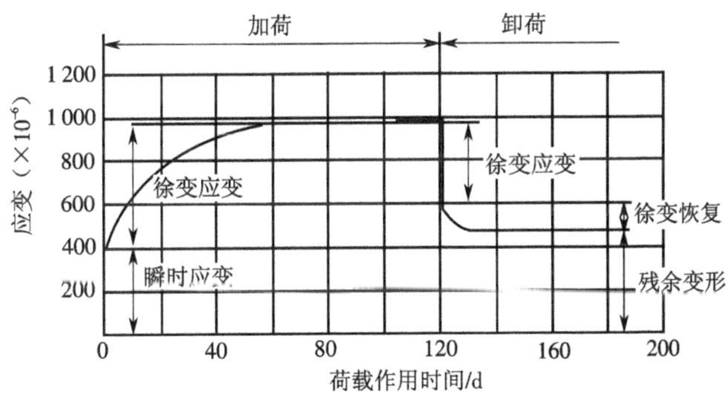

图 4-10 徐变与徐变恢复

一般认为，徐变产生原因是由于水泥石凝胶体在长期荷载作用下的黏性流动或滑移，同时吸附在凝胶粒子上的吸附水因荷载应力而向毛细管渗出。

混凝土的徐变对混凝土及钢筋混凝土结构物的应力和应变状态有很大影响。徐变可能超过弹性变形，甚至达到弹性变形的 2～4 倍。徐变应变一般可达$(3\sim15)\times10^{-4}$。

混凝土的徐变在不同结构物中有不同的作用。对普通钢筋混凝土构件，能消除混凝土内部温度应力和收缩应力，减弱混凝土的开裂现象；对预应力混凝土结构，混凝土的徐变使预应力损失大大增加，这是极其不利的。因此预应力结构通常要求混凝土强度等级应较高,以减小徐变及预应力损失。

影响混凝土徐变的因素有以下几点:

① 水泥用量越多,徐变越大,采用强度发展快的水泥则混凝土徐变减小;

② 环境湿度减小和混凝土失水会使徐变增加;

③ 水灰比越小,混凝土徐变越小;

④ 增大骨料含量,则会相应增大混凝土弹性模量,从而会使徐变减小;

⑤ 尽量在较晚的龄期加荷,会使混凝土徐变减小;

⑥ 龄期长、结构致密、强度高,则徐变小;

⑦ 应力水平越高,徐变越大。

此外,徐变还与试验时的应力种类、试件尺寸、温度等有关。

3. 混凝土弹性模量

弹性模量为应力与应变之比值。对纯弹性材料来说,弹性模量是一个定值。而对混凝土这种弹塑性材料来说,其应力-应变曲线呈非线性,如图 4-11 所示。

对硬化混凝土的静弹性模量,目前有三种取值方法(见图 4-11)。

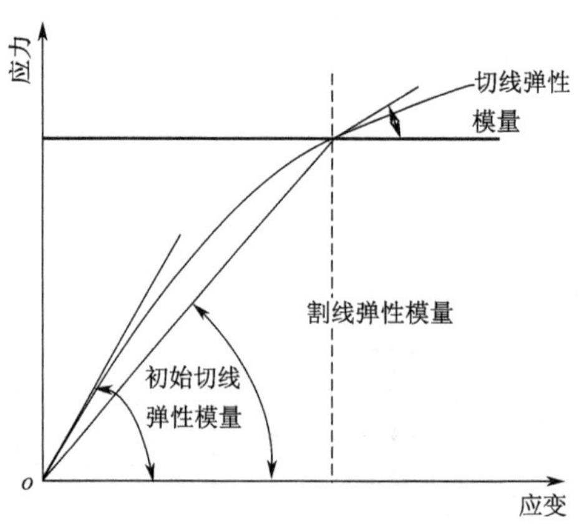

图 4-11 弹性模量分类

1) 初始切线模量

该值为混凝土应力-应变曲线的原点对曲线所作切线的斜率。由于混凝土受压的初始加荷阶段,原来存在于混凝土中的裂缝会在所加荷载作用下引起闭合,从而导致应力-应变曲线开始时稍呈凹形,使初始切线模量不易求得。另外,该模量只适用于小应力和应变,在工程结构计算中无实用意义。

2) 切线模量

该值为应力-应变曲线上任一点对曲线所作切线的斜率。仅适用于考察某特定荷载处,较小的附加应力所引起的应变反应。

3) 割线模量

该值为应力-应变曲线原点与曲线上相应于 40% 极限应力的点所作连线的斜

率。该模量包括了非线性部分，也较易测准，适宜于工程应用。

混凝土强度等级为C10～C60时，其弹性模量为(1.75～3.60)$\times 10^4$ MPa。

影响弹性模量的因素如下：

① 混凝土强度越高，弹性模量越大；

② 混凝土养护龄期越长，弹性模量也越大；

③ 混凝土水灰比越小，混凝土越密实，弹性模量越大；

④ 骨料含量越高，骨料自身的弹性模量越大，则混凝土弹性模量越大；

⑤ 掺入引气剂将使混凝土弹性模量下降。

4.6 混凝土耐久性

混凝土的耐久性是它暴露在使用环境下抵抗各种物理和化学作用破坏的能力。长期以来，人们认为混凝土材料是一种耐久性良好的材料，且与金属材料、木材比较，混凝土不生锈、不腐朽。也是因为过去人们对混凝土结构物寿命的期望值较低——认为能够使用50年以上就是耐久性很好的材料。

而随着近些年工程应用中出现的问题和形势的发展，人们认识到混凝土材料的耐久性应受到高度重视。一方面国内外大量的混凝土结构物没有达到预期的使用年限，受环境作用而过早破坏。1998年，美国标准局调查表明当年混凝土桥梁的修复费用为1 550亿美元；我国最早建成的北京西直门立交桥由于混凝土结构耐久性的不足而造成破损严重，使用不到19年就被迫拆除；北京东直门、大北窑桥等二十几座立交桥也不得不提前进行大修或部分更换；山东潍坊白浪河大桥按交通部公路桥梁通用标准图建造，但因位于盐渍地区，受盐冻侵蚀，仅使用8年就成危桥，现已部分拆除并加固重建。港口、码头、闸口等工程因处于海洋环境，腐蚀情况更为严重。1980年，交通部四航局等单位对华南地区18座码头进行调查，结果有80%以上均发生严重或较严重的钢筋锈蚀破坏，出现破坏的码头有的距建成的时间仅5～10年；青岛市临海某16层混凝土结构大楼，1989年11月竣工，3年后就由于楼盖板钢筋严重锈蚀，致使结构失效，16层楼盖全部拆除。1990年以后，随着混凝土等级提高，大量建筑出现早期开裂，损失严重。另一方面，随着经济的发展、社会的进步，各类投资巨大、施工期长的大型工程日益增多，如大跨度桥梁、超高层建筑、大型水工结构物等，人们对结构耐久性的期待日益提高，希望混凝土构筑物能够有数百年的使用寿命，做到历久弥坚。同时，由于人类开发领域的不断扩大，地下、海洋、高空环境建筑越来越多，有些结构物使用的环境可能越来越苛刻，客观上要求混凝土有优异的耐久性。

由上可见，混凝土的耐久性是一个综合性概念，它包括的内容很多，如抗渗性、抗冻性、抗侵蚀性、抗碳化性、抗碱-集料反应、抗氯离子渗透等方面。这些性能决定着混凝土经久耐用的程度。

本节涉及的标准规范主要包括：

《普通混凝土长期性能和耐久性能试验方法》(GB/T 50082—2009)；

《预防混凝土碱骨料反应技术规范》(GB/T 50733—2011)；

《混凝土结构耐久性设计规范》(GB/T 50476—2008)；

《高性能混凝土应用技术规程》(CECS 207:2006)。

4.6.1 混凝土的抗渗性

1. 抗渗性定义与意义

混凝土材料抵抗压力水渗透的能力称为抗渗性，它是决定混凝土耐久性最基本的因素。在钢筋锈蚀、冻融循环、硫酸盐侵蚀和碱-集料反应这些导致混凝土品质劣化的原因中，水能够渗透到混凝土内部都是破坏的前提，也就是说，水或者直接导致膨胀和开裂，或者作为侵蚀性介质扩散进入混凝土内部的载体。可见渗透性对于混凝土耐久性的重要意义。

2. 抗渗性的试验测定

① 普通混凝土的抗渗性用抗渗等级表示，共有 P4、P6、P8、P10、P12 五个等级。混凝土的抗渗实验采用 185 mm×175 mm×150 mm 的圆台形试件，每组 6 个试件。试件按照标准实验方法成型并在 28～60 d 养护期间内进行抗渗性试验。试验时将圆台形试件周围密封并装入模具，从圆台试件底部施加水压力，初始压力为 0.1 MPa，每隔 8 h 增加 0.1 MPa，当 6 个试件中有 4 个试件未出现渗水时的最大水压力为其抗渗等级。《普通混凝土配合比设计规程》(JGJ 55—2011)中规定，具有抗渗要求的混凝土，试验要求的抗渗水压值应比设计值高 0.2 MPa，试验结果应符合下式要求：

$$P_t \geqslant \frac{P}{10} + 0.2 \tag{4-8}$$

式中 P_t——6 个试件中 4 个未出现渗水的最大水压值，MPa；

P——设计要求的抗渗等级值。

② 高性能混凝土由于具有很高的密实度，按上述的加压透水方法无法正确评价其渗透性，而应采用《普通混凝土长期性能和耐久性能试验方法标准》(GB/T 50082—2009)的直流电量法(ASTMC1202 方法)或快速氯离子迁移系数法(RCM 法)。

直流电量法是将混凝土试块切割成厚度为 100 mm×100 mm×50 mm 或直径 ϕ100 mm×50 mm 的上下表面平行的试样，在真空下浸水饱和后，侧面密封安装到实验箱中，两端安置铜网电极，负极浸入 3%的 NaCl 溶液，正极浸入 0.3 mol 的 NaOH 溶液，通过计算 60 V 电压下 6 h 通电量来评价混凝土渗透性。其评价范围如表 4-19 所示。

表 4-19 CECS207:2006 法评价标准

6 h 总导电量/C	Cl^- 渗透性	相应类型的混凝土
>4 000	高	W/C>0.6 的普通混凝土
2 000～4 000	中	中等水灰比(0.5～0.6)混凝土
1 000～2 000	低	低水灰比混凝土
100～1 000	非常低	低水灰比,掺 5%～10%硅粉混凝土
<100	可忽略不计	聚合物混凝土,掺硅粉 10%～15%混凝土

3. 提高抗渗性的途径

影响混凝土抗渗性的根本因素是孔隙率和孔隙特征,混凝土孔隙率越低,连通孔越少,抗渗性越好。所以,提高混凝土抗渗性的主要措施是降低水灰比(水胶比)、选择好的骨料级配、充分振捣和养护、掺用引气剂和优质粉煤灰掺和料等。试验表明,当 $W/C>0.55$ 时,抗渗性很差;$W/C<0.50$ 时,则抗渗性较好。掺用引气剂的抗渗混凝土,其含量宜控制在 3%～5%,引气剂的引入让微小气泡切断了许多毛细孔的通道,但当含气量超过 6%时,会引起混凝土强度急剧下降。胶凝材料体系中掺用30%粉煤灰,且水胶比小于 0.40 时,会有效减少混凝土的吸水性,主要原因是优质粉煤灰能发挥其形态效应、微集料效应和活性效应,提高了混凝土的密实度,细化了孔隙。

4.6.2 混凝土的抗冻性

1. 抗冻性定义与冻融破坏机理

混凝土的抗冻性是指混凝土在水饱和状态下经受多次冻融循环作用,能保持强度和外观完整性的能力。

通常混凝土是多孔材料,若内部含有水分,则水在负温下结冰时体积膨胀约9%;然而,此时水泥浆体及骨料在低温下收缩,以致水分接触位置将膨胀;而融化时水的体积又将收缩。在这种冻融循环的作用下,混凝土结构受到结冰体积膨胀造成的静水压力和因结冰、水蒸气压的差别推动未冻结水向冻结区迁移,从而造成的渗透压力。当上述冻结过程中水结冰引发的内应力或者融化过程中这两种压力所产生的内应力超过混凝土的抗拉强度时,混凝土就会产生裂缝;多次冻融循环使裂缝不断扩展直到破坏。混凝土的密实度、孔隙构造和数量及孔隙的充水程度是决定抗冻性的重要因素。密实的混凝土和具有封闭孔隙的混凝土抗冻性较高。

2. 抗冻性的表征

混凝土抗冻性用抗冻等级表示。抗冻试验有两种方法,即慢冻法和快冻法。

1) 慢冻法

采用立方体试块,以龄期 28 d 的试件在吸水饱和后承受反复冻融循环作用(冻

4 h,融 4 h),以抗压强度下降不超过 25%、质量损失不超过 5%时所承受的最大冻融循环次数表示,例如 D50、D100。

2) 快冻法

采用 100 mm×100 mm×400 mm 的棱柱体试件,从龄期 28 d 后进行试验,试件饱和吸水后承受冻融循环,一个循环在 2～4 h 内完成,以相对动弹性模量值不小于 60%、而且质量损失率不超过 5%时所承受的最大循环次数表示,如 F150 、F200、F300 等。

根据快速冻融最大次数,按以下公式可以求出混凝土的耐久性系数。

$$K_n = P_n \times \frac{N}{300} \tag{4-9}$$

式中 K_n——混凝土耐久性系数;

N——满足快冻法控制指标要求的最大冻融循环次数,次;

P——经 N 次冻融循环后试件的相对动弹性模量。

3. 除冰盐对混凝土的破坏

在冬季,高速公路和城市道路为防止因结冰和积雪使汽车打滑造成交通事故,通常在路面撒盐(NaCl 或 $CaCl_2$)以降低冰点去除冰雪。近年来,国内外交通行业和学术界越来越注意到除冰盐对混凝土路面和桥面造成的严重破坏,在工程应用中发现除冰盐不仅引起路面破坏,渗入混凝土中的氯盐又导致严重的钢筋锈蚀,加速碱-骨料反应。

1) 破坏机理

① 渗透压增大导致混凝土孔隙饱和吸水度提高,结冰压增大;

② 盐的结晶压力;

③ 盐的浓度梯度使受冻时因分层结冰产生应力差;

④ 除静水压外,还存在盐溶液的渗透压和结晶压,盐冻的产生加剧了冻害。

2) 破坏特征

① 破坏从表面开始,逐渐向内部发展,表面砂浆剥落,集料暴露;

② 剥落层内部的混凝土保持坚硬完好;

③ 这种破坏非常快,少则一冬,多则数冬,就可产生严重剥蚀破坏;

④ 干燥时剥蚀表面及裂纹内可见 NaCl 白色粉末晶体。

3) 主要预防措施

① 混凝土必须引气,含气量应在 5%左右;

② 要使用硅酸盐水泥或普通硅酸盐水泥;

③ 掺粉煤灰、矿渣时注意降低水胶比,但不提倡掺硅灰;

④ 适当增加保护层厚度。

4) 提高混凝土抗冻性的措施

① 降低混凝土水胶比,降低孔隙率;

② 掺加引气剂，保持含气量在4%～5%；

③ 提高混凝土强度，在相同含气量的情况下，混凝土强度越高，抗冻性越好。

4.6.3 碳化、氯离子扩散与钢筋锈蚀

1. 碳化的定义

碳化是空气中的二氧化碳与水泥石中的水化产物在有水的条件下发生化学反应，生成碳酸钙和水。碳化过程是二氧化碳由表及里向混凝土内部逐渐扩散的过程。未经碳化的混凝土 pH=12～13，碳化后 pH=8.5～10，接近中性，故碳化又称中性化。混凝土碳化程度常用碳化深度表示。

2. 混凝土保护钢筋不生锈的原因

混凝土孔隙的孔溶液通常含有较大量的 Na^+、K^+、OH^- 及少量 Ca^{2+} 等离子存在，为保持离子电中性，OH^- 浓度较高，即 pH 值较大。在这样的强碱环境中，钢筋表面生成一层厚$(20\sim60)\times10^{-10}$ m的致密钝化膜，使钢材难以进行电化学反应，即电化学腐蚀难以进行。一旦这层钝化膜遭到破坏，钢筋的周围又有一定的水分和氧时，混凝土中的钢筋就会被腐蚀。

3. 混凝土碳化的影响

① 使混凝土的碱度降低，减弱了对钢筋的保护作用。

② 引起混凝土收缩，容易使混凝土的表面产生微细裂纹，抗拉和抗折强度下降。

③ 水泥石中的水化产物分解。

④ 混凝土抗压强度有所提高。

4. 影响碳化的因素

1）外部环境

① 二氧化碳的浓度。二氧化碳浓度升高将加速碳化的进行。近年来，工业排放二氧化碳量持续上升，城市建筑混凝土碳化速度也在加快。

② 环境湿度。水分是碳化反应进行的必需条件。相对湿度在50%～75%时，碳化速度最快。

2）混凝土内部因素

① 水泥品种与掺和料用量。在混凝土中，随着胶凝材料体系中硅酸盐水泥熟料成分减少，掺和料用量的增加，碳化速度也在加快。

② 混凝土的密实度。随着水胶比降低、孔隙率减少，二氧化碳气体和水不易扩散到混凝土内部，碳化速度减慢。

5. 氯离子扩散对钢筋锈蚀的影响

氯离子是一种极强的钢筋腐蚀因子，扩散能力很强，当氯离子从混凝土表面扩散到钢筋表面并积累到临界浓度时，局部钝化膜开始破坏。国内外大量试验、研究和工程实践表明，混凝土中氯离子浓度在0.3～0.6 kg/m^3 范围内有引起钢筋锈蚀的可能，超过时腐蚀的可能性更大。破钝“临界值”应该在0.3～0.6 kg/m^3 范围内；有一

些资料证明,钢筋表面氯离子浓度在0.6～0.9 kg/m^{3}范围内应是钢筋腐蚀和发展期,当达到或超过1 kg/m^{3}时,钢筋锈蚀发展可以将混凝土胀裂。一般将1 kg/m^{3}定为混凝土破坏临界值,但由于混凝土的复杂性和环境的差异性,临界值不是一个固定值,它是随条件而定的。

6. 钢筋锈蚀及对混凝土的影响

当钢筋表层保护膜破坏后的这些部位露出铁基体,与尚完好的钝化膜区域之间构成电位差,在氧、水分存在的条件下,钢筋表面发生电化学腐蚀,在阳极铁离子发生化学反应生成氧化亚铁、氢氧化铁等腐蚀物。钢筋锈蚀后,有效直径减小,直接危及混凝土结构的安全性;同时,钢筋锈蚀后,锈蚀生成物的体积膨胀,致使混凝土保护层顺筋开裂,混凝土自身免疫力大幅降低,品质迅速劣化。

4.6.4 抗侵蚀性

当混凝土所处使用环境中有侵蚀性介质时,混凝土很可能遭受侵蚀,通常有软水侵蚀、硫酸盐侵蚀、镁盐侵蚀、碳酸侵蚀、一般酸侵蚀与强碱腐蚀等,其机理在水泥章节中已作讲解。随着混凝土在海洋、盐渍、高寒等环境中的大量使用,对混凝土的抗侵蚀性提出了更严格的要求。

混凝土的抗侵蚀性受胶凝材料的组成、混凝土的密实度、孔隙特征与强度等因素的影响。

4.6.5 碱-集料反应

1. 碱-集料反应的定义与危害

混凝土中的碱性氧化物(Na_2O、K_2O)与集(骨)料中的活性SiO_2、活性碳酸盐发生化学反应生成碱-硅酸盐凝胶或碱-碳酸盐凝胶,沉积在骨料与水泥胶体的界面上,吸水后体积膨胀三倍以上导致混凝土开裂破坏。

多年来,碱-集料反应已经使许多处于潮湿环境中的结构物受到破坏,包括桥梁、大坝、堤岸等。1988年以前,我国碱-集料破坏的问题并不显著,这与我国长期使用掺混合材料的中低强度水泥及混凝土强度等级低有关。但进入20世纪90年代后,由于混凝土强度等级越来越高,水泥用量大且含碱量高,导致碱-集料病害的发生。1999年京广线主线,石家庄南某铁路桥发生严重的碱-集料反应,导致部分梁更换,部分梁维修加固;山东衮石部分桥梁也因碱-集料病害而出现网状开裂,维修代价高,但效果差。

2. 碱-集料破坏的特征

① 开裂破坏一般发生在混凝土浇筑后两、三年或者更长时间以后。

② 常呈现顺筋开裂和网状龟裂。

③ 裂缝边缘出现凹凸不平现象。

④ 越潮湿的部位反应越强烈,膨胀和开裂破坏越明显。

⑤ 常有透明、淡黄色、褐色凝胶从裂缝处析出。

3. 碱-集料病害的预防措施

混凝土中碱-集料反应一旦发生，不易修复且损失大。预防措施如下。

① 避免使用碱活性骨料。

② 限制混凝土中碱总含量，一般≤3 kg/m^3。

③ 保证混凝土在使用期一直处于干燥状态，或者提高混凝土的抗渗性，注意隔绝水的侵入。

④ 掺用矿物细粉掺和料，如粉煤灰、磨细矿渣，至少要替代25%以上的水泥。

⑤ 掺用引气剂。

4.6.6 提高混凝土耐久性的主要措施与要求

1. 减少拌和水及水泥浆的用量

将拌和水的最大用量作为控制混凝土耐久性质量要求的一种标志，要比用最大水胶比（或水灰比）更为适宜。因为依靠水胶比的控制尚不能解决混凝土中因浆体过多，而引起收缩和水化热增加的负面影响问题。在高性能混凝土中，减少浆体量，增大骨料所占的比例，又是提高混凝土抗渗性或抗氯离子扩散性的重要手段。如果控制拌和水用量，则可同时控制浆体用量（浆骨比），就有可能从多个方面体现耐久性要求。对水胶比很低的混凝土一般不宜超过 150 kg/m^3。对水胶比在 0.42 以下的混凝土，用水量一般应控制在 170 kg/m^{3}以下。

为达到减少拌和水与水泥浆量的目的，主要途径有：

① 选用良好级配和粒形的粗骨料；

② 添加高效减水剂；

③ 添加低需水量比的矿物掺和料。

在胶凝材料体系中，降低混凝土的水泥用量，增大矿物细粉掺和料的用量，可以提高混凝土结构的化学稳定性和抵抗化学侵蚀的能力，降低内部缺陷，提高密实性。粉煤灰、磨细矿粉的添加，在过去曾被严重误解，以为对混凝土品质会有很大影响，但随着减水剂的应用，当水胶比较低时，大掺量矿物细粉掺和料配制的混凝土各方面品质优良。这一点已被近年的工程实践所证实，并已在 1995 年版的美国混凝土《结构混凝土规范》(ACI 318)中被认同，从而肯定了粉煤灰、磨细矿渣在混凝土中的正面作用。2004 年出版的我国土木工程学会标准《混凝土结构耐久性设计与施工指南》（中国土木工程学会标准 CCES 01—2004）中提出大掺量矿物掺和料混凝土水胶比不宜大于 0.42。

2. 增强界面的黏结性

混凝土中骨料与水泥浆界面是最薄弱的环节，强化界面是提高耐久性的重要措施，主要通过以下途径达到这一目的。

① 降低水胶比。降低水胶比可以提高长期强度，而且使界面强化。

② 降低水泥浆量,增加矿物细粉掺和料。

以上方法可以有效降低界面水胶比,提高密实性,减少氢氧化钙在界面的富集现象。

3. 合理选择水泥品种

选用低水化热和含碱量偏低的水泥,尽可能避免使用早强水泥和高 C_3A 含量的水泥。

4. 降低毛细孔渗透性

① 降低水固比(W/S)。对混凝土整体而言,降低拌和水量而增加固态材料的重量,是有益的建议,高性能混凝土建议水固比(W/S)$\leqslant 0.08$。

② 使孔隙细致化。通过添加矿物细粉掺和料使得孔隙变细且减少。

5. 掺用引气剂

掺用引气剂,引入微小封闭气泡,不仅可以有效提高混凝土抗渗性、抗冻性,而且可以明显提高混凝土抗化学侵蚀能力。这主要是由于这些微小气泡可以缓解部分内部应力,抑制裂纹生成和扩展。

6. 限制单方混凝土中胶凝材料的最大用量

减少单方混凝土中胶凝材料用量,有利于降低混凝土的渗透性,并减少收缩量,所以必须有最高用量的限制。我国对于低水胶比混凝土的胶凝材料用量,过去一直偏高,甚至有的高达 550 kg/m^3 以上,其主要原因就是因为骨料品质不好,因此必须特别重视对混凝土骨料的级配以及粗骨料的粒形要求。

7. 防止钢筋锈蚀

碳化和卤化物(尤其是氯盐)是混凝土中钢筋腐蚀的主要原因,因此应注意以下几点:

① 控制混凝土组成材料中的氯离子含量;

② 提高混凝土密实度,降低混凝土碳化速度,降低氯离子渗透量,这样可防止碳化引起的钢筋腐蚀,同时控制含氯盐混凝土碳化时氯离子向钢筋表面富集加速钢筋腐蚀。

8. 加强混凝土质量的生产控制

在混凝土施工中,应当均匀搅拌、灌注和振捣密实及加强养护以保证混凝土的施工质量。

4.7 混凝土质量评定

混凝土材料是典型的多相复合材料,影响其性能的因素众多,因此,实际工程中的质量控制则较为困难。为确保混凝土材料在工程中的质量稳定与性能可靠,应严格控制影响其质量的诸因素,如原材料、计量、搅拌、运输、成型、养护等。对于已经生产或使用的混凝土,准确评定其质量状况则更为重要,因为混凝土的实际性能是确定工程质量的最基本保障。评定混凝土质量最常用的指标是强度。

国家标准《混凝土质量控制标准》(GB 50164—2011)明确规定,混凝土的质量控制包括初步控制、生产控制和合格控制,其中:初步控制主要包括组成材料的质量控制和混凝土配合比的确定与控制;生产控制主要包括生产过程中各组分的准确计量,混凝土拌和物的搅拌、运输、浇筑和养护等;合格控制主要包括按照生产批次对浇筑成型的混凝土的强度或其他性能指标进行检验评定和验收。

本节涉及的标准规范主要有:

《混凝土质量控制标准》(GB 50164—2011);

《普通混凝土配合比设计规程》(JGJ 55—2011);

《混凝土强度检验评定标准》(GB/T 50107—2010)。

4.7.1 强度分布规律——正态分布

影响混凝土强度的因素众多,且许多影响因素是随机的,故混凝土的强度也呈现出一定幅度内的随机波动性。大量试验结果表明,混凝土强度的概率密度分布接近正态分布,如图 4-12 所示。以混凝土强度的平均值为对称轴,距离对称轴越远的强度值出现的概率越小,曲线与横轴包围的面积为 1。曲线高峰为混凝土强度平均值的概率密度。概率分布曲线窄而高,则说明混凝土的强度测定值比较集中,波动小,混凝土的均匀性好,施工水平较高。反之,如果曲线宽而扁,说明混凝土强度值离散性大,混凝土的质量不稳定,施工水平低。

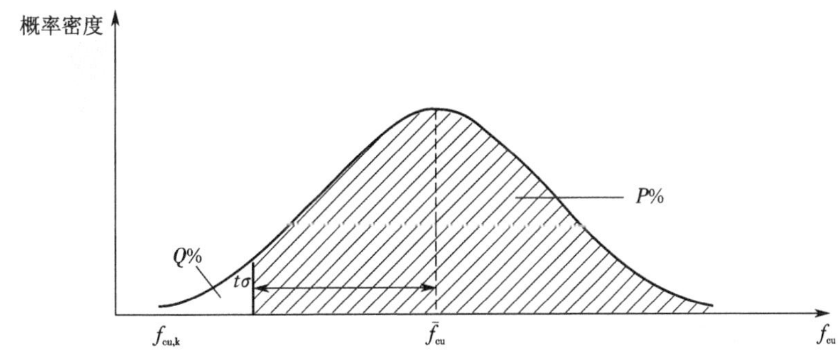

图 4-12 混凝土强度的概率分布

4.7.2 强度平均值、标准差、变异系数

在生产中常用强度平均值、标准差、强度保证率和变异系数等参数来评定混凝土质量。

强度平均值为预留的多组混凝土试块强度的算术平均值,即

$$\bar{f}_{cu}=\frac{1}{n}\sum_{i=1}^{n} f_{cu,i} \tag{4-10}$$

式中 n——预留混凝土试块组数(每组 3 块);

$f_{cu,i}$——第 i 组试块的抗压强度,MPa。

标准差又称均方差,其数值表示正态分布曲线上拐点至强度平均值(亦即对称轴)的距离,可用下式计算:

$$\sigma=\sqrt{\frac{\sum_{i=1}^{n} f_{cu,i}^{2}-n\overline{f}_{cu,i}^{2}}{n-1}} \tag{4-11}$$

变异系数又称离散系数,以强度标准差与强度平均值之比来表示,即

$$C_{v}=\frac{\sigma}{\overline{f}_{cu}} \tag{4-12}$$

强度平均值只能反映强度整体的平均水平,而不能反映强度的实际波动情况。通常用标准差反映强度的离散程度,对于强度平均值相同的混凝土,标准差越小,则强度分布越集中,混凝土的质量越稳定,此时标准差的大小能准确地反映出混凝土质量的波动情况;但当强度平均值不等时,适用性较差。变异系数也能反映强度的离散程度,变异系数越小,说明混凝土的质量水平越稳定,对于强度平均值不同的混凝土之间可用该指标判断其质量波动情况。

4.7.3 强度保证率

强度保证率是指混凝土的强度值在总体分布中大于强度设计值的概率,可用图 4-12 中的阴影部分的面积表示。《普通混凝土配合比设计规程》(JGJ 55—2011)规定,工业与民用建筑及一般构筑物所用混凝土的保证率不低于 95%。一般通过变量 $t=\frac{\overline{f}_{cu}-f_{cu,k}}{\sigma}$ 将混凝土强度的概率分布曲线转化为标准正态分布曲线,然后通过标准正态分布方程 $P(t)=\int_{t}^{+\infty}\phi(t)\,dt=\frac{1}{\sqrt{2\pi}}\int_{t}^{+\infty}e^{\frac{t^2}{2}}\,dt$ 求得强度保证率,其中概率度 t 与保证率 $P(t)$ 的关系见表 4-20。

表 4-20 不同概率度 t 对应的强度保证率 $P(t)$

t	0.00	0.50	0.84	1.00	1.20	1.28	1.40	1.60
$P(t)$	50.0	69.2	80.0	84.1	88.5	90.0	91.9	94.5
t	1.645	1.70	1.81	1.88	2.00	2.05	2.33	3.00
$P(t)$	95.0	95.5	96.5	97.0	97.7	99.0	99.4	99.87

4.7.4 设计强度、配制强度、标准差及强度保证率的关系

根据正态分布的相关知识可知,当所配制的混凝土强度平均值等于设计强度时,其

强度保证率仅为50%，显然不能满足要求，否则会造成极大的工程隐患。因此，为了达到较高的强度保证率，要求混凝土的配制强度 $f_{cu,o}$ 必须高于设计强度等级 $f_{cu,k}$。

由 $t=\frac{\overline{f}_{cu}-f_{cu,k}}{\sigma}$ 可得，$\overline{f}_{cu}=f_{cu,k}+t\sigma$。令混凝土的配制强度等于平均强度，即 $f_{cu,o}=\overline{f}_{cu}$，则可得

$$f_{cu,o}=f_{cu,k}+t\sigma \tag{4-13}$$

上式中，概率密度 t 的取值与强度保证率 $P(t)$ 一一对应，其值通常根据要求的保证率查表4-20获得。强度标准差 σ 一般根据混凝土生产单位以往积累的资料经统计计算获得。当无历史资料或资料不足时，可根据以下情况参考取值：

混凝土设计强度等级不高于C20时，$\sigma=4.0$；

混凝土设计强度等级为C25～C45时，$\sigma=5.0$；

混凝土设计强度等级为C50～C55时，$\sigma=6.0$。

国家标准《普通混凝土配合比设计规程》(JGJ 55－2011)规定，混凝土配制强度应按下式计算：

$$f_{cu,o}\geqslant f_{cu,k}+1.645\sigma \tag{4-14}$$

在混凝土设计强度确定的前提下，保证率和标准差决定了配制强度的高低，保证率越高，强度波动性越大，则配制强度越高。

4.7.5 混凝土强度的检验评定

混凝土强度的检测评定是以抗压强度作为主控指标。留置试块用的混凝土应在浇筑地点随机抽取且具有代表性，取样频率及数量、试件尺寸大小选择、成型方法、养护条件、强度测试以及强度代表值的取定等，均应符合现行国家标准的有关规定。

根据《混凝土强度检验评定标准》(GB/T 50107—2010)的规定，混凝土的强度应按照批次分批检验，同一个批次的混凝土强度等级应相同、生产工艺条件应相同、龄期应相同以及混凝土配合比基本相同。目前，评定混凝土强度的常用方法主要有两种，即统计方法评定和非统计方法评定两类。

1. 统计方法评定

商品混凝土公司、预制混凝土构件厂家及采用现场集中搅拌混凝土的施工单位所生产的混凝土强度一般采用该种方法来评定。

根据混凝土生产条件不同，利用该方法进行混凝土强度评定时，应视具体情况按下述两种情况分别进行。

1) 标准差已知

当一定时期内混凝土的生产条件较为一致，且同一品种的混凝土强度变异性较小时，可以把每批混凝土的强度标准差 σ_0 作为一常数来考虑。进行强度评定时，一般用连续的三组或三组以上的试块组成一个验收批，且其强度应同时满足下列要求：

$$\overline{f}_{cu}\geqslant f_{cu,k}+0.7\sigma_0 \tag{4-15}$$

$$f_{cu,min} \geqslant f_{cu,k} - 0.7\sigma_0 \tag{4-16}$$

检验批混凝土立方体抗压强的标准差应按下式计算：

$$\sigma_0 = \sqrt{\frac{\sum_{i=1}^{n} f_{cu,i}^2 - nm_{f_{cu}}^2}{n-1}} \tag{4-17}$$

当混凝土强度等级不高于 C20 时，其强度的最小值尚应满足下式要求：

$$f_{cu,min} \geqslant 0.85 f_{cu,k} \tag{4-18}$$

当混凝土强度等级高于 C20 时，其强度的最小值尚应满足下式要求：

$$f_{cu,min} \geqslant 0.90 f_{cu,k} \tag{4-19}$$

式中 $m_{f_{cu}}$——同一验收批混凝土立方体抗压强度平均值，MPa，精确到 0.1 MPa；

$f_{cu,k}$——同一验收批混凝土立方体抗压强度标准值，MPa，精确到 0.1 MPa；

σ_0——同一验收批混凝土立方体抗压强度的标准差，MPa，精确到 0.01 MPa；当检验批混凝土强度标准差 σ_0 计算值小于 2.5 MPa 时，应取 2.5 MPa；

$f_{cu,i}$——前一个检验期内同一品种、同一强度等级的第 i 组混凝土试件的立方体抗压强度代表值，MPa，精确至 0.1 MPa；该检验期不应少于 60 d，也不得大于 90 d；

n——前一检验期内的样本容量，在该期间内样本容量不应少于 45；

$f_{cu,min}$——同一验收批混凝土立方体抗压强度的最小值，MPa，精确到 0.1 MPa。

2）标准差未知

当混凝土的生产条件不稳定，且混凝土强度的变异性较大，或没有能够积累足够的强度数据用来确定验收批混凝土立方体抗压强度的标准差时，应利用不少于 10 组的试块组成一个验收批，进行混凝土强度评定。其强度代表值必须同时满足下列公式要求：

$$m_{f_{cu}} \geqslant f_{cu,k} + \lambda_1 \cdot S_{f_{cu}} \quad m_{f_{cu}} \geqslant -\lambda_1 S_{f_{cu}} \geqslant 0.9 f_{cu,k} \tag{4-20}$$

$$f_{cu,min} \geqslant \lambda_2 f_{cu,k} \tag{4-21}$$

同一检验批混凝土立方体抗压强度的标准差应按下式计算：

$$S_{f_{cu}} = \sqrt{\frac{\sum_{i=1}^{n} f_{cu,i}^2 - nm_{f_{cu}}^2}{n-1}}$$

式中 $S_{f_{cu}}$——同一验收批混凝土立方体抗压强度的标准差，MPa，精确到 0.01 (MPa)；当检验批混凝土强度标准差 $S_{f_{cu}}$ 计算值小于 2.5 MPa 时，应取 2.5 MPa；

n——本检验期内的样本容量。

上式中 λ_1、λ_2 为合格判定系数，应根据留置的试件组数来确定，具体取值见表 4-21。

表 4-21 混凝土强度的合格判定系数

试件组数	10～14	15～19	≥20
λ_1	1.15	1.05	0.95
λ_2	0.90	0.85	0.85

2. 非统计方法评定

非统计方法主要用于评定现场搅拌批量不大或小批量生产的预制构件所需的混凝土。当同一批次的混凝土留置试块组数少于 10 时，进行混凝土强度评定，其强度值应同时满足下列要求：

$$m_{f_{cu}} \geqslant \lambda_3 \cdot f_{cu,k} \tag{4-22}$$

$$f_{cu,min} \geqslant \lambda_4 \cdot f_{cu,k} \tag{4-23}$$

上式中 λ_3、λ_4 为合格评定系数，具体取值见表 4-22。

表 4-22 混凝土强度的非统计法合格判定系数

混凝土强度等级	<C60	≥C60
λ_3	1.15	1.10
λ_4	0.95	0.95

由于缺少相应的统计资料，非统计方法的准确性较差，故对混凝土强度的要求更为严格。

在生产实际中应根据具体情况选用适当的评定方法。对于用判定为不合格的混凝土浇筑的构件或结构应进行工程实体鉴定和处理。

【例 4-1】 某商品混凝土公司，计划配制强度等级为 C40 的商品混凝土，根据其过去一年的统计资料，确定对应的强度标准差为 5 MPa，强度保证率为 95%时对应的概率度为 1.645。试回答以下问题：

① 确定保证率为 95%时所要求的配制强度；

② 如果配制强度确定为 49 MPa，能否满足 95%的保证率？为什么？

③ 如果配制强度确定为 45 MPa，为了满足 95%的保证率，强度的标准差应该控制在什么范围内？

【解】 ①因 $t=1.645$，$\sigma=5$，根据公式 $f_{cu,o}=f_{cu,k}+t\sigma$ 可得配制强度

$$f_{cu,o}=(40+1.645\times5)\ \text{MPa}=48.23\ \text{MPa}$$

② 由公式 $f_{cu,o}=f_{cu,k}+t\sigma$ 可得 $t=\dfrac{f_{cu,o}-f_{cu,k}}{\sigma}$，把 $f_{cu,o}=49$、$\sigma=5$ 代入得

$$t=\frac{49-40}{5}=1.8>1.645$$

所以当配制强度确定为 49 MPa 时可以满足 95%的保证率。因为配制强度为 49 MPa 时,对应的概率度为 1.8,大于 95%保证率时对应的概率度为 1.645。

③ 由公式 $f_{cu,o}=f_{cu,k}+t\sigma$ 可得,$\sigma=\frac{f_{cu,o}-f_{cu,k}}{t}$,把 $f_{cu,o}=40$,$t=1.645$ 代入得

$$\sigma=\frac{45-40}{1.645}\ \text{MPa}=3.0\ \text{MPa}$$

所以,为了满足 95%的保证率,强度的标准差应不小于 3 MPa。

4.8 混凝土配合比设计

本节涉及的标准规范主要有:

《普通混凝土配合比设计规程》(JGJ 55—2011);

《混凝土质量控制标准》(GB 50164—2011);

《普通混凝土长期性能和耐久性能试验方法标准》(GB/T 50082—2009);

《粉煤灰混凝土应用技术规范》(GBJ 146—1990)。

4.8.1 概述

1. 混凝土配合比的含义及表示方法

混凝土配合比是指混凝土各组成材料(水泥、水、砂、石)之间的比例关系。

混凝土配合比常用的表示方法有两种:一种是以每立方米混凝土中各种材料的用量表示,如水泥 320 kg、水 160 kg、砂 700 kg、石子 1 220 kg,其每立方米混凝土总质量为 2 400 kg;另一种表示方法是以各项材料相互间的质量比来表示(以水泥质量为 1),将上例换算成质量比,即水泥∶砂∶石=1∶2.2∶3.8,水灰比=0.50。

2. 混凝土配合比设计的任务

设计混凝土配合比的任务,就是要根据原材料的技术性能及施工条件,合理选择原材料,并确定出能够满足工程所要求的技术经济指标的各项组成材料的用量。

具体说混凝土配合比设计的基本要求是:

① 满足混凝土结构设计的强度等级;

② 满足施工所要求的混凝土拌和物的和易性;

③ 满足混凝土结构设计中耐久性要求指标(如抗冻等级、抗渗等级和抗侵蚀性等);

④ 节约水泥和降低混凝土成本。

3. 配合比设计的基本资料

在进行混凝土配合比设计时,需事先明确的基本资料有:

① 混凝土设计要求的强度等级;

② 工程所处环境及耐久性要求(如抗渗等级、抗冻等级等);

③ 混凝土结构类型；

④ 施工条件，包括施工质量管理水平及施工方法（如强度标准差的统计资料、混凝土拌和物应采用的坍落度）；

⑤ 各项原材料的性质及技术指标，如水泥的品种及强度等级，集料的种类、级配，砂的细度模数，石子最大粒径，各项材料的密度、表观密度及体积密度等。

4.8.2 混凝土配合比基本参数的确定

混凝土配合比设计，实质上就是确定四项材料用量之间的三个比例关系。即水与凝胶材料之间的比例关系（用水胶比 W/B 来表示）、砂与石子之间的比例关系（用砂率 β_s 来表示）及水泥浆与集料之间的比例关系（用每立方米混凝土的用水量 W 来反映）。若这三个比例关系已定，混凝土的配合比就确定了。

通常把水胶比、砂率、用水量称为混凝土配合比的三个基本参数。这二个参数与混凝土各项性能之间有着密切关系，正确确定这三个参数，就能使混凝土满足各项技术与经济要求。混凝土配合比的三个参数及其确定原则如图 4-13 所示。在确定混凝土配合比设计的这三个参数时应注意以下几点。

① 在组成材料一定的情况下，水胶比对混凝土的强度和耐久性起着关键性作用，水胶比的确定必须同时满足混凝土的强度和耐久性的要求。在满足混凝土强度与耐久性要求的前提下，为了节约水泥，可采用较大的水胶比。

② 在水胶比一定的条件下，单位用水量是影响混凝土拌和物流动性的主要因素，单位用水量可根据施工要求的流动性及粗骨料的最大粒径来确定。在满足施工要求的流动性前提下，单位用水量取较小值，如以较小的水泥浆数量就能满足和易性的要求，则具有较好的经济性。

③ 砂率对混凝土拌和物的和易性，特别是对其中的黏聚性和保水性有很大影响，适当提高砂率有利于保证混凝土的黏聚性和保水性。在保证混凝土拌和物和易性的前提下，从降低成本方面考虑，可选用较小的砂率。

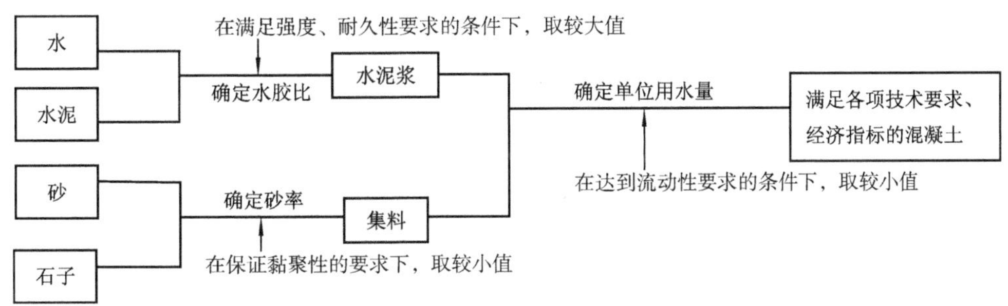

图 4-13 配合比三个参数的确定原则

4.8.3 普通配合比设计步骤

按照《普通混凝土配合比设计规程》(JCJ 55—2011)的规定:在对原材料进行正确选择和严格的质量检验后,普通混凝土配合比设计首先应按照要求的技术指标进行混凝土配合比的初步计算,得出“初步配合比”;然后经实验室试拌调整,得出“基准配合比”;再经强度复核(如有其他性能要求,则需作相应的检验项目),定出“设计配合比”;最后根据现场原材料的实际情况(如砂、石含水等)修正实验室得出的“设计配合比”,从而得出“施工配合比”。具体步骤如图 4-14 所示。

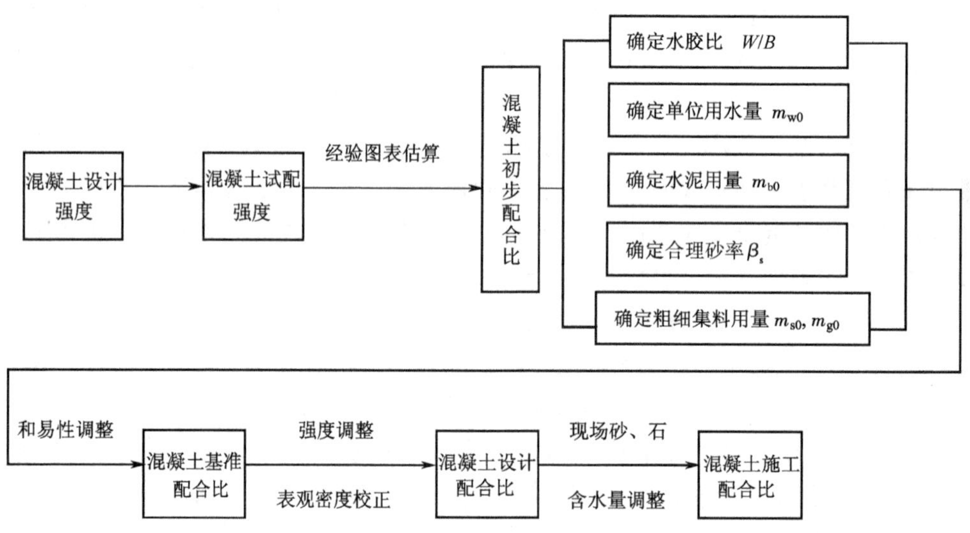

图 4-14 混凝土配合比设计步骤

1. 配制强度($f_{cu,o}$)的确定

为了使混凝土强度具有标准要求的保证率,必须使其配制强度高于所设计的强度等级值。

① 当混凝土的设计强度等级小于 C60 时,配制强度应按下式计算:

$$f_{cu,o} \geqslant f_{cu,k} + 1.645\sigma \tag{4-24}$$

式中 $f_{cu,o}$——混凝土配制强度,MPa;

$f_{cu,k}$——混凝土立方体抗压强度标准值,这里取设计混凝土强度等级值,MPa;

σ ——混凝土强度标准差,MPa。

② 当设计强度等级大于或等于 C60 时,配制强度应按下式计算:

$$f_{cu,o} \geqslant 1.15 f_{cu,k} \tag{4-25}$$

混凝土强度标准差应按照下列规定确定。

(1) 当具有近 1~3 个月的同一品种、同一强度等级混凝土的强度资料时,其混凝土强度标准差 σ 应按下式计算:

$$\sigma=\sqrt{\frac{\sum_{i=1}^{n}f_{cu,i}^{2}-n\overline{f}_{cu}^{2}}{n-1}} \tag{4-26}$$

式中 $f_{cu,i}$——第 i 组的试件强度,MPa;

$\overline{f}_{cu}$——n 组试件的强度平均值,MPa;

n——试件组数,n 值应大于或者等于 30。

对于强度等级不大于 C30 的混凝土:当 σ 计算值不小于 3.0 MPa 时,应按照计算结果取值;当 σ 计算值小于 3.0 MPa 时,σ 应取 3.0 MPa。对于强度等级大于 C30 且不大于 C60 的混凝土:当 σ 计算值不小于 4.0 MPa 时,应按照计算结果取值;当 σ 计算值小于 4.0 MPa 时,σ 应取 4.0 MPa。

(2) 当没有近期的同一品种、同一强度等级混凝土强度资料时,其强度标准差 σ 可按表 4-23 取值。

表 4-23 混凝土强度标准差 σ 值

混凝土强度等级	低于 C20	C20~C45	C50~C55
σ/MPa	4.0	5.0	6.0

遇有下列情况时应适当提高混凝土配制强度:

① 现场条件与试验条件有显著差异时;

② 重要工程和对混凝土有特殊要求时;

③ C30 级及以上强度等级的混凝土,工程验收可能采用非统计方法评定时。

2. 初步配合比的计算

按选用的原材料性能及对混凝土的技术要求进行初步配合比的计算,以便得出供试配用的配合比。

1) 初步确定水胶比(W/B)

根据已测定的胶凝材料实际强度 f_b(或选用的水泥强度等级)、粗骨料种类及所要求的混凝土配制强度($f_{cu,o}$),按混凝土强度公式计算出所要求的水胶比(适用于混凝土强度等级小于 C60):

$$W/B=\frac{\alpha_a f_b}{f_{cu,o}+\alpha_a\alpha_b f_b} \tag{4-27}$$

式中 α_a、α_b——回归系数,取值应符合下列规定。根据工程所使用的原材料,通过试验建立的水胶比与混凝土强度关系式来确定。当不具备上述试验统计资料时,可按表 4-24 采用。

表 4-24 回归系数 α_a、α_b 选用表

系数 \ 粗骨料品种	碎石	卵石
α_a	0.53	0.49
α_b	0.20	0.13

f_b——胶凝材料(水泥与矿物掺合料按使用比例混合)28 d 胶砂强度,MPa,试验方法应按现行国家标准《水泥胶砂强度检验方法(ISO 法)》(GB/T 17671—1999)执行。当无实测值时,可按下列规定确定。

① 根据 3 d 胶砂强度或快测强度推定 28 d 胶砂强度关系式推定 f_b 值。

② 当矿物掺合料为粉煤灰和粒化高炉矿渣粉时,可按下式推算 f_b 值:

$$f_b = 1.1\gamma_f\gamma_s f_{ce,g} \tag{4-28}$$

式中 γ_f、γ_s——粉煤灰影响系数和粒化高炉矿渣粉影响系数,可按表 4-25 选用;

$f_{ce,g}$——水泥强度等级值,MPa。

表 4-25 粉煤灰影响系数 γ_f 和粒化高炉矿渣粉影响系数 γ_s

掺量/(%) \ 种类	粉煤灰影响系数 γ_f	粒化高炉矿渣粉影响系数 γ_s
0	1.00	1.00
10	0.90～0.95	1.00
20	0.80～0.85	0.95～1.00
30	0.70～0.75	0.90～1.00
40	0.60～0.65	0.80～0.90
50	—	0.70～0.85

注:① 本表应以 P·O 42.5 水泥为准;如采用普通硅酸盐水泥以外的通用硅酸盐水泥,可将水泥混合材掺量 20%以上部分计入矿物掺合料。

② 宜采用Ⅰ级或Ⅱ级粉煤灰;采用Ⅰ级灰宜取上限值,采用Ⅱ级灰宜取下限值。

③ 采用 S75 级粒化高炉矿渣粉宜取下限值,采用 S95 级粒化高炉矿渣粉宜取上限值,采用 S105 级粒化高炉矿渣粉可取上限值加 0.05。

④ 当超出表中的掺量时,粉煤灰和粒化高炉矿渣粉影响系数应经试验确定。

为了保证混凝土必要的耐久性,设计年限为 50 年的混凝土的最低强度等级必须符合表 4-26 中规定,混凝土的水胶比不得大于表 4-26 中规定的最大水胶比值,如计算所得的水胶比大于最大水胶比时,应舍弃计算值,取最大水胶比。

表 4-26 结构混凝土材料的最低强度等级和最大水胶比

环境等级	最大水胶比	混凝土最低强度等级
一	0.60	C20
二 *a*	0.55	C25
二 *b*	0.50	C30
三 *a*	0.45	C35
三 *b*	0.40	C40

其他种类混凝土的最大水胶比应符合《混凝土结构设计规范》(GB50010—2010)的规定。

2）选取每 1 m³ 混凝土的用水量(m_{w0})

用水量的多少，主要根据所要求的混凝土坍落度值及所用骨料的种类、规格。所以应先考虑工程种类与施工条件，按表 4-18 确定适宜的坍落度值，对混凝土水胶比在 0.40～0.80 范围时，可按表 4-27 定出每 1 m³ 混凝土的用水量。

表 4-27 干硬性和塑性混凝土的用水量 (单位：kg/m³)

拌和物稠度		卵石最大粒径/mm				碎石最大粒径/mm			
项目	指标	10	20	31.5	40	16	20	31.5	40
维勃稠度/s	16～20	175	160	—	145	180	170	—	155
	11～15	180	165		150	185	175		160
	5～10	185	170		155	190	180		165
坍落度/mm	10～30	190	170	160	150	200	185	175	165
	35～50	200	180	170	160	210	195	185	175
	55～70	210	190	180	170	220	205	195	185
	75～90	215	195	185	175	230	215	205	195

注：①本表用水量系采用中砂时的平均值，采用细砂时，每立方米用水量可增加 5～10 kg，采用粗砂时可减少 5～10 kg。

②掺用各种外加剂和掺合料时，用水量应相应调整。

③混凝土水胶比小于 0.40 时，可通过试验确定。

每立方米流动性或大流动性混凝土的用水量(m_{w0})可按下式计算：

$$m_{w0}=m_{w0}(1-\beta) \tag{4-29}$$

式中 m_{w0}——满足实际坍落度要求的每立方米混凝土用水量(kg)，以本规程表4-28 中 90 mm 坍落度的用水量为基础，按每增大 20 mm 坍落度相应增加 5 kg 用水量来计算；

β——外加剂的减水率(%),应经混凝土试验确定。

另外,单位用水量也可按下式大致估算:

$$m_{w0}=\frac{10}{3}(S+K) \tag{4-30}$$

式中 S——混凝土拌和物的坍落度,cm;

K——系数,取决于粗骨料种类与最大粒径,可参考表 4-28 取用。

表 4-28 混凝土单位用水量计算公式中的 K 值

系数	碎石				卵石			
	最大粒径/mm							
	10	20	40	80	10	20	40	80
K	57.5	53.0	48.5	44.0	54.5	50.0	45.5	41.0

注:① 采用火山灰硅酸盐水泥时,增加 4.5~6.0。

② 采用细砂时,增加 3.0。

3) 确定胶凝材料用量(m_{b0})

每立方米混凝土的胶凝材料用量(m_{b0})应按下式计算:

$$m_{b0}=\frac{m_{w0}}{W/B} \tag{4-31}$$

为了保证混凝土耐久性,混凝土的最小胶凝材料用量应符合表 4-29 的规定,配制 C15 及其以下强度等级的混凝土,可不受表 4-29 的限制。

表 4-29 混凝土的最小胶凝材料用量

最大水胶比	最小胶凝材料用量(kg/m³)		
	素混凝土	钢筋混凝土	预应力混凝土
0.60	250	280	300
0.55	280	300	300
0.50	320		
≤0.45	330		

注:当用活性掺和料取代部分水泥时,表中的最大水胶比和最小胶凝材料用量即为替代前的水胶比和水泥用量。

4) 确定矿物掺和料用量(m_{f_0})

首先通过试验确定矿物掺和料在混凝土中的掺量 β_f。钢筋混凝土中矿物掺和料最大掺量宜符合表 4-30 的规定,预应力钢筋混凝土中矿物掺和料最大掺量宜符合表 4-31 的规定。

表 4-30 钢筋混凝土中矿物掺和料最大掺量

矿物掺和料种类	水胶比	最大掺量(%)	
		硅酸盐水泥	普通硅酸盐水泥
粉煤灰	≤0.40	≤45	≤35
	>0.40	≤40	≤30
粒化高炉矿渣粉	≤0.40	≤65	≤55
	>0.40	≤55	≤45
钢渣粉	—	≤30	≤20
磷渣粉	—	≤30	≤20
硅灰	—	≤10	≤10
复合掺和料	≤0.40	≤60	≤50
	>0.40	≤50	≤40

注:① 采用硅酸盐水泥和普通硅酸盐水泥之外的通用硅酸盐水泥时,混凝土中水泥混合材和矿物掺和料用量之和应不大于按普通硅酸盐水泥用量20%计算混合材和矿物掺和料用量之和;

② 对基础大体积混凝土,粉煤灰、粒化高炉矿渣粉和复合掺和料的最大掺量可增加5%;

③ 复合掺和料中各组分的掺量不宜超过任一组分单掺时的最大掺量。

表 4-31 预应力钢筋混凝土中矿物掺和料最大掺量

矿物掺和料种类	水胶比	最大掺量(%)	
		硅酸盐水泥	普通硅酸盐水泥
粉煤灰	≤0.40	≤35	≤30
	>0.40	≤25	≤20
粒化高炉矿渣粉	≤0.40	≤55	≤45
	>0.40	≤45	≤35
钢渣粉	—	≤20	≤10
磷渣粉	—	≤20	≤10
硅灰	—	≤10	≤10
复合掺和料	≤0.40	≤50	≤40
	>0.40	≤40	≤30

注:①粉煤灰应为Ⅰ级或Ⅱ级F类粉煤灰;

②在复合掺和料中,各组分的掺量不宜超过单掺时的最大掺量。

则每立方米混凝土的矿物掺和料用量(m_{f_0})应按下式计算：

$$m_{f0}=m_{b0}\beta_f \tag{4-32}$$

式中 m_{f0}——每立方米混凝土中矿物掺和料用量(kg)；

β_f——计算水胶比过程中确定的矿物掺和料掺量(%)。

5) 每立方米混凝土的水泥用量(m_{c0})应按下式计算：

$$m_{c0}=m_{b0}-m_{f0} \tag{4-33}$$

6) 每立方米混凝土中外加剂用量应按下式计算：

$$m_{a0}=m_{b0}\beta_a \tag{4-34}$$

式中 m_{a0}——每立方米混凝土中外加剂用量(kg/m^3)；

m_{b0}——每立方米混凝土中胶凝材料用量(kg/m^3)；

β_a——外加剂掺量(%),应经混凝土试验确定。

7) 选取合理的砂率(β_s)

合理的砂率值主要应根据混凝土拌和物的坍落度、黏聚性及保水性等特征来确定。当无历史资料可参考时,混凝土砂率的确定应符合下列规定。

① 砂率应按式(4-36)计算。

② 坍落度小于 10 mm 的混凝土,其砂率应经试验确定。

③ 坍落度为 10～60 mm 的混凝土砂率,可根据粗骨料品种、最大公称粒径及水灰比按表 4-32 选取。

④ 坍落度大于 60 mm 的混凝土砂率,可经试验确定,也可在表 4-30 的基础上,按坍落度每增大 20 mm 砂率增大 1%的幅度予以调整。

表 4-32 混凝土的砂率(%)

水胶比(W/C)	卵石最大公称粒径/mm			碎石最大公称粒径/mm		
	10	20	40	10	20	40
0.4	26～32	25～31	24～30	30～35	29～34	27～32
0.5	30～35	29～34	28～33	33～38	32～37	30～35
0.6	33～38	32～37	31～36	36～41	35～40	33～38
0.7	36～41	35～40	34～39	39～44	38～43	36～41

注:① 本表数值系中砂的选用砂率,对细砂或粗砂,可相应地减少或增大砂率；

② 采用人工砂配制混凝土时,砂率可适当增大；

③ 只用一个单粒级粗骨料配制混凝土时,砂率应适当增大；

④ 对薄壁构件,砂率宜取偏大值。

另外,砂率也可根据以砂填充石子空隙并稍有富余,以拨开石子的原则来确定。根据此原则可列出砂率计算公式如下：

因

$$V_{0s}=V_{0g}\cdot P'$$

$$m_{s0}=\rho_{0s}'\cdot V_{0s}$$

$$m_{g0}=\rho_{g0}{}'\cdot V_{g0} \tag{4-35}$$

所以

$$\beta_s=\beta\frac{m_{s0}}{m_{g0}+m_{s0}}=\beta\frac{\rho'_{s0}\cdot V_{s0}}{\rho'_{g0}V_{g0}+\rho'_{s0}V_{s0}}=\beta\frac{\rho'_{s0}\cdot V_{g0}\cdot P'}{\rho'_{g0}V_{g0}+\rho'_{s0}\cdot V_{g0}\cdot P'}=\beta\frac{\rho'_{s0}\cdot P'}{\rho'_{g0}+\rho'_{s0}\cdot P'} \tag{4-36}$$

式中 β_s——砂率，%；

m_{s0}、m_{g0}——每立方米混凝土中砂及石子用量，kg/m^3；

V_{s0}、V_{g0}——混凝土中砂及石子松散体积，m^3；

$\rho_{s0}{}'$、$\rho_{g0}{}'$——砂和石子堆积密度，kg/m^3；

P'—— 石子空隙率，%；

β—— 砂浆剩余系数，又称拨开系数，一般取 1.1～1.4。

8）计算粗、细骨料的用量（m_{g0}）及（m_{s0}）

粗、细骨料的用量可用体积法或假定表观密度法求得。

① 假定表观密度法（质量法）。

根据经验，如果原材料情况比较稳定，所配制的混凝土拌和物的表观密度将接近一个固定值，这就可先假设一个混凝土拌和物表观密度 m_{cp}（kg/m^3），因此可列出下式：

$$m_{f0}+m_{c0}+m_{g0}+m_{s0}+m_{w0}=m_{cp} \tag{4-37}$$

又根据已知的砂率可知：

$$\beta_s=\frac{m_{s0}}{m_{g0}+m_{s0}}\times 100\% \tag{4-38}$$

式中 m_{g0}——每立方米混凝土的粗骨料用量（kg/m^3）；

m_{s0}——每立方米混凝土的细骨料用量（kg/m^3）；

m_{w0}——每立方米混凝土的用水量（kg/m^3）；

β_s——砂率（%）；

m_{cp}——每立方米混凝土拌和物的假定质量（kg/m^3），可取 2 350～2 450 kg/m^3。

由以上两个公式可求出粗、细骨料的用量。

② 体积法。假定混凝土拌和物的体积等于各组成材料绝对体积和混凝土拌和物中所含空气的体积之总和。因此在计算每立方米混凝土拌和物的各材料用量时，可列出下式：

$$\frac{m_{c0}}{\rho_c}+\frac{m_{f0}}{\rho_f}+\frac{m_{g0}}{\rho_g}+\frac{m_{s0}}{\rho_s}+\frac{m_{w0}}{\rho_w}+0.01\alpha=1 \tag{4-39}$$

同样根据已知砂率可知：

$$\beta_s=\frac{m_{s0}}{m_{g0}+m_{s0}}\times 100\% \tag{4-40}$$

式中 ρ_c——水泥密度（kg/m^3），应按《水泥密度测定方法》（GB/T 208—1994）测定，也可取 2 900～3 100 kg/m^3；

ρ_f——矿物掺和料密度(kg/m^3),可按《水泥密度测定方法》(GB/T 208—1994)测定;

ρ_g——粗骨料的表观密度(kg/m^3),应按现行行业标准《普通混凝土用砂、石质量及检验方法标准》(JGJ52—2006)测定;

ρ_s——细骨料的表观密度(kg/m^3),应按现行行业标准《普通混凝土用砂、石质量及检验方法标准》(JGJ52—2006)测定;

ρ_w——水的密度(kg/m^3),可取 1000 kg/m^3;

α——混凝土的含气量百分数,在不使用引气型外加剂时,α 可取为 1。

由以上两个关系式可求出粗、细骨料的用量。

通过以上八个步骤便可将水、胶凝材料、砂和石子的用量全部求出,得到初步配合比,供试配用。

值得注意的是以上混凝土配合比计算公式和表格,均以干燥状态骨料为基准(干燥状态骨料系指含水率小于 0.5%的细骨料或含水率小于 0.2%的粗骨料),如需以饱和面干骨料为基准进行计算时,则应作相应的修改。

3. 基准配合比的确定

从初步配合比的计算可以看出,各材料的用量是借助于一些经验公式或图表得出的,因而不一定符合实际情况。在工程中,应采用工程中实际使用的原材料、混凝土的搅拌、振捣方法进行试配,通过试拌调整,直到混凝土拌和物的和易性符合要求为止,从而得出供检验混凝土强度用的基准配合比。

① 按初步配合比称取材料进行试拌。混凝土拌和物搅拌均匀后测定坍落度,并检查其黏聚性和保水性能的好坏。

② 和易性的调整。如坍落度不满足要求,或黏聚性和保水性不好,则应在保持水胶比不变的条件下相应调整水泥浆数量或砂石用量。

a. 当坍落度低于设计要求,可保持水胶比不变,增加适量水泥浆;

b. 如坍落度太大,可在保持砂率不变条件下增加骨料;

c. 如黏聚性和保水性不良时,可能是含砂不足,可适当增大砂率;反之应减小砂率。每次调整后再进行试拌试验,直到符合要求为止。

③ 试拌调整工作完成后,应测出混凝土拌和物的表观密度($\rho_{0h实}$)。

4. 设计配合比的确定

经过和易性调整试验得出的混凝土基准配合比,其水胶比值不一定选用恰当,其结果是强度不一定符合要求,所以应检验混凝土的强度。一般采用三个不同的配合比,其中一个为基准配合比,另外两个配合比的水胶比值,应较基准配合比分别增加或减少 0.05,其用水量应该与基准配合比相同,砂率值可分别增加或减少 1%。每种配合比制作一组(三块)立方体试块,标准养护 28 d,试验测定其抗压强度。

在调整混凝土强度时,尚需注意检验混凝土拌和物的和易性和表观密度,应保持混凝土拌和物的和易性在合理的范围内。

必要时可同时制作一组或几组试块，供快速检验或较早龄期时试压，以便提前定出混凝土配合比供施工使用，但以后仍必须以标准养护 28 d 的检验结果为准，调整配合比。

通过试验测得抗压强度，选出既满足混凝土强度要求，水泥用量又较少的配合比为所需的配合比，再作混凝土表观密度的校正。

因为在调整的过程中，各材料的用量均有所变化，原来是以每立方米为单位计算的，这时其体积不一定是 1 立方米了，故要作混凝土表观密度的校正，其步骤如下。

① 计算混凝土拌和物的表观密度计算值 $\rho_{c,c}$：

$$\rho_{c,c} = m_c + m_f + m_g + m_s + m_w \tag{4-41}$$

② 应按下式计算混凝土配合比校正系数 δ：

$$\delta = \frac{\rho_{c,t}}{\rho_{c,c}} \tag{4-42}$$

式中 $\rho_{c,t}$——混凝土拌和物表观密度实测值（kg/m^3）；

$\rho_{c,c}$——混凝土拌和物表观密度计算值（kg/m^3）。

③ 当混凝土拌和物表观密度实测值与计算值之差的绝对值不超过计算值的 2% 时，以上定出的配合比，即为设计配合比；若二者之差超过 2%，则须将已定出的混凝土配合比中每项材料用量均乘以校正系数 δ，即为最终定出的设计配合比。

对有特殊要求的混凝土，如抗渗等级不低于 P6 级的抗渗混凝土、抗冻等级不低于 F50 级的抗冻混凝土、高强混凝土、大体积混凝土等，其混凝土配合比设计应按《普通混凝土配合比设计规程》(JGJ 55—2011)有关规定进行。

5. 施工配合比的确定

设计配合比是以干燥材料为基准的，而工地存放的砂、石材料都含有一定的水分。所以现场材料的实际称量应按工地砂、石的含水情况进行修正，修正后的配合比，叫做施工配合比。工地存放的砂、石的含水情况常有变化，应按变化情况，随时加以修正。

现假定工地测出砂的含水率为 W_s、石子的含水率为 W_g，则将上述设计配合比换算为施工配合比，其材料的称量应为：

$$m_c' = m_c \quad (kg/m^3) \tag{4-43}$$

$$m_f' = m_f \quad (kg/m^3) \tag{4-44}$$

$$m_s' = m_s(1+W_s) \quad (kg/m^3) \tag{4-45}$$

$$m_g' = m_g(1+W_g) \quad (kg/m^3) \tag{4-46}$$

$$m_w' = m_w - m_s \cdot W_s - m_g \cdot W_g \quad (kg/m^3) \tag{4-47}$$

4.8.4 普通混凝土配合比设计实例

【例 4-2】 某工程欲施工一正常室内现浇钢筋混凝土梁，要求混凝土设计强度等级为 C25，最小截面尺寸为 250 mm，钢筋最小净距为 50 mm。施工单位新组建，拟采用机械搅拌和振捣成型。试进行该混凝土配合比设计。所用原材料条件如下。

水泥:42.5 级普通硅酸盐水泥,密度 3.1 g/cm^3;Ⅱ级 F 类粉煤灰,密度 2.6 g/cm^3。

砂:中砂,级配合格,表观密度 $\rho_{0s}=2.65$ g/cm^3;堆积密度 $\rho'_{s0}=1.50$ g/cm^3;含水量 $W_s=3\%$。

碎石:最大粒径 31.5 mm,级配合格,表观密度 $\rho_{g0}=2.70$ g/cm^3;堆积密度 $\rho'_{s0}=1.55$ g/cm^3;含水量 $W_g=1\%$。

水:自来水。

【解】 根据《混凝土结构工程施工质量验收规范》(GB 50204—2002)的要求、结构截面的最小尺寸和钢筋净距,选用粗骨料的最大粒径:

$$D_{max}\leqslant\frac{1}{4}\times250=62.5\ \text{mm};\quad D_{max}\leqslant\frac{3}{4}\times50=37.5\ \text{mm}$$

现采用最大粒径为 31.5 mm 的碎石,符合规定。

1. 确定配制强度 $f_{cu,o}$

$$f_{cu,o}=f_{cu,k+}t\sigma$$

混凝土强度的保证率为 95%,对应 $t=1.645$。

施工单位新组建,不具有近期的同一品种混凝土强度资料,其混凝土强度标准差 σ,按表 4-23 取用,$\sigma=5$ MPa。

故

$$f_{cu,o}=(25+1.645\times5)\ \text{MPa}=33.2\ \text{MPa}$$

2. 估算初步配合比

① 确定水胶比 W/B。

因为采用 42.5 级普通硅酸盐水泥,Ⅱ级 F 类粉煤灰;假设粉煤灰用量为 20%,查表 4-25 得 $\gamma_f=0.8$,$\gamma_s=1.0$ 则

$$f_b=1.1\gamma_f\gamma_s f_{ce,g}=1.1\times0.8\times1.0\times42.5\ \text{MPa}=37.4\ \text{MPa}$$

回归系数取值:碎石 α_a 取 0.53,α_b 取 0.20,则水胶比

$$W/B=\frac{\alpha_a f_b}{f_{cu,o}+\alpha_a\alpha_b f_b}=\frac{0.53\times37.4}{33.2+0.53\times0.20}=0.53$$

查表 4-26,对于正常室内现浇混凝土,最大水胶比为 0.60,故可初步确定水胶比值为 0.53。

② 确定用水量 m_{w0}。

施工采用机械搅拌和振捣成型,普通截面、配筋的混凝土,参照表 4-18,所需坍落度为 30～50 mm;对于中砂,最大粒径为 31.5 mm 的碎石,参照表 4-27,1 m^3 混凝土的用水量可初步确定为 $m_{w0}=185$ kg。

如采用 $m_{w0}=\frac{10}{3}(S+K)$估算,最大粒径为 31.5 mm 的碎石,参照表 4-28,$K=50.4$。

则 $$m_{w0}=\frac{10}{3}(5+50.4)\ \text{kg/m}^3=185\ \text{kg/m}^3$$

③ 确定胶凝材料用量(m_{b0})。

每立方米混凝土的胶凝材料用量

$$m_{b0}=\frac{m_{w0}}{W/B}=185/0.53\ \text{kg/m}^3=349.1\ \text{kg/m}^3$$

为了保证混凝土耐久性,混凝土的最小胶凝材料用量应符合表4-30的规定。则每立方米混凝土的矿物掺和料用量(m_{f0}):

$$m_{f0}=m_{b0}\beta_f=349.1\times20\%\ \text{kg/m}^3=69.8\ \text{kg/m}^3$$

每立方米混凝土的水泥用量(m_{c0}):

$$m_{c0}=m_{b0}-m_{f0}=(349.1-69.8)\ \text{kg/m}^3=279.3\ \text{kg/m}^3$$

④ 确定砂率 β_s。

参照表4-5,对于中砂,最大粒径为31.5 mm的碎石,当水胶比为0.53时,砂率值的选用范围按插入法计算为35%~41%,现取 $\beta_s=38\%$。

如采用拨开石子法:

$$P'=(1-\rho_{0g}'/\rho_{0g})\times100\%=(1-1.55/2.70)\times100\%=43\%$$

$$\beta_s=\beta\frac{\rho'_{s0}\cdot P'}{\rho'_{g0}+\rho'_{s0}\cdot P'}=1.3\times\frac{1.50\times0.43}{1.50\times0.43+1.55}=37.9\%$$

⑤ 计算砂、石用量(m_{s0})及(m_{g0})。

选用体积法计算,由式:

$$\frac{m_{c0}}{\rho_c}+\frac{m_{f0}}{\rho_f}+\frac{m_{g0}}{\rho_g}+\frac{m_{s0}}{\rho_s}+\frac{m_{w0}}{\rho_w}+0.01\alpha=1\ (\text{m}^3)$$

和式 $\beta_s=\dfrac{m_{s0}}{m_{g0}+m_{s0}}\times100\%$ 得:

$$\frac{279.3}{3.1}+\frac{69.8}{2.6}+\frac{m_{s0}}{2.65}+\frac{m_{g0}}{2.70}+\frac{185}{1.00}+10\times1=1\,000(\text{L})$$

$$38\%=\frac{m_{s0}}{m_{s0}+m_{g0}}\times100\%$$

联立解此二式,求得 $m_{s0}=702$ kg,$m_{g0}=1145$ kg。

根据以上估算,得出初步配合比为:

$$m_{c0}=279.3\ \text{kg/m}^3,\quad m_{f0}=69.8\ \text{kg/m}^3$$

$$m_{w0}=185\ \text{kg/m}^3,\quad m_{s0}=702\ \text{kg/m}^3,\quad m_{g0}=1145\ \text{kg/m}^3$$

3. 试验调整,确定试验室配合比

① 检验和易性,确定基准配合比。

称取15 L混凝土拌和物所需材料:水泥4.19 kg,粉煤灰1.05 kg,水2.78 kg,砂10.53 kg,石子17.18 kg。拌制混凝土拌和物,做和易性试验。观察黏聚性与保水性均较好,但坍落度只有25 mm左右,较要求的坍落度小,应适当增加胶浆的数量(保持水胶比不变)。当增加5%的用水量及胶凝材料用量后,试拌材料用量分别如下所示。

水泥：　　$m_c = 4.19(1+5\%) = 4.40\ \text{kg}$

粉煤灰：　　$m_f = 1.05(1+5\%) = 1.10\ \text{kg}$

水：　　$m_w = 2.78(1+5\%) = 2.92\ \text{kg}$

砂：　　$m_s = 10.53\ \text{kg}$

石子：　　$m_g = 17.18\ \text{kg}$

经检验、调整和易性后，测得坍落度为 40 mm 左右，符合要求。

实测混凝土的表观密度为 2 413 kg/m^3。

上面的配合比是经过调整和易性合格的配合比，称为基准配合比。

② 检验强度，确定实验室配合比。

配制三种不同水灰比的混凝土，并制作三组试件。一组水胶比为基准配合比的水胶比，另外两组的水胶比分别为增减 5%，砂率分别也增减 1%。配制 15 L 混凝土拌和物所需材料用量如表 4-33。

表 4-33　材料用量及混凝土强度试验结果

组别	水胶比	水泥用量	粉煤灰用量	用水量	砂率	用砂量	用石量	试验结果/MPa
Ⅰ	0.48	4.86	1.21	2.92	37%	10.02	17.08	36.6
Ⅱ	0.53	4.40	1.10		38%	10.53	17.18	34.8
Ⅲ	0.58	4.02	1.00		39%	10.95	17.14	30.5

试件经标准养护 28 d，进行强度试验，得出各配合比混凝土试件的强度见表 4-33。

利用表 4-33 中的三组数据，绘制强度与水胶比关系曲线，如图 4-15 所示。

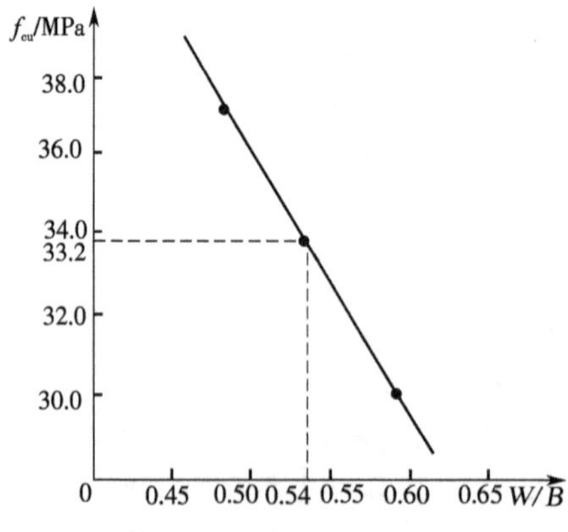

图 4-15　实测 f_{cu}-W/B 关系

由图可求出与配制强度为33.2 MPa相对应的水胶比为0.53，则符合强度要求的配合比的用水量为185(1＋5％)＝194 kg；

胶凝材料用量为$194\times\frac{1}{0.54}=359$ kg；

粉煤灰用量为359×20％＝72 kg；

水泥用量为359－72＝287 kg；

用砂量为676 kg；

用石量为1 124 kg；

故拌和物的计算表观密度为(194＋359＋676＋1 124) kg/m³＝2 354 kg/m³，

因$\frac{2\ 413-2\ 354}{2\ 354}=2.5\%>2\%$，故需作表观密度校正如下。

$$校正系数\ \delta=\frac{2\ 413}{2\ 354}=1.025$$

故1 m³砼实验室配合比所用各材料如下。

水泥：　$m_{c0}=287\times1.025\ \text{kg/m}^3=249\ \text{kg/m}^3$

粉煤灰：　$m_{f0}=72\times1.025\ \text{kg/m}^3=74\ \text{kg/m}^3$

水：　$m_{w0}=194\times1.025\ \text{kg/m}^3=199\ \text{kg/m}^3$

砂：　$m_{s0}=676\times1.025\ \text{kg/m}^3=693\ \text{kg/m}^3$

石子：　$m_{g0}=1124\times1.025\ \text{kg/m}^3=1\ 152\ \text{kg/m}^3$

(4) 确定施工配合比

水泥：　$m_c'=m_{c0}=249\ \text{kg/m}^3$

粉煤灰：　$m_f'=m_{f0}=74\ \text{kg/m}^3$

砂：　$m_s'=m_{s0}(1+W_s)=693\times(1+3\%)\ \text{kg/m}^3=714\ \text{kg/m}^3$

石子：　$m_g'=m_{g0}(1+W_g)=1\ 152\times(1+1\%)\ \text{kg/m}^3=1\ 164\ \text{kg/m}^3$

水：　$m_w'=m_{w0}-m_{s0}\cdot W_s-m_{g0}\cdot W_g$

$=(199-693\times3\%-1\ 152\times1\%)\ \text{kg/m}^3=167\ \text{kg/m}^3$

4.9　轻集料混凝土

用轻集料、水泥和水配制的、干容重不大于1 950 kg/m³的混凝土为轻集料混凝土。粗、细集料均为轻集料者为全轻混凝土；细骨料全部或部分采用普通砂者，称为砂轻混凝土。轻集料混凝土通常以所用集料品种命名，例如粉煤灰陶粒混凝土、黏土陶粒混凝土、页岩陶粒混凝土、浮石混凝土、膨胀珍珠岩混凝土等。

轻集料混凝土已成为当今混凝土的重要发展方向之一，优质的高性能轻集料混凝土比传统混凝土比强度高，质量轻20％以上，而且更耐久，因此在建造大跨度桥梁和超高层建筑时，结构自重会大幅度减轻，相应的材料用量会减少，基础荷载也会降低。从建筑节能方面考虑，在北方地区采用高性能轻集料混凝土作外墙，冬季取暖能耗较传统的实心黏土砖或普通混凝土墙体节约30%～50%,如考虑夏季降温能耗,使用能耗将节省40%～60%。此外,轻质结构混凝土还是海上采油平台的理想建筑材料,与现有的钢铁采油平台相比,具有安全度高、稳定性好、使用寿命长、维修费用低、综合造价低等优点。

轻集料混凝土按照用途,可分为保温轻集料混凝土、结构保温轻集料混凝土、结构轻集料混凝土三类。保温轻集料混凝土主要用于保温的围护结构,结构轻集料混凝土主要用于承重构件或构筑物。这三类轻集料混凝土的强度等级和重度依次提高。

本节涉及的标准规范主要有:

《轻骨料混凝土技术规程》(JGJ 51—2002)。

4.9.1 轻集料混凝土的主要技术性质及分类

1. 表观密度

轻集料混凝土按其干表观密度可分为14个等级,如表4-34所示。

2. 强度

轻集料混凝土强度等级的确定方法与普通混凝土相似,可用边长为150 mm立方体试件,在标准试验条件下养护至28 d龄期测得的、具有95%以上保证率的抗压强度标准值(MPa)来确定。其等级具体可分为LC5、LC7.5、LC10、LC15、LC20、LC25、LC30、LC35、LC40、LC45、LC50 、LC55、LC60等。

表4-34 轻骨料混凝土的密度等级

密度等级	干表观密度的变化范围/(kg/m³)	密度等级	干表观密度的变化范围/(kg/m³)	密度等级	干表观密度的变化范围/(kg/m³)
600	560～650	1 100	1 060～1 150	1 600	1 560～1 650
700	660～750	1 200	1 160～1 250	1 700	1 660～1 750
800	760～850	1 300	1 260～1 350	1 800	1 760～1 850
900	860～950	1 400	1 360～1 450	1 900	1 860～1 950
1 000	960～1 050	1 500	1 460～1 550	—	—

影响轻集料混凝土强度的因素很多,例如轻集料的种类、性质、用量等。轻集料混凝土强度与其表观密度关系密切,一般来说,表观密度越大,强度较高。轻粗集料颗粒越坚硬,所配制的混凝土强度越高;反之,则强度越低。全轻混凝土的抗压强度低于砂轻混凝土。中、低强度等级的轻集料混凝土的抗拉强度与抗压强度的比值为1/7～1/5,略高于普通混凝土。随着强度等级增高,其拉压比值略有下降。

3. 变形性质与导热性质

与普通混凝土相比,轻集料混凝土受力后变形性较大,弹性模量较小。轻集料混凝土的干缩性及徐变性均大于普通混凝土。轻集料混凝土的导热系数与其容重及含水状态有关。干燥条件下的导热系数如表 4-35 所示。

表 4-35 轻骨料混凝土导热系数

混凝土密度等级	600	700	800	900	1 000	1 100	1 200	1 300	1 400	1 500	1 600	1 700	1 800	1 900
导热系数 λ/[W/(m·K)]	0.18	0.20	0.23	0.26	0.28	0.31	0.36	0.42	0.49	0.57	0.66	0.76	0.87	1.01

4. 抗冻性

轻集料混凝土的抗冻性比较好,因为轻集料混凝土多孔,且这些孔隙不易被水饱和。混凝土受冻时,部分受冻的水可以被结冰的膨胀压力挤入集料的孔隙中,从而减少了膨胀压力及混凝土的内应力,因此采用轻集料拌制的混凝土不加引气剂也能获得良好的抗冻性。如果轻集料本身的抗冻性差,经冻融后易破裂,则以其配制的混凝土抗冻性也差。此时,即使加入引气剂也不能提高混凝土的抗冻性能。一般认为,高性能轻集料的抗冻性大于粉煤灰的抗冻性,高强轻集料的抗冻性大于普通黏土轻集料的抗冻性。

轻集料混凝土的抗冻性能还与其强度有密切的关系。高强轻集料混凝土经过 500 次冻融循环后,强度损失不超过 25%,而低标号的轻集料混凝土则只能承受很少次数的冻融循环。

5. 抗渗性

为保证轻集料混凝土具有良好的和易性,轻集料混凝土中一般都加入了足量的矿物掺和料,通过火山灰反应和颗粒密实堆积作用使得界面区结构得到有效改善。另外,掺和料的掺入能够减少水泥用量,降低水化热,有助于减少因热应力而导致的微裂缝。因此,轻集料混凝土比普通混凝土具有更好的抗渗性。

4.9.2 轻集料的技术性能

轻集料的性能直接影响轻集料混凝土的性质。轻集料的颗粒级配、粒型、吸水率、堆积密度、筒压强度、最大粒径及有害物质含量等,影响轻集料混凝土的和易性、强度、表观密度、弹性模量、收缩与徐变以及耐久性等性能。轻集料应考虑一下技术性质。

1. 有害物质含量

轻集料中要严禁混入煅烧过的石灰石、白云石和硫化铁等不稳定物质。

2. 颗粒级配、最大粒径及粗细程度

轻集料级配规定中只控制最大、最小和中间粒级颗粒的含量及其堆积孔隙率。自然级配的轻集料堆积空隙率应不大于50%。

轻集料的最大粒径为该轻集料累计筛余小于10%(按重量计)的该号筛筛孔尺寸。若轻粗集料的最大粒径过大,其颗粒表观密度小、强度较低,会使混凝土强度较低。所以对于保温及结构兼保温轻集料混凝土用的轻粗集料,其最大粒径不宜大于40 mm;结构轻集料混凝土用的轻集料最大粒径不宜大于20 mm。轻砂的细度模数不宜大于4.0;5 mm筛的累计筛余不宜大于10%。

3. 堆积密度及其波动性

轻集料的堆积密度主要取决于集料的颗粒表观密度、级配及其粒型。为了保证轻集料的质量,在实际生产中堆积密度的变异系数,对圆球形的和普通型的轻粗集料不应大于0.10;碎石型的轻集料不应大于0.15。

4. 筒压强度

筒压强度是评定轻粗集料品质的重要指标。轻集料混凝土的破坏机理与普通混凝土有所不同,通常不是沿着砂、石与水泥石的界面破坏,而是轻集料本身首先遭到破坏。因此轻集料本身的强度对混凝土强度影响极大。如用轻砂代替普通砂,则强度明显下降。所以轻集料的强度是一项极其重要的质量指标。

测定轻集料的强度通常采用筒压法,其指标是“筒压强度”。将10~20 mm粒级的轻粗集料按要求装入特制的承压圆筒中,用冲压模压入20 mm深时的压力值,除以承压面积所得来的值来表示颗粒的平均相对强度。轻粗集料在圆筒内受力状态是点接触、多项挤压破坏,所测得的只是相对强度,而不是轻集料颗粒极限抗压强度。

4.9.3 轻集料混凝土的常见问题和解决方法

1. 集料上浮

轻集料混凝土成型初期,密度较小的轻集料和水上浮,而水泥浆体下沉,从而使混凝土拌和物产生分层和离析现象,使混凝土结构整体均质性变差,易造成硬化后混凝土的局部缺陷,影响构筑物的耐久性和寿命。

控制轻集料上浮的方法有:① 在保证轻集料颗粒级配的基础上,控制其粒径,尽量减少轻集料最大粒径;② 通过加入矿物外加剂等方法来减少砂浆密度,以减少集料同混凝土的密度差;③ 加入起增黏作用的化学外加剂以增大砂浆黏度。

2. 工作性差

轻集料混凝土的工作性较差,尤其是可泵性差和坍落度损失大。长期以来,人们主要依据轻集料1 h的吸水率的大小选择相应的预处理时间,但由于轻集料的种类不同,轻集料的初始吸水率、吸水率随饱水时间的变化及压力下的吸水率不同而不同,因而难以有效解决轻集料混凝土可泵性差和坍落度损失大的问题。

为了降低轻集料混凝土坍落度损失,应根据轻集料的初始吸水率、吸水率随饱水时间的变化及压力下的吸水率等指标来确定不同的预处理时间。对于连通率高、初始吸水率高、吸水率随预湿时间延长增幅较大的轻集料，通过延长预湿时间来降低混凝土的坍落度经时损失，提高可泵性。

3. 轻集料质量不理想

目前，绝大多数企业生产的人造轻集料仅能达到“普通轻集料”的质量标准，密度等级在300～900之间，颗粒匀质性差，强度不高，一般仅适用于制备非承重的混凝土制品，以轻集料混凝土砌块、轻质内隔墙板、保温材料为主。由于普通轻集料的吸水率较高，配制泵送混凝土和C40以上的高强、高性能混凝土工艺较困难。上述原因严重制约了轻集料在国内工程结构混凝土上的应用。

制备轻质结构用高性能轻集料混凝土的基础是高性能轻集料，其性能的优劣直接关系到混凝土的工作性和耐久性，可以说高性能轻集料混凝土研究的关键技术之一是制备优质的高性能轻集料。大力发展高性能轻集料对开发新型超轻质结构用混凝土具有重要意义。

4.10 高性能混凝土

本节涉及的标准规范主要有：

《高性能混凝土应用技术规程》(CECS 207:2006)。

4.10.1 高性能混凝土技术的历史渊源

1. 古罗马的石灰——火山灰混凝土

古罗马的火山灰混凝土凝结硬化缓慢，强度较低，但其建筑物经历2000多年的流水、雨雪、海水等自然因素作用至今仍然完整保存。其性能特点在于：低强度、低内能、高耐久性。

2. 硅酸盐水泥混凝土(塑性、干硬性)及钢筋混凝土

硅酸盐水泥混凝土及钢筋混凝土于1860—1960年间大量应用于工业与民用建筑，但中低等级居多，耐久性较差，主要原因是未把握好水灰比。

3. 预应力混凝土的出现

用张拉钢筋对混凝土施加预应力，可以保证混凝土构件在荷载作用下，既能抗拉又不产生裂纹，特别是应用高强材料时，预应力方法最为有效，使混凝土在大跨、高层等建筑中广泛使用。

4. 外加剂带给混凝土的变化

外加剂带给混凝土的变化表现为：① 大流动性；② 补偿收缩；③ 防冻；④ 早强高强；⑤ 阻锈、缓凝。

外加剂解决了强度和泵送施工的要求，但同时也增加了混凝土的收缩，致使以开裂为特征的工程病害和耐久性问题频繁出现。

5. 矿物细粉的掺加与混凝土的高性能化

① 矿物细粉的功能主要表现为:密实结构,胶凝材料低内能。

② 低水胶比、低水泥用量、低单位体积用水量等技术理念得以成功实践。

外加剂使混凝土进入大流态时代,实现泵送,而粉体掺和料使泵送混凝土走向成熟。混凝土材料满足强度、工作性和耐久性的要求,完成了一次重要的螺旋式上升。

4.10.2 混凝土耐久性不足问题及其常见诱因

1. 耐久性不足的问题

常用的普通混凝土的基本缺点之一就是耐久性不足,主要表现为一般建筑工程的使用年限为50~100年,但不少工程在使用10~20年后即需维修或重建。如:北京西直门立交桥遭盐冻破坏导致过早拆除;南京长江大桥投入使用仅30年,便已下令外部汽车禁止通行;武汉汉江某桥原设计使用寿命为50年,实际使用10年便拆除;中国美术馆、人民大学图书馆使用10余年出现钢筋锈蚀引起的开裂;美国50万座州际公路桥中,20万座已出现损坏;美国基建设施工程总价6万亿美元,但由于混凝土的耐久性不足,每年所需的维修和重建费用约为3 000亿美元。

2. 混凝土耐久性不足的常见诱因

1) 物理因素

混凝土耐久性不足的物理诱因主要包括:① 混凝土普遍存在的裂缝问题;② 混凝土的冻融破坏问题;③ 高速含砂水流对水工混凝土的冲蚀破坏问题。

2) 化学因素

混凝土与钢筋混凝土在某些条件下可以使用数十年而完好无损,但在另一些条件下,就会受到侵蚀破坏。构筑物的倒塌要比设计预期早得多,这主要与使用过程所处的环境的影响、混凝土本身组成和结构有关,具体表现为:① 水泥石所受的各种腐蚀;② 碱骨料病害;③ 碳化、氯离子引入及钢筋锈蚀。

4.10.3 高性能混凝土的定义

19世纪90年代前半期是国内高性能混凝土(high performance concrete)发展的初期,国内学术界认为"三高"混凝土就是高性能混凝土。据此观点,高性能混凝土应该是高强度、高工作性、高耐久的,或者说高强混凝土才可能是高性能混凝土;高性能混凝土必须是流动性好的、可泵性好的混凝土,以保证施工的密实性;耐久性是高性能混凝土的重要指标,但混凝土达到高强后,自然会有较高的耐久性。经过10余年的发展,在国内外多种观点逐渐交流融合后,目前对高性能混凝土的定义已有清晰的认识。

1. ACI(American Concrete Institute)最初关于HPC的定义

HPC是具备所要求的性能和匀质性的混凝土,这种混凝土按照惯常做法,靠传统的组分、普通的拌和、浇筑与养护方法是不可能获得的。

① 定义中所要求的性能包括：易浇筑、压实而不离析，高长期力学性能，高早期强度，高韧性，高体积稳定性，在严酷环境下使用寿命长。

当然，不同的工程、不同的场合，所要求的性能是不同的。

② 定义强调了对 HPC 均匀性的要求，越重要、质量要求越高的工程，对 HPC 匀质性的要求也就应该越高。

③ 定义明确表示 HPC 的获得不仅靠更新组分材料，还靠贯穿混凝土生产和施工全过程的体现。

2. 我国对高性能混凝土的定义

我国研究技术人员认为：① 高性能混凝土是一种新型高技术混凝土，是在大幅度提高普通混凝土性能的基础上采用现代混凝土技术制作的混凝土；② 它以耐久性作为设计的主要指标；③ 针对不同用途要求，高性能混凝土重点地保证耐久性、工作性、适用性、强度、体积稳定性、经济性；④ 为此高性能混凝土在配制上的特点是低水胶比，选用优质原材料，必须掺加足够数量的矿物细粉和高效减水剂；⑤ 强调高性能混凝土不一定是高强混凝土。

由于 HPC 概念引入我国时，正值 HSC 受到结构设计研究者的青睐。最初的 HPC 曾被理解为"三高"混凝土，即"高工作度、高强度、高耐久性"。对于 HPC 与 HSC 的相互关系，吴中伟先生提出："如果现在将 HPC 规定在 50～60 MPa 以上，则用途很受限制，大大妨碍 HPC 的推广应用；更重要的是窒息了 HPC 向绿色 HPC 的发展，不能改变水泥混凝土愈来愈沦为不可持续发展的材料的可怕前景。"1998 年他进一步谈到："建议将 HPC 的强度下降到 C30 左右，以不损及混凝土内部结构(孔结构、水化物结构、界面区结构)为度，以保证其耐久性及体积稳定性。"例如日本的明石大桥，HPC 使用的是 C20。

3. 我国工程建设标准《高性能混凝土应用技术规程》(CECS 207:2006)的相关规定

高性能混凝土是"采用常规材料和工艺生产的能保证混凝土结构所要求的各项力学性能，并具有高耐久性、高工作性和高体积稳定性的混凝土"。该标准强调的重点是耐久性，其规定根据混凝土结构所处环境条件，高性能混凝土应满足下列的一种或几种技术要求：

① 水胶比小于等于 0.38；

② 56 d 龄期的 6 h 总导电量小于 1 000 C；

③ 300 次冻融循环后相对动弹性模量大于 80 %；

④ 胶凝材料抗硫酸盐腐蚀试验试件 15 周膨胀率小于 0.4%，混凝土最大水胶比小于等于 0.45；

⑤ 混凝土中可溶性碱的总含量小于 3.0 kg/m^3。

综上所述，高性能混凝土是混凝土技术从传统理念向现代转变、革新过程中的产物，并非一个能做精确界定的简单术语。其所具有的技术路线和追求目标，表明国内外土木工程界科技人员已开始意识到，通过一定的技术措施，在一定的技术参数条件下，是能够赋予混凝土高耐久性的，从而保障混凝土结构具备足够长的使用寿命。

4.10.4 高性能混凝土与传统混凝土的区别

由于 HPC 的低水胶比和掺加了大量活性矿物细掺料与高效外加剂，尤其是后两者的复合作用，与传统的常规混凝土有着本质区别，从而导致性能与功能上的差别是极为悬殊的，尤其体现在耐久性上的巨大差别。

由于水胶比低、用水量少及水化作用不同于常规混凝土，HPC 由水化引起的早期自收缩率大大超过常规混凝土，但总收缩率较低，因此必须十分重视初凝后即开始的早期养护。

HPC 中由于存在大量活性矿物掺和料，使水泥石的组分结构发生很大改变，具体表现在：① $Ca(OH)_2$晶体，传统水泥混凝土的水泥石中占 20%～25%，在 HPC 的水化结构中可以大大减少乃至消除；② 当 HPC 水化程度只及常规混凝土 60%时，两者中水化硅酸钙凝胶数量相近，也就是说 HPC 水化程度提高后，凝胶数量增多，强度、密实性继续提高；③ 孔数量与结构的不同，常规混凝土、水泥石孔分布集中在 $(100\sim200)\times10^{-10}$ m，凝胶孔隙率 26.7%；高性能混凝土、水泥石孔分布集中在 20×10^{-10} m，凝胶孔隙率 18.8%，HPC 具有很高的密实性；④ 骨料与水泥基材料界面有明显不同，薄弱的界面得到强化。

4.10.5 高性能混凝土的组成与结构

1. 高性能混凝土的水泥石微结构

按照中心质假说，属于次中心质的未水化水泥颗粒(H 粒子)、属于次介质的水泥凝胶(L 粒子)和属于负中心质的毛细孔组成水泥石。① 从强度的角度看孔隙率一定时，H/L 粒子比值越大，水泥石强度越高；但有个最佳值，超过后水泥石强度随其提高而下降。② 在一定范围内，H/L 最佳值随孔隙率下降而提高。也就是说在次中心质的尺度上，一定量的孔隙率需要一定量的次中心质以形成足够的效应圈，起到效应叠加的作用，改善次介质。③ 在水胶比很低的高性能混凝土中，水泥石的孔隙率很低，在一定的 H/L 粒子比值下，强度随孔隙率的减少而提高。因此，尽管水泥的水化程度很低，水泥石中保留了很大的 H/L 粒子比值，但与很低的孔隙率和良好的孔结构相配合，可获得高强度。

2. 高性能混凝土的界面结构和性能

高性能混凝土的界面特点主要也是由低水胶比和掺入外加剂与矿物细粉带来的。由于低水胶比提高了水泥石强度和弹性模量，使水泥石和集料弹性模量的差距变小，因而使界面处水膜层厚度减少，晶体生长的自由空间减少；掺入的活性矿物细粉与 $Ca(OH)_2$反应后，会增加 C-S-H 和 AF 生成数量，减少 $Ca(OH)_2$含量，并且干扰水化物的结晶，因此水化物结晶颗粒尺寸变小，富集程度和取向程度下降，硬化后的界面孔隙率也下降。

3. 高性能混凝土结构的模型

① 孔隙率很低，而且基本上不存在大于 100 nm 的大孔。

② 水化物中 $Ca(OH)_2$减少，C-S-H 和 AF_t增多。

③ 未水化颗粒多，未水化颗粒和矿物细粉等各级中心质增多(H/L 增大)，各中心质间的距离缩短，有利的中心质效应增多，中心质网络骨架得到强化。

④ 界面过度层厚度小，并且孔隙率低、$Ca(OH)_2$数量减少，取向程度下降，水化物结晶颗粒尺寸减少，更接近于水泥石本体水化物的分布，因而得到加强。

4.10.6 高性能混凝土外加剂的性能要求

1) 高性能混凝土的外加剂要求具有以下性能

① 减水剂对水泥颗粒的分散性(流动性)要好，对混凝土的减水率要高，对普通混凝土减水率至少要在 20% 以上。

② 对水泥分散和流动性随时间的变化小，在混凝土中表现为坍落度经时损失小。

③ 有一定的引气量，但引气量不宜过大，不致影响混凝土最终强度。

④ 含碱量尽可能小，不含大量氯离子，能显著改善硬化混凝土的耐久性。

⑤ 成本适中，添加量低，便于推广应用。

2) 高性能减水剂

近年来开发并投入使用的聚羧酸系高性能减水剂是一种典型的适用于高性能混凝土的外加剂。

4.10.7 高性能混凝土配制原则

1. 高性能混凝土配制原则

为实现混凝土的高性能，混凝土的配合比设计应遵循下述原则。

1) 水胶比

水胶比对高性能混凝土很重要，但不能过分地提高胶凝材料的用量。胶凝材料过多，不仅成本高，混凝土的体积稳定性也差，同时，对获得高的强度意义不大。可依靠减水剂实现混凝土的低水胶比。

2) 高效减水剂和引气剂

在高性能混凝土中加入高效减水剂，保证混凝土在低水胶比、胶凝材料用量不过多的情况下有大的流动度。萘系高效减水剂的掺量一般为胶凝材料总量的 0.8%～1.5%。高效减水剂的减水量在其掺量超过一定值时，变化很小，且价格高昂，在使用萘系高效减水剂时复合一定剂量的引气剂，保证混凝土具有 3%～4%的含气量。如选用聚羧酸型高效减水剂，则不仅掺量低，而且减水率高，混凝土流动性好，还有一定的引气作用。

3）选择高质量的骨料

高性能混凝土对骨料的颗粒级配和最大粒径有严格的要求。可通过改变加工工艺，改善骨料的粒形和级配，同时不必追求骨料的高强度，这样容易增加界面应力。

4）掺入活性矿物材料

降低水泥用量，由水泥、粉煤灰或磨细矿粉等共同组成合理的胶凝材料体系。掺入活性矿物材料可带来很多好处，具体表现如下。

① 改善新拌混凝土的工作度。

② 降低混凝土初期水化热，减少温度裂缝。

③ 活性矿物材料与水泥水化产物 $Ca(OH)_2$ 起火山灰反应，提高混凝土的抗化学侵蚀性能。

④ 提高混凝土密实度，保证耐久性能。

2. 高性能混凝土配合比设计

《高性能混凝土应用技术规程》(CECS 207:2006)基于耐久性设计思路，给出了高性能混凝土配合比设计的详细规定。

4.10.8 高性能混凝土的工程应用

高性能混凝土自问世以来，因其性能优异，应用范围越来越广泛，应用量越来越大。20 世纪 90 年代，我国在高性能混凝土应用上已经有很多成功的案例。目前，HPC 以其性能优势在应用方面几乎渗透到土建工程的各个领域。

【案例 4-1】 国家大剧院工程中高性能混凝土的应用。

概况：国家大剧院在施工时，部分柱子采用了 C100 高性能混凝土，经检验性能优良。

分析：从原材料配合比及混凝土性能分析，42.5 普通硅酸盐水泥，中砂(细度模数 2.8)，压碎指标为 6.3%，碎石最大粒径为 25 mm，使用矿物掺料及高效减水剂。配比参数为，水胶比 0.26，水泥 450 kg/m^3，复合掺和料 150 kg/m^3，砂 614 kg/m^3，碎石 1 092 kg/m^3，坍落度 250～260 mm，扩展度 600～620 mm，500 次冻融循环，质量损失为 0，相对动弹性模量损失为 6.9%～7.6%，21 组 150 mm×150 mm×150 mm 立方体试件平均强度为 117.9 MPa，均方差为 6.75。高性能混凝土在大剧院工程中的应用取得了圆满成功。

【案例 4-2】 高性能混凝土技术在清河斜拉桥大体积混凝土结构中的应用。

概况：北京地铁五号线清河斜拉桥，主跨 108 m，边跨 102 m，曲线半径 400 m，主梁为单箱双预应力混凝土结构，主塔为钻石形构造，塔高 66.9 m。主墩承台为长 23 m、宽 12 m、高 4 m 的钢筋混凝土结构，混凝土设计等级为 C30，浇筑量为 1 104 m^3，为大体积混凝土结构。

分析：为降低混凝土因水化热引起的温升，在原材料及配合比上采用粉煤灰、磨细矿渣双掺及缓凝技术，采用大掺量粉煤灰混凝土配制技术并加强混凝土养护等措施，保证混凝土质量。水泥用量为 200 kg/m^3、粉煤灰为 140 kg/m^3、矿渣粉为 50 kg/m^3，混凝土水化热较小，干缩较小，强度满足 C30 要求，混凝土未出现裂缝。

【案例 4-3】 中央电视台新台址工程主楼底板混凝土的配合比。

该配合比特点是低水泥用量，大粉煤灰掺量和聚羧酸减水剂的选用。坍落度为 180 mm，2 h 坍落度损失小于 30 mm。水胶比 0.39，砂率 38%，水 155 kg，水泥 200 kg，粉煤灰 196 kg，砂 721 kg，碎石 1 128 kg，外加剂为 3.97 kg。其中石子的最大粒径为 25 mm，砂细度模数为 2.5 以上，28 d 强度 48.1 MPa，60 d 强度 64.7 MPa。降低了水化热，有效控制了混凝土内外温差。

4.11 水工混凝土

水工混凝土是指经常或同期性经受环境水作用的水工建筑物整体或局部所用的混凝土。这种混凝土是河川及水电站枢纽工程港口及航道工程较为常用的混凝土。由于是水工建筑物所用混凝土，因此同普通混凝土相比有较大的不同。

本节涉及的标准规范主要有：

《普通混凝土用砂、石质量及检验方法标准》(JGJ 52—2006)；

《普通混凝土配合比设计规程》(JGJ 55—2011)；

《混凝土用水标准》(JGJ 63—2006)；

《水工混凝土施工规范》(DL/T 5144—2001)。

4.11.1 分区混凝土性能的选择

水工建筑物所用混凝土多为大体积混凝土，最典型的水工建筑物是混凝土重力坝。由于其各部位置所处工况皆不相同，为了节约水泥和降低工程造价，在满足强度和耐久性要求条件下将坝体进行分区，按分区使用相应强度等级的混凝土。坝体混凝土分区及相应混凝土等级如图 4-16 所示，各分区混凝土性能要求见表 4-36 所示。

4.11.2 混凝土原材料的选择

1. 水泥

除高拱坝和重力坝的个别部位外，大坝混凝土对水泥强度等级要求并不高。通常遇到的问题是用高标号的水泥配置低强度等级混凝土，为此施工现场常加入适量的活性矿物掺和料。坝体外部水位变化区的混凝土、大坝溢流面及受冻融作用部位的混凝土，所用水泥强度等级不宜低于 32.5 MPa。

温度应力是大坝混凝土产生裂缝的重要原因。其混凝土温升取决于水泥用量和水化热的大小，因此用于大坝的水泥应具有较低的水化热。

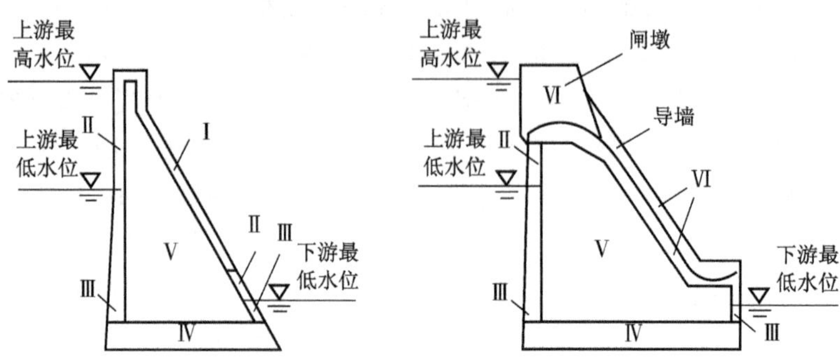

图 4-16 坝体混凝土分区图

Ⅰ—上、下游水位以上坝体外部表面混凝土；Ⅱ—上、下游水位变化区的坝体外部表面混凝土；
Ⅲ—上、下游最低水位以下坝体外部表面混凝土；Ⅳ—基础混凝土；Ⅴ—坝体内部混凝土；
Ⅵ—抗冲刷部位的混凝土(例如溢流面、泄水孔、导墙和闸墩等)

表 4-36 图 4-17 中各分区混凝土性能要求

分区	强度	抗渗	抗冻	抗冲刷	抗侵蚀	低热	最大水灰比		选择各区厚度的主要因素
							严寒和寒冷地区	温和地区	
Ⅰ	+	—	++	—	—	+	0.60	0.65	施工和冰冻深度
Ⅱ	+	+	++	—	+	+	0.50	0.55	冰冻深度、抗渗和施工
Ⅲ	++	++	+	—	+	+	0.55	0.60	抗渗、抗裂和施工
Ⅳ	++	+	+	—	+	++	0.55	0.60	抗裂
Ⅴ	++	+	+	—	—	++	0.70	0.70	根据荷载情况计算
Ⅵ	++	—	++	++	++	+	0.50	0.50	抗冲耐磨

注：a. 表中有“++”号的项目为选择各区混凝土标号的主要控制因素；有“+”号的项目为需要提出要求的，有“—”号的项目不需提出要求。

b. 水位变化区及水下混凝土的水灰比可比表中数值减少 0.05。

2. 集料

集料质量对水工混凝土性能和水泥用量影响很大，且因水工混凝土建筑物的集料数量需求相当庞大，这就决定了必须利用工程附近的集料资源和控制集料质量。粗集料最大粒径不应超过钢筋净间距的 2/3 及构件断面最小边长的 1/4、混凝土板厚的 1/2。少筋和无筋结构应选用较大的粒径。粗集料中含有活性集料、黄锈必须进行专门的试验。集料的适用标准为《普通混凝土用砂、石质量及检验方法标准》(JGJ 52—2006)。

3. 外加剂

外加剂往往将减水剂与引气剂复合使用，以克服单掺引气剂降低强度和单掺减水剂又达不到提高混凝土耐久性要求的缺点。掺量是这两种外加剂单掺量的一半，并注意它们之间的相容性及对混凝土性能的影响。外加剂的适用标准为《水工混凝土施工规范》(DL/T 5144—2001)。

4.11.3 配合比设计原则

水工混凝土配合比设计基本上与普通混凝土相同，应满足《普通混凝土配合比设计规程》(JGJ 55—2011)，但也有一定的特殊性，除特别考虑抗渗和抗冻要求外，在配合比基本参数选择和用料方面也有不同。

1. 单位用水量

凡符合国家标准的饮用水，均可用于拌和与养护混凝土。应满足《混凝土用水标准》(JGJ 63—2006)，在满足混凝土拌和物工作性的条件下，力求单位用水量最小。水工混凝土单位用水量选择不同于普通混凝土，这主要是水工混凝土采用粗集料最大粒径有时为150 mm，远远大于普通混凝土的40 mm。

2. 最大粒径和最多石子用量

根据结构断面和钢筋的稠密程度及施工设备，在满足拌和物工作性的前提下，应尽可能采用大的最大粒径和最多石子用量。

3. 最佳配料级配

应选择空隙率较小的级配，同时也要考虑料场的天然级配，尽量减少弃料；集料含水状态是以饱和面干为准。

4. 水泥

选择低水化热型水泥，优先考虑采用优质、经济的粉煤灰掺和料和外加剂。

5. 强度等级及保证率

《水工混凝土施工规范》(DL/T 5144—2001)规定，水利枢纽混凝土工程，结构复杂，不同工程部位有不同保证率(P)要求。如大体积混凝土一般要求P为80%，体积较大的钢筋混凝土工程P要求为85%～90%，薄壁结构工程P要求为95%等，因而不同保证率的要求，必须采用不同的t值。水工混凝土浇筑完到承受全部荷载需要时间很长，这就为利用混凝土后期强度提供可能，而且又多采用掺和料和外加剂，因此水工混凝土的设计强度龄期多采用90 d、180 d。

4.12 纤维增强混凝土

4.12.1 纤维增强混凝土的定义

纤维增强混凝土(Fiber Reinforced Concrete，FRC)，简称纤维混凝土，它是以水泥浆、砂浆或混凝土为基体，以金属纤维、合成纤维、无机非金属纤维或天然有机纤维为增强材料组成的复合材料。

4.12.2 纤维增强混凝土的分类

采用以下四种方法对纤维增强混凝土进行分类。

1. 按所用纤维的类别与品种划分

按所用纤维的类别和品种不同,可分为金属纤维增强混凝土、合成纤维增强混凝土、无机非金属纤维增强混凝土、天然有机纤维增强混凝土、混杂纤维增强混凝土五类。

2. 按照基体不同划分

按照基体不同,可分为纤维增强水泥、纤维增强砂浆、纤维增强混凝土三类。

3. 按单位体积混凝土中纤维的含量不同划分

单位体积纤维混凝土中纤维的含量通常用纤维所占体积百分率来表示,称之为"纤维体积率",用ρ_f(%)表示。按照纤维体积率范围不同,纤维增强混凝土可分为低纤维体积率纤维增强混凝土、中纤维体积率纤维增强混凝土、高纤维体积率纤维增强混凝土三类。

对于钢纤维,低体积率的范围是0.1%~1.0%;中体积率的范围是1.0%~2.5%;高体积率的范围是3.0%~20.0%。

4. 按所用纤维的长度及其在纤维增强混凝土中的取向划分

按所用纤维的长度及其在纤维增强混凝土中的取向不同,可分为连续纤维增强混凝土、非连续纤维增强混凝土、连续与非连续纤维增强混凝土三类。

在混凝土中呈一维或二维定向排列的长纤维一般称之为连续纤维,呈三维乱向分布的短纤维一般称之为非连续纤维。纤维在混凝土中的取向很大程度上取决于所采用的成型方法。

4.12.3 纤维的作用

在混凝土中掺入纤维的主要目的是降低混凝土的脆性,提高混凝土的变形性能。纤维在混凝土中主要起阻裂、增强、增韧、提高耐久性等作用。

1. 阻裂作用

纤维可阻止混凝土中微裂缝的产生与扩展。这种阻裂作用既存在于混凝土的塑性阶段,也存在于混凝土的硬化阶段。在混凝土浇筑后的24 h内抗拉强度极低,处于约束状态,当其所含水分蒸发时极易产生大量微裂缝,均匀分布于混凝土中的合成纤维、有机纤维和无机纤维可以承受因塑性收缩引起的拉应力,从而阻止或减少微裂缝的产生。混凝土硬化后,若仍处于约束状态,因周围环境温度与湿度的变化而使干缩引起的拉应力超过其抗拉强度时,也容易生成大量裂缝,此情况下钢纤维等较高弹性模量的纤维可阻止或减少裂缝的生成。

2. 增强作用

混凝土不仅抗拉强度低,且因存在内部缺陷而往往难以保证需求,加入纤维可使其抗拉性能得以改善。

3. 增韧作用

在荷载作用下，即使混凝土发生开裂，纤维可横跨裂缝承受拉应力，阻止裂缝的扩展，使混凝土具有一定的韧性和变形能力，使混凝土结构具有一定的延性和抗震耗能能力，这是混凝土中掺入纤维的重要目的之一。

4. 改善耐久性

纤维可以提高混凝土的抗冻、抗渗、抗冲击、抗疲劳、耐磨和抗冲刷等耐久性，添加纤维是提高结构使用寿命的有效途径之一。另外，纤维可以提高混凝土结构的抗爆、抗碰撞和抗火灾等性能。

在纤维增强混凝土中，纤维能否同时起到以上四方面的作用，或只起到其中两方面或单一作用，就纤维本身而论，主要取决于下列五个因素。

1）纤维品种

纤维品种的不同，它们的力学性能也不相同，甚至某些性能有较大差异。一般来说，纤维抗拉强度均比混凝土的抗拉强度要高出两个数量级，但不同品种纤维的弹性模量相差较大，纤维的弹性模量越大，在承受拉伸或者弯曲荷载时，纤维所分担的应力份额也越大；若纤维的极限延伸率过大，往往使纤维与基体过早脱离，因而未能充分发挥纤维的增强作用；纤维的泊松比过大，也会导致纤维与基体过早脱离。低弹性模量合成纤维的主要作用是阻止混凝土早期塑性开裂；而钢纤维、碳纤维、聚乙烯醇、高弹性模量聚乙烯等纤维不但对早期阻裂有一定效用，而且对阻止硬化混凝土开裂有作用，钢纤维还可以提高混凝土的抗弯拉强度、抗剪切强度及变形能力等。

各种纤维的主要物理、力学指标见表4-37。

表4-37 各种纤维的主要物理力学指标

纤维品种	密度/(g/cm^3)	抗拉强度/MPa	弹性模量/GPa	极限延伸率/%
钢纤维	7.8	380～2 000	200～210	3.5～4.0
抗碱玻璃纤维	2.7～2.78	1 950～2 480	71～80	2.5～3.6
聚丙烯纤维	0.9～0.91	300～660	3.5～4.8	15～20
聚丙烯腈纤维	1.18	500～800	8.9～23	9～11
聚乙烯醇纤维	1.3	1 200～1 600	30～40	5～10
聚乙烯纤维	0.97	1 100～2 600	47～120	3.5
碳纤维	1.3～1.9	1 400～3 500	230～300	0.4
芳纶纤维(kevlar49)	1.44	2 760～2 840	109～117	2.3～2.5
尼龙纤维	1.14～1.16	900～960	5.2	18～20
玄武岩纤维	2.80	3 000～4 840	79.3～93.1	3.1
植物纤维	1.0～1.5	200～700	4.8～35	1.5～10
纤维素纤维	1.10	600～900	8.5	—

2）纤维长度与长径比

当使用连续的长纤维时，因纤维与混凝土基体的黏结较好，故可充分发挥纤维的增强作用。当使用短纤维时，纤维的长度及其长径比必须大于它们的临界值。纤维的临界长径比是指纤维的临界长度与其直径的比值。

3）纤维的体积率

用各种纤维制成的纤维增强混凝土均有一临界纤维体积率，当纤维的实际体积率大于临界体积率时，混凝土的抗拉强度才得以提高。

4）纤维取向

纤维在纤维增强混凝土中的取向对其利用效率有很大影响，纤维取向与应力方向相一致时，其利用效率高。

5）纤维外形与表面状况

纤维外形与表面状况对纤维与混凝土基体的黏结强度有较大影响。纤维外形主要是指纤维横截面的形状及其沿纤维长度的变化、纤维是单丝状或集束状等；纤维的表面状况主要是指纤维表面的粗糙度，以及是否有其他覆盖物等。横截面为矩形或异形的纤维与基体的黏结强度大于横截面为圆形的纤维，横截面沿长度而变化的纤维，与基体的黏结强度大于横截面恒定不变的纤维。纤维表面的粗糙度愈大，则愈有利于与基体的黏结。截面亲水性的纤维与混凝土黏结强度高。

4.12.4 纤维增强混凝土的特性

纤维的掺入，使混凝土性能发生明显改善，和普通混凝土相比，纤维增强混凝土具有以下特点。

① 在配合比设计和拌和工艺上采取相应措施可使纤维在基体中均匀分散，拌和物具有良好的施工性能。

② 与普通混凝土相比，纤维混凝土的抗拉强度、弯拉强度、抗剪强度均有提高。

③ 纤维在基体中可明显降低早期收缩裂缝，并可降低长期收缩裂缝和温度裂缝。

④ 纤维增强混凝土的裂后变形性能明显改善。

⑤ 纤维增强混凝土的收缩变形和徐变变形较普通混凝土的有一定程度降低。

⑥ 纤维增强混凝土的抗疲劳、抗冲击、抗爆及抗碰撞性能有显著提高。

⑦ 高弹性模量纤维用于钢筋混凝土和预应力混凝土构件中时，可显著提高构件的抗剪强度、抗冲切强度、局部抗压强度和抗扭强度，并延缓裂缝出现，降低裂缝宽度，提高构件的裂后刚度和延性。

⑧ 纤维增强混凝土的耐磨性、耐空蚀性、耐冲刷性、抗冻融性和抗渗性有不同程度的提高。

⑨ 纤维增强混凝土的抗断裂和抗震耗能能力显著提高。

⑩ 纤维增强混凝土中纤维的耐腐蚀性和耐老化与纤维品种和基体特征有关。

碳纤维、石棉纤维在碱性环境中不受腐蚀、耐紫外线、耐候性好，故碳纤维、石棉纤维增强混凝土的耐久性好。合成纤维耐紫外线老化性能差，如聚丙烯纤维，但由于水泥石和集料的保护，基体内部纤维不产生老化。

⑪ 某些特殊纤维配制的混凝土，其热力学性能、电磁学性能、耐久性能较普通混凝土也有变化。

4.13 再生混凝土

4.13.1 再生混凝土的定义

再生骨料混凝土简称再生混凝土，指将废弃混凝土块经过破碎、清洗、分级后，按一定比例与级配混合，部分或全部代替砂石等天然骨料（主要是粗骨料）配制而成的混凝土。

1. 发展和应用再生混凝土的背景和意义

1）建筑垃圾的环境问题

城市环境是衡量一个城市管理水平的重要标志，同时也是一个城市市民生活质量和水平的重要体现。据了解，中国城市垃圾年产量达1亿吨以上，而且每年大致以8%左右的增长率递增。随着城镇化建设进程的发展及旧城的改造，建筑物拆旧、新建、扩建、房屋装修，都会产生大量建筑垃圾。到2010年，中国城镇有一半20世纪建造的房子有拆迁的可能，随之而产生的建筑垃圾也将与日俱增，专家估计这些房子所产生的建筑垃圾将达到5亿～7亿立方米。这是一个多么令人震撼的数字。

一方面，大量建筑垃圾不断产生，另一方面，建筑垃圾绝大部分未经任何处理，便被施工单位运往市郊或乡村，采用露天堆放或填埋的方式进行处理，这样不但要占用大量的耕地，而且要耗用大量的经费。在运输和处理建筑垃圾过程中，堆放、遗撒和扬尘等问题同时又造成了城市郊区和乡村的二次污染。总之，建筑垃圾造成的“垃圾围城”现象影响了城市的形象和市民的生活质量，造成了严重的环境污染。将建筑垃圾进行资源化利用，变得越来越重要了。随着我国耕地保护和环境保护的各项法律法规的颁布和实施，如何处理建筑垃圾不仅是建筑施工企业和环境保护部门面临的重要课题，也是全社会无法回避的环境与生态问题。

2）混凝土原材料的资源问题

在现代的建筑业中，混凝土成为应用最广泛的建筑材料，目前，中国的混凝土年产量约28亿立方米。而混凝土原材料中骨料占混凝土总量的75%。为满足建筑业对混凝土的需求，相应的每年就要开采20多亿立方米的砂石资源，从而破坏大量的山地。过度的开采混凝土骨料已经给我们国家带来了许多自然灾害，具体表现为开山采石破坏了原有的自然环境，造成山体断裂、陡崖滑坡，同时也破坏了开采地带的植被，影响了动物的生存，打破了原有的生态平衡，对物种的灭绝起着加速作用；而河砂的过度开采,造成河床位置形状改变、堤岸毁坏、河流改道、水土流失加剧等后果,并影响桥梁的安全使用。过度开采每年给国家带来的直接和间接的经济损失达数百亿元,严重影响着我国经济和社会的可持续发展。

随着生态环境的不断恶化,可持续发展已成为人类必然的选择。中国不仅人均资源占有率低,而且浪费与污染严重,发展循环经济是改变现状的唯一出路。作为建筑结构最重要的材料——混凝土,实现循环利用是混凝土产业的客观要求。

当前,我国处于现代化建设的重要时期,在旧城改造和基础建设方面的速度和规模空前,这将需要大量的混凝土,同时也产生了大量的废弃混凝土,因此,利用废弃混凝土进行再生混凝土的开发和应用对我国混凝土行业按循环经济模式发展具有重要意义。

2. 再生混凝土的性能

1) 再生混凝土的强度

同一水灰比的再生骨料混凝土的 28 d 抗压强度较普通混凝土低,但其相差的幅度会随着龄期的增长而慢慢缩小。在同一水灰比的条件下,再生骨料强度越高,再生混凝土的强度也就越高。通过加入硅粉和高效减水剂可配制出高强再生混凝土。

2) 再生混凝土的工作性能

再生骨料比天然骨料的吸水率大、空隙多、表面粗糙度高、用浆量多,在相同水灰比的条件下再生混凝土中再生骨料所占比例越高,混凝土坍落度就越小。在再生混凝土中掺加粉煤灰或多掺高效减水剂可以提高坍落度,同时可以保证有较好的保水性和黏聚性。

3) 再生混凝土的干缩性

再生混凝土的干缩性与骨料的高吸水率、高孔隙率相关,所以它的干缩性比天然骨料混凝土要大且其干缩程度随再生骨料取代比例的增大而增大。可以通过掺加粉煤灰和膨胀剂等方法减少和抑制再生混凝土的干缩。

4) 再生混凝土的抗渗性

相同水灰比的再生混凝土比普通混凝土的抗氯离子渗透性略差,但是可以通过掺加粉煤灰和采用低水胶比,填补了再生骨料中的裂纹,或者是骨料与骨料之间的间隙,使混凝土骨料与水泥砂浆的界面更加致密,同时由于降低了混凝土的孔隙率,从而使抗氯离子渗透性得到加强。

5) 再生混凝土的抗碳化性

当再生骨料掺量为 50%时,再生混凝土的碳化速度与普通混凝土相差不大,随着再生骨料掺量的进一步增加,碳化速度略有增加。

6) 再生混凝土的抗冻性

多数试验结果表明再生混凝土抗冻融性较普通混凝土差,这与再生骨料吸水率大,孔隙率高有关。通过掺加粉煤灰和采用低水胶比,抗冻性可以达到 F150 以上。

4.13.2 再生混凝土的配制与应用实例

1.再生混凝土设计与配制时应注意的问题

再生混凝土以废弃破碎后的混凝土作为骨料,再生骨料与天然骨料相比强度低、吸水率大、表面粗糙率大,所以再生混凝土在进行配合比设计时与普通混凝土有所不同。由于再生骨料的吸水率比较大,所以将再生混凝土拌和用水量分为两部分,一部分为骨料所吸附的水分,称为吸附水,它是骨料吸水至饱和面干状态时的用水量;另一部分为拌和水用量,除了一部分蒸发外,这部分水用来提高拌和物的流动性并参与水泥的水化反应。吸附水的用量根据试验确定。所以混凝土外加剂掺量相同达到同样流动性时的用水量较大。

再生混凝土可以利用建筑垃圾作粗骨料,也可以利用建筑垃圾作全骨料。利用建筑垃圾作为全骨料配制生成全级配再生混凝土时,全级配再生骨料由于破碎工艺及骨料来源的不同,破碎出骨料的级配可能存在一定的差异,全骨料中的再生细骨料的比例有时会比较低,所以在进行配合比设计时,针对现场骨料的级配情况,须要加入建筑垃圾细颗粒调整砂率。但考虑到砂率过大,坍落度降低,坍落度损失增大,调整后的砂率不宜过大,建议控制在40%以内,此外,粉煤灰的掺入也是必不可少的,粉煤灰的微集料效应和二次水化反应可以增加混凝土的密实性,提高再生混凝土后期强度,提高混凝土的耐久性。考虑到再生混凝土的经济性,粉煤灰的掺量可控制在100～120 kg/m^3。

2. 再生混凝土的应用实例

2007年8月北京建筑工程学院建材试验室利用全级配再生混凝土建造了一栋建筑面积1 000 m^{2}三层框架结构的建材实验办公楼。

试验材料:水泥为42.5 MPa普通硅酸盐水泥;粉煤灰是北京市石景山电厂的Ⅱ级粉煤灰;减水剂为萘系高效减水剂,其减水率为20%,掺量为胶凝材料的2.5%左右。全级配再生骨料是由北京市昌平区金峰力盛科贸有限公司提供的,由废混凝土块加工制成。将全级配骨料筛分,取粒径范围4.75～19 mm的为再生粗骨料,小于4.75 mm的为再生细骨料。经测定,再生细骨料占全骨料材料的质量百分比为37%。

试验建筑所用的配合比及试验结果见表4-38。

表4-38 全级配再生混凝土的配合比及试验结果

组号	水胶比	水/(kg/m^3)	水泥/(kg/m^3)	粉煤灰/(kg/m^3)	附加的再生细骨料/(kg/m^3)	全骨料/(kg/m^3)		试验结果	
						再生细骨料	再生粗骨料	坍落度/mm	28 d抗压强度/MPa
Z1	0.46	170	283	86	106	612	1 043	200	47.0
Z2	0.36	170	386	86	33	601	1 024	240	56.3

注:外加剂掺量为胶凝材料总量的3%。

4.13.3 再生混凝土发展存在的问题及展望

有关再生骨料混凝土的研究工作很多,但目前国内利用再生骨料混凝土的工程很少,其主要原因如下。

① 到目前为止,我国对再生混凝土还没有一套完整的规范,骨料加工行业也很不成熟。再生骨料来源的稳定性得不到保证,质量不均匀,其本身的随机性和变异性大,导致再生混凝土的抗压强度的变异性增加,控制再生混凝土的质量就有了一定的难度。

② 经济性是阻碍再生混凝土推广的另一个原因。由于再生骨料的生产要耗费大量的人力物力,致使再生混凝土的生产成本要高于普通混凝土。

③ 由于人们的传统观念,工程界也不习惯接受再生混凝土。

但从社会、经济、环境效益上进行综合考虑,推广再生混凝土技术势在必行。为了使废弃混凝土实现再生利用,必须出台强制性政策,引导使用,同时通过各种措施扶植相关产业,为再生混凝土的广泛应用铺平道路。

随着环境污染和资源危机的加剧,发展循环经济已成为共识。建设节约型社会是改变现状的唯一出路,作为建筑中最大宗的材料——混凝土实现可循环使用是必由之路。再生混凝土的应用符合这一发展趋势。尤其在大力推行社会主义新农村建设的背景下,再生骨料混凝土足以满足新农村建设中的中低层房屋的需要。发展再生混凝土,可以改善人居环境,节约更多的资源、能源,使工程建设对生态的压力减少。这不仅是水泥混凝土和土建工程可持续发展的需要,也是人类生存和社会发展的需要。

4.14 大体积混凝土

现代建筑中时常涉及大体积混凝土施工,如高层楼房基础、大型设备基础、大坝等。在《普通混凝土配合比设计规程》(JGJ 55—2011)中对大体积混凝土定义为“体积较大的、可能由胶凝材料水化热引起的温度应力导致有害裂缝的混凝土”,可解释为“混凝土结构物中实体最小尺寸大于或等于 1 m 或易引起裂缝的混凝土”。美国混凝土学会有过这样的规定“任何就地浇筑的大体积混凝土,其尺寸之大,必须要采取措施解决水化热及随之引起的体积变形问题,以最大限度地减少开裂”。日本建筑学会标准(JASS 5)的定义是“结构断面最小尺寸在 800 mm 以上;水化热引起混凝土内的最高温度与外界气温之差,预计超过 25℃的混凝土,称为大体积混凝土”。大体积混凝土的表面系数比较小,水泥水化热释放比较集中,内部温升比较快。混凝土内外温差较大时,会使混凝土产生温度裂缝,影响结构安全和正常使用。所以必须从根本上分析它,来保证施工的质量。

本节涉及的标准规范主要有:

《混凝土结构工程施工质量验收规范》(GB 50204—2002)(2011 年版);

《建筑工程冬期施工规范》(JGJ 104—2011)。

4.14.1 大体积混凝土裂缝

大体积混凝土由于混凝土截面尺寸大，混凝土内部水泥水化所释放的水化热散失较慢，升温较大，因而冷却时发生收缩。这种温差引起的变形，加上混凝土体积的收缩，将发生不同程度的拉应力而出现裂缝，成为大体积混凝土的突出的共性问题。

大体积混凝土裂缝产生主要是由于混凝土内外温差产生的应力和应变引起的，其次是混凝土内外约束条件对混凝土应力和应变的影响。工程实践证明，大体积混凝土裂缝主要有以下几个原因。

1. 水泥水化热的影响

由于大体积混凝土内部体积较大，水泥水化热聚集在结构内部不易散发，引起混凝土内部急剧升温。水泥用量越大，水泥早期强度越高，混凝土内部温升越快。试验研究表明，水泥水化热 13 d 内释放的热量最多，大约占总热量的 50%，浇筑后 35 d 内混凝土内部的温度最高。随着混凝土龄期的增长，混凝土降温收缩变形的约束也越来越强，即产生很大的温度应力，当混凝土的抗拉强度不足以抵抗此温度应力时，便可产生温度裂缝。

2. 内外约束条件的影响

混凝土结构在变形变化中，必然要受到一定的约束，以阻碍混凝土的自由变形，这种阻碍变形的因素称为约束条件。如大体积混凝土与地基浇筑在一起，地基与混凝土接触面形成的约束为外约束，而混凝土内部各质点间形成的约束为内约束。如果外约束条件较薄弱时，混凝土易在约束边界部位开裂；若混凝土内部约束较薄弱时，混凝土易在内部产生裂缝。

3. 外界气温变化的影响

大体积混凝土在施工期间，外部气温变化对大体积混凝土开裂有着重大影响。大体积混凝土由于内部体积大，不易散热，其内部温度在有的工程中竟高达 90℃或以上，而且持续时间长。温度应力是由温差引起的变形造成的，温差越大，温度应力也越大。

4. 混凝土收缩变形的影响

混凝土收缩变形主要包括混凝土的塑性收缩变形和混凝土体积变形两个方面。

① 混凝土的塑性收缩变形是指混凝土硬化之前，混凝土处于塑性状态，如果上部混凝土的均匀沉降受到限制，就容易形成一些不规则的混凝土塑性收缩裂缝。

② 混凝土体积变形是指混凝土在凝结硬化过程中体积的变化，这种体积变化主要是由于混凝土硬化时吸附水不断逸出而形成的干缩变形。

4.14.2 控制大体积混凝土裂缝的技术措施

1. 水泥品种选择和用量控制

大体积混凝土结构引起裂缝的原因很多，但其主要原因是混凝土的导热性能较差，水泥水化热的大量积聚，使混凝土出现早强温升和后期降温现象。因此，控制水泥水化热引起的温升，即减少混凝土内外温差，对降低温度应力、防止产生温度裂缝将起到关键的作用。

1) 选用中热或低热的水泥品种

混凝土升温的热源主要是水泥在水化反应中产生的水化热，因此选用中热或低热水泥品种，是控制混凝土温升的最根本方法。如强度等级为 42.5 MPa 的矿渣硅酸盐水泥，其 3 d 的水化热为 180 kJ/kg；而强度等级为 42.5 MPa 的普通硅酸盐水泥，其 3 d 的水化热却高达 250 kJ/kg。根据对某大型基础对比试验表明：选用强度等级为 42.5 MPa 的普通硅酸盐水泥，比选用强度等级为 42.5 MPa 的矿渣硅酸盐水泥，3 d 内水化热平均升温高 5～8℃。

2) 充分利用混凝土的后期强度

大量的试验资料表明，每立方米混凝土中的水泥用量，每增减 10 kg，其水化热将使混凝土的温度相应升降 1℃。因此，为控制混凝土温升，降低温度应力，避免温度裂缝，一方面在满足混凝土强度和耐久性的前提下，尽量减少水泥的用量，对于普通混凝土控制在每立方米混凝土水泥用量不超过 400 kg；另一方面可根据结构实际承受荷载的情况，对结构的强度和刚度进行复核，并取得设计单位、监理单位和质量检查部门的认可后，采用 f_{45}、f_{60} 或 f_{90} 替代 f_{28} 作为混凝土的设计强度，这样可使每立方米混凝土的水泥用量减少 40～70 kg，混凝土水化热温升也相应降低 4～7 ℃。

结构工程中的大体积混凝土，大多采用矿渣硅酸盐水泥，其水泥熟料矿物含量要比硅酸盐水泥少得多，而且混合材料中的活性氧化硅、活性氧化铝与氢氧化钙、石膏的作用，在常温下进行比较缓慢，早期强度(3 d 和 7 d)较低，但在硬化后期(28 d 以后)，由于水化硅酸钙凝胶数量增多，使水泥石强度不断增长，最后甚至能超过同标号的普通硅酸盐水泥，对利用其后期强度非常有利。如上海宝山钢铁厂、新锦江宾馆工程大型基础都采用了 f_{45} 或 f_{60} 作为混凝土设计强度，取得了明显的效果。

2. 掺加外加剂

大体积混凝土中掺加的外加剂主要是木质素磺酸钙(简称木钙)。木钙属阴离子表面活性剂，它对水泥颗粒有明显的分散效应，并能使水的表面张力降低。因此，在混凝土中掺入水泥质量的 0.2%～0.3%的木质素磺酸钙，不仅能使混凝土的和易性有明显的改善，而且可减少 10%左右的拌和水，若保持强度不变，可节省水泥 10%，从而可降低水化热。

大量试验证明，在混凝土中掺入一定量的粉煤灰后，除了粉煤灰本身的火山灰活性作用，生成硅酸盐凝胶，作为胶凝材料的一部分起增强作用外，在混凝土用水量不变的条件下，由于粉煤灰颗粒呈球状并具有“滚珠效应”，可以起到显著改善混凝土和易性的效能。若保持混凝土拌和物原有的流动性不变，则可减少单位用水量，从而可提高混凝土的密实性和强度。由此可见，在混凝土中掺入适量的粉煤灰，不仅可满足混凝土的流动性，而且还可以降低混凝土的水化热。

3. 骨料的选择

大体积混凝土所需的强度并不是很高的，所以砂石料的用量比高强混凝土要多，约占混凝土总质量的85%，正确选用砂石料对保证混凝土质量、节约水泥用量、降低水化热量、降低工程成本是非常重要的。

1）粗骨料的选择

结构工程的大体积混凝土，宜优先选择以自然连续级配的粗骨料配制。根据施工条件，尽量选用粒径较大、级配良好的石子。根据有关试验结果证明，采用5～40 mm石子比采用5～20 mm石子，每立方米混凝土可减少用水量15 kg左右，在相同水灰比的情况下，水泥用量可节约20 kg左右，混凝土温升可降低2℃。

骨料粒径增大后，容易引起混凝土的离析，影响混凝土的质量。因此，进行混凝土配合比设计时，不要盲目选用大粒径粗骨料，必须进行优化级配设计，施工时要加强搅拌，细心浇筑和认真振捣。

2）细骨料的选择

大体积混凝土中的细骨料，以采用优质的中、粗砂为宜，细度模数宜在2.6～2.9范围内。根据有关试验资料证明，当采用细度模数为2.79、平均粒径为0.381 mm的中粗砂时，比采用细度模数为2.12、平均粒径为0.336 mm的细砂，每立方米混凝土可减少水泥用量28～35 kg，减少用水量20～25 kg，这样就降低了混凝土的温升和减小了混凝土的收缩。

3）骨料的质量要求

混凝土试验表明，骨料中的含泥量多少是影响混凝土质量的最主要因素。若骨料中含泥量过大，它对混凝土的强度、干缩、徐变、抗渗、抗冻融、抗磨损及和易性等性能都产生不利的影响，尤其会增加混凝土的收缩，引起混凝土抗拉强度的降低，对混凝土的抗裂更是十分不利。因此，在大体积混凝土施工中，石子的含泥量不得大于1%，砂的含泥量不得大于2%。

4. 控制混凝土拌合物温度和水化热绝热温升值

为了降低大体积混凝土的总温升，减小结构物的内外温差，必须控制混凝土的拌和物温度与水化热绝热温升值。

1）拌和物温度

混凝土的原材料在投入搅拌前，各有各的温度，通过搅拌便调合成一个温度，称为拌和物温度。拌和物浇筑成型后，其温度受运输工具和模具的影响，会有变化，此时的温度称为混凝土温度。

拌和物温度计算式如下引自《建筑工程冬期施工规范》(JGJ/T 104—2011)附录B中公式(B.1.1)

$$T_0=[0.9(m_{ce}T_{ce}+m_{sa}T_{sa}+m_gT_g)+4.2T_w(m_w-w_{sa}m_{sa}-w_gm_g)+c_1(w_{sa}m_{sa}T_{sa}+w_gm_gT_g)-c_2(w_{sa}m_{sa}+w_gm_g)]\div[4.2\,m_w+0.9(m_{ce}+m_{sa}+m_g)] \tag{4-48}$$

式中 T_0——混凝土拌和物的温度，℃；

m_w、m_{ce}、m_{sa}、m_g——每立方米混凝土水、水泥、砂、石的用量，kg/m³；

T_w、T_{ce}、T_{sa}、T_g——水、水泥、砂、石的温度，℃；

ω_{sa}、ω_g——砂、石的含水量，%。

c_1、c_2——水的比热容 kJ/(kg·K)及溶解热，kJ/kg。

当骨料温度>0 ℃时，$c_1=4.2$，$c_2=0$；

当骨料温度≤0 ℃时，$c_1=2.1$，$c_2=335$。

对于大体积混凝土温度，《混凝土结构工程施工质量验收规范》(GB 50204—2002)规定不宜超过 28 ℃；《高层建筑混凝土结构技术规程》(JGJ 3—2010)规定，浇筑后混凝土内外温差不应超过 25 ℃。因此，大体积混凝土的拌和物温度，在夏季施工或某些特定情况下要采取降温措施。其措施由施工部门因地制宜。

2) 水化热绝热温升值

混凝土的水化热绝热温升值一般按下式计算：

$$T_{(t)}=\frac{m_{ce}Q}{C\rho}(1-e^{-mt}) \tag{4-49}$$

式中 $T_{(t)}$——浇完一段时间 t，混凝土的绝热温升值，℃；

m_{ce}——每立方米混凝土水泥用量，kg/m³；

Q——每千克水泥水化热量，可查表 4-39 求得，J；

C——混凝土的比热，一般为 0.92～1.00，取 0.96，J/(kg·K)；

ρ——混凝土密度，取 2 400 kg/m³；

e——常数，为 2.718；

m——与水泥品种、浇捣时温度有关的经验系数，一般为 0.2～0.4；

t——龄期，d。

表 4-39 每千克水泥的水化热量 Q (单位：J)

水泥品种	水泥强度等级		
	32.5 MPa	42.5 MPa	52.5 MPa
普通水泥	289	377	461
矿渣水泥	247	335	—

计算结果如超出要求时，应考虑改用水化热较低的水泥品种，或掺用减水剂或粉煤灰以降低水泥用量。

5. 延缓混凝土的降温速率

大体积混凝土浇筑后，加强表面的保湿、保温养护，对防止混凝土产生裂缝具有重要作用。保湿、保温养护的目的有三个：第一，减小混凝土的内外温差，防止出现表面裂缝；第二，防止混凝土骤然受冷，避免产生贯穿裂缝；第三，延缓混凝土的冷却速度，以减小新老混凝土的上下层约束。总之，在混凝土浇筑之后，用适当的材料加以覆盖，采取保湿和保温措施，不仅可以减少升温阶段的内外温差，防止产生表面裂缝，而且可以使水泥顺利水化，提高混凝土的极限拉伸值，防止产生过大的温度应力和温度裂缝。

混凝土终凝后，在其表面蓄存一定深度的水，采取蓄水养护是一种较好的方法。

6. 提高混凝土的极限拉伸值

混凝土的收缩值和极限拉伸值，除与水泥用量、骨料品种和级配、水灰比、骨料含泥量等因素有关外，还与施工工艺和施工质量密切相关。因此，通过改善混凝土的配合比和施工工艺，可以在一定程度上减少混凝土的收缩和提高混凝土的极限拉伸值，这对防止产生温度裂缝也可起到一定的作用。

1）二次振捣

如对浇筑后未初凝的混凝土进行二次振捣，能排除混凝土因泌水在粗骨料、水平钢筋下部生成的水分和空隙，提高混凝土与钢筋之间的握裹力，防止因混凝土沉落而出现裂缝，减小混凝土内部微裂，增加混凝土的密实度，使混凝土的抗压强度提高10%～20%，从而可提高混凝土的抗裂性。

2）二次投料

在传统混凝土搅拌工艺过程中，水分直接湿润石子的表面；在混凝土成型和静置过程中，自由水进一步向石子与水泥砂浆界面集中，形成石子表面的水膜层。在混凝土硬化后，由于水膜层的存在而使界面过渡层疏松多孔，削弱了石子与硬化水泥砂浆之间的黏结，形成混凝土中最薄弱的环节，从而对混凝土的抗压强度和其他物理力学性能产生不良的影响。

采用二次投料的砂浆裹石或净浆裹石的搅拌新工艺，不仅可有效地防止水分向石子与水泥砂浆界面集中，使硬化后的界面过渡层的结构致密，黏结强度增强，而且可使混凝土强度提高10%左右，相应的也提高了混凝土的抗拉强度和极限抗拉值。实践证明，当混凝土强度基本相同时，可减少7%左右的水泥用量，从而也减少了水化热。

7. 改善边界约束和构造设计

防止大体积混凝土产生温度裂缝，除可以采取以上施工技术措施外，在改善边界约束和构造设计方面也可采取一些技术措施，如合理分段浇筑、设置滑动层、避免应力集中、设置缓冲层、合理配筋、设应力缓和沟等。

8. 降低混凝土内部升温幅度

如在混凝土中预埋水管，通过水的流动冷却混凝土内部，从而降低混凝土内部升温幅度。

4.15 喷射混凝土

喷射混凝土是利用压缩空气，借助喷射机械，把一定配比的速凝混凝土高速高压喷向岩石或结构物表面，从而在被喷射面形成混凝土层，使岩石或结构物得到加强和保护。喷射混凝土主要用于矿山、竖井平巷、交通隧道和水工涵洞等地下建筑物的混凝土支护或喷锚支护，地下水池、油罐和大型管道的抗渗混凝土施工，各种工业炉衬的快速修补，大型混凝土构筑物的补强和修补等。喷射混凝土施工一般不用模板，可以省去支模、浇筑和拆模工序，将混凝土的搅拌、输送、浇筑和捣实合为一道工序，具有施工进度快、强度增长快、密实性良好、施工准备简单、适应性较强、施工技术易掌握和工程投资较少等优点，但也有施工厚度不易控制、回弹量较大、表面不平整、劳动条件差和需专门的施工机械等缺点。

本节涉及的标准规范主要有：

《锚杆喷射混凝土支护技术规范》(GB 50086—2001)。

4.15.1 喷射混凝土的原材料与配合比

1. 喷射混凝土的原材料

喷射混凝土的原材料主要是指水泥、骨料、拌和水和外加剂等。水泥是喷射混凝土中的关键性原材料，对水泥品种和强度等级的选用主要应满足工程环境条件和工程使用要求。一般情况下，喷射混凝土应优先选用强度等级不低于 42.5 的硅酸盐水泥或普通硅酸盐水泥，必要时可选用特种水泥。应特别注意的是，选择水泥品种时要注意其与速凝剂的相容性。如果水泥品种选择不当，不仅可能造成急凝或缓凝、初凝与终凝时间过长等不良现象，而且会增大回弹量，影响喷射混凝土强度的增长，甚至会造成工程的失败。喷射混凝土宜采用细度模数大于 2.5，质地坚硬的中粗砂。砂子过细会使混凝土干缩增大，过粗会使喷射时回弹增大。砂子的其他技术指标应满足有关标准要求。喷射混凝土所用粗骨料的最大粒径不宜大于 16 mm，宜采用连续粒级级配，其余指标应符合有关标准规定。

用于喷射混凝土的外加剂主要有速凝剂、引气剂、减水剂、早强剂和增黏剂等。使用速凝剂的主要目的是使喷射混凝土速凝快硬，减少混凝土的回弹损失，防止喷射混凝土因重力作用而引起脱落，提高其在潮湿或含水岩层中使用的适应性能，也可以适当加大一次喷射厚度和缩短喷射层间的间隔时间。掺加速凝剂的喷射混凝土与不掺者相比，其后期强度往往损失 30%左右。这是因为掺加速凝剂的水泥石中先期形成了疏松的铝酸盐水化物结构，以后虽有 C_3S 和 C_2S 水化物填充加固，但已使硅酸盐颗粒分离，妨碍了硅酸盐水化物在单位面积内达到最大附着和凝聚所必需的紧密接触。速凝剂的掺量应适宜，大多数速凝剂的最佳掺量为水泥质量的 2.5%～4.0%，若掺量超过 4.0%，不仅后期强度将严重降低，而且凝结时间反而会增长。喷射混凝土亦可按需要掺入其他外加剂，其掺量应通过试验确定。

2. 喷射混凝土的配合比

喷射混凝土配合比的设计要求和设计方法与普通混凝土基本相似，但由于施工工艺有很大差别，所以还必须满足一些特殊要求。无论干喷法或湿喷法施工，拌和料设计必须符合下列要求：① 必须具有良好的黏附性，喷射到指定的厚度，获得密实均匀的混凝土；② 具有一定的早强作用，4～8 h的强度应能具有控制底层变形的能力；③ 在速凝剂用量满足可喷性和早期强度的条件下，必须达到设计的28 d强度；④ 工程施工中粉尘浓度较小，混凝土回弹量较少，且不发生管路堵塞；⑤ 喷射混凝土设计要求的其他性能，如耐久性、抗渗性和抗冻性等。设计时下列数据可供选择：灰骨比宜为1∶4～1∶5，水灰比宜为0.40～0.50，砂率宜为45%～60%。湿喷混凝土的胶凝材料用量不宜小于400 kg/m^3，混凝土拌和物的坍落度宜为80～130 mm。

4.15.2 喷射混凝土的施工工艺

1. 喷射混凝土的施工机具和工艺流程

喷射混凝土的施工机具，包括混凝土喷射机、喷嘴、混凝土搅拌机、上料装置、动力及储水容器等。按混凝土在喷嘴处的状态，喷射混凝土的喷射施工工艺有干法和湿法两种。将水泥、砂、石子和速凝剂等按一定配合比拌和而成的混合料装入喷射机内，并在其微湿状态输送至喷嘴处加水加压喷出者为干式喷射混凝土；将水灰比为0.45～0.50的混凝土拌和物输送至喷嘴处加压喷出者为湿式喷射混凝土。干式喷射设备简单，价格较低，能进行远距离压送，易加入速凝剂，喷射脉冲现象少，但施工粉尘多，回弹比较严重，工作条件差；湿式喷射施工粉尘少，回弹比较轻，混凝土质量易保证，但设备比较复杂，不易远距离压送和加入速凝剂，混凝土拌和物容易在输送管中产生凝结和堵塞，造成清洗比较困难。国内以干式喷射机施工为主。

2. 喷射混凝土的施工步骤

1）待喷面的准备工作

在正式进行喷射施工之前，除搞好配料、设备试运转、施工劳动组织等工作外，做好待喷面的准备工作也是保证顺利施工的关键。待喷面的准备工作主要包括危石清除、待喷面冲洗、作业区段划分和其他准备工作等。喷射施工要按一定的顺序有条不紊地进行。喷射作业区段的宽度，应根据施工机具、受喷面的具体情况而定，一般应以1.5～2.0 m为宜。对于水平坑道，其喷射顺序为先墙后拱、自下而上；侧墙应自墙基开始，拱应自拱脚开始，封拱区宜沿轴线由前向后进行。

2）喷射混凝土的作业

根据我国喷射混凝土的施工经验，以干式喷射施工机具为例，在作业中应当注意以下问题。

① 工作风压的选择。喷射机在正常进行喷射作业时，工作罐内所需的风压称为工作风压。选择适宜的工作风压，是保证喷射混凝土顺利施工和质量的关键。工作风压是否适宜，对喷射混凝土的粉尘大小与回弹率高低影响甚大。

② 喷嘴处水压的选择。在采用干式喷射施工时，作业人员必须在风通过喷嘴时向材料注入正确的水量，而正确水量的注入必须有适宜的水压力。工程实践证明，喷嘴处的水压必须大于工作风压，并且压力稳定才会有良好的喷射效果。水压一般以

比工作风压大 0.10 MPa 左右为宜。

③ 一次喷射厚度的确定。一次喷射厚度太薄,喷射时骨料易产生大的回弹;一次喷射厚度太大,易出现喷层下坠、流淌或与基层面之间出现空壳。因此,一次喷射的适宜厚度,以喷射混凝土不滑移、不坠落为度,一般以大于骨料粒径的 2 倍为宜。根据施工经验,喷射混凝土的一次喷射厚度,与喷射方向及是否掺加速凝剂有密切关系,也与水平夹角有一定关系。

④ 骨料含水率的控制。喷射混凝土所用的骨料,如果含水率低于 4%,在搅拌、上料及喷射工程中,很容易使粉尘飞扬;如果含水率高于 8%,很容易发生喷射机料罐黏料和堵管现象。因此,骨料在使用前应提前 8 h 洒水,使之充分均匀湿润,保持适宜的含水率,这样对拌制拌和料时水泥同骨料的黏结、减少粉尘和提高喷射混凝土的强度都是有利的。喷射混凝土所用骨料中适宜的含水率,一般情况以 5%～7%为宜。

⑤ 水泥预水化的控制。骨料中有适宜的含水率,具有众多的优越性。但是,水泥与高湿度的骨料接触会产生部分水泥预水化,特别是加入速凝剂更会加速水泥预水化。水泥预水化的混合料,会出现结块成团现象,使拌和料温度升高,喷射后则形成一种缺乏凝聚力的、松散的、强度很低的混凝土。为了防止水泥预水化的不利影响,最重要的是缩短拌和料从搅拌到喷射的时间,即拌和料一般应随搅随喷,两者应当紧密衔接。

⑥ 严格控制混凝土的回弹。混凝土回弹是指由于喷射料流与坚硬表面、钢筋碰撞或集料颗粒间相互撞击,导致从受喷面上弹落混凝土拌和料的状况。回弹是喷射混凝土施工中的一大难题,它不仅浪费建筑材料和能量,而且改变了混凝土的配合比和强度。回弹率大小同原材料的配合比、施工方法、喷射部位及一次喷射厚度关系很大,其中混凝土的配合比是最重要的一个方面。在正常情况下,侧墙的回弹率不得超过 10%,拱顶的回弹率不得超过 15%。回弹物应及时回收利用,但掺量不得超过总骨料的 30%,并要进行试验确定。

⑦ 加强喷射混凝土的养护。加强对喷射混凝土的养护,对于水泥含量高、表面粗糙的薄壁喷射混凝土结构尤为重要。为使水泥充分水化,减少和防止收缩裂缝,在喷射混凝土终凝后即应开始洒水养护。工程实践证明,喷射混凝土在喷射后的 7 d 内,是养护最关键的时期,因此,在任何情况下,地下工程养护时间不得少于 7 d,地面工程不得少于 14 d。

⑧ 及时进行质量检查。在喷射混凝土施工中,及时进行质量检查是一项非常重要的工作,它便于及早发现问题,立即采取措施,保证施工质量。质量检查包括的内容很多,并且贯穿于施工的全过程。归纳起来,主要有以下几个方面。

a. 对原材料的质量检查:这是保证工程质量的基础,原材料质量的优劣,对喷射混凝土质量有直接影响。

b. 对混凝土拌和料配合比的质量检查:在喷射过程中,要及时测定混凝土的配合比和回弹率，尤其是采用干喷法时更要严格控制配合比。

c. 对受喷面混凝土的质量检查：要及时检查已经喷射的混凝土表面，检查是否有松动、开裂、下坠滑移等质量问题，如有以上问题应及时消除重喷。

d. 对混凝土力学性能的质量检查：按规范规定及时制作喷射混凝土试件，进行混凝土力学性能的试验，以控制和评价喷射混凝土的质量。

4.16　道路混凝土

道路混凝土是指能满足路面摊铺工作性、弯拉强度、表面功能、耐久性及经济性等要求的水泥混凝土材料。

本节涉及的标准规范主要有：

《道路硅酸盐水泥》(GB 13693—2005)；

《公路水泥混凝土路面施工技术规范》(JTG F 30—2003)；

《公路水泥混凝土路面滑模施工技术规程》(JTJ/T 037.1—2000)。

4.16.1　性能特征

道路混凝土与普通混凝土的主要不同之处在于其对抗冲击性能和耐磨性能要求较高。此外，水泥混凝土路面还要承受车辆高密度荷载的冲击、摩擦以及温湿度变化引起的内力，这就要求道路混凝土需具备抗弯拉强度高，干缩率小，耐磨性、耐久性和抗疲劳性能好等优良性能。道路混凝土的配合比设计与普通混凝土的有所不同，前者是以混凝土的抗折强度作为强度指标，而后者是以混凝土的抗压强度作为强度指标。

4.16.2　主要原材料

组成道路混凝土的原材料，与普通混凝土基本相同，主要有胶凝材料(水泥)、粗细集料(砂、石)等。但由于道路混凝土使用环境的特殊性，其对原材料的性能要求与普通混凝土的就有所不同。

1. 水泥

水泥作为混凝土中的胶凝材料，其质量的好坏在很大程度上决定了混凝土性能的优劣。道路混凝土常常采用道路硅酸盐水泥。国家标准《道路硅酸盐水泥》(GB 13693—2005)规定，道路硅酸盐水泥是指由道路硅酸盐水泥熟料、适量石膏，可加入适量规定的混合材料，磨细制成的水硬性胶凝材料，代号P·R。要求道路硅酸盐水泥中铝酸三钙($3CaO \cdot Al_2O_3$)的含量应不超过5.0%；铁铝酸四钙($4CaO \cdot Al_2O_3 \cdot Fe_2O_3$)的含量应不低于16.0%；游离氧化钙的含量，旋窑生产的应不大于1.0%，立窑生产的应不大于1.8%。与普通硅酸盐水泥相比，道路水泥中增加了C_4AF的含量，降低了C_3A的含量，以保证道路水泥具有较高的早期强度和抗弯折强度、良好的耐磨性、较长的初凝时间和较小的干缩率，以及较强的抗冲击、抗冻和抗硫酸盐侵蚀能力。

道路混凝土采用的水泥均应以实测抗折强度为准来选择和使用,水泥实测抗折强度越高,对保障混凝土路面抗折强度越有利。

2. 粗集料

粗集料在混凝土中所占比重较大,粗集料的品种、抗压强度、颗粒级配、最大粒径等对混凝土性能的影响很大。道路混凝土所用粗集料要求是质地坚硬、耐磨、洁净且级配优良的碎石、碎卵石和卵石,并应符合《公路水泥混凝土路面施工技术规范》(JTG F 30—2003)。

3. 细集料

细集料按照砂的细度模数可分为粗砂(3.7~3.1)、中砂(3.0~2.3)、细砂(2.2~1.6)。道路混凝土应采用质地坚硬、耐久、洁净的天然砂、机制砂或混合砂,并应符合《公路水泥混凝土路面施工技术规范》(JTG F 30—2003)的规定。

砂的细度模数一般宜控制在2.6~2.8之间。砂子过细,会导致用水量增加而致使混凝土收缩增大;砂子过粗,则新拌混凝土易造成泌水从而导致硬化后的混凝土耐磨性差。此外,砂中的含泥量和硫化物等有害杂质的含量应满足规范要求。

4. 外加剂

在道路混凝土中掺入一定量的外加剂不仅可以方便施工,而且可以改善道路混凝土的性能。应用于道路混凝土中的外加剂应能提高混凝土的韧性和减少干缩。

4.17 活性粉末混凝土

4.17.1 活性粉末混凝土的发明

20世纪70年代,高效减水剂的发展与一些优质活性矿物细粉、超细粉(如硅灰、沸石粉等)的掺入,促使混凝土发展成为在较低水胶比的条件下成型密实而获得较高强度(>60 MPa)的水泥基复合材料,即高强混凝土(High Strength Concrete,HSC)。但高强混凝土早期弹性模量随强度升高而增大,同时变形受约束产生的应力松弛作用(徐变)减小,导致它比中低强度的混凝土更易开裂。硅粉掺量越多,水胶比越低的高强混凝土,早期强度发展越迅速,开裂和强度倒缩现象也就越显著。而且,随着混凝土强度的不断提高,混凝土的固有弱点——抗拉强度低、韧性差等愈发突出。为此,在水泥基材料中应掺加抗拉强度高、极限延伸率大、抗碱性好的各种纤维(金属纤维、无机纤维或有机纤维)作为增强材料而形成水泥基复合材料,即纤维混凝土(Fiber Reinforced Concrete,FRC),其中纤维材料可以约束水泥基料中裂缝的扩展,使混凝土具有较高的抗拉和抗弯强度、良好的韧性及延性。当然,在粗骨料颗粒仍然较大的情况下,钢纤维的"架桥"作用受到限制,而且长纤维对拌和物的工作度影响又十分显著。

因此,为了获得性能更加优异的混凝土,法国人Prierre Richard和Marcel

Cheyrezy 采用“高致密水泥基均匀体系”(DSP)模型,集高强混凝土和纤维混凝土之优势于一体,将粗骨料剔除,根据最紧密堆积原理,以最大粒径为 400～600 μm 的石英砂为骨料,掺入适量短纤维和活性矿物掺和料,配以成型施压、热处理养护等制备方法,得到新型的高性能混凝土——活性粉末混凝土(Reactive Powder Concrete, RPC)。

4.17.2 活性粉末混凝土的理论基础

1. 高致密水泥基均匀体系

人们认识到混凝土集料粒径与其界面的微裂隙尺寸和扩展有直接关系,因而高强、高性能混凝土强调使用粗集料的最大粒径趋小化。在 RPC 活性粉末混凝土中,采用石英细砂(最大粒径 400～600 μm)作为集料,剔除了粗骨料,并在混凝土中掺加活性组分,采用很低的水胶比,从而提高了基体的匀质性和密实性。具体来讲,有以下两个方面。

① 在活性粉末混凝土中,剔除了粗骨料,减小了过渡区的厚度与范围,并掺加了活性组分,使极细小的粒子及反应生成的水化物填充沉积在水泥凝胶孔及微裂缝之中(称为“微粉效应”),在极低的水胶比下,这不仅极大地降低混凝土的基体缺陷,同时,也大大地降低了混凝土中的孔隙率,并显著改善了混凝土孔结构。

② 混凝土中存在骨料对水泥石变形的约束作用。在 RPC 活性粉末混凝土的体系中很重要的是由于剔除了粗骨料后,消除了粗骨料对砂浆收缩的约束,在整体上提高了体系的匀质性,减少了应力,从而改善了 RPC 活性粉末混凝土的各项性能。

2. 微观增强

吴中伟院士提出的水泥基复合材料的中心质假说,把不同尺度的分散相称为中心质,把连续相称为介质。具体来讲,水泥基复合材料中的集料、钢筋、钢丝网、各种纤维和增强聚合物属于大中心质,未水化的水泥熟料颗粒为次中心质,水化产物——水泥凝胶等为次介质,毛细孔为负中心质。各级中心质和介质都存在相互的效应,即围绕各级中心质存在着吸附、黏结、机械咬合等作用,称为“中心质效应”。依据中心质假说,活性粉末混凝土中,水胶比很低,各级中心质数量多,中心质之间的距离大大减小,中心质效应变得很强,从而使混凝土结构在很大程度上得到强化。

3. 纤维增强

在 RPC 活性粉末混凝土中,钢纤维对基体的作用同普通纤维混凝土中的纤维作用相同,概括起来主要有三种:阻裂、增强和增韧。阻裂作用是纤维对新拌混凝土早期性收缩裂缝和硬化后的收缩裂缝的产生和扩展起到的阻碍作用。纤维对基体的增强作用,主要表现为对抗拉强度的提高,相应的,以主拉应力为控制破坏的,如弯拉强度、抗剪强度等也随之提高。当高弹性模量的钢纤维含量较高时,纤维混凝土的抗压强度就会显著提高。材料的韧性通常指材料在各种受力状态下进入塑性阶段而保持一定抗力的变形能力。纤维混凝土的最大特点就在于韧性的显著改善。换句话说,纤维混凝土中纤维的主要作用是限制水泥基材料在外力作用下裂缝的扩展。若纤维的体积掺量超过某一临界值,整个复合材料可继续承受较高的荷载并产生较大的变形,直到纤维被拉断或纤维从基体中被拔出以致复合材料被破坏。RPC 活性粉末混凝土一般采用高强度的钢纤维,当混凝土破坏时,钢纤维通常是被拔出而非被拉断。

4. 硅灰强化

矿物超细粉是指粒径小于 10 μm 的矿物粉体材料,是作为高性能混凝土的一个组分材料而被单独粉磨的。一般超细粉的比表面积≥6 000 cm^2/g,而一般水泥的比表面积仅为 2 800～3 200 cm^2/g。由于超细化,其具有表面能高、对水泥空隙有微观填充作用及化学活性很高等特性,这使超细粉在水泥浆体中具有过去一般掺和料没有的功能,并给混凝土带来许多新的特性。高性能混凝土超细粉的品种,有硅灰、粉煤灰及超细矿渣等。RPC 活性粉末混凝土中必不可少的一种矿物超细粉掺和料就是硅灰。硅灰的作用是降低泌水,减少水分在集料颗粒下方的积聚,且硅灰与氢氧化钙反应生成水化硅酸钙,既降低了界面的厚度又提高了界面的密实度,大大地降低了界面区渗透性,从而使混凝土抵抗有害离子侵入的能力也大大加强。

4.17.3 活性粉末混凝土的应用与研究

活性粉末混凝土(Reactive Powder Concrete,RPC)一经出现,由于其超高强与高韧性,很快引起了学术界和工程界的广泛关注。活性粉末混凝土可应用的领域非常广泛,包括供水、废物处理、石油工业、锻造与冲压、探矿、一般机械、船舶制造、航空工程、市政工程、低温工程、表面防护层、化学工业、机床、刀具、液压设备,以及在军事上用于防护设施等。利用 RPC 活性粉末混凝土的高强度和高韧性,在不需要配筋或少量配筋的情况下,能生产薄壁制品、细长构件和其他新颖结构形式的构件;利用 RPC 活性粉末混凝土的超高抗渗性与抗拉性能,可替代钢材制造压力管道和腐蚀性介质的远距离输送管道;利用 RPC 活性粉末混凝土的超高抗渗性与高冲击韧性,可制造中低放射性核废料储藏容器,不仅可以大幅度降低泄漏的危险,而且可以大幅度延长使用寿命等。

法国利用 RPC 活性粉末混凝土的极低空隙率、高抗侵蚀性、抗渗透性对一座核电厂的冷却塔进行了改造。加拿大在对 RPC 配合比进行研究的基础上,发明了无纤维 RPC 钢管混凝土,并用于加拿大魁北克省 70 m 跨的 Sherbrooke 人行混凝土桁架桥上。桥构件采用了 30 mm 厚无纤维 RPC 活性粉末混凝土桥面板、直径 150 mm 的预应力 RPC 钢管混凝土桁架、纤维 RPC 活性粉末混凝土加劲肋和纤维 RPC 梁,整个结构在现场进行组装。由于采用了 RPC,不仅大大减轻了桥梁结构的自重,同时提高了桥梁在高湿度环境、除冰盐腐蚀与冻融循环作用下的耐久性能。北美的 Lafarge 公司在 RPC 的商业化方面走在了前面,该公司为 RPC 注册了“Ductal”的商标,并应用于工程实际,甚至用来制作装饰产品。2002 年春,由法国著名建筑师 Rudy Ricciot 设计的象征法国与韩国合作与友谊的步行桥——和平桥建成了,这座桥的主跨部分完全使用 Lafarge 公司的“Ductal”。和平桥建设速度很快，结构轻盈，自重很小，标志着 RPC 在实际应用中达到了新的高度。

1999 年以来，我国清华大学、湖南大学等学校的科研机构的学者就这一领域也进行了积极的探索和研究，目前，已针对 RPC 活性粉末混凝土的材料配比、养护条件、强度、部分耐久性和微观结构等方面进行了试验研究。所研究的 RPC 活性粉末混凝土的抗压强度多介于 150～250 MPa，抗折强度在 30 MPa 以上，弹性模量达 50～75 GPa，其抗折强度和断裂韧性都大大提高。在青藏铁路的建设中，还将 RPC 应用于铁路桥的步行系统。

常规 RPC 活性粉末混凝土的水泥用量很高，一般在 700～800 kg/m^3，而采用大掺量粉煤灰配制的 RPC 活性粉末混凝土，其水泥用量在 400 kg/m^3 左右，力学性能降低幅度不大，与常规 RPC 活性粉末混凝土一样具有优异的耐久性。这一结论给了人们如下启示。

① 在低水胶比下，高水泥用量对混凝土性能的正面作用并不明显。

② 在低水胶比下，大掺量粉煤灰混凝土一样具有很强的抗碳化、冻融能力，耐久性无须担忧。

③ 在低水胶比下，硅灰-粉煤灰-水泥的逐级填充对凝胶结构有积极的意义。

④ 在低水胶比下，大量的矿物细粉与未水化水泥颗粒对结构的强度有积极的贡献——中心质假说的解释比较合理。

【思考和练习】

4-1 普通混凝土的组成材料有哪几种？在混凝土中各起什么作用？

4-2 何为骨料级配？当两种砂的细度模数相同时，其级配是否也相同？反之，如果级配相同，其细度模数是否相同？

4-3 骨料有哪几种含水状态？为何施工现场必须经常测定骨料的含水率？

4-4 什么叫减水剂、早强剂、引气剂？简述减水剂的减水机理。

4-5 粉煤灰掺入混凝土中，对混凝土产生什么效应？

4-6 如何测定塑性混凝土拌和物和干硬性混凝土拌和物的流动性？它们的指标各是什么？单位是什么？

4-7 影响混凝土拌和物和易性的主要因素有哪些？怎样影响？

4-8 改善混凝土拌和物和易性的主要措施有哪些？哪种措施效果最好？

4-9 如何判定混凝土拌和物属于流态、流动性、低流动性、干硬性？

4-10 在试拌混凝土时出现下列情况，拌和物和易性达不到要求，应采取什么措施来改善？

① 混凝土拌和物黏聚性、保水性均好，但坍落度太小；

② 混凝土拌和物坍落度超过原设计要求，保水性较差，且用棒敲击一侧时，混凝土发生局部崩塌。

4-11 配制混凝土时为什么要选用合理砂率?

4-12 为什么混凝土在潮湿条件下养护时收缩较小,干燥条件下养护时收缩较大,而在水中养护时几乎不收缩?

4-13 混凝土有哪几种变形?这些变形对混凝土结构有何影响?

4-14 试述混凝土产生干缩的原因。影响混凝土干缩值大小的主要因素有哪些?

4-15 采用哪些措施可以减小混凝土的徐变?

4-16 试述温度变形对混凝土结构的危害。有哪些有效的防止措施?

4-17 如何确定混凝土的强度等级?混凝土强度等级如何表示?单位是什么?普通混凝土划分几个强度等级?

4-18 试简单分析下述不同的试验条件测得的强度有何不同和为何不同。

① 试件形状不同(同横截面的棱柱体试件和立方体试件);

② 试件尺寸不同;

③ 加荷速度不同;

④ 试件与压板之间的摩擦力大小不同(涂油和不涂油)。

4-19 影响混凝土弹性模量的因素有哪些?混凝土的弹性模量有几种表示方法?常用的是哪一种?怎样测定?

4-20 试结合混凝土的荷载-变形曲线说明混凝土的受力破坏过程。

4-21 何谓混凝土的塑性收缩、干缩、自收缩和徐变?其影响因素有哪些?收缩与徐变对混凝土的抗裂性有何影响?

4-22 试从混凝土的组成材料、配合比、施工、养护等几个方面综合考虑,提出提高混凝土强度的措施。

4-23 混凝土的 W/C 和相应 28 d 强度数据列于下表,所用水泥为 42.5 级普通水泥,试求出强度经验公式中的 α_a、α_b 值(精确至 0.01)。

编号	1	2	3	4	5	6	7	8
W/C	0.40	0.45	0.50	0.55	0.60	0.65	0.70	0.75
f/MPa	36.3	35.3	28.2	24.0	23.0	20.6	18.4	15.0

4-24 试述混凝土耐久性的含义。耐久性要求的项目有哪些?提高耐久性有哪些措施?

4-25 影响混凝土抗渗性的因素有哪些?改善措施有哪些?

4-26 某施工单位生产 C20 的混凝土,在一个月内根据施工配合比先后留置了 28 组立方体试块,测得每组试块的抗压强度代表值(MPa)为:

29.5,27.5,24.0,26.5,26.0,25.2,27.6,28.5,25.6,26.1,26.7,24.1,25.2,27.6,

28.6,26.7,23.2,27.1,25.8,23.9,28.1,27.8,24.9,25.6,23.1,25.4,26.2,

29.6

试计算该批混凝土强度的平均值、标准差和保证率，并判定该批混凝土的生产质量能否满足95%保证率的要求。

4-27 简述混凝土强度检测评定方法、标准及各自的适用范围。

4-28 在进行混凝土的配合比设计时，为什么必须进行试配和调整？

4-29 配制混凝土如何确定其坍落度？

4-30 某混凝土经试拌调整后，得配合比为1∶2.20∶4.40，$W/C=0.6$，且已知$\rho_c=3.10\ g/m^3$，$\rho_s'=2.60\ g/m^3$，$\rho_g'=2.65\ g/m^3$。求每立方米混凝土各材料用量。

4-31 使用碎石配制强度为34.5 MPa的混凝土，所用水泥实际强度为53.5 MPa，考虑到耐久性，最大水灰比不得超过0.60，请确定初步水灰比。

4-32 某混凝土工程所用水泥为425号普通水泥，密度3.12 g/cm^3，碎石表观密度2.50 g/cm^3，中砂表观密度为2.50 g/cm^3。已知混凝土配合比为1∶3∶5，水灰比为0.50。求每立方米混凝土各种材料用多少千克。

4-33 某严寒地区一室外现浇钢筋混凝土楼梯，要求混凝土设计强度等级为C35，最小截面尺寸为150 mm，钢筋最小净距为50 mm。施工单位新组建，拟采用人工搅拌和振捣成型。试进行该混凝土配合比设计。

所用原材料条件如下。

水泥：52.5级普通硅酸盐水泥，密度3.1 g/cm^3，水泥强度等级标准值的富余系数为1.13。

砂：中砂，级配合格，表观密度$\rho_{0s}=2.65\ g/cm^3$；堆积密度$\rho'_{0s}=1.55\ g/cm^3$；含水量$W_s=2.5\%$。

碎石：最大粒径31.5 mm，级配合格，表观密度$\rho_{0g}=2.80\ g/cm^3$；堆积密度$\rho'_{0s}=1.60 g/cm^3$；含水量$W_g=1\%$。

水：自来水。

第5章　砂　浆

【本章要点】

本章主要介绍砂浆的组成材料、砌筑砂浆和抹面砂浆的主要技术性质，简要介绍特殊用途砂浆和干粉砂浆的组成和性质。本章的学习目标是：了解砂浆的分类组成、技术性质、检测方法；熟悉砌筑砂浆配比设计方法和抹面砂浆的主要品种性能要求及其配制方法。

建筑砂浆由胶凝材料、细集料、掺和料和水等材料按适当比例配制而成。建筑砂浆和混凝土在组成上的差别仅在于不含粗集料。

砂浆主要用于砌筑、抹面、修补、装饰工程。在结构工程中，砂浆主要作为砖、砌块、石材等砌体的胶结材料，也可用于砖墙勾缝、大型墙板和各种结构的接缝；在装饰工程中，砂浆可用作建筑物内、外表面的抹灰材料及石材、陶瓷面砖、锦砖等贴面时的黏结和嵌缝材料。

砂浆按所用胶凝材料不同，可分为水泥砂浆、水泥混合砂浆、石灰砂浆、石膏砂浆及聚合物水泥砂浆等；按其用途可分为砌筑砂浆、抹灰砂浆以及其他特殊用途的砂浆，如保温、吸声、防水、耐酸、装饰、修补等砂浆。本章主要介绍常用的砌筑砂浆和抹灰砂浆。

本章涉及的标准规范主要有：

《砌筑砂浆配合比设计规程》(JGT/T 98—2010)；

《建筑砂浆基本性能试验方法标准》(JGJ/T 70—2009)。

5.1　砂浆的组成材料

5.1.1　胶凝材料

胶凝材料在砂浆中起着胶结的作用，它是影响砂浆流动性、黏聚性和强度等技术性质的主要组分。常用的有水泥、石灰、石膏、黏土等。胶凝材料的选用应根据砂浆的用途及使用环境决定，对于干燥环境中使用的砂浆，可选用气硬性胶凝材料；对处于潮湿环境或水中用的砂浆，则必须用水硬性胶凝材料。

1. 水泥

配制砂浆的水泥可采用普通硅酸盐水泥、矿渣硅酸盐水泥、火山灰硅酸盐水泥等常用品种的水泥。水泥品种的选择与混凝土相同，应根据砂浆的用途及使用环境决定。水泥强度等级应为砂浆强度等级的4～5倍。水泥强度等级过高，将使砂浆中水泥用量不足而导致保水性不良。由于砂浆的强度要求并不高，为合理利用资源、节约材料，在配制砂浆时，应尽量选用低强度等级的水泥，因此一般采用32.5级水泥即可。若水泥强度过高，应加掺加料予以调整。在配制不同用途的砂浆时，还可采用某些专用和特种水泥，现在有专供用作砌筑砂浆和内墙抹灰砂浆的砌筑水泥，它是以活性混合材料为主要原料，加入少量的硅酸盐水泥熟料和石膏，经磨细而成的低强度等级水泥。

2. 石灰

在配制石灰砂浆或混合砂浆时，砂浆中需使用石灰。砂浆中使用的石灰的技术要求见第2章。为保证砂浆的质量，应将石灰预先消化，并经陈伏，消除过火石灰的膨胀破坏作用后，再在砂浆中使用。在满足工程要求的前提下，也可使用工业废料，如电石灰膏等。

为配制修补砂浆或有特殊要求的砂浆，有时也采用有机胶结剂作为胶凝材料。

常用胶凝材料及掺和料质量要求见表5-1。

表5-1 砂浆胶凝材料的选用及质量要求

胶凝材料种类	常用胶凝材料	质量要求
水泥	普通水泥、矿渣水泥、粉煤灰水泥、火山灰水泥、复合水泥、砌筑水泥	① 水泥品种、强度等级应符合设计要求； ② 出厂超过三个月的水泥应经检验后方可使用； ③ 受潮结块的水泥应过筛并检验后使用
石灰	块状生石灰经熟化成石灰膏后使用	① 消化时应用孔径不大于3 mm×3 mm的网过滤，消化时间不得少于7 d； ② 石灰膏应洁白、细腻，不得含有未消化颗粒，已冻结风化或脱水硬化的石灰膏不得使用
石膏	建筑石膏、电石膏	凝结时间应符合有关规定，电石渣应加热20 min，至70℃没有乙炔味时方可使用
黏土	粉土、粉质黏土	① 采用干法时，应将黏土烘干磨细后，直接投入搅拌机； ② 采用湿法时，应将黏土加水淋浆，通过孔径不大于3 mm×3 mm的网过筛、沉淀后使用

5.1.2 细集料

细集料在砂浆中起着骨架和填充作用，对砂浆的流动性、黏聚性和强度等技术性能影响较大。性能良好的细集料可提高砂浆的工作性和强度,尤其对砂浆的收缩开裂,有较好的抑制作用。

砂浆中使用的细集料,原则上应采用符合混凝土用砂技术要求的优质河砂。砂子中含的泥对砂浆的和易性、强度、变形性和耐久性均有影响。砂子中含有少量泥,可改善砂浆的黏聚性和保水性,故砂浆用砂的含泥量可比混凝土略高。对强度等级为 M2.5 以上的砌筑砂浆,含泥量应小于 5%;对强度等级为 M2.5 的砂浆,砂的含泥量应小于 10%。

砂的粗细程度对水泥用量、和易性、强度及收缩性能影响很大。由于砂浆层较薄,对砂子的最大粒径应有所限制,用于砌筑毛石砌体的砂浆,砂子的最大粒径应小于砂浆层的 1/5~1/4,可采用粗砂;用于砌筑砖砌体的砂浆,砂子的最大粒径不得大于 2.5 mm;用于光滑的抹面和勾缝的砂浆,则应采用细砂,最大粒径不宜超过 1.25 mm;用于装饰的砂浆,还可采用彩砂、石渣等。

当细集料采用山砂、人工砂、炉渣和特细砂时,应根据经验并经试验确定其技术指标要求,如用煤渣作集料,应选用燃烧完全且有害杂质含量少的煤渣,以免影响砂浆质量。

5.1.3 掺和料和外加剂

在砂浆中,掺和料是为改善砂浆和易性而加入的无机材料,如粉煤灰、沸石粉等。为改善砂浆的和易性及其他性能,还可在砂浆中掺入外加剂,如增塑剂、早强剂、减水剂、防水剂、防冻剂、缓凝剂等。砂浆中掺用外加剂时,不但要考虑外加剂对砂浆本身性能的影响,还要根据砂浆的用途,考虑外加剂对砂浆的使用功能的影响,并通过试验确定外加剂的品种和掺量。当在配有钢筋的砌体用砂浆中掺加氯盐类外加剂时,氯盐掺量按无水状态计算不得超过水泥质量的 1%。

1) 粉煤灰

在砂浆中掺加粉煤灰可改善砂浆和易性,提高强度,节约水泥和石灰。砂浆中使用的粉煤灰应满足水泥和混凝土用粉煤灰的要求。

2) 微沫剂

微沫剂是用松香与工业纯碱熬制成的一种憎水性有机表面活性剂,经强力搅拌能在砂浆中产生微细泡沫,增加水泥的分散性,可改善砂浆的和易性,代替部分石灰膏。

5.1.4 拌和水

砂浆拌和用水的技术要求与混凝土拌和用水相同,应选用洁净、无杂质的可用饮用水来拌制砂浆。为节约用水,经化验分析或试拌验证合格的工业废水也可用于拌制砂浆。

5.2 砌筑砂浆

将砖、石及砌块黏结成为砌体的砂浆称为砌筑砂浆。在砌体中它起着黏结砖、石及砌块构成砌体，传递荷载，协调变形的作用。因此，砌筑砂浆是砌体的重要组成部分。

5.2.1 砌筑砂浆的技术性质

土木工程中，要求砌筑砂浆具有如下性质。

1. 和易性

新拌砂浆应具有良好的和易性。新拌砂浆应容易在砖、石及砌体表面上铺砌成均匀的薄层，以利于砌筑施工和砌筑材料的黏结。新拌砂浆的和易性包括两个方面：流动性和保水性。

1）流动性

流动性是指新拌砂浆在自重或外力的作用下产生流动的性质。砂浆的流动性可以用稠度来表示。无论是采用手工施工，还是机械喷涂施工，都要求砂浆具有一定的流动性或稠度。

砂浆的流动性和许多因素有关，胶凝材料的用量、用水量、砂的质量以及砂浆的搅拌时间、放置时间、环境的温度、湿度等均影响其流动性。

工程中砂浆的流动性可根据经验来评价、控制。实验室中可用砂浆稠度仪来测定其稠度值（沉入量），进而评价控制其流动性。

测定砂浆流动性时，先将被测砂浆均匀地装入砂浆流动性测定仪的砂浆筒中，置于测定仪圆锥体下，将质量为300 g的带滑杆的圆锥尖与砂浆表面接触，然后突然放松滑杆，在10 s内，圆锥体沉入砂浆中的深度值（单位为cm）为沉入度（稠度）值。沉入度值大表示砂浆流动性好。

影响砂浆流动性的因素，主要有胶凝材料的种类和用量、用水量及集料的种类、颗粒形状、粗细程度与级配，此外，还与掺和料及外加剂的种类和数量有关。

选用流动性适宜的砂浆，能提高施工效率，有利于保证施工质量。砂浆流动性的选择，应根据砌体材料的种类、施工时的气候条件和施工方法等情况来确定（见表5-2）。通常情况下，若基层为多孔的、吸水大的材料（如烧结砖），或者在干热条件下施工，应选择流动性大一些的砂浆。相反，若基层为密实的、吸水很少的材料（如密实的石材），或者在湿冷条件下施工，应选择流动性小的砂浆。

2）保水性

保水性是指新拌砂浆保持其内部水分的能力。保水性不好的砂浆在存放、运输和施工过程中容易产生泌水和离析现象，当铺抹于基底后，水分很快被基面吸走，从而使砂浆干涩，不易铺成均匀密实的砂浆薄层，施工困难，同时也影响水泥的正常水化硬化，使强度和黏结力下降。为提高水泥砂浆的保水性，往往在砂浆中掺入适量的石灰膏或塑化剂，能明显改善砂浆的保水性和流动性。

表 5-2 砌筑砂浆稠度选择

砌 体 种 类	砂浆稠度(沉入量/mm)
烧结普通砖砌体	70～90
轻集料混凝土小型空心砌块、砌体	60～90
烧结多孔砖、空心砖砌体	60～80
烧结普通砖平拱式过梁	50～70
空斗墙、筒拱	
普通混凝土小型空心砌块、砌体	
加气混凝土砌块、砌体	
石砌体	30～50

砂浆保水性用分层度表示。测定时，将搅拌均匀的砂浆测定沉入度后，装入内径 15 cm、高 30 cm 的圆筒内，静止半小时后除去筒上部 2/3 高度的砂浆，然后测定下部 1/3 高度砂浆的沉入度值，两次沉入度值之差即为分层度值。

一般工程要求砂浆分层度以 1～3 cm 为宜。分层度大于 3 cm 的砂浆，易产生离析，保水性不良；分层度为 0 的砂浆，虽然无分层现象，保水性好，但往往是由于胶凝材料用量过多，或者砂过细，致使砂浆硬化后干缩值大。

影响新拌砂浆保水性的主要因素是胶凝材料的种类和用量，砂的品种、细度和用量及用水量。在砂浆中掺入石灰膏、粉煤灰等掺和料，可明显提高砂浆的保水性。

2. 硬化砂浆的强度

1) 强度等级

硬化后的砂浆应将砖、石、砌块等块状材料黏结成整体，并在砌体中具有传递荷载和协调变形的能力，因此，砂浆应具有一定的强度和黏结性。一定的强度可保证砌体强度等结构性能。良好的黏结力有利于砌块与砂浆之间的黏结。一般情况下，砂浆抗压强度越高，它与基层的黏结力也越强，同时，在粗糙、洁净、湿润的基面上，砂浆黏结力比较强。故工程上以抗压强度作为砂浆的主要技术指标。

砂浆抗压强度是用 70.7 mm×70.7 mm×70.7 mm 的标准立方体试件，在标准条件(水泥砂浆为 20℃±3℃，相对湿度 90%以上；水泥石灰混合砂浆为 20℃±3℃，相对湿度 60%～80%)下养护 28 d，按标准试验方法测得的。

砂浆按抗压强度的大小分为六个强度等级，即 M2.5、M5.0、M7.5、M10、M15、M20。其中，M2.5～M10 为常用的强度等级。

2) 影响砂浆强度的影响因素

砂浆又称无粗集料的混凝土，其强度除受砂浆本身的组成材料及配合比(水泥、砂、外加剂及掺和料的种类、质量、数量)影响外，还与基层的吸水性能有关。

① 不吸水基层(如致密石材)。这时影响砂浆强度的主要因素与混凝土基本相同，即主要决定于水泥强度和灰水比。计算公式如下：

$$f_m = 0.29 f_{ce}(C/W - 0.4) \tag{5-1}$$

式中 f_m——砂浆 28 d 抗压强度，MPa；

f_{ce}——水泥的实测强度，MPa，$f_{ce} = \gamma \cdot f_{ce,k}$，其中，$\gamma$ 为水泥强度等级富余系数，按统计资料确定，无统计资料时取 1.0，$f_{ce,k}$为水泥强度等级；

C/W——灰水比。

② 吸水基层（如黏土砖及其他多孔材料）。考虑到砂浆铺设在吸水的多孔基层上，水灰比是难以确定的因素，因而在分析影响砂浆强度的因素时，除水泥强度外，将水泥用量列为主要因素，通过大量试验和统计分析证明，水泥强度和水泥用量与砂浆强度之间存在如下线性关系：

$$f_m = \alpha f_{ce} \cdot Q_C / 1\,000 + \beta \tag{5-2}$$

式中 f_m——砂浆 28 d 抗压强度，MPa；

f_{ce}——水泥的实测强度，MPa，$f_{ce} = \gamma \cdot f_{ce,k}$，其中，$\gamma$ 为水泥强度等级富余系数，按统计资料确定，无统计资料时取 1.0，$f_{ce,k}$为水泥强度等级；

Q_C——每立方米砂浆中水泥用量，kg，对于水泥砂浆，Q_C不应小于 200 kg；

α、β——砂浆的特征系数，$\alpha = 3.03$，$\beta = -15.09$。

此外，砂浆强度还受砌筑与养护条件等因素的影响。

3. 砂浆的耐久性

硬化砂浆应有良好的耐久性。耐久性良好的砂浆有利于保证其自身不发生破坏，并对工程结构起到应有的保护作用。为此，砂浆应与基底材料有良好的黏接力及较小的收缩变形。当受冻融作用影响时，对砂浆还应有抗冻性要求。具有冻融循环次数要求的砌筑砂浆，经冻融试验后，质量损失率不得大于5%，抗压强度损失率不得大于 25%。

4. 凝结时间

建筑砂浆凝结时间，以贯入阻力达到 0.5 MPa 为评定依据。水泥砂浆不宜超过 8 h，水泥混合砂浆不宜超过 10 h，加入外加剂后应满足设计和施工的要求。

5. 变形性

砂浆在承受荷载、温度变化或湿度变化时，均会产生变形。一般情况下，砂浆的受压变形比砖、石材等材料的变形大，往往在砖、石材等材料中产生一定的拉应力，如果变形过大或不均匀，则会降低砌体的质量，引起沉陷或裂缝。轻集料配制的砂浆，其收缩变形要比普通砂浆大。

5.2.2 砂浆配合比设计

砌筑砂浆的配合比设计，应根据原材料的性能和砂浆的技术要求及施工水平进行计算并经试配后确定。砌筑砂浆配合比设计的基本要求如下。

① 新拌砂浆的和易性应满足施工要求，且新拌砂浆的体积密度应满足：水泥砂浆不应小于 1 900 kg/m^3，水泥混合砂浆不应小于 1 800 kg/m^3。

② 砌筑砂浆的强度、耐久性应满足设计要求。

③ 经济上合理,水泥及掺和料用量较少。

首先根据工程类型和砌筑部位确定砂浆的品种和强度等级,再按其品种和强度等级确定其配合比。砌筑砂浆的配合比确定,可以通过查资料、规范手册和计算两种方法确定。但无论采用哪种方法,都应通过实验调整及验证后才能应用。

1. 砂浆类型和强度等级的选择

建筑常用的砌筑砂浆有水泥砂浆、水泥混合砂浆和石灰砂浆等,工程中应根据砌体种类、砌体性质及所处环境条件等进行选用。通常:水泥砂浆用于片石基础、砖基础、一般地下构筑物、砖平拱、钢筋砖过梁、水塔、烟囱等;水泥混合砂浆用于地面以上的承重和非承重的砖石砌体;石灰砂浆只能用于平房或临时性建筑。

砌筑砂浆的强度等级应根据设计要求或规范规定确定:一般的砖混多层住宅多采用 M5 或 M10 的砂浆;办公楼、教学楼及多层商店常采用 M2.5～M10 砂浆;平房宿舍、商店常采用 M2.5～M5 砂浆;食堂、仓库、锅炉房、变电站、地下室、工业厂房及烟囱等常采用 M2.5～M10 砂浆;检查井、雨水井、化粪池等可用 M5 砂浆;特别重要的砌体,可采用 M15～M20 砂浆;高层混凝土空心砌块建筑,应采用 M20 及以上强度等级的砂浆。

2. 砂浆配合比的确定

1）混合砂浆的配合比计算

(1) 砂浆试配强度的确定

为保证砂浆具有 95%的强度保证率,试配强度可由以下公式计算:

$$f_{m,0}=f_{m,k}+t\sigma_0=f_2+0.645\sigma_0 \tag{5-3}$$

式中 $f_{m,0}$——砂浆的试配强度,N/mm^2 或 MPa;

$f_{m,k}$——砂浆的设计强度标准值,N/mm^2 或 MPa;

f_2——砂浆抗压强度平均值,N/mm^2 或 MPa;

t——概率度,当强度保证率为 95%时,$t=1.645$;

σ_0——砂浆现场强度标准差,N/mm^2 或 MPa。

砂浆现场强度标准差应通过有关资料统计得出,如无统计资料,可按表 5-3 取用。

表 5-3 不同施工水平的砂浆强度标准差 (单位:MPa)

施工水平	砂浆强度等级					
	M2.5	M5.0	M7.5	M10	M15	M20
优良	0.50	1.00	1.5	2.00	3.00	4.00
一般	0.62	1.25	1.88	2.50	3.75	5.00
较差	0.75	1.50	2.25	3.00	4.50	6.00

(2) 水泥用量的计算

砂浆的水泥用量按下式计算

$$Q_C=\frac{1\ 000(f_{m,0}-\beta)}{\alpha f_{ce}} \tag{5-4}$$

式中 $f_{m,0}$——砂浆的试配强度，MPa；

f_{ce}——水泥的实测强度，MPa，$f_{ce}=\gamma \cdot f_{ce,k}$。其中，$\gamma$ 为水泥强度等级富余系数，按统计资料确定，无统计资料时取 1.0，$f_{ce,k}$ 为水泥强度等级；

Q_C——每立方米砂浆中水泥用量，kg；对于水泥砂浆，Q_C 不应小于 200 kg；

α、β——砂浆的特征系数，$\alpha=3.03$，$\beta=-15.09$。

(3) 掺加料的确定

砂浆中的掺加料可按下式计算

$$Q_D=Q_A-Q_C \tag{5-5}$$

式中 Q_D——每立方米砂浆的掺加料用量，kg；

Q_C——每立方米砂浆的水泥用量，kg；

Q_A——每立方米砂浆中胶凝材料的总量，kg，一般在 300～350 之间。

掺加料(石灰膏)的用量 Q_D 因稠度不同，按表 5-4 中的系数进行换算。

表 5-4 不同稠度石灰膏用量的换算系数

石灰膏稠度/cm	12	11	10	9	8	7	6	5	4	3
换算系数	1.00	0.99	0.97	0.95	0.93	0.92	0.90	0.88	0.87	0.86

(4) 用砂量的确定

砂的用量为每立方米，其质量等于砂的堆积密度值。

$$Q_s=1\times\rho_{0干} \tag{5-6}$$

式中 Q_s——每立方米砂浆中砂的用量，kg；

$\rho_{0干}$ 砂干燥状态(含水率小于 0.5%)的堆积密度，kg/m^3。

当含水率大于 0.5%时，应考虑砂的含水率的影响。

(5) 用水量的确定

按砂浆稠度要求，根据经验参考表 5-5 选定。

表 5-5 砂浆用水量选取表

砂 浆 品 种	混 合 砂 浆	水 泥 砂 浆
用水量/kg	240～310	270～330

注：a. 混合砂浆中的用水量，不包括石灰膏或黏土膏中的水。

b. 当采用细砂或粗砂时，用水量分别取上限或下限。

c. 稠度小于 7 cm 时，用水量可小于下限。

d. 施工现场气候炎热或干燥季节，可酌量增加用水量。

2）水泥砂浆配合比选用

由于水泥砂浆按配合比规程计算，普遍出现水泥用量偏少，这主要因水泥强度太高，砂浆强度过低所致，为此，参照国内外施工经验，采用直接查表选用(见表 5-6)。表中水泥采用 32.5 级，当大于采用 32.5 级时，水泥用量宜取下限。

表 5-6　每立方米水泥砂浆中各材料用量

强度等级	水泥用量/kg	砂子用量/kg	用水量/kg
M2.5～M5	200～230	1 m^3 砂的堆积密度值	270～330
M7.5～M10	220～280		
M15	280～340		
M20	340～400		

水泥用量应根据水泥的强度等级和施工水平合理选择，一般当水泥的强度等级较高(>32.5 MPa)或施工水平较高时，水泥用量选低值。用水量应根据砂的粗细程度、砂浆稠度和气候条件选择，当砂较粗、稠度较小或气候较潮湿时，用水量选低值。

3）浆配合比的试配、调整与确定

砂浆在经计算或选取初步配合比后，应采用实际使用的材料进行试配，测定拌和物的稠度和分层度，当和易性不满足要求时，应调整用水量或掺加料到符合要求，将其确定为试配砂浆的基准配合比，并采用稠度和分层度符合要求、水泥用量比基准配合比增加及减少 10%的另两个配合比，按《建筑砂浆基本性能试验方法》(JGJ 70—2009)的规定拌和成型试件，养护至规定的龄期，测定砂浆的强度，从中选定符合试配强度要求，且水泥用量较小的配合比作为砂浆配合比。

5.2.3　砂浆配合比设计实例

【例 5-1】 某工程欲配制强度等级为 M10 的砌筑用水泥石灰混合砂浆，要求稠度为 7～9 cm，施工水平优良。所用原料为：32.5 级矿渣硅酸盐水泥，强度等级富余系数为 1.0；石灰膏，稠度为 8 cm；中砂，堆积密度为 1 480 kg/m^3，含水率为 3%。试计算砂浆的配合比。

【解】

① 确定配制强度 $f_{m,0}$。

查表 4-3，可得 σ=2 MPa，因而

$$f_{m,0}=f_2+0.645\sigma=(10.0+0.625\times2)\ \text{MPa}=11.25\ \text{MPa}$$

② 计算水泥用量 Q_C

$$Q_C=\frac{1\,000(f_{m,0}-\beta)}{\alpha f_{ce}}=\frac{1\,000\times(11.25+15.09)}{3.03\times32.5}\ \text{kg}=267\ \text{kg}$$

③ 计算石灰膏用量Q_D。取

$$Q_A=350\ \text{kg}$$

则
$$Q_D=Q_A-Q_C=(350-267)\ \text{kg}=83\ \text{kg}$$

石灰膏稠度为8 cm,查表4-4,换算系数为0.93。因而

$$Q_D=(83\times0.93)\ \text{kg}=77\ \text{kg}$$

④ 确定砂的用量Q_s。考虑砂的含水率为3%,则砂的用量为

$$Q_s=1\,480\times(1+3\%)\ \text{kg}=1\,524\ \text{kg}$$

⑤ 确定用水量Q_w。查表4-5,取290 kg,扣除砂中所含的水量,得拌和用水量为

$$Q_w=(290-1\,524\times3\%)\ \text{kg}=244\ \text{kg}$$

⑥ 列出砂浆配合比

$$Q_C:Q_D:Q_s:Q_w=267:77:1\,524:244=1:0.29:5.71:0.91$$

5.3 抹面砂浆

抹面砂浆是指涂抹于建筑物内、外表面的砂浆,按其功能可分为普通抹面砂浆、装饰砂浆和特殊用途砂浆(如防水砂浆、吸声砂浆、隔热砂浆等),其中应用较为广泛的是普通抹面砂浆和防水砂浆。

5.3.1 普通抹面砂浆

普通抹面砂浆的主要功用是保护建筑物墙体或其他部位的表面(如地面、天棚等),并使其平整美观。

1. 普通抹面砂浆的组成材料

普通抹面砂浆的主要组成材料仍是水泥、石灰或石灰膏及天然砂等,对这些原材料的质量要求同砌筑砂浆。但根据普通抹面砂浆的使用特点,对其主要技术要求不是抗压强度,而是其和易性及其与基层材料的黏结力。为此,常需多用一些胶结材料,并加入适量的有机聚合物以增强黏结力。

工程中配制普通抹面砂浆和装饰砂浆时,过去常在水泥砂浆中掺入占水泥质量10%左右的聚乙烯醇缩甲醛胶(俗称107胶)或聚醋酸乙烯乳液等。由于107胶会产生游离甲醛,对人体有害,故现改用108胶,其作用有:① 提高面层强度,不致粉酥掉面;② 增加涂层的柔韧性,减少开裂倾向;③ 加强涂层与基层间的黏结性能,不易爆皮剥落;④ 便于涂抹,且颜色匀实。

为减少普通抹面砂浆因收缩而引起开裂,常在砂浆中加入一定量纤维材料。砂浆常用的纤维增强材料有麻刀、纸筋、稻草、玻璃纤维等,它们加入抹面砂浆中可提高抹灰层的抗拉强度,增加抹灰层的弹性和耐久性,使抹灰层不易开裂脱落。其质量要求如表5-7所示。

表 5-7　纤维增强材料质量要求

增强材料	质量要求及制备
麻刀	以均匀、坚韧、干燥、不含杂质为宜;使用时将麻丝剪成 20～30 mm 长,随用随敲打松解;每 100 kg 石灰膏约掺 1 kg 麻刀
纸筋(草纸)	将纸筋撕碎,除去尘土,用清水浸泡、捣烂、搓绒,漂去黄水;按 100 kg 石灰膏掺 2.75 kg 纸筋的比例掺入化灰池;使用时需经机械搅拌打细,并用 3 mm 孔径筛过滤成纸筋灰
稻草	切成不长于 50 mm 的短节,并经石灰水浸泡 15 d 后使用,亦可用石灰(或火碱)浸泡软化后轧磨成纤维质当纸筋使用

2. 普通抹面砂浆的种类及选用

常用的普通抹面砂浆有石灰砂浆、水泥混合砂浆、水泥砂浆、麻刀石灰浆(简称麻刀灰)、纸筋石灰浆(简称纸筋灰)等。

为了保证砂浆层与基层黏结牢固、表面平整、防止灰层开裂,应采用分层薄涂的方法,通常分底层、中层和面层抹面施工。各层抹面的作用和要求不同,所以每层所选用的砂浆也不一样。同时,基层材料的特性和工程部位不同,对砂浆技术性能要求亦不同,这也是选择砂浆种类的主要依据。

底层抹灰的作用是与基层牢固地黏结,要求砂浆具有较高的流动性(沉入度 10～12 cm);中层主要起找平作用,较底层流动性稍低(沉入度 7～9 cm),有时可省略;面层抹灰是为了获得平整光洁的表面效果,流动性控制在 7～8 cm,采用较细的砂(小于 1.25 mm)。

用于砖墙的底层抹灰,多为石灰砂浆;有防水、防潮要求时用水泥砂浆。用于混凝土基层的底层抹灰,多为水泥混合砂浆。中层抹灰多用水泥混合砂浆或石灰砂浆,面层抹灰多用水泥混合砂浆、麻刀灰或纸筋灰。水泥砂浆不得涂抹在石灰砂浆层上。

在容易碰撞或潮湿部位,如墙裙、踢脚板、地面、雨篷、窗台以及水池、水井等处,应采用水泥砂浆;在硅酸盐砌块墙面上做砂浆抹面或粘贴饰面材料时,最好在砂浆层内夹一层事先固定好的钢丝网,以免久后剥落。

3. 普通抹面砂浆的配合比

确定普通抹面砂浆组成材料及配合比的主要依据是工程使用部位及基层材料的性质。表 5-8 为常用抹面砂浆参考配合比。

表5-8　常用抹面砂浆配合比及应用范围

抹面砂浆组成材料	配合比(体积比)	应用范围
石灰∶砂	1∶3	砖石墙面打底找平(干燥环境)
石灰∶砂	1∶1	墙面石灰砂浆面层
水泥∶石灰∶砂	1∶1∶6	内、外墙面混合砂浆打底找平
水泥∶石灰∶砂	1∶0.3∶3	墙面混合砂浆面层
水泥∶砂	1∶2	地面、顶棚或墙面水泥砂浆面层
水泥∶石膏∶砂∶锯末	1∶1∶3∶5	吸声粉刷
石灰膏∶麻刀	100∶2.5(质量比)	木板条顶棚底层
石灰膏∶麻刀	100∶1.3(质量比)	木板条顶棚面层
石灰膏∶纸筋	100∶3.8(质量比)	木板条顶棚面层
石灰膏∶纸筋	1 m^3石灰膏掺3.6 kg纸筋	较高级墙面及顶棚

5.3.2　装饰砂浆

粉刷在建筑物内外表面,具有美化装饰、改善及保护建筑物功能的抹面砂浆称为装饰砂浆。装饰砂浆施工时,底层和中层的抹面砂浆与普通抹面砂浆基本相同;所不同的是装饰砂浆的面层,要求选用具有一定颜色的胶凝材料、集料及采用特殊的施工操作工艺,使表面呈现出不同的色彩、质地、花纹和图案等装饰效果。

装饰砂浆所采用的胶凝材料除普通水泥、矿渣水泥等外,还可应用白水泥、彩色水泥,或者在常用水泥中掺加耐碱矿物颜料,配制成彩色水泥砂浆。装饰砂浆采用的集料除普通河砂外,还可使用色彩鲜艳的花岗石、大理石等色石及细石渣,有时也采用玻璃或陶瓷碎粒。

外墙面的装饰砂浆有如下工艺做法。

① 拉毛。先用水泥砂浆做底层,再用水泥石灰砂浆做面层。在砂浆尚未凝结之前,用抹刀将表面拍拉成凹凸不平的形状。

② 水刷石。用颗粒细小(约5 mm)的石渣拌成的砂浆做面层,在水泥终凝前,喷水冲刷表面,冲洗掉石渣表面的水泥浆,使石渣表面外露。水刷石用于建筑物的外墙面,具有一定的质感,且经久耐用,不需维护。

③ 干黏石。在水泥砂浆的面层的表面,黏结粒径5 mm以下的白色或彩色石渣、小石子、彩色玻璃、陶瓷碎粒等,要求石渣黏结均匀、牢固。干黏石的装饰效果与水刷石相近,且石子表面更洁净艳丽;在施工中避免了喷水冲洗的湿作业,施工效率高,而且节约材料和水。干黏石在预制外墙板的生产中,有较多的应用。

④ 斩假石。斩假石又称为剁假石、斧剁石。砂浆的配制与水刷石基本一致。砂浆

抹面硬化后,用斧刃将表面剁毛并露出石渣。斩假石的装饰效果与粗面花岗岩相似。

⑤ 假面砖。将硬化的普通砂浆表面用刀斧锤凿刻画出线条,或者在初凝后的普通砂浆表面用木条、钢片压划出线条,亦可用涂料画出线条,将墙面装饰成仿砖砌体、仿瓷砖贴面、仿石材贴面等艺术效果。

⑥ 水磨石。用普通水泥、白水泥、彩色水泥或普通水泥加耐碱颜料拌和各种色彩的大理石石渣做面层,硬化后用机械反复磨平抛光表面而成。水磨石多用于地面、水池等工程部位。可事先设计图案色彩,磨平抛光后更具艺术效果。水磨石还可制成预制件或预制块,作楼梯踏步、窗台板、柱面、台度、踢脚板、地面板等构件,室内外的地面、墙面、台面、柱面等,也可用水磨石进行装饰。

装饰砂浆还可采用喷涂、弹涂、辊压等工艺方法,做成丰富多彩、形式多样的装饰面层。装饰砂浆的操作方便,施工效率高,与其他墙面、地面装饰相比,成本低,耐久性好。

5.3.3 特殊用途砂浆

1. 防水砂浆

防水砂浆是一种抗渗性高的砂浆。用防水砂浆可构成刚性防水层,适用于不受振动和具有一定刚度的混凝土或砖石砌体工程,用于地下室、水塔、水池、储液罐等的防水。对于变形较大或可能发生不均匀沉陷的工程,都不宜采用刚性防水层。

随着防水剂产品的日益增多和性能的提高,在普通水泥砂浆中掺入一定量的防水剂而制得的防水砂浆,是目前应用最广泛的防水砂浆品种。这种砂浆配合比为水泥∶砂=1∶(2～3),水灰比控制在0.5～0.55,稠度不应大于80 mm,水泥宜选用32.5级以上的普通硅酸盐水泥,砂子应选用洁净的中砂,级配良好。防水剂掺量按生产厂推荐的最佳掺量掺入,最后需经试配确定。

常用的防水剂有氯化物金属盐类防水剂(主要由氯化钙和氯化铝组成)、水玻璃类防水剂(以水玻璃为基料加两种或四种矾所组成)、金属皂类防水剂(主要由硬质酸、氨水和氢氧化钾组成)等。防水剂掺入砂浆中所形成的生成物,能促使砂浆密实,或者堵塞孔隙。

防水砂浆的防水效果在很大程度上决定于施工质量,其施工方法有以下两种。

1) 喷浆法

利用高压喷枪将砂浆以每秒约100 m的高速喷至建筑物表面,砂浆被高压空气强烈压实,密实度大,抗渗性好。

2) 人工多层抹压法

将砂浆分四至五层抹压,每层厚度约为5 mm,一、三层可用防水水泥净浆,二、四、五层用防水水泥砂浆。每层在初凝前都要用木抹子压实一遍,最后一层要压光,抹完后应加强养护。

2. 绝热砂浆

采用水泥、石灰、石灰膏等胶凝材料与膨胀珍珠岩、膨胀蛭石、陶粒、陶砂或聚苯乙烯泡沫颗粒等轻质多孔材料，按一定比例配制的砂浆称为绝热砂浆。绝热砂浆质轻，且具有良好的绝热保温性能。其导热系数为0.07～0.10 W/(m·K)，可用于屋面隔热层、隔热墙壁、冷库及工业窑炉、供热管道隔热层等处。如在绝热砂浆中掺入或在绝热砂浆表面喷涂憎水剂，则这种砂浆的保温隔热效果会更好。

3. 耐酸砂浆

以水玻璃与氟硅酸钠为胶凝材料，加入石英石、花岗石、铸石等耐酸粉料和细集料拌制并硬化而成的砂浆称为耐酸砂浆。水玻璃硬化后具有很好的耐酸性能。耐酸砂浆可用于耐酸地面、耐酸容器基座及与酸接触的结构部位。在某些有酸雨腐蚀的地区，建筑物的外墙装修，也可应用耐酸砂浆，以提高建筑物的耐酸雨腐蚀作用。

4. 防射线砂浆

在水泥砂浆中掺入重晶石粉、重晶石砂，可配制有防X射线和γ射线能力的砂浆。其配合比约为水泥∶重晶石粉∶重晶石砂＝1∶0.25∶(4～5)。如在水泥中掺入硼砂、硼化物等可配制具有防中子射线的砂浆。厚重气密不易开裂的砂浆也可阻止地基中土壤或岩石里的氡(具有放射性的惰性气体)向室内迁移或流动。

5. 膨胀砂浆

在水泥砂浆中加入膨胀剂或使用膨胀水泥，可配制膨胀砂浆。膨胀砂浆具有一定的膨胀特性，可补偿水泥砂浆的收缩，防止干缩开裂。膨胀砂浆还可在修补工程和装配式大板工程中应用，靠其膨胀作用来填充缝隙，以达到黏结密封的目的。

6. 自流平砂浆

自流平砂浆是指在自重作用下能流平的砂浆。地坪和地面常采用自流平砂浆。良好的自流平砂浆可使地坪平整光洁、强度高、耐磨性好、不易开裂、施工方便、质量可靠。自流平砂浆的关键技术是掺用合适的外加剂，严格控制砂的级配和颗粒形态，选择级配合适的水泥和其他胶凝材料。

7. 吸声砂浆

吸声砂浆是指具有吸音功能的砂浆。一般多孔结构都具有吸音的功能，所以在砂浆中加入锯末、玻璃棉、矿棉或有机纤维等多孔材料就可配制吸声砂浆。工程上常用的吸声砂浆体积比为水泥∶石灰膏∶砂∶锯末＝1∶1∶3∶5。

吸声砂浆常用于厅堂的墙壁和顶棚的吸声。

5.4 干粉砂浆

干粉砂浆(又称干混砂浆、干拌砂浆或干粉料)是将干粉状的胶凝材料、集料、化学添加剂等均匀混合，通过精确计量控制、机械化生产，使产品可以散装运到现场，作业时只要按一定比例加水搅匀，即可直接使用的新型砂浆。干混砂浆是建材领域新兴的干混材料之一，其英文名称为Dry Mix Mortar。干粉砂浆具有质量稳定、节约成本、高度节能、绿色环保、施工方便、便于存储等优点。

1. 胶凝材料

干粉砂浆所用的胶凝材料主要是水泥、石膏、石灰等无机胶凝材料和有机可分散粉末等。水泥强度等级可比普通砂浆略高,特殊情况下使用特种水泥,如装饰砂浆和瓷砖添缝剂等多使用白色硅酸盐水泥。由于石膏在凝结时产生微膨胀,与基面咬合力强,加适量添加剂配制的粉刷石膏具有轻质、隔热保温、隔音、高强、节能等特点。石灰具有较好的可塑性,加入质量百分比为5%~30%的熟石灰可以改善干粉砂浆的施工性能。

有机胶凝材料主要是乳液干粉,全称为可再分散乳胶粉,是一种常用于水泥砂浆改性的聚合物,它是聚合物乳液经过喷雾干燥(以及选用适当的添加剂)形成的粉末状聚合物。聚合物干粉遇水变为乳液,在水泥砂浆凝结硬化过程中可再一次脱水,这样聚合物颗粒就在水泥砂浆中形成了聚合物体结构,从而与聚合物乳液的作用过程相似,对水泥砂浆起到改性作用。根据配比的不同,采用可再分散聚合物粉末进行干粉砂浆的改性,可以提高与各种基材的胶接强度,并提高砂浆的柔性和可变形性、抗弯强度、耐磨损性、韧性、黏结力和密度(抗渗透性)及保水能力和施工性。另外,具有疏水效应的可再分散粉末可以使砂浆具有很强的防水效果。

由于干粉不像聚合物乳液那样需要考虑乳液配制和稳定性等问题,因此少量掺加就可以使砂浆达到所需性能,且具有比乳液易于包装、贮存、运输和供应,无抗冻和无生酶、生细菌的问题。正是由于再分散乳胶粉,才使得聚合物改性干粉砂浆成为可能。

乳液干粉制造的核心在于乳胶粉再分散后聚合物颗粒呈现出与原乳液聚合物颗粒相似的粒度或粒度分散。要在乳液中添加一定量的聚乙烯醇之类的保护性胶体,这样乳胶粉在与水接触时才能重新分散成乳液,乳胶粉只有具备良好的可再分散性,才能确保达到最佳的功效。目前常用聚合物干粉原料有聚乙烯、脂肪醇、甲基纤维素(MC)、有机硅、聚丙烯酰胺、聚乙烯醇(PVA)、尿醛、聚丙烯酸盐-聚丙烯酸钙及三聚氰胺-甲醛等。

2. 集料

干粉砂浆所用的集料大多数是具有普通粒径的石英砂、石灰石砂或者白云石砂等,广义地讲,集料还包括轻质填料和具有一些特殊功能的填料。为了调节级配,通常需要使用粒径不同的集料。另外还使用具有装饰效果的颗粒材料,例如方解石、大理石、侏罗纪石灰石或云母等,主要用于装饰砂浆。有时为了降低干粉砂浆的密度和提高隔热效果,可以使用轻质集料,例如珍珠岩、蛀石、泡沫玻璃、膨胀黏土和浮石等。装饰砂浆或者瓷砖填缝剂经常使用颜料着色。

3. 添加剂

如果没有添加剂,就不会有现代干粉砂浆的发展,许多干粉砂浆所具有的技术特性也不可能出现。在干粉砂浆的配比中,添加剂的含量一般只占质量百分比的0.1%~10%。添加剂分为有机类和无机类两种,通常以聚合体形式存在。添加剂可以改善干粉砂浆和水的混合情况,如改善砂浆的流变特性或者施工性能及改善砂浆硬化的性能等。

1）纤维素醚

在干粉砂浆中，纤维素醚用作增稠剂和保水剂。虽然纤维素醚的添加比例为0.02%～0.7%，但它是一种非常重要的添加剂，与可再分散粉末一起使用能影响干粉砂浆的性能。在干粉砂浆中使用的纤维素醚主要是甲基羟乙基纤维素醚（MHEC）和甲基羟丙基纤维素醚（MHPC），可将它们简单地称为MC。

适用于干粉砂浆的MC具有水溶性，呈粉状，其中大多数颗粒尺寸小于63 μm。干粉砂浆中MC的颗粒材料分散在胶黏剂和集料颗粒之间，避免了结块的发生。某些MC的表面覆盖大量化学交联剂（降低溶解度），造成了颗粒只有在碱性条件下（如由于水泥或者熟石灰而产生）才能快速溶解。碱性使化学交联立即断裂并使MC迅速溶解在砂浆中。

① 黏着性和施工性。黏着性主要是在进行抹灰和粉刷均涂时采用的黏度的感受程度，黏着性较高时要求工人在均涂过程中使用更大的力，这样一来，施工性能就降低了。因此，黏着性和施工性是互相有影响的两个性能。干粉砂浆中MC掺量的多少均影响到这两种性能。

② 保水性。水泥和石膏基砂浆需要水才能凝结，并且水必须在砂浆中保持很长一段时间。MC可保持混合料在反应过程中所需的水分，即MC具有较好的保水性。

③ 需水量和涂布量。需水量取决于混合料的组成及各组分在配料中所占的比重，MC是影响需水量的主要因素，而且需水量的大小还与MC的黏度、加入比例和增稠效果有关。需水量（水灰比）的大小同时还影响砂浆的涂布量。涂布量通常以每100 kg干粉砂浆加水后体积的数量来衡量，是确定干粉砂浆施工效率的重要参数。

其他受MC影响的性能包括开放时间、瓷砖胶黏剂的拉拔强度、抗滑移性、流变特性、可塑性和润滑性能等。

2）其他添加剂

① 淀粉醚。加入到干粉砂浆中的淀粉醚主要是羟丙基淀粉醚，虽然其黏度较低（2%溶液通常为100～500 MPa·s），但是在加入到含有MC的干粉砂浆中后，能明显地增加砂浆的稠度。在水泥基抹灰材料和砂浆中，通常加入的比例为0.01%～0.04%；在石膏基干粉砂浆中，通常加入的比例为0.02%～0.06%，淀粉醚的加入造成灰浆的需水量稍微增多，同时使涂布量亦随之稍微增加，但砂浆的保水率没有变化。

② 引气剂。通过物理作用在砂浆中引入微气泡，使得砂浆的密度降低、施工性更好，并且提高了砂浆的产量。存留在砂浆中的空气使混凝土具有更好的保温隔热性能，但同时也降低了强度。引气剂一般为粉末状，主要为脂肪磺酸钠盐和硫酸钠盐。在灰浆和砌筑砂浆中的加入比例通常在0.01%～0.06%之间，可以通过观察砂浆的空气含量及其施工性来确定最佳掺量。

③ 促凝剂。在水泥基系统中经常使用促凝剂来获得预期的凝结时间。甲酸钙

是最常用的一种促凝剂,在实际应用中获得较好的效果。如果用甲酸钙作为促凝剂的话,加入比例为0.5%~2.5%。

④ 缓凝剂。缓凝剂主要应用于石膏灰浆和石膏基填缝料中。如果不使用缓凝剂,那么石膏的凝结速度将过快。缓凝剂有不同的类型,主要是果酸盐类,如酒石酸或柠檬酸盐及合成酸盐等,通常掺量在0.05%~0.25%。

⑤ 疏水剂(防水剂)。可以防止水渗入到砂浆中,但同时砂浆仍能保持敞开状态以进行水蒸气的扩散。疏水剂的性能可以通过毛细吸水率来测量。疏水剂主要使用在室外抹灰、无机物防水浆料和瓷砖用灰浆中。市场上有两类疏水剂:一类是脂肪酸金属盐(例如硬脂酸锌或者油酸钠),另一类是具有疏水特性的聚合物可再分散粉末。第一类疏水剂的优点是加入比例低(0.1%~1%);第二类疏水剂由于疏水性可再分散粉末在多年以后也不会被雨水从灰浆中冲洗掉,所以具有使用寿命长的优点。另外,使用疏水性可再分散粉末不会在干粉砂浆与水混合时出现润湿困难,并且提高了硬化砂浆与基材之间的黏接力。

⑥ 超塑化剂。超塑化剂也称为高效塑化剂,在干粉砂浆中能减少砂浆的需水量。超塑化剂的作用机理是:水泥颗粒表面带有不同电荷造成它们在结块时将水包含在其中,通过超塑化剂的吸附作用,表面电荷被中和,使水被释放。常用的超塑化剂有酪蛋白、合成超塑化剂等,例如,基于木质素磺酸盐、萘、三氯氰胺-甲醛聚合物或者羧酸聚醚的产品。超塑化剂主要用在有较高要求的自流平干粉砂浆中,掺加量通常在0.2%~1%。

⑦ 纤维。可以分为长纤维和短纤维两组。长纤维主要用于干粉砂浆的增强和加固,短纤维用来影响改善砂浆的性能和需水量。

⑧ 消泡剂。消泡剂主要作用是降低砂浆中的空气含量。目前正在使用的主要是基于不同化学剂的粉状消泡剂(主要是无机载体上的碳氢化合物、聚乙二醇或聚硅氧烷等)。

其他的添加剂还有颜料、增稠剂、增塑剂等。

3) 干粉砂浆的强度

干粉砂浆的强度等级可分为M_b5、M_b10、$M_{b1}5$、M_b20、M_b25、M_b30。强度等级较高的干粉砂浆是用于高强度混凝土空心砌块的,施工时稠度可控制在60~80 mm,分层度在10~20 mm。干粉砂浆的技术性能稳定,和易性良好,可采用手工或机械施工。

干粉砂浆有整吨袋装,也有小袋(50 kg)分装,运输、贮存和使用方便,贮存期可达三个月至半年。干粉砂浆的品种多样,有砌筑砂浆、抹面砂浆、修补砂浆、装饰砂浆等。例如,混凝土空心砌块专用干粉砂浆,按规定加水和粉后,黏聚性良好,强度稳定,使混凝土空心砌块的竖缝砌筑质量容易保证;同时也提高了混凝土空心砌块、砌体的抗剪强度。

干粉砂浆的使用,有利于提高砌筑、抹灰、装饰、修补工程的施工质量,改善砂浆现场施工条件。

【思考和练习】

5-1 新拌砂浆的和易性包括哪两方面含义？应如何测定？

5-2 砂浆和易性不良对工程应用有何影响？怎样才能提高砂浆的保水性？

5-3 影响砂浆强度的基本因素是什么？写出其强度公式。

5-4 计算出的配合比，通过哪些试验才能确定其配合比？

5-5 普通抹灰砂浆的功用和特点是什么？

5-6 何谓混合砂浆？工程中常采用水泥混合砂浆有何好处？为什么要在抹面砂浆中掺入纤维材料？

5-7 对抹面砂浆和砌筑砂浆的组成材料及技术性质的要求有哪些不同？为什么？

5-8 某墙体砌筑普通烧结黏土砖，使用水泥、石灰混合砂浆，要求砂浆的强度等级为M15，稠度为7～10 cm。现场有32.5级及42.5级的矿渣水泥可供选用，砂为中砂，含水率为1%，堆积密度为1 430 kg/m^3，石灰膏的稠度为11 cm，施工水平较差。试计算砂浆的配合比。

5-9 某多层住宅楼工程，要求配制强度等级为M7.5的水泥石灰混合砂浆，用以砌筑烧结普通砖墙体。工地现有材料如下。

水泥为32.5级矿渣水泥，堆积密度为1 200 kg/m^3；

石灰膏为一等品建筑生石灰消化制成，堆积密度1 280 kg/m^3，沉入度为12 cm；

砂子为中砂，含水率2%，堆积密度1 450 kg/m^3。试设计其配合比（质量比和体积比）。

第6章　钢　　材

【本章要点】

钢材的性能包括两大部分，一是力学性能（抗拉性能、冲击韧性、疲劳性能和硬度），二是工艺性能（冷弯、焊接、热处理、冷加工强化及时效处理）。本章的学习目标是：熟练掌握建筑钢材的力学性能、工艺性能及化学成分对钢材性能的影响；掌握碳素结构钢和低合金轻度结构钢牌号表示方法、性能及应用；了解土木工程中钢筋混凝土用钢材和钢结构用钢材的类型。

土木工程用钢材是指用于工程建设的各种钢材，包括钢结构用的各种型钢（圆钢、角钢、槽钢、工字钢等）、钢板和钢筋混凝土中的各种钢筋、钢丝和钢绞线。

钢材材质强度高，均匀密实，具有良好的塑性和韧性，能耐受冲击和振动荷载，易于加工（焊接，铆接和切割）和装配。钢材广泛应用于建筑、桥梁、铁路等工程中，是一种重要的土木工程结构材料。其主要缺点是易于生锈，维护费用大，耐火性差。

本节涉及的有关标准和规范主要有：

《金属材料拉伸试验　第1部分：室温试验方法》(GB/T 228.1—2010)；

《碳素结构钢规范》(GB/T 700—2006)；

《低合金高强度结构钢》(GB/T 1591—2008)；

《钢筋混凝土用钢　第1部分：热轧光圆钢筋》(GB 1499.1—2008)；

《钢筋混凝土用钢　第2部分：热轧带肋钢筋》(GB 1499.2—2007)；

《低碳钢热轧圆盘条》(GB/T 701—2008)；

《冷轧带肋钢筋》(GB 13788—2008)；

《预应力混凝土用钢棒》(GB/T 5523.3—2005)；

《预应力混凝土用钢丝》(GB/T 5223—2002)；

《预应力混凝土用钢绞线》(GB/T 5224—2003)。

6.1　钢的冶炼与分类

6.1.1　钢的冶炼

钢铁的主要化学成分都是铁和碳，此外还有少量的硅、锰、磷、硫、氧和氮等。含碳量大于2.06%的为生铁或铸铁，小于2.06%的为钢。

钢是由生铁冶炼而成的。生铁是由铁矿石、焦炭和少量石灰石等在高温的作用下进行还原和造渣反应而得到的一种碳铁合金。生铁性能硬而脆，塑性差、抗拉强度低，使用上受到很大限制。炼钢的原理就是将熔融的生铁进行加工，使生铁中的含碳量降至2%以下，其他杂质含量控制在规定范围内。

钢的冶炼方法主要有氧气转炉法、平炉法、电炉法三种，不同的冶炼方法的特点和用途见表6-1。不同的冶炼方法对钢材的质量有着不同的影响，目前，氧气转炉法是最主要的炼钢方法，而平炉法由于生产效率低，已基本被淘汰。

表6-1 三种主要冶炼方法的特点和应用

炉种	原料	特 点	生产钢种
平炉	生铁、废钢	容量大，冶炼时间长，钢质较好，成本较高	碳素钢、低合金钢
氧气转炉	铁水、废钢	冶炼速度快，生产效率高，钢质较好	碳素钢、低合金钢
电炉	废钢	容积小，耗电大，控制严格，钢质好，成本高	合金钢、优质碳素钢

6.1.2 钢的分类

钢的分类方法很多，目前的分类方法主要有下面几种。

1. 按化学成分分

按化学成分可分为碳素钢和合金钢。

碳素钢的主要化学成分是铁，其次是碳，含碳量小于2.11%的铁碳合金称为碳素钢，通常其含碳量为0.02%～2.06%。除了铁、碳之外，还含有少量的硅、锰、磷、硫、氧、氮等微量元素。根据含碳量的高低，分类如下：

碳素钢
- 低碳钢（含碳量＜0.25%）
- 中碳钢（含碳量0.25%～0.6%）
- 高碳钢（含碳量＞0.6%）

合金钢是在碳素钢的基础上加入一种或多种改善钢材性能的合金元素，如锰、硅、钒、钛等，合金钢根据合金元素的总含量，分类如下：

合金钢
- 低合金钢（合金元素含量＜5%）
- 中合金钢（合金元素含量5%～10%）
- 高合金钢（合金元素含量＞10%）

在建筑工程中，常用低碳钢和低合金钢。

2. 按冶炼时脱氧程度不同分类

沸腾钢一般用锰、铁脱氧，脱氧很不充分，钢液冷却凝固时有大量CO气体外逸，引起钢液沸腾，故称沸腾钢，代号为“F”。沸腾钢内部气泡和杂质较多，化学成分和力学性能不均匀，因此钢的质量较差，但成本较低，可用于一般的建筑结构。

镇静钢一般用硅脱氧，脱氧完全，钢液浇注后平静地冷却凝固，基本无CO气泡产生，故称镇静钢，代号为“Z”。其化学成分均匀、机械性能好、品质好，但成本高。适用于承受冲击荷载及预应力混凝土等重要结构工程。

特殊镇静钢比镇静钢脱氧更充分，其质量最好，代号为“TZ”。适用于特别重要的结构工程。

3. 按有害杂质含量分类

钢材根据品质好坏可分为普通钢、优质钢、高级优质钢(主要是对硫、磷等有害杂质的限制范围不同)。

4. 按用途分类

钢材按用途不同可分为结构钢(主要用于工程构件及机械零件)、工具钢(用于制作刀具、量具、模具等)、特殊钢(具有特殊物理、化学或机械性能，如不锈钢、耐磨钢、耐热钢等，一般为合金钢)、专用钢(为满足特殊的使用下或使用荷载下专用钢材，如桥梁专用钢，钢轨专用钢等)。

6.2 钢材的力学性能与工艺性能

钢材的性能主要包括力学性能、工艺性能和化学性能等。只有了解、掌握钢材的各种性能，才能做到正确、经济、合理地选择和使用钢材。

6.2.1 力学性能

力学性能是钢材最重要的使用性能。钢材的主要力学性能有抗拉性能、抗冲击韧性、耐疲劳等。

1. 抗拉强度

拉伸是建筑钢材的主要受力形式，所以抗拉性能是表示钢材性能和选用钢材的重要指标。国家标准《金属材料拉伸试验　第1部分：室温试验方法》(GB/T 228.1—2010)规定了拉伸试验方法。建筑钢材的抗拉性能可用低碳钢受拉时的应力-应变图(见图6-1)来阐明。

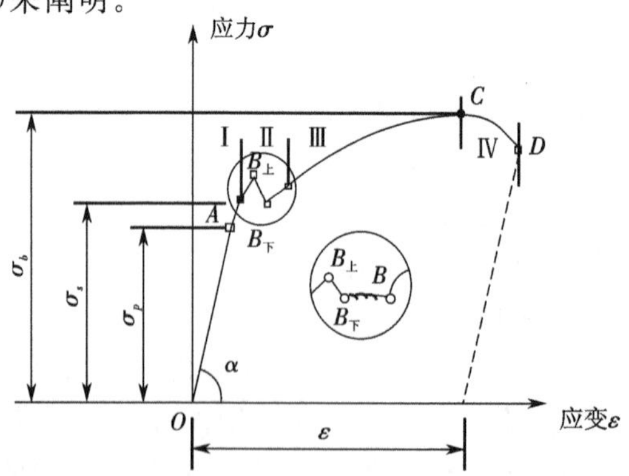

图6-1　低碳钢受拉时的应力-应变图

低碳钢受拉分为四个阶段，即弹性阶段（OA）、屈服阶段（AB）、强化阶段（BC）和颈缩阶段（CD）。

1）弹性阶段

OA 为一条直线，为弹性阶段。在 OA 范围内，应力、应变成正比。如卸去荷载，试件将恢复原状，表现为弹性变形。与 A 点相对应的应力为弹性极限，用 σ_p 表示，弹性模量用 E 表示，$E=\sigma_p/\varepsilon_p$。弹性模量反映钢材的刚度，是钢材在受力条件下计算结构变形的重要指标。常用低碳钢的弹性模量 $E=(2.0\sim2.1)\times10^5$ MPa。

2）屈服阶段

AB 为屈服阶段。应力达到 A 点后钢筋进入屈服阶段，应力不再增加，应变急剧增长形成屈服台阶 AB，应力-应变曲线上 $B_上$ 点称为屈服上限，$B_下$ 点称为屈服下限。由于 $B_下$ 比较稳定，且较易测定，故一般以 $B_下$ 点对应的应力为屈服点，用 σ_s 表示。常用低碳钢的 σ_s 为 195～300 MPa；对于中碳钢和高碳钢等含碳量较高的硬钢类钢材，在外力作用下没有明显的屈服台阶，通常以 0.2％残余变形时对应的应力作为屈服强度，以 $\sigma_{0.2}$ 表示，称为条件屈服点。在结构设计中，屈服强度是钢材设计强度取值的主要依据。这是因为钢材应力超过屈服点以后，虽然没有断裂，但会产生较大的塑性变形，这将使构件产生很大的变形和不可闭合的裂缝，以致无法使用。

3）强化阶段

BC 为强化阶段。超过 B 点后应力应变关系重新表现为上升的曲线，BC 为强化阶段。对应于最高点 C 的应力称为抗拉强度或极限强度，用 σ_b 表示，抗拉强度虽然是钢材抵抗断裂破坏能力的一个重要指标，但是在结构设计中一般不直接利用。屈服点与抗拉强度的比值（即屈强比 σ_s/σ_b）是反映钢材的安全可靠程度和利用率大小的重要指标。屈强比越小，表明材料的安全度越高，不易发生脆性断裂和局部超载引起的破坏；屈强比越大，则表示钢材的强度利用率偏低，不够经济合理。通常情况下，屈强比在 0.60～0.75 范围内比较合适。

4）颈缩阶段

CD 为颈缩阶段。到达应力最高点后钢筋产生颈缩现象，应力开始下降，在试件薄弱处断面显著减小，出现“颈缩现象”，直至断裂。钢材的伸长率为钢材试件拉断后的伸长值与原标距长度之比，用 δ 表示。伸长率的计算公式如下：

$$\delta=\frac{l_1-l_0}{l_0}\times100\% \qquad (6\text{-}1)$$

式中 l_0——试件原始标距长度，mm；

l_1——断裂试件拼合后标距的长度，mm。

钢材拉伸时塑性变形在试件标距内的分布是不均匀的，颈缩处的伸长较大。原始标距 l_0 伸长率与直径 d_0 之比越大，则颈缩处伸长值在整个伸长值的比重越小，结果计算出的伸长率则小一些。通常以 δ_5 表示 $l_0=5d_0$（称为短试件）时的伸长率，以 δ_{10} 表示 $l_0=10d_0$（称为长试件）时的伸长率。对于同一种钢材，$\delta_5>\delta_{10}$。

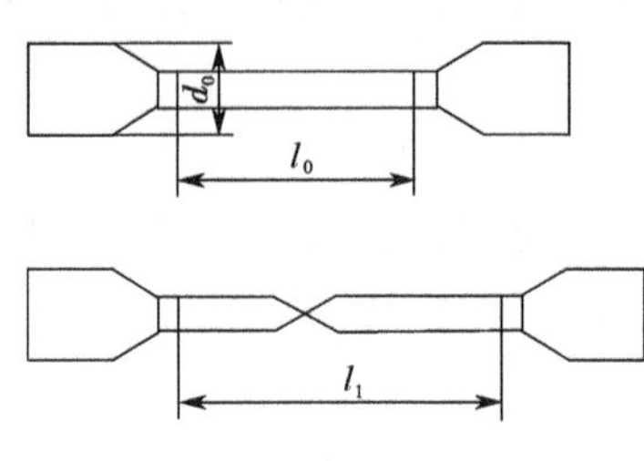

图 6-2 钢材拉断前后的试件

通过抗拉试验，还可测定另一表明钢材塑性的指标——断面收缩率 Ψ。试件拉断前后截面积的改变量与原始截面积 A_0 的百分比称为断面收缩率，如图 6-2，计算公式如下：

$$\Psi=\frac{A_0-A_1}{A_0}\times 100\% \qquad (6\text{-}2)$$

式中 A_0——试件的原截面面积，mm^2；

A_1——试件断裂后颈缩处的横截面积，mm^2。

伸长率和断面收缩率是衡量钢材塑性的重要指标。钢材的塑性大，不仅便于进行各种加工，而且能保证钢材在建筑上的安全使用，因为钢材的塑性变形可将结构上的局部高峰应力重新分布，从而避免结构过早破坏；另外钢材在塑性破坏前，有很明显的变形和较长的变形持续时间，便于发现和补救。

2. 冲击韧性

冲击韧性是指钢材抵抗冲击荷载的能力，通常用冲击韧性值 α_k 来衡量，冲击韧性的大小用带有 V 形刻槽的标准试件的弯曲冲击韧性试验(见图 6-3)确定。摆锤打击试件时，刻槽处试件被打断，试件单位截面面积上所消耗的功，即为钢材的冲击韧性指标，以 α_k 表示。α_k 值越小，表示冲断试件时消耗的功越多，钢材的冲击韧性越好。冲击韧性计算公式如下：

$$\alpha_k=\frac{mg(H-h)}{A} \qquad (6\text{-}3)$$

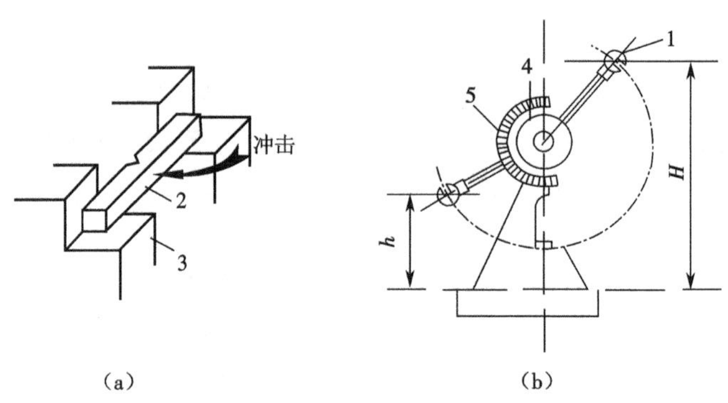

(a)　　(b)

图 6-3 冲击韧性试验示意图

(a) 试验装置；(b) 试验机

1—摆锤；2—试件；3—支座；4—指针；5—度盘

影响钢材冲击韧性的因素很多，当钢材内的硫、磷含量高，化学成分不均匀，含有非金属夹杂物以及焊接中形成的微裂纹等都会使钢材的冲击韧性显著降低。

温度对钢材冲击韧性的影响也较大。某些钢材在常温条件下呈韧性断裂，而当温度降低到一定程度时，α_k 值急剧下降而使钢材呈脆性断裂，这一现象称为钢材的低温冷脆性。冷脆性是冬季一些钢结构发生事故的主要原因。因此，在负温下使用钢结构时，应评价钢材的冷脆性，通常在气温为－20 ℃或－40 ℃时测定 α_k 值。

钢材随时间的延长而表现出强度提高、塑性和冲击韧性下降的现象，这种现象称为钢材时效。通常，完成时效的过程可达数十年，但钢材经过冷加工或使用中受振动和反复荷载作用后，时效可迅速发展。因时效导致钢材性能改变的程度称为时效敏感性。时效敏感性越大的钢材，经过时效后冲击韧性的降低就越显著。为了保证安全，对于承受动荷载的重要结构，如桥梁，应当选用时效敏感性小的钢材。

总之，对于直接承受动荷载，而且可能在负温下工作的重要结构，必须按照有关规范要求进行钢材的冲击韧性检验。

3. 疲劳强度

钢材在交变荷载反复作用下，往往在应力远低于抗拉强度时发生断裂，这种现象称为钢材的疲劳破坏。钢材的疲劳破坏指标用疲劳强度（或称疲劳极限）来表示，它是指试件在交变应力下，在规定的周期基数内不发生断裂所能承受的最大应力。疲劳破坏经常突然发生，因而有很大的危险性，往往造成事故。在设计承受反复荷载且须进行疲劳验算的结构时，应测定所用钢材的疲劳强度。

研究表明，钢材的疲劳破坏是拉应力引起的。因此，钢材的疲劳极限与抗拉强度有关，钢材的抗拉强度高，其疲劳极限也高。在设计承受交变荷载作用的结构时，应了解所用钢材的疲劳极限。

4. 硬度

钢材的硬度是指金属材料抵抗硬物压入表面的能力，即材料表面抵抗塑性变形的能力。通过硬度的测试可用估计钢材的力学性能，判断钢材材质的均匀性或热处理后的效果。

测定硬度的方法是，以一定的静荷载（压力），通过压头压在金属表面，然后测定压痕的面积或深度来确定硬度。按压力和压头的不同，有洛氏法、布氏法等，相应的硬度试验指标称布氏硬度（HB）和洛氏硬度（HR）。常用的方法是布氏法，布氏法测值比较准确，但压痕较大，不适宜用于成品检验；而洛氏法压痕较小，它是以压头压入试件的深度来表示硬度值的，常用于判断工件的热处理效果。

布氏法的测定原理是：用一直径为 D(mm)的淬火钢球以荷载 P 将其压入试件表面，如图 6-4 所示，经规定的持续时间后卸除荷载，即得直径为 d(mm)的压痕，以压痕表面积 F 除以荷载 P，即得布氏硬度值 HB，此值无量纲。

材料的硬度是材料弹性、塑性、强度和韧性等一系列性能的综合反映。因此，硬度值往往与其他性能有一定的相关性。例如，碳素钢的 HB 值与抗拉强度 σ_b 之间存在较好的相关关系。当 HB＜175 时，$\sigma_b \approx 3.6$HB；当 HB＞175 时，$\sigma_b \approx 3.5$HB。根据这些关系，可以在钢结构原位上测出钢材的 HB 值，来估算钢材的抗拉强度。

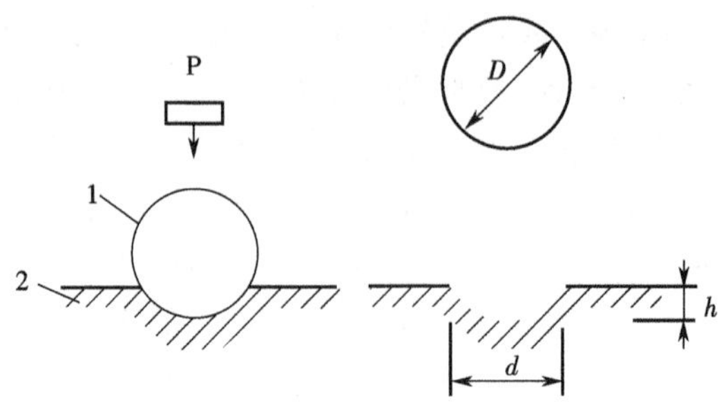

图 6-4　布氏硬度测定示意图

1—淬火钢球；2—试件

6.2.2　工艺性能

钢材在使用前，大多需要一定形式的加工，良好的工艺性能是钢制品和钢构件的质量保证，而且可以提高成品率，降低成本。建筑钢材的工艺性能包括冷弯、冷拉、冷拔及焊接性能等。

1. 冷弯性能

冷弯性能是指钢材在常温下承受弯曲变形的能力。衡量钢材冷弯性能的指标有两个，一个是试件的弯曲角度，另一个是弯心直径与钢材的直径厚度的比值。钢材冷弯试验(见图 6-5)是将钢材按规定的弯曲角度和弯心直径进行弯曲，若弯曲后试件弯曲处无裂纹、断裂及起层等现象，即认为冷弯性能合格；否则为不合格。钢材的弯曲角度越大，弯心直径与钢材的直径或厚度的比值越小，表示钢材的冷弯性能越好。

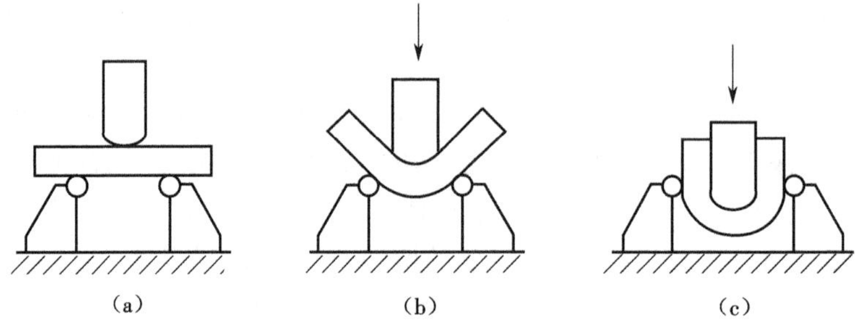

图 6-5　钢材冷弯试验示意图

(a) 试件安装；(b) 弯曲 90°；(c) 弯曲 180°

冷弯试验是通过试件弯曲处的不均匀塑性变形来实现的，它和伸长率一样，都反映钢材在静荷载下的塑性。相对于伸长率而言，冷弯是对钢材塑性更严格的检验，它能很好地揭示钢材是否存在内部组织不均匀、内应力和夹杂物等缺陷。

2. 焊接性能

土木工程中，钢结构、钢筋混凝土的钢筋骨架、接头和连接件、预埋件等大多数是采用焊接方式连接的。因此，钢材应有良好的焊接性能。

钢材的焊接方法主要有两种，钢结构焊接用的电弧焊和钢筋连接用的接触对焊。

焊接过程的特点是，钢件在很短的时间内达到很高的温度，由于钢件传热速度快，冷却的速度也快，存在剧烈的膨胀和收缩，因此，焊件中常产生局部变形及内应力，使焊缝周围的钢材产生硬脆倾向，降低了钢材质量。可焊性良好的钢材，焊接后焊缝处的性质应尽可能与母材一致，这样才能获得焊接牢固可靠、硬脆倾向小的效果。

钢材焊接后必须取样进行焊接质量检验，检验方法主要有试件拉伸试验和原位非破损检测两类。取样试件试验是指在结构焊接部位切取试样，然后在试验室进行各种力学性能的对比试验，以观察焊接的影响。非破损检测则是在不损及结构物使用性能的前提下，直接在结构原位，采用超声、射线、磁力、荧光等物理方法，对焊缝进行缺陷探伤，从而间接推定力学性能的变化。

3. 冷加工性能及时效处理

将钢材于常温下进行冷拉、冷拔或冷轧，使之产生塑性变形，从而提高强度，但钢材的塑性和韧性会降低，这个过程称为冷加工强化。通常冷加工变形越大，则强化越明显，即屈服强度提高越多，而塑性和韧性下降也越大。

将经过冷拉的钢筋，于常温下存放 15 ～20 d，或加热到 100～200 ℃并保持 2～3 h后，则钢筋强度将进一步提高，这个过程称为时效处理。前者称为自然时效，后者称为人工时效。通常对强度较低的钢筋可采用自然时效，强度较高的钢筋则须采用人工时效。

钢筋经冷拉、时效后的力学性能变化规律，可从其拉伸试验的应力-应变曲线(见图 6-6)中得到反映。图 6-7 中 $OABCD$ 为未经冷拉和时效试件的应力-应变曲线。当试件冷拉至超过屈服强度的任意一点 K，卸去荷载，此时由于试件已产生塑性变形，则曲线沿 KO'下降，KO'大致与 AO 平行。如立即再拉伸，则应力-应变曲线将成为 $O'KCD$(虚线)，屈服强度由 B 点提高到 K 点。但如在 K 点卸载后进行时效处理，然后再拉伸，则应力-应变曲线将成为 $O'KC_1D_1$，这表明冷拉时效后，屈服强度和抗拉强度均得到提高，但塑性和韧性则相应降低。

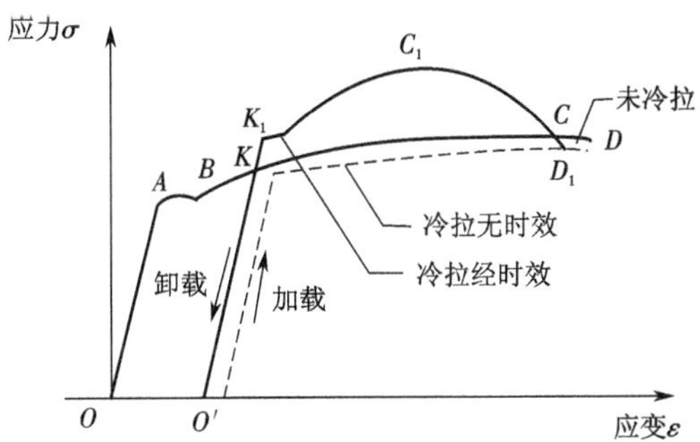

图 6-6 钢筋经冷拉时效后应力-应变的变化

建筑工程中，常对钢材进行冷加工和时效处理来提高屈服强度，以节约钢材。建筑工地或预制构件厂常用的冷加工方法是冷拉和冷拔。冷拉是将热轧钢筋用冷拉设备进行张拉，拉伸至产生一定的塑性变形后，卸去荷载。冷拉参数的控制直接关系到冷拉效果和钢材质量。一般钢筋冷拉仅控制冷拉率,称为单控,对用作预应力的钢筋,须采用双控,既控制冷拉应力,又控制冷拉率。钢筋冷拉后,屈服强度可提高20%～30%,可节约钢材10%～20%,钢材经冷拉后屈服阶段缩短,伸长率降低,材质变硬;冷拔是将光圆钢筋通过硬质合金拔丝模孔强行拉拔。每次拉拔断面缩小应在10%以内。钢筋在冷拔过程中,不仅受拉,同时还受到挤压作用,因而冷拔的作用比纯冷拉作用强烈。经过一次或多次冷拔后的钢筋,表面光滑,屈服强度可提高40%～60%,但塑性大大降低,具有硬钢的性质。

4. 钢材的热处理

热处理是将钢材在固态范围内按一定规则加热、保温和冷却,以改变其金相组织和显微结构组织,从而获得所需性能的一种工艺过程。土木工程所用钢材一般在生产厂家进行热处理并以热处理状态供应。在施工现场,有时需对焊接件进行热处理。

钢材热处理的方法有退火、正火、淬火、回火。

6.3 钢的组织和化学成分对钢材性能的影响

钢材中除基本元素铁和碳外,常有硅、锰、硫、磷和氢、氧、氮及合金元素存在。各种元素对钢的性能都有一定的影响,为了保证钢的质量,在国家标准中对各类钢的化学成分都作了严格的规定。

1. 碳

碳是钢材中的主要元素,是决定钢材性能的重要因素。在含碳量小于0.8%的范围内,随着含碳量的增加,钢材的抗拉强度和硬度增加,塑性和冲击韧性降低。当含碳量超过1%时,随着含碳量的增加,除硬度继续增加外,钢材的强度、塑性、韧性都降低,耐腐蚀性和可焊性变差,冷脆性和时效敏感性增大。

2. 有益元素

1) 硅

硅是炼钢时为了脱氧而加入的元素,当钢材中含硅量在1%以内时,它能增加钢材的强度、硬度、耐腐蚀性,且对钢材的塑性、韧性、可焊性无明显影响。当钢材中含硅量过高(大于1%)时,将会显著降低钢材的塑性、韧性、可焊性,并增大冷脆性和时效敏感性。

2) 锰

锰是炼钢时为了脱氧而加入的元素,是我国低合金结构钢的主要合金元素。在炼钢过程中,锰和钢中的硫氧化合成MnS和MnO,入渣排除,起到了脱氧排硫的作用。锰的作用主要是能显著提高钢材的强度和硬度,改善钢材的热加工性能和可焊性,几乎不降低钢材的塑性、韧性。

3) 铝、钒、钛、铌

它们都是炼钢时的强脱氧剂,也是最常用的合金元素。适量加入钢内能改善钢材的组织，细化颗粒，显著提高强度，改善韧性和可焊性。

3. 有害元素

1）硫

硫是钢材中极有害的元素，多以 FeS 夹杂物的形式存在于钢中。由于 FeS 熔点低，钢材在热加工中内部产生裂痕，引起断裂，形成热脆现象。硫的存在，还会导致钢材的冲击韧性、可焊性及耐腐蚀性降低，故钢材中硫的含量应严格控制。为了消除硫的危害，可在钢中加入适量的锰。

2）磷

磷是钢中的有害元素，以 FeP 夹杂物的形式存在于钢中。它能使钢的强度和硬度增加，但会使钢材的塑性、韧性显著降低，可焊性变差，尤其在低温下，冲击韧性下降更突出，是钢材冷脆性增大的主要原因。

3）氧、氮、氢

氧、氮、氢这三种有害元素都会显著降低钢材的塑性很韧性，应加以限制。氧大部分以氧化物夹杂形式存在于钢中，使钢的强度、塑性和可焊性降低。随着氮含量的增加，钢的强度、硬度会增加，但其塑性、韧性、可焊性也会大大降低，还会加剧钢的时效敏感性、冷脆性和热脆性，钢中溶氢会产生白点（圆圈状的断裂面）和内部裂纹，断口有白点的钢一般不能用于建筑结构。

6.4 建筑钢材的品种与选用

土木工程用钢有钢结构用钢和钢筋混凝土用钢两类，前者主要应用有型钢、钢板和钢管，后者主要应用有钢筋、钢绞线。二者钢制品所用的原料用钢多为碳素钢、合金钢和低合金钢，技术标准及选用如下。

6.4.1 碳素结构钢

1. 牌号

根据国家标准《碳素结构钢》（GB/T 700—2006）的规定，碳素结构钢的牌号表示方法为：屈服点的字母 Q、屈服点数值（MPa）、质量等级、脱氧程度。碳素结构钢按屈服点的数值（MPa）划分为 Q195、Q215、Q235、Q255 和 Q275 四个牌号；质量等级分为 A、B、C、D 四个等级，质量按顺序逐级提高；脱氧程度分为沸腾钢（F）、镇静钢（Z）和特殊镇静钢（TZ）。牌号表示时，Z 和 TZ 可以省略。例如 Q235—A·F 表示屈服点为 235 MPa 的 A 级沸腾钢，各牌号的碳素结构钢成份见表 6-2。

2. 技术性能

根据国家标准《碳素结构钢规范》（GB/T 700—2006）的规定，碳素结构钢的机械性能（强度、冲击韧性等）应符合表 6-3 的规定，工艺性能应符合表 6-4 的规定。

表 6-2　碳素结构钢的化学成分(GB/T 700—2006)

<table>
<tr><th rowspan="2">牌号</th><th rowspan="2">统一数字代号[a]</th><th rowspan="2">等级</th><th rowspan="2">厚度(或直径)/mm</th><th rowspan="2">脱氧方法</th><th colspan="5">化学成分(质量分数),%,不大于</th></tr>
<tr><th>C</th><th>Si</th><th>Mn</th><th>P</th><th>S</th></tr>
<tr><td>Q195</td><td>U11952</td><td>—</td><td>—</td><td>F、Z</td><td>0.12</td><td>0.30</td><td>0.50</td><td>0.035</td><td>0.040</td></tr>
<tr><td rowspan="2">Q215</td><td>U12152</td><td>A</td><td rowspan="2">—</td><td rowspan="2">F、Z</td><td rowspan="2">0.15</td><td rowspan="2">0.35</td><td rowspan="2">1.20</td><td rowspan="2">0.045</td><td>0.050</td></tr>
<tr><td>U12155</td><td>B</td><td>0.045</td></tr>
<tr><td rowspan="4">Q235</td><td>U12352</td><td>A</td><td rowspan="4">—</td><td rowspan="2">F、Z</td><td>0.22</td><td rowspan="4">0.35</td><td rowspan="4">1.40</td><td rowspan="2">0.045</td><td>0.050</td></tr>
<tr><td>U12355</td><td>B</td><td>0.20[b]</td><td>0.045</td></tr>
<tr><td>U12358</td><td>C</td><td>Z</td><td rowspan="2">0.17</td><td>0.040</td><td>0.040</td></tr>
<tr><td>U12359</td><td>D</td><td>TZ</td><td>0.035</td><td>0.035</td></tr>
<tr><td rowspan="5">Q275</td><td>U12752</td><td>A</td><td>—</td><td>F、Z</td><td>0.24</td><td rowspan="5">0.35</td><td rowspan="5">1.50</td><td>0.045</td><td>0.050</td></tr>
<tr><td rowspan="2">U12755</td><td rowspan="2">B</td><td>≤40</td><td rowspan="2">Z</td><td>0.21</td><td rowspan="2">0.045</td><td rowspan="2">0.045</td></tr>
<tr><td>>40</td><td>0.22</td></tr>
<tr><td>U12758</td><td>C</td><td rowspan="2">—</td><td>Z</td><td rowspan="2">0.20</td><td>0.040</td><td>0.040</td></tr>
<tr><td>U12759</td><td>D</td><td>TZ</td><td>0.035</td><td>0.035</td></tr>
</table>

注:a 表中为镇静钢、特殊镇静钢牌号的统一数字,沸腾钢牌号的统一数字代号表示如下:

Q195F——U11950;

Q215AF——U12150,Q215BF——U12153;

Q235AF——U12350,Q235BF——U12353;

Q275AF——U12750。

b 经需方同意,Q235B 的碳含量可不大于 0.22%。

表 6-3　碳素结构钢的力学性质(GB/T 700—2006)

<table>
<tr><th rowspan="3">牌号</th><th rowspan="3">等级</th><th colspan="6">屈服强度[a] R_{eL} (N/mm^2),不小于</th><th rowspan="3">抗拉强度[b] R_m/(N/mm^2)</th><th colspan="5">断后伸长率 A/%,不小于</th><th colspan="2">冲击试验(V形缺口)</th></tr>
<tr><th colspan="6">厚度(或直径)/mm</th><th colspan="5">厚度(或直径)/mm</th><th rowspan="2">温度/℃</th><th rowspan="2">冲击吸收功(纵向)/J不小于</th></tr>
<tr><th>≤16</th><th>>16~40</th><th>>40~60</th><th>>60~100</th><th>>100~150</th><th>>150~200</th><th>≤40</th><th>>40~60</th><th>>60~100</th><th>>100~150</th><th>>150~200</th></tr>
<tr><td>Q195</td><td>—</td><td>195</td><td>185</td><td>—</td><td>—</td><td>—</td><td>—</td><td>315~430</td><td>33</td><td>—</td><td>—</td><td>—</td><td>—</td><td>—</td><td>—</td></tr>
<tr><td rowspan="2">Q215</td><td>A</td><td rowspan="2">215</td><td rowspan="2">205</td><td rowspan="2">195</td><td rowspan="2">185</td><td rowspan="2">175</td><td rowspan="2">165</td><td rowspan="2">335~450</td><td rowspan="2">31</td><td rowspan="2">30</td><td rowspan="2">29</td><td rowspan="2">27</td><td rowspan="2">26</td><td>—</td><td>—</td></tr>
<tr><td>B</td><td>−20</td><td>27</td></tr>
</table>

续表

牌号	等级	屈服强度[a] R_{eL} (N/mm²)，不小于						抗拉强度[b] R_m/(N/mm²)	断后伸长率 A/%，不小于					冲击试验（V形缺口）	
		厚度（或直径）/mm							厚度（或直径）/mm					温度/℃	冲击吸收功（纵向）/J 不小于
		≤16	>16~40	>40~60	>60~100	>100~150	>150~200		≤40	>40~60	>60~100	>100~150	>150~200		
Q235	A	235	225	215	215	195	185	370~500	26	25	24	22	21	—	—
	B													−20	27[c]
	C													0	
	D													−20	
Q275	A	275	265	255	245	225	215	410~540	22	21	20	18	17	—	—
	B													−20	27
	C													0	
	D													−20	

注：a Q195 的屈服强度仅供参考，不作交货条件。

b 厚度大于 100 mm 的钢材，抗拉强度下限允许降低 20 N/mm²，宽带钢（包括剪切钢板）抗拉强度上限不作交货条件。

c 厚度小于 25 mm 的 Q235B 级钢材，如供方能保证冲击吸收功值合格，经需方同意，可不作检验。

表 6-4　碳素结构钢的工艺性质（GB/T 700—2006）

牌号	试样方向	冷弯试验 180°，B=2a[a]	
		钢材厚度（或直径）[b]，mm	
		≤60	>60~100
		弯心直径 d	
Q195	纵	0	—
	横	0.5a	
Q215	纵	0.5a	1.5a
	横	a	2a
Q235	纵	a	2a
	横	1.5a	2.5a
Q275	纵	1.5a	2.5a
	横	2a	3a

注：a B 为试样宽度，a 为钢材厚度（直径）。

b 钢材厚度（直径）大于 100 mm 时，弯曲试验双方协商确定。

3. 特性及应用

建筑工程中应用最广泛的是Q235号钢,属低碳钢,具有较高的强度,良好的塑性、韧性和可焊性,综合性能好,能满足一般钢结构和钢筋混凝土用钢要求,且成本较低。Q235钢被大量制作成钢筋、型钢和钢板用于建造房屋建筑、桥梁等。

Q195钢、Q215钢,强度低,塑性和韧性较好,易于冷加工,常用于钢钉、铆钉、螺栓及铁丝等。Q215钢经冷加工后可代替Q235号钢使用。

Q275钢强度较高,耐磨性较好,但塑性、冲击韧性和可焊性差。不宜焊接和冷弯加工,主要用于制作机械零件和工具等。

6.4.2 优质碳素结构钢

优质碳素结构钢对有害杂质含量控制更严格(S不大于0.035%,P不大于0.035%),质量更稳定,性能优于普通碳素结构钢。

根据《优质碳素结构钢》(GB/T 699—1999)规定,优质碳素结构钢共分为31个牌号。其牌号用平均含碳量的万分数表示,含锰量较高时,在牌号后加注锰(Mn)字。如果是沸腾钢,则在数字后加注“F”。如45 Mn表示含碳量为0.45%,含锰量较高的镇静钢;15F表示含碳量为0.15%的沸腾钢。

优质碳素结构钢的性能主要取决于含碳量。含碳量高,强度、硬度高,但塑性、韧性低。优质碳素钢成本高,建筑上使用不多。30～45号钢主要用于重要结构的钢铸件及高强度螺栓。65～80号钢常用于生产预应力钢筋混凝土用的碳素钢、刻痕钢丝和钢绞线等。

6.4.3 低合金高强度结构钢

低合金高强度结构钢是一种在碳素结构钢的基础上,通过加入少量合金元素并在热轧、空轧或热处理状态下,具有高强度、高韧性,较好的焊接性、成型性或耐腐蚀性等特征的钢材。常用的合金元素主要有锰(Mn)、硅(Si)、钒(V)、钛(Ti)、铌(Nb)、铬(Cr)、镍(Ni)等。

1. 牌号

根据国家标准《低合金高强度结构钢》(GB/T 1591—2008)的规定,低合金高强度结构钢的牌号由代表屈服点的汉语拼音字母(Q)、屈服点数值、质量等级符号(A、B、C、D、E)三个部分按顺序排列。有Q345、Q390、Q420、Q460、Q500、Q550、Q620、Q690八个牌号,例如,Q390A表示屈服点为390 MPa的A级低合金高强度结构钢。

2. 技术性能

根据国家标准《低合金高强度结构钢》(GB/T 1591—2008)的规定,低合金高强度结构钢的力学性能及工艺性能应符合表6-5至表6-7的规定。

表6-5 钢材的拉伸性能

牌号	质量等级	拉伸试验[a,b,c] 以下公称厚度(直径,边长)下屈服强度(R_{eL})/MPa									以下公称厚度(直径,边长)抗拉强度(R_m)/MPa							断后伸长率(A)/% 公称厚度(直径,边长)					
		≤16 mm	>16 mm~40 mm	>40 mm~63 mm	>63 mm~80 mm	>80 mm~100 mm	>100 mm~150 mm	>150 mm~200 mm	>200 mm~250 mm	>250 mm~400 mm	≤40 mm	>40 mm~63 mm	>63 mm~80 mm	>80 mm~100 mm	>100 mm~150 mm	>150 mm~250 mm	>250 mm~400 mm	≤40 mm	>40 mm~63 mm	>63 mm~100 mm	>100 mm~150 mm	>150 mm~250 mm	>250 mm~400 mm
Q345	A、B	≥345	≥335	≥325	≥315	≥305	≥285	≥275	≥265	—	470~630	470~630	470~630	470~630	450~600	450~600	—	≥20	≥19	≥19	≥18	≥17	—
Q345	C	≥345	≥335	≥325	≥315	≥305	≥285	≥275	≥265	—	470~630	470~630	470~630	470~630	450~600	450~600	—	≥21	≥20	≥20	≥19	≥18	—
Q345	D、E	≥345	≥335	≥325	≥315	≥305	≥285	≥275	≥265	≥265	470~630	470~630	470~630	470~630	450~600	450~600	450~600	≥21	≥20	≥20	≥19	≥18	≥17
Q390	A、B、C、D、E	≥390	≥370	≥350	≥330	≥330	≥310	—	—	—	490~650	490~650	490~650	490~650	470~620	—	—	≥20	≥19	≥19	≥18	—	—
Q420	A、B、C、D、E	≥420	≥400	≥380	≥360	≥360	≥340	—	—	—	520~680	520~680	520~680	520~680	500~650	—	—	≥19	≥18	≥18	≥18	—	—
Q460	C、D、E	≥460	≥440	≥420	≥400	≥400	≥380	—	—	—	550~720	550~720	550~720	550~720	730~700	—	—	≥17	≥16	≥16	≥16	—	—
Q500	C、D、E	≥500	≥480	≥470	≥450	≥440	—	—	—	—	610~770	600~760	590~750	540~730	—	—	—	≥17	≥17	≥17	—	—	—
Q550	C、D、E	≥550	≥530	≥520	≥500	≥490	—	—	—	—	670~830	620~810	600~790	590~780	—	—	—	≥16	≥16	≥16	—	—	—
Q620	C、D、E	≥620	≥600	≥590	≥570	—	—	—	—	—	710~880	690~880	670~860	—	—	—	—	≥15	≥15	≥15	—	—	—
Q690	C、D、E	≥690	≥670	≥660	≥640	—	—	—	—	—	770~940	750~920	730~900	—	—	—	—	≥14	≥14	≥14	—	—	—

注：a 当屈服不明显时，可测量 $R_{p0.2}$ 代替下屈服强度。

b 宽度不小于600 mm扁平材，拉伸试验取横向试样；宽度小于600 mm的扁平材、型材及棒材取纵向试样，断后伸长率最小值应当提高1%(绝对值)。

c 厚度>250 mm~400 mm的数值适用于扁平材。

表 6-6 夏比(V型)冲击试验的试验温度和冲击吸收能量

牌号	质量等级	试验温度/℃	冲击吸收能量(KV_2)[a]/J 公称厚度(直径、边长)		
			12～150 mm	>150～250 mm	>250～400 mm
Q345	B	20	≥34	≥27	—
	C	0			
	D	−20			27
	E	−40			
Q390	B	20	≥34	—	—
	C	0			
	D	−20			
	E	−40			
Q420	B	20	≥34	—	—
	C	0			
	D	−20			
	E	−40			
Q460	C	0	≥34	—	—
	D	−20		—	—
	E	−40		—	—
Q500、Q550、Q620、Q690	C	0	≥55	—	—
	D	−20	≥47	—	—
	E	−40	≥31	—	—

a 冲击试验取纵向试样。

表 6-7 弯曲试验

牌号	试样方向	180°弯曲试验 [d=弯心直径,a=试样厚度(直径)] 钢材厚度(直径,边长)	
		≤16 mm	>16～100 mm
Q345 Q390 Q420 Q460	宽度不小于 60 mm 扁平材,拉伸试验取横向试样,宽度小于 600 mm 的扁平材、型材及棒材取纵向试样	$2a$	$3a$

3. 特性及应用

低合金高强度钢与碳素结构钢相比具有如下突出优点：强度高，可减轻自重，节约钢材，综合性能好，如抗冲击性、耐腐蚀性、耐低温性能好，使用寿命长；塑性、韧性和可焊性好，有利于加工和施工。

低合金高强度结构钢主要用于轧制型钢、钢板、钢筋及钢管，在建筑工程中广泛应用于钢结构和钢筋混凝土结构，特别是重型、大跨度、高层结构和桥梁工程。

6.5 土木工程常用钢材

土木工程常用的钢筋有混凝土结构及预应力混凝土结构用钢筋，根据生产工艺、性能和用途的不同，主要品种有热轧钢筋、冷拉热轧钢筋、冷轧带肋钢筋、热处理钢筋、冷拔低碳钢丝、预应力混凝土用钢丝及钢绞线等。钢结构构件一般直接选用型钢。

6.5.1 钢筋

1. 热轧光圆钢筋

根据《钢筋混凝土用钢 第1部分：热轧光圆钢筋》(GB 1499.1—2008)的规定，热轧光圆钢筋按强度屈服值分为235级、300级，强度等级代号为HPB＋屈服强度特征值。“HPB”表示热轧光圆钢筋的英文缩写。其屈服强度R_{eL}、抗拉强度R_m、断后伸长率A、最大力总伸长率A_{gt}等力学性能和工艺性能应符合表6-8的规定。

表6-8 热轧光圆钢筋力学性能和工艺性能要求(GB 1499.1—2008)

牌号	R_{eL}/MPa	R_m/MPa	A/(%)	A_{gt}/(%)	冷弯试验180° d—弯芯直径 a—钢筋公称直径
	不小于				
HPB235	235	370	25.0	10.0	$d=a$
HPB300	300	420			

光圆钢筋的强度低，但塑性和焊接性能好，便于进行各种冷加工，因而广泛用于做小型钢筋混凝土结构的受力筋及各种钢筋混凝土结构的构造筋。

2. 热轧带肋钢筋

根据《钢筋混凝土用钢 第2部分：热轧带肋钢筋》(GB 1499.2—2007)的规定，热轧带肋钢筋分为HRB335、HRB400、HRB500三个牌号。其中H、R、B分别为热轧(hot rolled)、带肋(ribbed)和钢筋(bars)三个词的英文首字母，数字表示相应的屈服强度要求值(MPa)。热轧带肋钢筋的屈服强度R_{eL}、抗拉强度R_m、断后伸长率A、

最大力总伸长率 A_{gt} 等力学性能特征值应符合表 6-9 的规定。

表 6-9　热轧带肋钢筋的力学性能和工艺性能要求(GB 1499.2—2007)

牌号	R_{eL}/MPa	R_m/MPa	A/(%)	A_{gt}/(%)
	不小于			
HRB335 HRBF335	335	455	17	7.5
HRB400 HRBF400	400	540	16	
HRB500 HRBF500	500	630	15	

HRB335 和 HRB400 钢筋的强度较高,塑性和焊接性能较好,广泛用作大、中型钢筋混凝土结构的受力筋。HRB500 钢筋的强度高,但塑性和焊接性能较差,可用于预应力钢筋。

3. 低碳钢热轧圆盘条

低碳钢热轧圆盘条是由屈服强度较低的碳素结构钢轧制的盘条,也称普通线材。普通线材大量用作建筑混凝土的配筋、拉制普通低碳钢丝和镀锌低碳钢丝。低碳钢热轧圆盘条的力学性能和工艺性能应符合表 6-10 的要求。

表 6-10　供拉丝用盘条力学性能和工艺性能(GB/T 701—2008)

牌号	力学性能		冷弯试验 180° d—弯心直径 a—试样直径
	抗拉强度 R_m/(N/mm²) 不大于	断后伸长率 $A_{n,s}$/(%) 不小于	
Q195	410	30	$d=0$
Q215	435	28	$d=0$
Q235	500	23	$d=0.5a$
Q275	540	21	$d=1.5a$

4. 冷轧带肋钢筋

热轧圆盘条经冷轧后,在其表面带有沿长度方向均匀分布的三面或两面横肋的钢筋。根据《冷轧带肋钢筋》GB 13788—2008 的规定,其牌号由 CRB 和钢筋的抗拉强度最小值(MPa)构成。C、R、B 分别为冷轧(Cold Rolled)、带肋(Ribbed)和钢筋(Bars)三个词的英文首字母即冷轧带肋钢筋分为 CRB550、CRB650、CRB800、CRB970 四个牌号。CRB550 为普通钢筋混凝土用钢筋,其他牌号为预应力混凝土用钢筋。冷轧带肋钢筋的力学性能和工艺性能应符合表 6-11 的规定。

表 6-11 冷轧带肋钢筋的力学性能和工艺性能(GB 13788—2008)

牌号	$R_{p0.2}$/MPa 不小于	R_m/MPa 不小于	伸长率/% 不小于		弯曲试验 180°	反复弯曲次数	应力松弛 初始应力应相当于公称抗拉强度的70%
			$A_{11.3}$	A_{100}			1 000 h松弛率/% 不大于
CRB550	500	550	8.0	—	$D=3d$	—	—
CRB650	585	650	—	4.0	—	3	8
CRB800	720	800	—	4.0	—	3	8
CRB970	875	970	—	4.0	—	3	8

注:表中 D 为弯心直径,d 为钢筋公称直径。

冷轧带肋钢筋是采用冷加工方法强化的产品,具有强度高,塑性好,与混凝土黏结牢固、节约钢材、质量稳定等优点,广泛适用于中、小型预应力混凝土构件和普通钢筋混凝土结构构件。

5. 热处理钢筋

热处理钢筋是由热轧带肋钢筋经淬火和回火进行调质处理后而成的钢筋。具有高强度、高韧性和高黏结力及塑性降低等优点,适用于预应力混凝土构件的配筋,但其对应力腐蚀及缺陷敏感性强,使用时应防止锈蚀及刻痕等。

6. 预应力混凝土用钢丝和钢铰线

预应力混凝土用钢丝是采用优质碳素钢或其他性能的钢种,经冷加工及时效处理或热处理而制得的高强度钢丝。根据《预应力混凝土用钢丝》(GB/T 5223－2002)的规定,分为冷拉钢丝(RCD)、消除应力光圆钢丝(S)、消除应力刻痕钢丝(SI)和消除应力螺旋肋钢丝(SH)四种。预应力混凝土用钢丝具有强度高(抗拉强度高达1470～1770 MPa),柔韧性好、无接头、质量稳定可靠、施工方便等优点。主要用于大跨度屋架、薄腹梁、吊车梁、桥梁预应力混凝土用钢筋。

预应力混凝土用钢铰线是以数根优质碳素结构钢丝经铰捻和消除内应力的热处理而制成。根据《预应力混凝土用钢铰线》(GB/T 5224－2003)规定,根据钢丝的股数,将其分为1×2、1×3、1×7三种。钢铰线的最大负荷随钢丝的根数不同而不同。预应力混凝土用钢铰线具有强度高、柔韧性好、无接头、质量稳定和施工方便等优点。适用于大跨度、大负荷及需曲线配筋的预应力钢筋混凝土结构。

6.5.2 钢结构用钢

1. 热轧型钢

钢结构常用型钢有工字钢、H型钢、T型钢、Z型钢、槽钢、等边角钢和不等边角钢等。型钢由于截面形式合理,构件间连接方便,是钢结构中采用的主要钢材。

工字钢广泛用于各种建筑结构和桥梁,主要用于承受横向弯曲的杆件,但不宜单独用作轴心受压构件或双向弯曲的构件。

H型钢有翼缘宽、侧向刚度大、抗弯能力强、连接构造简单、重量轻、节省钢材等优点。常用于承载力大、截面稳定性好的大型建筑。其中宽翼缘和中翼缘适用于钢柱等轴心受压构件,窄翼缘适用于钢梁等受弯构件。

槽钢可用作承受轴向力的杆件、承受横向弯曲的梁及联系杆件。

角钢主要用作承受轴向力的杆件和支撑杆件,也可作为受力杆件之间的连接件。

2. 冷弯薄壁型钢

冷弯薄壁型钢通常由2～6 mm薄钢板冷弯或模压而成,有角钢、槽钢等开口薄壁型钢及方形、矩形等空心薄壁型钢,主要用于轻型钢结构。

3. 钢板

钢板有冷轧钢板和热轧钢板之分,按厚度可分为厚板(>4 mm)、薄板(≤4 mm)两种。冷轧钢板质量较好,但其成本高,土木工程中使用的薄钢板多为热轧钢。

一般厚板可用于焊接工程,在钢结构中,单块钢板不能独立工作,必须用几块板组合成工字形、箱形等结构来承受荷载;薄板可用作屋面或墙面等维护结构,或者用作涂层钢板的原材料。

薄钢板经冷压或冷轧成波形、双曲形、V形等形状,称为压型钢板。彩色钢板(又称有机涂层薄钢板)、镀锌薄钢板、防腐薄钢板都可用于制作压型钢板。其特点是质量轻、强度高、外形美观,主要用于维护结构、楼板、屋面,还可于保温材料复合,制成复合墙板等,用途十分广泛。

4. 钢管

按照生产工艺,钢结构所用钢管分为热轧无缝钢管和焊接钢管两种。

热轧无缝钢管以优质碳素钢和低合金钢为原料,采用热轧-冷拔联合工艺生产,主要用于压力管道和一些特定的钢结构。

焊接钢管采用优质或普通碳素钢钢板卷焊而成,表面有镀锌或不镀锌两种。按其焊接形式有直缝电焊钢管和螺旋焊钢管。焊接钢管加工简单、成本较低,适用于输送管道等工程中,但其抗压性能较差。

土木工程中,钢管多用于制作桁架、塔桅、钢管混凝土等,也广泛应用于高层建筑、厂房柱、塔柱、压力管道等工程中。

6.6 钢材的锈蚀与防护

6.6.1 钢材的锈蚀

钢材的锈蚀是指钢的表面与周围介质发生化学作用或电化学作用而遭到的破坏。锈蚀不仅使结构受力面积减少,承载能力下降,而且由于局部锈蚀造成应力集中,易导致结构破坏。若结构受到冲击荷载或反复荷载的作用,将产生锈蚀疲劳,甚至产生脆性断裂。锈蚀可分为化学锈蚀和电化学锈蚀。

1. 化学锈蚀

化学锈蚀是指钢材与周围介质(如氧气、二氧化碳、二氧化硫和水等)发生化学反应,这种反应通常为氧化反应,生成疏松的氧化物而产生的锈蚀。一般情况下,钢材表面的氧化铁保护膜被氧化成黑色的四氧化三铁。化学锈蚀在干燥环境中进行得较慢,但在温度高和湿度较大时锈蚀速度较快。

2. 电化学锈蚀

电化学锈蚀是指钢材与电解质溶液接触而产生电流,形成微电流从而引起的锈蚀。钢材本身含有铁、碳等多种成分,由于它们的电极、电位不同,当有电解质溶液存在时,形成许多微电池。由此可见,钢材发生电化学锈蚀的必要条件是水和氧气的存在。

6.6.2 钢筋混凝土中钢筋的锈蚀

普通混凝土为强碱性环境,pH 值为 12.5 左右,使之对埋入的钢筋形成碱性保护。在碱性环境中,电化学锈蚀的阴极过程难于进行,即使有电池反应存在,生成的氢氧化铁也能稳定存在,并成为钢筋的保护膜。所以,只要混凝土表面没有缺欠,里面的钢筋是不会锈蚀的。

普通混凝土制作的钢筋混凝土有时也发生钢筋锈蚀现象,主要原因有以下几点:①混凝土不密实,环境中的水和空气进入混凝土内部;②混凝土保护层厚度小或是发生了严重的碳化,使混凝土失去了碱性保护作用;③混凝土内氯离子含量过大,使钢筋表面的保护膜被氧化;④预应力钢筋存在微裂缝等缺欠,引起应力锈蚀。为了防止钢筋锈蚀,应保证混凝土的密实度及钢筋保护层的厚度。

对于特殊混凝土,如加气混凝土,由于这种混凝土多孔,外界的水和空气易深入内部,电化学锈蚀过程能顺利进行,所以,加气混凝土中的钢筋在使用前必须进行防腐处理,可通过在加气混凝土钢筋表面涂环氧树脂或镀锌等方法来防止;对于轻骨料混凝土和粉煤灰混凝土的钢筋防锈蚀性能,经过多年的试验研究和应用,证明其耐久性不低于普通钢筋混凝土;若在二氧化碳浓度高的工业区采用硅酸盐水泥或普通水泥,应限制含氯盐外加剂的掺量并使用混凝土用钢筋防锈剂;预应力混凝土应禁止使用含氯盐的骨料和外加剂。

6.6.3 钢材的防锈

钢材锈蚀的防止主要通过以下措施来实施。

1. 涂敷保护层

表面涂防锈涂料(防锈漆)是钢结构防止锈蚀的常用方法。刷漆通常有底漆、中间漆、面漆三道;也可采用电镀或其他方式在钢材的表面镀锌、镀铬,涂敷搪瓷或塑料层等。利用保护膜将钢材与周围介质隔离开,从而起到保护作用。

2. 设置阳极或阴极保护

对于不易涂敷保护层的钢结构,如地下管道、港口工程等,可采用阳极或阴极保护。阳极保护又称外加电流保护法，是在钢结构的附近埋设一些废钢铁，外加直流电源，将阴极接在被保护的钢结构上，阳极接在废钢上，通电后废钢铁成为阳极而被锈蚀，钢结构成为阴极而被保护。

阴极保护是在被保护的钢结构上连接一块比铁更活泼的金属，如锌、镁，使锌、镁成为阳极而被锈蚀，钢结构成为阴极而被保护。

3. 采用耐候钢

耐候钢即耐大气锈蚀钢，是在碳素钢和低合金钢中加入少量的铜、铬、镍等合金元素制成的。耐候钢既有致密的表面防腐保护，又有良好的焊接性能。

6.6.4 钢材的防火

钢材属于不燃性材料，但是并不表明其能够抵抗火灾。高温时，钢材性能会发生很大变化。温度在 200°以内，可认为钢材的性能基本不变；超过 300°以后，屈服强度和抗拉强度开始急剧下降，应变急剧增大；到达 600°时钢材开始失去承载能力。耐火试验和火灾案例表明：以失去支持能力为标准，无保护层时钢屋架和钢柱的耐火极限只有 0.25 h，而裸露钢梁的耐火极限仅为 0.15 h。因此，没有防火保护层的钢结构是不耐火的。对于钢结构，尤其是可能经历高温环境的钢结构，应做必要的防火处理。

钢结构防火的基本原理是采用绝热或吸热材料，阻隔火焰和热量，推迟钢结构的升温速度。常用的防火方法有，在钢材表面涂覆防火涂料，用不燃性板材、混凝土等包裹钢构件等。

【思考和练习】

6-1 为何说屈服点、抗拉强度、伸长率是建筑用钢材的重要技术指标？

6-2 工地上为何常对强度偏低而塑性偏大的低碳钢盘条钢筋进行冷拉？

6-3 什么是钢材的冷弯性能和冲击韧性？冷弯性能和冲击韧性试验在选用钢材上有何实际意义？

6-4 钢材的锈蚀原因及防腐措施有哪些？

6-5 对有抗震要求的框架，为什么不宜用强度等级较高的钢筋代替原设计中的钢筋？

6-6 简述土木工程常用钢材的选用原则。

6-7 指出下列牌号钢材的名称：Q275－B・b、Q420－E、CRB800、HRB500。

6-8 简述常用型钢的种类及适用范围。

第7章 砌体材料

【本章要点】

本章主要介绍常用砌体材料的选用和主要指标(包括外形尺寸、强度评定及耐久性等方面内容),简要介绍石材的种类、成因以及主要性能指标。本章学习目标是:熟悉常用砌体材料特点,在工程设计与施工中能正确选用砌体材料。

许多建筑是由块体材料堆砌而成的,这些块体材料就是砌体材料,它是土木工程材料的重要组成部分。砌体材料具有多种类型,如石材、黏土砖、各种砌块等,其中实心黏土砖作为最主要的墙体材料,在中国的应用历史已有两千多年。“秦砖汉瓦”伴随了中华民族几千年,成为古代与近代的主要建筑材料之一。但是,随着技术的进步、资源的匮乏及社会进步的需要,黏土砖已不能满足当今社会发展的需要,特别是我国人多地少的状况,烧制实心黏土砖不仅要毁掉大量田地,还要耗费大量能源。此外,黏土砖还有自重大、施工效率低、保温性能难以满足当代节能要求等缺点,这使其在工程中的应用受到越来越严格的限制。

一个值得注意的重要发展趋势是,自20世纪90年代以来,国务院、建设部、国家建材局等部门和各省市政府不断推出加快墙体材料革新和推广节能建筑的政策法规,规定在框架结构等工程中限制或禁止使用实心黏土砖,推广应用实心砖、多孔砖及其他新型墙体材料。虽然实心黏土砖将用得越来越少,但鉴于其是一种以往长期使用的传统砌体材料,目前在我国部分地区尚有一定程度的使用,故本章仍将介绍实心黏土砖的内容。

本章涉及的标准规范主要有:

《烧结普通砖》(GB 5101—2003);

《砌墙砖试验方法》(GB/T 2542—2003);

《烧结多孔砖和多孔砌块》(GB 13544—2011);

《烧结空心砖和空心砌块》(GB 13545—2003);

《墙体材料术语》(GB/T 18968—2003);

《轻集料混凝土小型空心砌块》(GB/T 15229—2011);

《蒸压加气混凝土砌块》(GB 11968—2006);

《砌体结构设计规范》(GB 50003—2011)。

7.1 砌墙砖

砌墙砖通常是指砌筑用的小型人造块材，其外形多为直角六面体，长度不大于 365 mm，宽度不大于 240 mm，高度不大于 115 mm，包括实心块材和带空(孔)块材，按其生产工艺可分为烧结砖和非烧结砖。

7.1.1 烧结普通砖

烧结普通砖是指以黏土、粉煤灰、煤矸石、页岩等为主要原材料经焙烧后得到的实心或孔洞率不大于15%的砖，其外形尺寸一般为 240 mm×115 mm×53 mm。根据烧结砖所采用的主要原料不同，烧结普通砖可分为烧结黏土砖(代号为 N)、烧结粉煤灰砖(代号为 F)、烧结煤矸石砖(代号为 M)和烧结页岩砖(代号为 Y)。

1. 烧结普通黏土砖

普通黏土砖是指以黏土为主要原料(或掺有外掺料)，经过一定工艺烧结而成的砖。

1) 普通黏土砖的生产

普通黏土砖的主要生产工艺流程为：

采土→配料→制坯成型→干燥→焙烧→成品

各生产环节的质量控制是决定黏土砖性能的关键因素。在生产过程中，作为主要原材料的黏土必须具有足量的易熔性成分，并且具有中等的可塑性，或者中、低等的干燥敏感性，若不满足上述条件，则必须对原材料进行处理。焙烧过程是生产工艺的关键所在，它一般是在隧道窑或轮窑中进行。焙烧的温度不能过高或过低，一般控制在 950～1 050 ℃。当焙烧的温度偏低(低于焙烧的标准温度)或高温保持时间不足时，坯体成分缺乏足够的熔融物将颗粒黏结牢固，则会产生欠火砖。欠火砖的特点是块体内孔隙率偏大、强度低、耐久性差、颜色浅且敲之声哑；反之，如果焙烧温度偏高或高温持续时间过长，坯体内熔融液相量生成过多，则产生过火砖(又称为焦砖)，其特点是外形规则性差、坯体孔隙率低、强度低、耐久性好、颜色深、敲之声脆。两者均为不合格产品。

焙烧环境的不同可使普通黏土砖呈现出红色(称为红砖)或灰色(称为青砖)。当焙烧环境为氧化气氛时，黏土中所含的铁元素被氧化成红色的 Fe_2O_3，砖呈红色称之为红砖；当黏土砖坯在还原气氛中焙烧时，黏土中的铁元素以 Fe_3O_4 或 FeO 的形式存在，此时砖呈现青灰色而形成青砖。青砖因其表层及内部结构更为致密而使其耐久性一般比红砖要好，但其生产工艺复杂且耗能高。

为节约原材料和降低能耗，在配料过程中可掺加部分含可燃物的废料，如煤渣、煤矸石、粉煤灰等，在焙烧过程中这些可燃物可以在砖中燃烧，从而获得内外比较均匀的焙烧温度，用这种方法焙烧的砖称为内燃砖。通常，与外燃砖相比，内燃砖不仅可以节约黏土资源而且环保利废，且表观密度较小，导热系数较低，还可使强度提高20%左右。因此，内燃烧砖是烧结砖的主要发展方向之一。

2）烧结普通黏土砖的技术要求

《烧结普通砖》(GB 5101—2003)对普通黏土砖的一系列物理力学性能指标作了严格的要求。

① 外形及尺寸偏差。普通黏土砖的外形为直角六面体，其标准尺寸为240 mm×115 mm×53 mm，其中240 mm×115 mm的面称为砖的大面，240 mm×53 mm的面称为砖的条面，115 mm×53 mm的面称为砖的顶面。常用配砖的规格为175 mm×115 mm×53 mm。为保证砖在砌体中受力均匀以避免提前破坏及满足砌筑要求，烧结普通黏土砖的尺寸偏差应符合表7-1的规定。普通黏土砖在砌筑时一般需要10 mm厚的灰缝，砌筑后4块砖长，或8块砖宽或16块砖厚均为1 m，因此，每1 m^3砖砌体需用砖512块。

表7-1 烧结普通砖尺寸允许偏差 （单位：mm）

公称尺寸	优等品		一等品		合格品	
	样本平均偏差	样本极差≤	样本平均偏差	样本极差≤	样本平均偏差	样本极差≤
240	±2.0	8.0	±2.5	8.0	±3.0	8.0
115	±1.5	6.0	±2.0	6.0	±2.5	7.0
53	±1.5	4.0	±1.6	5.0	±2.0	6.0

② 外观质量。普通黏土砖在生产或运输过程中可能产生某些外观缺陷，如翘曲、掉角等。这些缺陷将会影响砌体的砌筑质量。因此，普通黏土砖的外观质量必须满足一定的要求，通常应符合表7-2的规定。

表7-2 普通砖的外观质量要求

项目		优等品	一等品	合格品
两条面高度差	不大于	2	3	4
弯曲	不大于	2	3	4
杂质凸出高度	不大于	2	3	4
缺棱掉角的三个破坏尺寸	不得同时大于	5	20	30
裂纹长度不大于	① 大面上宽度方向及其延伸至条面的长度	30	60	80
	② 大面上长度方向及其延伸至顶面的长度或条顶面上水平裂纹的长度	50	80	100

续表

项　　目	优等品	一等品	合格品
完整面不得少于	一条面和一顶面	一条面和一顶面	—
颜色	基本一致	—	—

注:a. 为装饰面施加的色差、凹凸纹、拉毛、压花等不算作缺陷。

b. 凡有下列缺陷之一者,不得称为完整面。

缺损在条面或顶面上造成的破坏面尺寸同时大于 10 mm×10 mm;

条面或顶面上裂纹宽度大于 1 mm,其长度超过 30 mm;

压陷、黏底、焦花在条面或顶面上的凹陷或凸出超过 2 mm,区域尺寸同时大于 10 mm×10 mm。

③ 强度等级。砖在砌体中主要起承受和传递荷载的作用,因此,强度指标是反映黏土砖质量的重要指标之一。普通黏土砖强度的高低以强度等级作为衡量指标,它是按《砌墙砖试验方法》(GB/T 2542—2003)规定的方法根据抗压强度试验所得出的参数。其基本方法是取具有代表性的试样砖 10 块,分别测量每块试样砖的抗压强度值 f_i,然后计算 10 块试样砖抗压强度平均值 $\overline{f}$(MPa)、抗压强度标准值 f_k(MPa)以及其强度变异系数 δ,以此三项指标作为划分强度等级的依据。

其中,抗压强度的标准值和变异系数按下式计算:

$$f_k=\overline{f}-1.8S \tag{7-1}$$

$$S=\sqrt{\sum_{i=1}^{10}(f_i-\overline{f})/9} \tag{7-2}$$

$$\delta=S/\overline{f} \tag{7-3}$$

式中　S——10 块砖样的抗压强度的标准差;

f_k——普通黏土砖抗压强度的标准值,精确至 0.01 MPa;

$\overline{f}$——10 块试样的抗压强度算术平均值;

f_i——单块试样抗压强度测定值,精确至 0.01 MPa;

δ——强度变异系数,精确至 0.01。

依据国家标准《砌墙砖试验方法》(GB/T 2542—2003)的规定,普通黏土砖的强度等级共划分为五个强度等级,并分别以 MU30、MU25、MU20、MU15、MU10 来表示。根据实测结果,强度等级的评定可采用两种方法。方法一为平均值-标准值法:当变异系数 $\delta\leqslant0.21$ 时,其强度等级的评定依据为实测强度的平均值与标准值;方法二为平均值-最小值法:当变异系数 $\delta>0.21$ 时,则根据实测强度的平均值与单块试样的最小值确定强度等级。具体指标及要求详见表 7-3。

④ 抗风化性能。抗风化性能是评定烧结普通黏土砖耐久性的重要指标之一,是一项综合性的指标,主要用抗冻性、吸水率和饱和系数这三项指标来评定。不同地区对砖的抗风化性能的要求不同。严重风化区中的 1～5 区(包括黑龙江省、吉林省、辽

表 7-3 烧结普通砖强度等级 (单位:MPa)

强度等级	抗压强度平均值 $\overline{f}\geqslant$	变异系数 $\delta\leqslant0.21$	变异系数 $\delta>0.21$
		强度标准值 $f_k\geqslant$	单块最小抗压强度值 $f_{min}\geqslant$
MU30	30.0	22.0	25.0
MU25	25.0	18.0	22.0
MU20	20.0	14.0	16.0
MU15	15.0	10.0	12.0
MU10	10.0	6.5	7.5

宁省、内蒙古自治区和新疆维吾尔自治区)的烧结普通砖必须进行冻融试验,其他地区烧结砖的抗风化性能若能符合表 7-4 所规定要求时可以不做冻融试验,否则必须进行冻融试验。

表 7-4 烧结普通砖抗风化性能

项目 砖种类	严重风化区				非严重风化区			
	5 h 煮沸吸水率/% ≤		饱和系数≤		5 h 煮沸吸水率/% ≤		饱和系数≤	
	平均值	单块最大值	平均值	单块最大值	平均值	单块最大值	平均值	单块最大值
黏土砖	21	23	0.85	0.87	23	25	0.88	0.90
粉煤灰砖	23	25			30	32		
页岩砖	16	18	0.74	0.77	18	20	0.78	0.80
煤矸石砖	19	21			21	23		

注:粉煤灰掺入量(体积比)小于 30%时按黏土砖规定判定。

砖的冻融试验是指把吸水饱和的砖放置在−15 ℃以下的环境中冻结 3 h,然后置于 10～20 ℃水中融化不少于 2 h,形成一个冻融循环过程;如此反复冻融 15 次后,每块砖样不允许出现明显的裂纹、分层、掉皮、缺棱、掉角等冻坏现象,且其干质量损失不大于 2%,抗压强度平均值不低于表 7-5 的规定值时,则认为该砖合格,否则为不合格。

表 7-5 普通黏土砖冻融后的强度规定值 (单位:MPa)

强度等级	MU30	MU25	MU20	MU15	MU10
5 块平均抗压强度	≥23.0	≥19.0	≥14.0	≥10.0	≥6.5

⑤ 泛霜。在一定条件下,黏土砖的表面经常形成一层白色的结晶物,这种现象称为泛霜。其原因是有些砖的黏土原料中含有较多的可溶性盐类物质(如硫酸钠等),这些盐分经烧结等一系列过程后仍然残留在砖体内;当这些可溶性盐被进入砖体内的水溶解后,会随着水分渗透被带到砖的表面,待水分蒸发后结晶于砖表面而形成白色结晶物。泛霜的结晶物一般呈白色粉末、絮团或絮片状,严重时可使砖的表面发生鱼鳞状的剥落,它不仅有损建筑物的外观,而且严重降低其耐久性。

⑥ 石灰爆裂。当制坯的原材料中含有石灰质颗粒时,这些石灰质颗粒就会在焙烧过程中分解成生石灰颗粒并留在砖内,这些砖在被砌筑后,其中的生石灰颗粒能与环境中的水等产生化学反应而消解为熟石灰,使体积膨胀(1.5～3.5 倍),因而容易导致砖的表面开裂、片状剥落、断裂、局部崩溃等破坏现象,这种现象称为石灰爆裂。石灰爆裂严重影响砌体的强度与外观。因此,在实际工程中应严格控制易于出现石灰爆裂的砖的使用。

根据尺寸偏差、外观质量、泛霜和石灰爆裂等主要技术性能指标,普通黏土砖可分为优等品(A)、一等品(B)、合格品(C)三个质量等级。工程中应根据实际情况选用不同质量等级的黏土砖。通常,优等品一般用于砌筑清水墙和装饰墙,一等品和合格品可用来砌筑混水墙。潮湿部位的砖砌体应避免使用泛霜的砖。

⑦ 产品标识。普通黏土砖的产品标记按其产品名称、类别、强度等级、质量等级和标准代号的顺序来表达。如烧结普通砖 N MU15 B GB 5101—2003 表示强度等级为 MU15 的一等品黏土砖,执行产品标准代号为 GB 5101—2003。

2. 其他烧结砖

1) 烧结页岩砖(Y)

烧结页岩砖是以页岩为主要原料,经粉碎、配料、成坯、焙烧等工艺而制成的砖。由于页岩细度不及黏土,成型时所需水分比黏土少,因此,砖坯干燥速度快,制品收缩小,外观较规则平整,色泽也较均匀。按照其成型工艺可分为烧结普通页岩砖、烧结多孔页岩砖和烧结空心页岩砖。前两种页岩砖可以用来砌筑承重墙体,后者一般用于砌筑非承重墙或框架结构的填充墙。页岩砖的规格与技术性能指标与普通黏土砖相似。

2) 烧结粉煤灰砖(F)

烧结粉煤灰砖是指以粉煤灰为主要原料,掺入一定的黏土,经配料、成型、干燥、焙烧而制成的砖,其中粉煤灰的掺量可达 30%～70%。由于其粉煤灰利用率高,既可节约能源和土地资源,又可保护环境而利国利民。粉煤灰实心砖根据其抗压强度可划分为 MU30、MU25、MU20、MU15、MU10 五个强度等级。在砖的强度和抗风化性能满足要求的前提下,根据其尺寸偏差、外观质量、泛霜和石灰爆裂等指标可分为优等品(A)、一等品(B)、合格品(C)三个质量等级,其主规格的公称尺寸为 240 mm×115 mm×53 mm。

烧结粉煤灰砖的强度等级、尺寸偏差、外观质量等技术指标详见《烧结普通砖》(GB 5101－2003)。

3）烧结煤矸石砖（M）

烧结煤矸石砖是指以煤矸石为主要原料，经粉碎、混合料制备、成型、焙烧等工艺而制成的砖。煤矸石是开采煤炭时所剔除的废料，利用它烧制砖等砌筑材料既可节约资源与能源，又可消除废料对环境的危害。

煤矸石实心砖的规格和性能指标与粉煤灰实心砖的相同，其主要物理力学性能指标应满足《烧结普通砖》(GB 5101－2003)的要求。

7.1.2 烧结多孔砖、空心砖

烧结多孔砖是指以黏土、煤矸石、粉煤灰、页岩等为主要原料，经制坯、焙烧等工艺制成的孔洞率不小于15%的砖。多孔砖为大面均匀分布有较多小孔洞的砖，通常使孔洞垂直于承压面，常用于承重部位，其表观密度多为1 400 kg/m^{3}左右；空心砖多为顶面有大孔洞的砖，其孔尺寸大而数量少，且孔洞率更大（一般不小于40%），砌筑时通常使孔洞平行于受力面，常用于非承重部位，其表观密度为800～1 100 kg/m^3。

烧结多孔砖和空心砖的生产工艺与烧结普通砖基本相同。与烧结普通砖相比，生产多孔砖或空心砖时，可节省黏土20%～30%，节约燃料10%～20%，且砖坯焙烧均匀，烧成率高，可减轻自重1/3左右，同时还能改善墙体的热工性能。烧结多孔砖与空心砖具有自重小、保温隔热性能好、施工效率高等优点。为此，国家鼓励采用多孔砖、空心砖及砌块等新型材料来替代普通黏土砖。

1. 烧结多孔砖

根据主要原料的不同，烧结多孔砖分为黏土砖（N）、页岩砖（Y）、煤矸石砖（M）和粉煤灰砖（F），主要用于砌筑六层以下建筑物的承重墙体。

1）规格与孔洞尺寸

烧结多孔砖的外形为直角六面体，其长度、宽度、高度应符合下列要求：长度为290 mm、240 mm、190 mm、180 mm、140 mm、115 mm、90 mm，宽度可为240 mm、190 mm、180 mm、175 mm、140 mm、115 mm，高度为90 mm。多孔砖的孔洞尺寸应符合以下规定：圆孔的直径不大于22 mm，非圆孔内切直径不大于15 mm，手抓孔应为(30～40)mm×(75～85)mm。

图7-1为常见的多孔砖的孔洞形式。

2）烧结多孔砖的技术要求

根据《烧结多孔砖和多孔砌块》(GB 13544—2011)的规定，其尺寸偏差应满足表7-6各项指标的要求。烧结多孔砖的抗压强度分为MU30、MU25、MU20、MU15、MU10五个强度等级，强度等级的评定方法应依照烧结普通砖强度等级评定的方法，各项指标应满足表7-7的要求，外观质量应符合表7-8的要求。

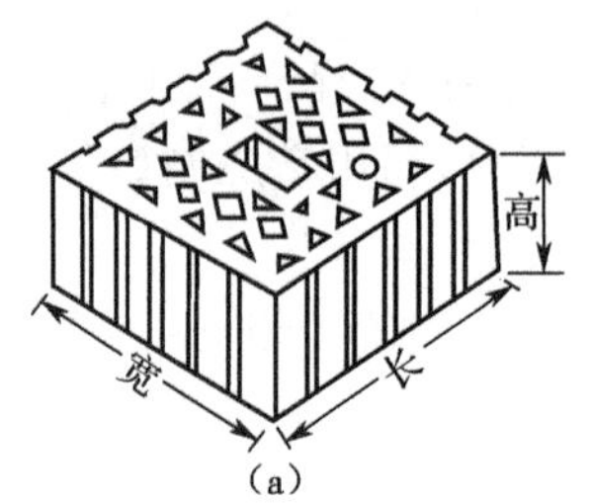

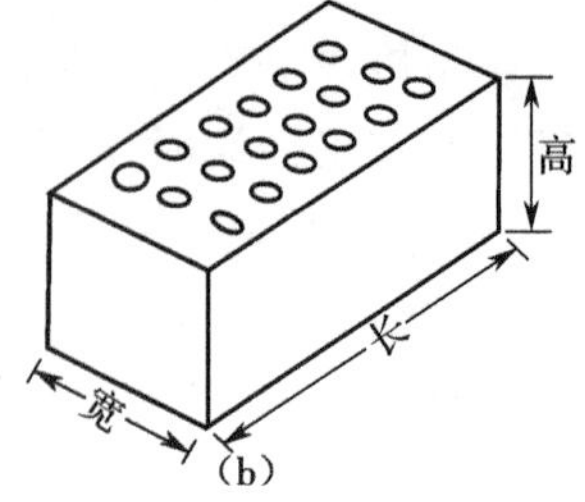

图 7-1　烧结多孔砖示意图

表 7-6　烧结多孔砖的尺寸允许偏差　(单位:mm)

尺　寸	样本平均偏差	样本极差
>400	±3.0	10.0
300~400	±2.5	9.0
200~300	±2.5	8.0
100~200	±2.0	7.0
<100	±1.5	6.0

表 7-7　烧结多孔砖的强度等级划分标准　(单位:MPa)

强度等级	抗压强度平均值 $\overline{f}\geqslant$	强度标准值 $f_k\geqslant$
MU30	30.0	22.0
MU25	25.0	18.0
MU20	20.0	14.0
MU15	15.0	10.0
MU10	10.0	6.5

表 7-8　烧结多孔砖的外观质量要求　(单位:mm)

项　目	指　标
①完整面　不得少于	一条面和一顶面
②缺棱掉角的三个破坏尺寸　不得同时大于	30
③裂纹长度	
a. 大面(有孔面)上深入孔壁 15 mm 以上宽度方向及其延伸到条面的长度　不大于	80
b. 大面(有孔面)上深入孔壁 15 mm 以上长度方向及其延伸到顶面的长度　不大于	100

续表

项　　目		指　　标
c.条顶面上的水平裂纹	不大于	100
④杂质在砖面上造成的凸出高度不大于		5

注：凡有下列缺陷之一者，不能称为完整面。

a. 缺损在条面或顶面上造成破坏面尺寸同时大于 20 mm×30 mm。

b. 条面或顶面上裂纹宽度大于 1 mm，其长度超过 70 mm。

c. 压陷、焦花、黏底在条面或顶面上的凹陷或凸出超过 2 mm，区域尺寸同时大于 20 mm×30 mm。

烧结多孔砖的泛霜与石灰爆裂指标应满足相应规定，其抗风化性能要求与普通黏土砖相同。风化程度不同的地区应选用抗风化性能不同的烧结多孔砖，严重风化区中的 1～5 地区的砖必须进行冻融试验，其他地区烧结多孔砖的抗风化性能在符合表 7-9 规定的条件下可不做冻融试验，否则必须进行冻融试验。冻融试验后，每块砖样不允许出现裂纹、分层、掉皮、缺棱掉角等冻坏现象。

表 7-9　烧结多孔砖的抗风化性能要求

项目 砖种类	严重风化区				非严重风化区			
	5 h煮沸吸水率/%≤		饱和系数≤		5 h煮沸吸水率/%≤		饱和系数≤	
	平均值	单块最大值	平均值	单块最大值	平均值	单块最大值	平均值	单块最大值
黏土砖	21	23	0.85	0.87	23	25	0.88	0.90
粉煤灰砖	23	25			30	32		
页岩砖	16	18	0.74	0.77	18	20	0.78	0.80
煤矸石砖	19	21			21	23		

注：粉煤灰掺入量(体积比)小于 30%时按黏土砖规定判定。

3）产品标识

烧结多孔砖的产品标识按照产品名称、品种、规格、强度等级、密度和标准代码的顺序编写。如：烧结多孔砖 N290×140×90 MU25 1200 GB 13544—2011 表示规格尺寸为 290 mm×140 mm×90 mm、强度等级为 MU25、密度 1200 级的黏土烧结多孔砖，执行产品标准代号为 GB 13544—2011。

2. 烧结空心砖和空心砌块

根据《烧结空心砖和空心砌块》(GB 13545—2003)的标准要求，烧结空心砖的外形与烧结多孔砖相同，多为直角六面体，在与砂浆的接合面上应设有深度在 1 mm 以上的凹槽线。

根据所用主要原料不同，烧结空心砖可分为烧结黏土空心砖、烧结页岩空心砖、烧结粉煤灰空心砖等。

烧结空心砖与烧结空心砌块的技术性能与用途相近,主要用于非承重部位。

1) 烧结空心砖和空心砌块的规格与孔洞要求

图 7-2 为烧结空心砖的外观示意图。其壁厚应大于 10 mm,肋厚应大于 7 mm。孔洞可采用矩形条孔、菱形孔或三角形孔,且平行于大面和条面。

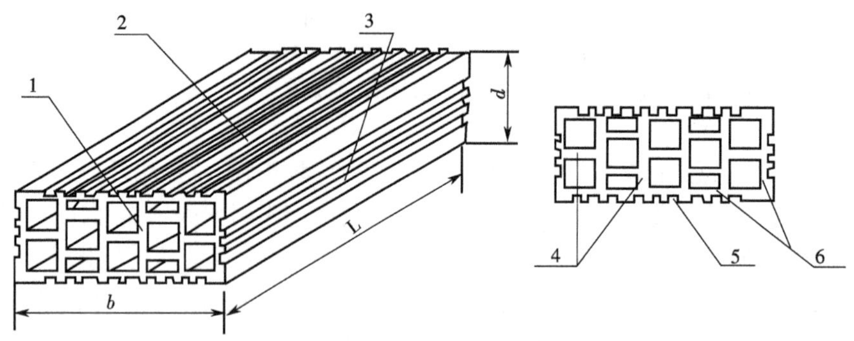

图 7-2 烧结空心砖示意图

L— 长度;*b*—宽度;*d*—高度

1—顶面;2—大同;3—条面;4—肋;5—凹线槽;6—外壁

2) 烧结空心砖和空心砌块的产品等级与技术要求

根据其体积密度,烧结空心砖和空心砌块可分为 800、900、1 000、1 100 四个密度等级,详细指标见表 7-10。根据 10 块试样砖的抗压强度的平均值与变异系数、标准值或单块最小值可将烧结空心砖划分为 MU2. 5、MU3. 5、MU5. 0、MU7. 5 和 MU10. 0 五个强度等级,各项指标应能满足表 7-11 的要求。根据烧结空心砖的尺寸偏差、外观质量、孔洞排列及其结构、泛霜、石灰爆裂、吸水率分为优等品(A)、一等品(B)和合格品(C)三个质量等级,其尺寸偏差应满足表 7-12 的要求,其外观质量应满足表 7-13 的要求,其他技术指标均应满足《烧结空心砖和空心砌块》(GB 13545—2003)的要求。

表 7-10 烧结空心砖和空心砌块的密度级别划分

密度级别	五块密度平均值/(kg/m³)
800	≤800
900	801～900
1 000	901～1 000
1 100	1 001～1 100

表 7-11 烧结空心砖和空心砌块的强度等级 (单位:MPa)

强度等级	抗压强度平均值 $\overline{f}$ /MPa	变异系数 $\delta \leqslant 0.21$	变异系数 >0.21	密度等级
		强度标准值 f_k	单块最小值 f_{min}	范围/kg/m³
MU10.0	≥10.0	≥7.0	≥8.0	≤1 100
MU7.5	≥7.5	≥5.0	≥5.8	
MU5.0	≥5.0	≥3.5	≥4.0	
MU3.5	≥3.5	≥2.5	≥2.8	
MU2.5	≥2.5	≥1.6	≥1.8	≤800

表 7-12 烧结空心砖和空心砌块的尺寸允许偏差 (单位:mm)

尺寸	尺寸允许偏差					
	优等品		一等品		合格品	
	样本平均偏差	样本极差≤	样本平均偏差	样本极差≤	样本平均偏差	样本极差≤
>300	±2.5	6.0	±3.0	7.0	±3.5	8.0
200～300	±2.0	5.0	±2.5	6.0	±3.0	7.0
100～200	±1.5	4.0	±2.0	5.0	±2.5	6.0
<100	±1.5	3.0	±1.7	4.0	±2.0	5.0

表 7-13 烧结空心砖和空心砌块的外观质量要求 (单位:mm)

项目		优等品	一等品	合格品
① 弯曲 ≤		3	4	5
② 缺棱掉角的三个破坏尺寸不得同时 >		15	30	40
③ 垂直度差 ≤		3	4	5
④ 未贯穿裂纹长度≤	a. 大面上宽度方向及其延伸到条面的长度	不允许	100	120
	b. 大面上长度方向或条面上水平方向的长度	不允许	120	140
⑤ 贯穿裂纹长度≤	a. 大面上宽度方向及其延伸到条面的长度	不允许	40	60
	b. 壁、肋沿长度方向、宽度方向及其水平方向的长度	不允许	40	60

续表

项　　目	优等品	一等品	合格品
⑥ 肋、壁内残缺长度不大于	不允许	40	60
⑦ 完整面不少于	一条面和一大面	一条面或一大面	—

注:凡有下列缺陷之一者,不能称为完整面。

① 缺损在大面、条面上造成的破坏面尺寸同时大于 20 mm×30 mm。

② 大面、条面上裂纹宽度大于 1 mm,其长度超过 70 mm。

③ 压陷、黏底、焦花在大面、条面上的凹陷或凸出超过 2 mm,区域尺寸同时大于 20 mm×30 mm。

3) 烧结空心砖和空心砌块产品标识

烧结空心砖和空心砌块的产品标识按产品名称、类别、规格、密度等级、强度等级、质量等级和标准编号的顺序编写。如:规格尺寸 290mm×190mm×90mm、密度等级 900、强度等级 MU10.0、优等品的粉煤灰空心砖,其标记为:烧结空心砖 F(290×190×90) 900 MU10.0 A GB13545—2003。

7.2 建筑用非烧结砌块

7.2.1 砌块的定义与分类

根据国家标准《墙体材料术语》(GB/T 18968－2003)的规定,砌块是砌筑用的人造块材,其外形多为直角六面体,也有部分异形的。砌块系列中主规格的长度、宽度或高度有一项或一项以上分别大于 365 mm、240 mm 或 115 mm,但其高度不大于长度或宽度的六倍,长度不超过高度的三倍。根据砌块系列中主规格高度的尺寸,砌块可分为小型砌块(主规格的高度在 115～380 mm 之间)、中型砌块(主规格的高度在 380～980 mm 之间)和大型砌块(主规格的高度大于 980 mm)。小型砌块是我国目前应用的主要品种。

砌块内无孔洞或空心率小于 25%时为实心砌块,空心率等于或大于 25%的砌块为空心砌块。根据砌块有无孔洞或空心率大小可以分为实心砌块和空心砌块。实心或空心率小于 25%的砌块称之为实心砌块,空心率不小于 25%的砌块称之为空心砌块。砌块按其在砌体中的受力状态分为承重砌块和非承重砌块。除了烧结空心砌块外,大量采用的非烧结砌块品种众多。按照生产砌块所用的原材料的不同,非烧结砌块又可分为普通混凝土小型空心砌块、粉煤灰小型空心砌块、轻集料混凝土小型空心砌块、蒸压加气混凝土小型空心砌块、泡沫混凝土小型空心砌块等。

7.2.2 常用小型非烧结空心砌块的性能与应用

1. 普通混凝土小型空心砌块

普通混凝土小型空心砌块是以水泥、砂、石子、水为主要原料,经搅拌、振动加压或冲击成型、养护制成的一种砌块。此类砌块具有强度高、自重轻及保温隔热性良好等优点，在建筑中应用范围很广。

根据五块普通混凝土空心砌块试样抗压强度的平均值和单块最小值可评定为MU3.5、MU5.0、MU7.5、MU10.0、MU15.0、MU20.0 六个强度等级，各强度等级应符合表 7-14 的规定。

表 7-14　普通混凝土小型空心砌块的强度等级

强度等级	砌块抗压强度/MPa	
	抗压强度平均值 $\bar{f}$	单块最小抗压强度值 f_{min}≥
MU3.5	≥3.5	≥2.8
MU5.0	≥5.0	≥4.0
MU7.5	≥7.5	≥6.0
MU10.0	≥10.0	≥8.0
MU15.0	≥15.0	≥12.0
MU20.0	≥20.0	≥16.0

普通混凝土小型空心砌块的主规格尺寸为 390 mm×190 mm×190 mm，最小壁厚应不小于 30 mm，最小肋厚不小于 25 mm，其尺寸偏差应符合表 7-15 的规定。

表 7-15　普通混凝土小型空心砌块的尺寸允许偏差　（单位：mm）

尺　寸	优等品	一等品	合格品
长	±2	±3	±3
宽	±2	±3	±3
高	±2	±3	+3/−4

普通混凝土小型空心砌块的外观质量评定标准见表 7-16 的规定。

表 7-16　普通混凝土小型空心砌块的外观质量评定指标

项目名称			优等品	一等品	合格品
弯曲/mm		不大于	2	2	3
掉角缺棱	个数	不多于	0	2	2
	三个投影方向尺寸的最小值	不大于	0	20	30
裂缝延伸的投影尺寸累计/mm		不大于	0	20	30

普通混凝土小型空心砌块按其尺寸偏差和外观质量可划分为优等品(A)、一等品(B)和合格品。其产品标识按照产品名称、强度等级、外观质量等级和标准号的顺序编写，如强度等级为 MU15、外观质量为一等品(B)的砌块，其标识为 NHB MU15B GB8239。

2. 轻集料混凝土小型空心砌块

轻集料混凝土小型空心砌块是指以水泥、轻集料、水为主要原材，经搅拌、成型、养护而制成的一种轻质砌块。轻集料混凝土小型空心砌块具有轻质高强、保温隔热性能优良、环保利废等优点，广泛应用于砌筑结构的内外墙，尤其是对保温隔热性能要求比较高的墙体。

轻集料混凝土小型空心砌块的技术指标主要包括规格尺寸、外观质量、密度等级、强度等级、吸水率、干缩率和抗冻性等，其尺寸偏差和外观质量应符合表 7-17 的规定。根据《轻集料混凝土小型空心砌块》(GB/T 15229—2011)规定，砌块的密度等级分为八级，即 700、800、900、1000、1100、1200、1300、1400；砌块的强度等级分为五级，即 MU2.5、MU3.5、MU5.0、MU7.5、MU10.0。对不同强度等级的轻集料混凝土小型空心砌块的强度要求是不同的，强度指标与密度的关系应满足表 7-18 的相关规定。其他指标详见《轻集料混凝土小型空心砌块》(GB/T 15229—2002)。

表 7-17 轻集料混凝土小型空心砌块的尺寸允许偏差和外观质量

项目			指标
尺寸偏差/mm	长度		±3
	宽度		±3
	高度		±3
最小外壁厚/mm	用于承重墙体	≥	30
	用于非承重墙体	≥	20
肋厚/mm	用于承重墙体	≥	25
	用于非承重墙体	≥	20
缺棱掉角	个数/块	≤	2
	三个方向投影的最大值/mm	≤	20
裂缝延伸的累计尺寸/mm		≤	30

表 7-18 轻集料混凝土小型空心砌块强度等级

强度等级	砌块抗压强度(MPa)		密度等级范围/(kg/m³)
	平均值	最小值	
MU2.5	≥2.5	≥2.0	≤800
MU3.5	≥3.5	≥2.8	≤1000
MU5.0	≥5.0	≥4.0	≤1200
MU7.5	≥7.5	≥6.0	≤1200[a] ≤1300[b]
MU10.0	≥10.0	≥8.0	≤1200[a] ≤1400[b]

注:当砌块的抗压强度同时满足2个强度等级或2个以上强度等级要求时,应以满足要求的最高强度等级为准;a 除自燃煤矸石掺量不小于砌块质量35%以外的其他砌块;b自燃煤矸石掺量不小于砌块质量35%的砌块。

3. 蒸压加气混凝土砌块

蒸压加气混凝土小型空心砌块是指以水泥或石灰、细集料、粉煤灰、发气剂等主要原料,经配料、搅拌、浇筑、发气、切割、蒸压养护等工艺制成的多孔砌块。蒸压加气混凝土砌块的特性为多孔轻质、保温隔热性能好、可加工性能好;其孔隙率一般在70%～80%之间,导热系数不大于0.16 W/(m·K);但其干缩较大,使用不当时易使墙体产生开裂,故主要用于砌筑框架结构的内外填充墙。若砌体结构遭受长期浸水、经常干湿交替或化学腐蚀作用时,不得使用这种砌块。

《蒸压加气混凝土砌块》(GB 11968—2006)明确规定,蒸压加气混凝土砌块的尺寸允许偏差、外观质量、强度等级、干燥收缩、导热系数等主要技术指标应符合相应的要求。

除了上述砌块外,常用的建筑砌块还有粉煤灰砌块、石膏砌块、泡沫混凝土砌块等。

【思考和练习】

7-1 简述烧结砖的主要生产工艺流程和生产原理。

7-2 烧结普通黏土砖的技术要求主要有哪些内容?

7-3 简单说明“烧结多孔砖 M290×140×90 25A GB13544”表示的内容。

7-4 常用的砌体材料有哪些? 各有什么优缺点?

7-5 请分析为什么把实心黏土砖归结为限制使用或禁止使用的墙体材料? 推广应用的新型墙体材料具体包括哪些材料产品,这些新型墙体材料具有哪些主要性能特征和原材料特征?

第8章 装饰装修材料

【本章要点】

本章介绍了建筑装饰装修材料的分类、功能，着重讲述常用石材、玻璃、陶瓷金属装饰材料、木材及合成装饰材料的基本构成、基本特性及选用原则。

装饰装修材料，一般是指主体结构工程及水暖电等管道工程基本完成后，进行室内外墙面、顶棚、地面的装饰等所需的材料，在起装饰作用的同时也可以满足一定的功能要求。

装饰装修材料是集材料性能、生产、施工、造型、色彩于一体的材料，是建筑装饰工程的物质基础，装饰工程的总体效果及功能的实现无一不是通过装饰装修材料及其配套设备的形体、质感、图案、色彩、功能等体现出来的。装饰装修材料在整个建筑材料中占有重要的地位，一般来说，装饰装修材料的费用占其总建筑材料成本的50%～70%之间。

建筑装饰材料的范围广泛，品种繁多，如玻璃幕墙、铝合金门、电梯、五金配件、防盗报警器，还包括家具、壁挂、工艺品等。

本章涉及的标准规范主要有：

《建筑装饰用天然石材防护剂》(JC/T 973－2005)；

《玻璃幕墙工程技术规范 》(JGJ 102－2003)；

《建筑琉璃制品》(JC/T 765－2006)；

《陶瓷砖》(GB/T 4100－2006)；

《集成型铝合金门窗》(JG/T 173－2005)；

《塑料门窗及型材功能结构尺寸》(JG/T 176－2005)；

《室内装饰装修材料　人造板及其制品中甲醛释放限量》(GB 18580－2001)。

8.1 装饰装修材料的分类及功能

在建筑装饰工程中，为便于合理选用，常将装饰装修材料按建筑物的装饰部位进行如下分类。

1) 外墙装饰材料

外墙装饰材料包括天然石材(如部分大理石、花岗岩等)、人造石材、外墙面砖、陶瓷锦砖、玻璃制品(如玻璃马赛克、彩色吸热玻璃、热反射玻璃等)、白色和彩色水泥装饰混凝土、玻璃幕墙、铝合金(门窗、幕墙、装饰板)、碎石类饰面(如水刷石、干黏石等)、外墙涂料等。

2) 内墙装饰材料

内墙装饰材料包括天然石材(如大理石、花岗岩等)、人造石材、壁纸与墙布、织物类(如挂毯、装饰布等)、履面装饰板(如包铝板等)、玻璃制品及木制品等。

3) 地面装饰材料

地面装饰材料包括木地板、塑料地板、地毯(如羊毛地毯、化纤地毯、混纺地毯等)、陶瓷地砖、陶瓷锦砖、地面涂料及抗静电地板等。

4) 顶棚装饰材料

顶棚装饰材料包括塑料吊顶板、铝合金吊顶板、石膏板(如浮雕装饰石膏板、纸面石膏板、嵌装式装饰石膏板等)、壁纸装饰天花板、铝塑矿棉装饰板、矿棉装饰吸声板、膨胀珍珠岩装饰吸声板等。

5) 其他装饰材料

其他装饰材料还包括门窗、龙骨(木、铝合金及轻钢)、卫生洁具、建筑五金等。

装饰装修材料的主要功能是装饰建筑物,同时还应兼顾其他功能作用。只有建筑结构本身而没有适当装饰的建筑物是不完整的。

建筑物的装饰效果主要取决于总的建筑体型、虚实对比、线条等平面、立面的设计,同时也在很大程度上受到装饰材料的质感、线型和色彩的制约。

装饰装修材料不仅具有良好的装饰效果,而且对建筑主体具有重要的保护作用。外墙若无装饰材料而直接受到风吹、日晒、雨淋等作用,易使建筑物老化。如混凝土墙面或屋面上的砂浆层经常受到雨水、日光以及温差交替变化的影响,会导致其被破坏,而采用面砖粘贴和涂料复涂的方法能够保护饰面免受或减轻这类影响,从而能够延长建筑物的使用寿命,因此选用材性适当的外墙装饰材料,可以有效提高建筑物耐久性,降低维修费用。

对于内墙来说,当室内相对湿度比较高或墙面易被溅湿或需用水洗刷时,墙体需作隔水层,如浴室等墙面作瓷砖贴面;一般墙面均需作踢脚板以防止擦、扫地面时污染墙根。因此,作为内墙装饰材料也同样具有重要的保护作用。

装饰装修材料除了具有装饰和保护功能以外,尚有改善室内使用条件(如光线、温度、湿度等)、吸声、隔声以及防火等作用。

内墙饰面的另一功能是辅助墙体起到声学功能,如反射声波、吸声、隔声的作用,如采用泡沫塑料壁纸,其平均吸声系数可达0.05。木地板、塑料地板、化纤地毯等,不仅使人感到暖和舒适,同时可以起到隔声和吸声的作用。现代建筑大量采用的吸热或反射玻璃幕墙,对室内可以产生“冷房效应”,中空玻璃则可产生绝热、隔声及防结露等效果。

建筑物的种类很多,不同使用功能的建筑物,对装饰的要求不同,即使同一类建筑物,也因时因地而有所不同。在建筑装饰工程中,为了确保工程质量的美观和耐久,应当根据不同的需要,正确合理地选择建筑装饰材料。

建筑装饰设计的出发点是要造就环境,而这种环境应当是自然环境与人造环境的自然融合。各种装饰材料的色彩、光泽、质感、耐久性等的不同运用,将会对环境产生不同的影响。

任何一种建筑装饰材料,都存在一个使用寿命问题,这是由材料的本质所决定的,是建筑装饰材料耐久性的一个重要方面,另一方面则是建筑装饰质量的耐久性,即建筑装饰材料功能的衰退。

影响建筑装饰材料耐久性的因素很多,主要有大气稳定性、机械磨损、变色、污染等。

大气中阳光、水分、温度、空气,以及各种有害气体、杂质等因素综合作用于建筑物,造成建筑装饰材料耐久性的下降。

有些材料,特别是有机材料,在使用过程中,因受大气中光、热、臭氧诸因素作用,会丧失原有外观与性能而老化,从而降低了材料的耐久性。在城市的上空,特别是工业区的大气中含有各种有害气体,如二氧化硫、二氧化氮等,在大气中遇水形成了硫酸、硝酸等,对碱性无机材料有腐蚀作用,同时还会使建筑装饰材料表面变色。

建筑物污染,有的是永久性的,即不能用合适的方法将其去除以保持原来的装饰质量;有的虽然可以去除,但是涉及一定的工作量和费用,因此在选择建筑装饰材料时,既要考虑装饰效果、经济性,又必须同时考虑其耐久性能。合适的建筑装饰材料为建筑装饰效果和装饰质量提供了必要的物质条件,建筑装饰工程施工是装饰效果和装饰质量的最终体现。

合适的装饰装修材料不仅要有良好的装饰效果,而且要求考虑装饰材料的成本。有一点应该值得注意,即从经济角度考虑材料的选择,应有一个总体观念,不但要考虑到一次投资,也应考虑维修费用,而且在关键性问题上应加大投资,以延长使用年限,从而保证总体上的经济性。

随着社会的进步和人类文明的发展,建筑装饰已成为建筑艺术的一个不可分割的组成部分。人们对包括建筑装饰在内的建筑艺术的追求,将是无止境的,可以预见,今后的建筑装饰装修材料将向高性能(轻质、高强、高耐久性、高防火性、高抗震性、高保温性、高吸声性、优异防水性)、复合化、多功能化、预制化、绿色环保节能等方向发展。

8.2 装饰石材

建筑装饰用石材可分为天然石材和人造石材两大类。古今中外的建筑工程中广泛采用各种天然石材作为装饰材料。随着科学技术的发展,人造石材作为一种新型的饰面材料,也得到了长足的发展。

8.2.1　天然石材

凡是从天然岩石开采出来的，经加工或未加工的石材，统称为天然石材。天然石材在地壳中蕴藏丰富，分布广泛，便于就地取材。在性能上，天然石材具有抗压强度高、耐久、耐磨等特点。在建筑立面上使用天然石材，不仅具有坚定、稳重的质感，还可以取得庄重、雄伟的艺术效果。

1. 岩石的形成与分类

由于不同地质条件的作用，各种造岩矿物形成不同类型的岩石，通常可分为三大类：火成岩、沉积岩和变质岩。

建筑中装饰常用的火成岩有花岗岩、玄武岩等。

花岗岩主要由长石、石英和少量的云母组成，有时还会有少量的角闪石、辉石，一般为淡灰、淡红或微黄色。花岗岩的品质取决于矿物组分和结构。品质优良的花岗岩，其结晶颗粒细而均匀，石英含量极为丰富，云母含量相对较少。花岗岩具有构造紧密均匀、质地坚硬，耐磨、耐酸、耐久，外观稳重大方等优点，是一种高级建筑饰面材料。

建筑中装饰常用的沉积岩有石灰岩、砂岩等。

石灰岩俗称“青石”，化学成分以 $CaCO_3$ 为主，属碳酸盐岩石。石灰石的矿物成分主要为方解石，常含有白云石、石英等，一般为灰白色、浅灰色，有时因含杂质而呈深灰、灰黑等颜色，结构类型多样。石灰岩中含有较多的氧化硅时称为硅质石灰岩，比较坚硬，强度和耐久性均较高。除普通石灰岩外，还有贝壳石灰岩、白垩等。

建筑中装饰常用的变质岩有大理石、石英岩等。

大理石的主要矿物成分是方解石或白云石，经变质后，结晶颗粒直接结合为整体块状构造，所以抗压强度高，质地紧密，硬度不大，比花岗岩易于雕琢磨光。纯大理石为白色，在我国常称为汉白玉，分布较少；一般的大理石常含有氧化铁等，因而色彩斑驳，是一种高级的室内饰面材料。

2. 石材

1）建筑石材的技术性能

① 抗压强度　石材是以 50 mm×50 mm×50 mm 的立方体试件，采用标准试验方法所测得的抗压强度值作为评定石材的等级标准的。

② 抗冻性　石材的抗冻性用冻融循环次数来表示。在规定的循环次数内，其质量损失应不大于5%，强度损失应不大于25%，且无贯穿裂缝。

③ 耐水性　石材的耐水性是指石材长期在饱水的作用下不被破坏，强度无显著降低的性质。不同品种的石材，其耐水性能不同。对用于重要建筑的石材，必须要求石材具有较好的耐水性。

2）石材的选用原则

选用石材时应该同时考虑其装饰性、耐久性和经济性。

3. 石板

致密岩石经过凿平或锯解而成的厚度不大的石材称为石板。饰面用石板要求耐久、耐磨、色彩美观、无裂缝。常用的石板有大理石板、花岗石板等。

1) 天然大理石

大理石是由石灰岩或白云岩经地壳内高温、高压作用形成的一种变质岩。以云南省大理县的大理城而命名。通常为层状结构,主要矿物成分为方解石或白云石,是碳酸盐类岩石。大理石结构致密,抗压强度高,但硬度不大,因此大理石相对较易锯解、雕琢和磨光等。大理石一般含有多种矿物,通常呈多种彩色组成的花纹,经抛光后光洁细腻,纹理自然,非常诱人。质地纯正的大理石为白色,俗称汉白玉,纯白和纯黑的大理石属珍品。

大理石板材具有吸水率小,耐磨性及耐久性好等优点,一般使用年限在 30~80 年间,但其抗风化性相对较差。因为大理石主要化学成分为碳酸钙,易被侵蚀,故除个别品种外一般不宜用于室外装饰。

天然大理石可制成高级装饰工程的饰面板,用于宾馆、展览馆、影剧院、商场、图书馆、机场、车站等公共建筑工程的室内柱面、地面、窗台板、服务台、电梯间门脸的饰面等,是理想的室内高级装饰材料。此外还可制作大理石壁画、工艺品、生活用品等。

2) 天然花岗石

花岗石是火成岩中分布最广的一种岩石,具有全晶质结构,主要由长石、石英及云母等矿物组成,其化学成分随产地不同而有所区别,各种花岗石的 SiO_2 含量均很高,一般为 65%~ 75%,故花岗石属酸性岩石。花岗石板一般质地坚硬密实,抗压强度高,具有优异的耐磨性及良好的化学稳定性,不易风化变质,耐久性好,但由于花岗石中含有石英,遇高温会发生晶型转变,产生体积膨胀,因此,花岗石的耐火性差。

花岗石板材主要用作建筑室内外饰面材料,以及重要的大型建筑物基础、踏步、栏杆、堤坝、桥梁、路面、街边石、城市雕塑等;还可用于酒吧台、服务台、收款台、展示台及家具等装饰。

8.2.2 人造石材

人造石材于 1958 年出现在美国,迄今已经约有 50 年的历史。我国人造石材的研制与生产起步较晚,20 世纪 70 年代开始从国外引进,80 年代进入发展期,目前有些产品已经达到国际同类产品的水平,并成功地应用于高级场所的装修工程中。

1. 水泥型人造大理石

水泥型人造大理石是以各种水泥如硅酸盐水泥、铝酸盐水泥等或石灰磨细砂为黏结剂,砂为细集料,碎花岗石、工业废渣等为粗骨料,经配料、搅拌、加压蒸养、磨光、抛光而制成的,如水磨石和各类花阶砖等。

水泥型人造大理石的取材方便,价格低廉,但装饰性较差。

2. 树脂型人造大理石

树脂型人造大理石多是以不饱和聚酯为黏结剂,将天然花岗石、天然大理石、方解石粉及一些无机填料按一定比例搅拌混合，再加入催化剂、固化剂、颜料等，经脱模、烘干、抛光等工序制成。使用不饱和聚酯作为黏结剂的产品光泽度好，颜色浅，可以调成不同的颜色，而且树脂黏度比较低，易于成型，固化快，可在常温下固化，是目前使用最广泛的一种人造石材。

3. 复合型人造大理石

复合型人造大理石，是指在制作过程中所用黏结剂既有无机材料，又有有机高分子材料。先将无机填料用无机胶黏剂胶结成型，养护后，再将坯体浸渍于具有聚合性能的有机单体中，使其聚合。对于板材制品，底层可以用廉价、性能稳定的无机材料，面层用聚酯和大理石粉制作，可获得较佳效果。但它受温度影响后聚酯面容易产生剥落和开裂。

4. 烧结型人造大理石

烧结型人造大理石是将长石、石英、辉石、方解石和铁矿粉及部分高岭土等混合，经组坯、成型后，用半干压法成型，在窑炉中以 1 000 ℃左右高温焙烧而成。烧结型人造石材装饰性好，性能稳定，但因经过高温焙烧，能耗大，因而造价高。

8.3　金属装饰材料

金属材料是指一种或两种以上的金属元素或金属与某些非金属元素组成的合金总称。金属材料与其他建筑材料相比具有较高的强度，能够承受较大的弹性变形与塑性变形，能够熔铸各种制品或轧制特种型材，所以被广泛地用于建筑装饰工程中。金属材料一般分为黑色金属和有色金属两大类。

黑色金属有铁和钢，钢按化学成分可分为碳素钢和合金钢。

有色金属有铝和铝合金，铜和铜合金等。

8.3.1　建筑装饰用钢材制品

1. 彩色涂层钢板

彩色涂层钢板又称彩色钢板或彩板，是为提高普通钢板的装饰性能及防腐蚀性，以冷轧板或镀锌板为基材，通过表面化学处理和涂漆等工艺处理后，使基材表面覆盖一层或多层高性能的涂层而制得的。钢板的涂层大致可以分为有机涂层、无机涂层和复合涂层三类，以有机涂层钢板发展最快。有机涂层可以制成各种不同的色彩和花纹，故常称为彩色涂层钢板。常用的有机涂层为聚氯乙烯、环氧树脂等。涂层与钢板的结合有薄膜层压法和涂料涂覆法两种。

2. 彩色压型钢板

彩色压型钢板是以镀锌网板为基材，经辊压、冷弯，并敷以各种耐腐蚀涂层与彩漆而成的轻型围护结构材料。其截面呈 V 形、U 形、梯形或类似这几种形状的波形，具有轻质、抗震性好、耐久性强、色彩鲜艳等特点。彩色压型钢板适用于工业与民用及公共建筑的屋面、墙板、吊顶等装饰。

3. 轻钢龙骨

轻钢龙骨是以镀锌钢带或薄板由特制轧机经多道工序轧制而成的,具有强度高、适用性强、耐火性好、安装简易等优点,可装配各种类型的石膏板、钙塑板、吸音板等,广泛用于宾馆、写字楼、住宅等建筑工程中。

4. 不锈钢包柱

不锈钢包柱是近年来流行起来的一种建筑装饰方法。不锈钢可制成板材、型材和管材,其优点是:不锈钢饰件具有金属光泽和质感;不易锈蚀,可以较长时间保持初始装饰效果;不锈钢可以具有如同镜面的效果;具有强度高、硬度大等特点。因此,不锈钢包柱广泛地用于大型商店、餐馆和旅游宾馆的入口、门厅等公共场所。

5. 搪瓷装饰板

搪瓷装饰板是以钢板、铸铁等为基底材料,在基材的表面再涂刷一层无机物,经过高温焙烧,形成牢固表面层的一种装饰材料。在基底材料表面所生成的这层物质就是搪瓷。

搪瓷装饰板同时具有金属基板的刚度和搪瓷釉层的化学稳定性和装饰性。金属基板的表面搪瓷釉层具有不生锈、耐酸碱、防火、绝缘,且受热时不易氧化等优点。搪瓷装饰板的表面可以采用贴花、丝网印花和喷花等工艺制成各种色彩和艺术图案。由于其装饰性好、耐磨性较高、重量轻,可用于各类建筑的内外墙装饰,也可制成小块幅面作为家庭装饰制品。

8.3.2 铝及铝合金制品

铝及铝合金在现代装饰中具有其他建筑材料无法取代的重要作用。由于其性能独特,建筑装饰工程中大量采用铝合金门窗、铝合金柜台、货架及铝合金装饰板、铝合金吊顶等。

1. 铝及铝合金特性

铝元素占地壳组成的 8.13%,仅次于氧和硅。铝属于有色金属中的轻金属。铝在自然界中是以化合物形式存在的,其化学性质很活泼,与氧的亲和力很强,暴露在空气中,表面易生成一层 Al_2O_3 薄膜,能保护下面金属不再受腐蚀,故在大气中耐腐蚀性较强,但这层 Al_2O_3 薄膜很薄,且呈多孔状,因此其耐腐蚀性是很有限的。另外,铝的电极电位很低,如与电极电位高的金属接触,并且有电解质(如水汽等)存在时,形成微电池会很快受到腐蚀。

纯铝的强度极低,因此为提高铝的实用性,通常在 Al 中加入 Mg、Cu、Zn、Si 等元素组成合金,这样铝合金既保持了铝的质轻、塑性和延展性好的特点,又明显地提高了其机械性能。

2. 铝合金的表面处理

1) 阳极氧化处理

阳极氧化处理的目的主要是通过控制氧化条件及工艺参数,在铝型材料表面形成比自然氧化膜厚得多的氧化膜层。建筑用铝型材必须全部进行阳极处理，一般用硫酸法。为达到提高表面硬度、耐磨性、耐蚀性等目的，一般还要进行“封孔”处理，使膜层光滑、致密，以便进一步着色。

2）表面着色处理

表面着色处理是通过控制铝材中不同合金元素的种类、含量及热处理来实现的，经中和水洗或阳极氧化后的铝型材，可以进行表面着色处理。着色方法有自然着色法、电解着色法、化学浸渍着色法等。以自然着色法和电解着色法为多。

经过表面着色生成的氧化膜是多孔质层，必须进行处理，以提高氧化膜的耐蚀、防污染等性能，这类处理方法统称为封孔处理。目前，常用的封孔方法有水合封孔和有机涂层封孔等。

3. 铝合金门窗

铝合金门窗是将门窗型材，经下料、打孔、铣槽、攻丝、制配等工艺处理后制成门窗构件，再利用连接件、密封材料和门窗五金配件进行组装而成的。与普通木门窗、钢门窗相比，铝合金门窗有很多优点，具体如下所示。

① 质轻　铝合金门窗用材省、重量轻，每平方米耗用铝型材重平均只有8～12 kg。

② 性能好　与普通门窗相比，铝合金门窗密封性能好，气密性、水密性、隔声性、隔热性等都有显著提高。

③ 色泽美观　铝合金门窗框料型材既可保持型材的本色，也可以根据需要，对表面氧化进行着色处理，制成各种柔和的颜色或带色的花纹。

④ 耐腐蚀、加工维修方便　铝合金门窗无需涂漆，且不褪色、不脱落，表面无需维修，而且强度高，坚固耐用，零件使用寿命长，加工方便，开闭轻便灵活，无噪声。

⑤ 便于进行工业化生产。

4. 铝合金装饰板

1）铝合金花纹板

铝合金花纹板是采用防锈铝合金等坯料，用具有一定花纹的轧辊轧制而成的。花纹美观大方，装饰性好，不易磨损，防滑性能好，板材平整，裁剪尺寸精确，安装方便。

2）铝合金波纹板

铝合金波纹板是用机械轧辊将板材轧制成一定的波形后制成的。铝合金波纹板自重轻，色彩丰富多样，既有一定的装饰效果，又有很强的反射阳光能力，十分经久耐用，可作建筑物的幕墙饰面。

3）铝合金穿孔板

铝合金穿孔板采用多种铝合金子板经机械穿孔而成，其特点是轻质、防腐、防水、防火、防震，而且具有良好的消音效果，是建筑中比较理想的消音材料。

4）铝塑板

铝塑板是一种复合材料，它是将表面经氯化乙烯处理过的铝片用黏结剂覆贴到聚乙烯板上而成的。铝塑板的耐腐蚀、耐污染和耐候性较好,有多种颜色可选,装饰效果好,便于加工。

另外,还有铝合金压型板、铝合金吊顶龙骨、铝箔,等等。

8.3.3 铜及铜合金制品

铜是人类最先冶炼出来的金属,也是我国历史上使用最早的一种有色金属。早在商代,我国劳动人民就掌握了冶炼铜的技术,能够制造各种铜制器皿,如铜鼎、铜盘和铜饰构件等。在古罗马时代,铜就曾被用作建筑材料,制成铜合金管道用于水道工程。在现代建筑装饰中,铜是一种集古朴和华贵于一身的高级装饰材料,可用于宾馆、饭店、办公等建筑中的楼梯扶手、栏杆及防滑条等。此外,铜还可用于外墙板、把手、门锁、纱窗、五金配件等。

1. 铜的特性

纯铜是紫红色的贵金属,密度为 8.92 g/cm^3,属于有色重金属,其导电性、导热性、耐腐蚀性都较好,同时还有很好的延展性、塑性和易加工性。但纯铜的强度较低,一般不宜直接用于结构材料。

2. 铜合金及装饰制品

在铜中掺入锌、锡等元素形成的铜合金,既保持了铜的良好塑性和高抗蚀性,又改善了纯铜的强度、硬度等力学性能。常用的铜合金有黄铜、白铜和青铜。

铜合金经挤压成型可形成不同横断面形状的型材,有空心型材和实心型材,可用来制造管材、板材、线材、固定件等,如装饰工程中常用的铜板、铜制五金件、铜制固定件、铜字牌、铜门、铜栏杆、铜雕壁画等。

8.4 建筑装饰木材

8.4.1 木材的装饰效果

木材的装饰效果主要通过其质感、光泽、色彩、纹理等方面表现出来。木材具有美丽的天然纹理,柔和温暖的视觉及触觉,其装饰效果能给人们带来回归自然、华贵安乐的感觉。

木材的装饰特性包括纹理美观、典雅古朴、亲切柔和、富有弹性,具有保温绝热、吸湿、吸声效果,表面可涂饰面油漆、粘贴贴面等。

8.4.2 常用木质装饰制品

1. 木地板

木地板有条板地板和拼花地板两种,前者较为多见。

条板地板具有整体感强、自重轻、弹性好、脚感舒适、美观大方、冬暖夏凉等特点,通常采用松、杉、柞、榆、柳等材质制作。条板的宽度一般不大于120 mm,厚度一般为20～30 mm,按照铺设要求,拼缝可做成平头、企口或错口,其铺设分为实铺和空铺两种,板材分为上漆和不上漆两种,现市场多见上漆品种,以方便安装,减少装修污染。

拼花地板是用水曲柳、柞木、柚木、枫木等制成条状小条板,用于室内地面装饰拼铺。拼花地板常见拼花图案有正芦席纹、斜芦席纹、人字纹、清水砖墙纹等。

2. 胶合板

胶合板是用原木旋切成薄片,经干燥处理后,再用胶黏剂按奇数层数,以各层纤维互相垂直的方向,黏合热压而成的人造板材,一般为3～15层。工程中常用的是三合板和五合板,针叶树和阔叶树均可制作胶合板。我国胶合板目前主要采用水曲柳、椴木、桦木、马尾松等原木制成。

胶合板的特点:材质均匀,强度高,无明显纤维饱和点存在,吸湿性小,不翘曲开裂,无疵病,幅面大,使用方便,装饰性好。

胶合板广泛用作建筑室内隔墙板、护壁板、顶棚、门面板,以及各种家具和装修。

普通胶合板的胶种、特性及适用范围见表8-1所示。

表8-1 胶合板分类、特性及适用范围

类别	相当于国外产品代号	使用胶料和产品性能	可使用场所	用途
Ⅰ类(NQF) 耐气候、耐沸水胶合板	WPB	具有耐久、耐煮沸或蒸汽处理和抗菌等,用酚醛类树脂胶或其他性能相当的优质合成树脂胶制成	室外露天	用于航空、船舶、车厢、包装、混凝土模板、水利工程及其他要求耐水性、耐气候性好的地方
Ⅱ类(NS) 耐水胶合板	WR	能在冷水中浸渍,能经受短时间热水浸渍,并具有抗菌性能,但不能耐煮沸,用脲醛树脂或其他性能相当的胶合剂制成	室内	用于车厢、船舶、家具、建筑内装饰及包装
Ⅲ类(NC) 耐潮胶合板	MR	能耐短期冷水浸渍,适于室内常态下使用。用低树脂含量的脲醛树脂、血胶或其他性能相当的胶合剂胶合制成	室内	用于家具、包装及一般建筑用途

续表

类　别	相当于国外产品代号	使用胶料和产品性能	可使用场所	用　途
Ⅳ类(BNS) 不耐潮胶合板	INT	在室内常态下使用,具有一定的胶合强度。用豆胶或其他性能相当的胶合剂胶合制成	室内	主要用于包装及一般用途。茶叶箱需要用此胶合板

3. 纤维板

纤维板是以植物纤维为主要原料,经破碎、浸泡、研磨成木浆,再加入适量的胶料,经热压成型、干燥等工序制成的一种人造板材。纤维板的原料非常丰富,如木材采伐加工剩余物(树皮、刨花、树枝等)、稻草、麦秸、玉米秆、竹材等。生产纤维板可使木材的利用率达90%以上,是木材综合利用、节约木材的重要途径之一。

纤维板按原料不同可分为木质纤维板和非木质纤维板。木质纤维板是由木材加工废料经进一步加工制成的纤维板,非木质纤维板是由草本纤维或竹材纤维制成的纤维板。纤维板的特点是材质构造均匀,各向强度一致,抗弯强度高(可达55 MPa),耐磨,绝热性好,不易胀缩和翘曲变形,不腐朽,无木节、虫眼等缺陷。国际上纤维板按密度通常分为以下三大类。

① 硬质纤维板,又称高密度纤维板,一等品的密度不得低于0.9 g/cm^3,二、三等品的密度不得低于0.8 g/cm^3,具有强度大、密度高的特点,广泛用于建筑、车辆、船舶、家具、包装等方面。

② 软质纤维板,又称低密度纤维板,密度0.4 g/cm^{3}以下,其强度不大,导热性也较小,适于作保温和隔声材料。

③ 半硬质纤维板,通常称为中密度纤维板,密度为0.4～0.8 g/cm^3,其强度较大,性能介于硬质纤维板和软质纤维板之间,易于加工,主要用作建筑壁板、家具,产品可以贴纸和涂饰。

4. 复合板

复合板主要有细木工板和复合地板两种。

细木工板又称大芯板,它是三层板胶轴压合而成,其上、下面层为胶合板,芯板是由木材加工后剩下的短小木料制成的木条,再用胶黏拼而成的板材。这种板一般厚为20 mm,长2 400 mm,宽1 220 mm,幅面大,表面平整,使用方便。可代替实木板应用,现普遍用作建筑室内隔墙、隔断、橱柜等的装修。

复合地板是目前家居装修中广泛采用的一种多层叠压式木板。通常是由面层、芯板和背层三部分组成,其中面层又有数层叠压而成,每层都有其不同的特色和功能。叠压面层是由经特别加工处理的木纹纸与透明的密胺树脂经高温、高压压合而成；芯板是用木纤维、木屑或其他木质粒状材料等，再与有机物混合经加压而成的高密度纤维板材；底层为用聚合物叠压的纸质层。复合地板规格一般为 1 200 mm×200 mm 的板条，厚 8～12 mm，其表面光滑，坚实耐磨，不变形、不干裂、不沾污、不褪色，不需打蜡，且易清洁，铺设方便。复合地板适用于客厅、起居室、卧室等地面铺装。

5. 刨花板、木丝板、木屑板

刨花板是以木材加工的剩余物，如枝丫、树皮、刨花、锯屑等为原料，经削片制成一定规格的刨花，干燥筛选后拌和胶黏剂、防火剂等，再经铺装成型和热压后制成的一种人造板。刨花板的特点是板面平整、挺实、幅面大；刨花板的物理力学性能好，易于加工，可开榫、可钉钉。

木丝板、木屑板是分别以短小废料刨制的木丝、木屑等为原料，经干燥后拌入胶料，再经热压成型而制成的人造板材。所用胶料可为合成树脂，也可为水泥、菱苦土等无机胶结料。一般体积密度小，强度较低，主要用作绝热和吸声材料。热压树脂刨花板和木屑板的表面可粘贴塑料贴面或胶合板作饰面层，这样既增加了板材的强度，又使板材具有装饰性，可用作吊顶、隔墙、家具等材料。

6. 集成材

集成材又称作胶合木，是将纤维方向基本平行的板材、小方材等在长度、宽度和厚度方向上集成胶合而成的材料。根据承载可以分为：结构用集成材和非结构用集成材，后者用于家具生产、建筑装饰装修等；根据集成材的形状可分为：集成板材和集成方材。

集成材没有改变木材的结构和特点，它仍和木材一样是一种天然基材，但从物理力学性能来看，其抗拉和抗压强度都优于实体木材，在材料质量的均匀化方面也优于实体木材。因此，集成材可以代替实体木材应用于各种相应的领域。

8.4.3　关于人造木板材的甲醛释放量控制问题

各类人造板及其制品是室内装饰装修最主要的材料之一。人造木板材在我国普遍采用的胶黏剂是酚醛树脂和脲醛树脂，二者皆以甲醛为主要原料，使用中会散发有害、有毒气体，影响环境质量。一般情况下，脲醛树脂中的游离甲醛浓度约 3%左右，酚醛树脂中也有一定的游离甲醛，人造木板材中甲醛的释放持续时间往往很长，所造成的污染很难在短时间内解决。

为控制民用建筑上使用的人造木板材及饰面人造木板材的甲醛释放，必须测定其游离甲醛含量或释放量。

国家标准(GB 18580－2001)规定了各类板材中甲醛限量值，见表 8-2。

表 8-2　甲醛释放限量表

<table>
<tr><th>产 品 名 称</th><th>试验方法</th><th>限量值</th><th>使用范围</th><th>限量标志</th></tr>
<tr><td rowspan="2">中密度纤维板、高密度纤维板、刨花板、定向刨花板等</td><td rowspan="2">穿孔萃取法</td><td>≤9 mg/100 g</td><td>可直接用于室内</td><td>E1</td></tr>
<tr><td>≤30 mg/100 g</td><td>必须饰面处理后可允许用于室内</td><td>E2</td></tr>
<tr><td rowspan="2">胶合板、装饰单板贴面胶合板、细木工板等</td><td rowspan="2">干燥器法</td><td>≤1.5 mg/L</td><td>可直接用于室内</td><td>E1</td></tr>
<tr><td>≤5.0 mg/L</td><td>必须饰面处理后可允许用于室内</td><td>E2</td></tr>
<tr><td rowspan="2">饰面人造板(包括浸渍纸层压木质地板、实木复合地板、竹地板、浸渍胶膜纸饰面人造板等)</td><td>气候箱法</td><td>≤0.12 mg/m³</td><td rowspan="2">可直接用于室内</td><td rowspan="2">E1</td></tr>
<tr><td>干燥器法</td><td>≤1.5 mg/L</td></tr>
</table>

注：a. 仲裁时采用气候箱法；

b. E1 为可直接用于室内的人造板，E2 为必须经过饰面处理后才允许用于室内的人造板。

8.5　建筑装饰塑料制品

塑料是由高分子聚合物加入一些辅助材料，经过加工形成的典塑性材料或固化胶黏形成的典刚性材料。成型后塑料能够在常温下保持产品既有的形状及一定的强度。

塑料作为建筑装饰材料具有很多特性，不仅能用来代替许多传统的材料，而且有很多传统材料所不具备的优良性能。比如优良的可加工性能，强度重量比大，良好的电绝缘性及化学稳定性，具有保温、隔热、隔声等多种功能，塑料的原料来源丰富，生产工艺简单，加工成型方便，适于工业生产等。

塑料的品种很多，按照受热后塑料的变化情况，可以把塑料分为热塑性塑料，如聚氯乙烯等；热固性塑料，如环氧树脂、酚醛树脂等。

8.5.1　塑料壁纸

塑料壁纸是目前发展最为迅速，应用最为广泛的壁纸。它是以纸为基材，以聚氯乙烯塑料为面层，经压延、涂布以及印刷、压花、发泡等工艺制成的。通常，塑料壁纸大致分为三类，即普通壁纸、发泡壁纸和特种壁纸。每一种壁纸有 3～4 个品种，每一个品种又有几十个乃至几百个花色可供选择。

塑料壁纸具有良好的装饰效果，经印花、压花、发泡处理后，可以制成各种图案及丰富的凹凸花纹，富有质感；且施工简单，节约了大量粉刷工作，可提高工效，缩短施工周期。塑料壁纸陈旧后，易于更换。塑料壁纸表面不吸水，可用湿布擦洗。

8.5.2 塑料地板

塑料地板品种很多，广义上说，包括所有以有机物为主要原料制成的地面覆盖材料。按照生产塑料地板所用树脂来分，塑料地板可以分为聚氯乙烯塑料地板、聚丙烯树脂塑料地板、氯化聚乙烯树脂塑料地板。目前，最常用的是聚氯乙烯塑料地板。

在选用塑料地板时，应根据其耐磨性、尺寸稳定性、翘曲性、耐化学腐蚀性和耐久性等性能，正确地选择和使用。施工时应注意基底的平整及干燥。

8.5.3 塑料装饰板

塑料装饰板是指以树脂为浸渍材料或以树脂为基材，采用一定生产工艺制成的具有装饰功能的普通或异形断面的板材。塑料装饰板具有重量轻、装饰性强、生产工艺简单、便于施工、易于养护、适于与其他材料复合等特点，在装饰工程中的应用越来越广泛。

塑料装饰板材按原材料的不同可分为硬质 PVC 板、塑料贴面板（如三聚氰胺层压板）、有机玻璃装饰板、玻璃钢板、塑料金属复合板和聚碳酸酯彩光板等。按结构和断面形式可分为平板、波形板、实体异形断面板、中空异形断面板、格子板及夹心板等多种类型。

8.6 纤维装饰织物与制品

8.6.1 纯毛地毯

纯毛地毯的主要原材料是粗绵羊毛，由于羊毛不易变形、磨损、燃烧，且耐污染、弹性好、隔热性能优良，因此纯羊毛地毯的主要特点是弹性大、拉力强、光泽足，为高档铺地装饰材料。

纯毛地毯分为手工编织地毯和机织地毯两种，多用于高级会堂、迎宾馆、会客厅等装饰性要求高的场所。

8.6.2 混纺地毯

混纺地毯是指将羊毛与合成纤维混纺后再织造的地毯，其性能介于纯毛地毯和化纤地毯之间。由于合成纤维的品种多，且性能也各不相同，当混纺地毯中所用纤维品种或掺量不同时，混纺地毯的性能也各不相同，如当在羊毛中掺入 15%的锦纶纤维时，织成的地毯与纯毛地毯相比，更耐磨损；当在羊毛中掺入 20%尼龙纤维时，则地毯的耐磨性可提高 5 倍。混纺地毯在降低成本的同时，仍能保持纯毛地毯的装饰性。

8.6.3 化纤地毯

化纤地毯也称合成纤维地毯,是以各种化学纤维为主要原料,经过机织法或簇绒法等加工成面层织物后,再与麻布被衬材料复合处理而成的一种地毯。化纤地毯可以机械化生产,产量高,价格低廉,加之耐磨性好,且不易虫蛀和霉变,很受人们的欢迎。

化纤地毯按其加工方法的不同,主要分为以下几种。

① 簇绒地毯　由四部分组成,即毯面纤维、初级背衬、防松涂层和次级背衬。

② 针刺地毯　由三部分组成,即毯面纤维、底衬和防松涂层。

③ 机织地毯　传统品种,即把经纱和纬纱相互交织编成地毯,也称纺织地毯。

④ 手工编结地毯　手工编结地毯完全采用手工编结,一般是单张的,没有背衬。

目前,簇绒地毯是使用最普遍的一种化纤地毯。

8.7 建筑玻璃及制品

玻璃是现代建筑十分重要的室内外装饰材料之一。随着现代建筑的发展需要,玻璃及其制品也由过去单一的采光和装饰功能,逐渐向着能控制光线、调节热量、节约能源、控制噪声、降低建筑物自重、改善建筑环境、提高建筑艺术水平等方向发展,为建筑工程提供更多的选择。

8.7.1 玻璃概述

玻璃是一种无定形的硅酸盐制品,为各向同性的均质材料,它的化学成分相当复杂,主要成分为 SiO_2(70%左右)、Na_2O(15%左右)、CaO(10%左右)和少量的 MgO、Al_2O_3、K_2O 等。

1. 玻璃的原料及生产

生产玻璃用原料主要是各种氧化物。

1) 主要原料

酸性氧化物,主要有 SiO_2、Al_2O_3 等,在煅烧过程中能单独熔融成为玻璃的主要成分,决定玻璃的基本性质。

碱性氧化物,主要有 Na_2O、K_2O 等,在煅烧过程中能与酸性氧化物形成易熔的复盐,起到助熔剂的作用。

增强氧化物,主要有 CaO、MgO、ZnO、PbO 等。

2) 辅助材料

玻璃生产过程中,除了主要原料以外,还需掺入辅助材料,如助熔剂、脱色剂等。

2. 玻璃的基本性质

玻璃是由原料的熔融物经过冷却而形成的固体,是一种无定型结构的玻璃体,其物理性质和力学性质是各向同性的。

① 密度　玻璃的密度与其化学成分有关。普通玻璃的密度为 2.45～2.55 g/cm^3。

② 热性质　玻璃是热的不良导体，玻璃的热导率一般为 0.75～0.92 W/(m·K)。

玻璃的热膨胀性决定于玻璃本身的化学组成及其纯度，纯度越高膨胀系数越小。玻璃的热稳定性决定玻璃在温度剧变时抵抗破裂的能力，热膨胀系数越小稳定性越好。

③ 光学性质　太阳光由紫外线、可见光、红外光三部分组成。当太阳光照射到玻璃上时，玻璃会对太阳光产生吸收、反射、透射等作用。玻璃反射光线的多少决定于玻璃反射面的光滑程度、折射率及投射光线的入射角大小。玻璃对光线的吸收则随玻璃化学组成和颜色的变化而变化。玻璃的折射性质受其化学组成的影响，且折射率随温度上升而增大。

④ 化学稳定性　玻璃具有较高的化学稳定性，但长期遭受侵蚀性介质的腐蚀，也能导致变质和破坏，如风化、发霉等。

3. 玻璃的分类

玻璃的品种很多，分类方法各异，通常按照化学组成进行分类。

① 钠玻璃，主要由 SiO_2、Na_2O、CaO 组成，也称普通玻璃或钠玻璃。

② 钾玻璃，K_2O 替代钠玻璃中部分 Na_2O，并提高 SiO_2 的含量而制成的，也称硬玻璃。

③ 铝镁玻璃，是通过降低钠玻璃中碱金属和碱土金属物的含量，引入 MgO，并以 Al_2O_3 代替部分 SiO_2 制成的玻璃。

④ 铅玻璃，又称铅钾玻璃或重玻璃、晶质玻璃，主要成分是 PbO、K_2O 及少量的 SiO_2。

⑤ 硼硅玻璃，由 B_2O_2、SiO_2 及少量 MgO 组成，也称耐热玻璃。

⑥ 石英玻璃，主要由 SiO_2 组成。

4. 玻璃的缺陷

玻璃属于玻璃非晶质材料，生产过程中的各种夹杂物引起的玻璃体均匀性的破坏，称为玻璃的缺陷。玻璃的缺陷不仅使玻璃质量大大降低，影响装饰效果，甚至严重影响玻璃的加工性能，以至形成大量废品。

① 气泡　玻璃中的气泡是可见的气体夹杂物，不仅影响玻璃的外观质量，更重要的是降低玻璃的透视性和机械强度，这种缺陷极易引起人们注意。

② 结石　结石是一种固体夹杂物，是可见的缺陷，可大大降低玻璃的机械强度和热稳定性，从而降低制品的使用价值。

③ 波筋和疙瘩(玻璃态夹杂物)　玻璃主体内存在的异类玻璃夹杂物称为玻璃态夹杂物，这属于一种比较普遍的玻璃不均匀性方面的缺陷。

④ 线道　线道是玻璃表面呈现的很细很亮的连续不断的条纹，像线一样，故称线道，线道降低了玻璃的外观质量和整体美感。

5. 玻璃的表面加工及装饰

成形后的玻璃制品，一般需要进行表面加工，以得到符合要求的制品。加工在改善玻璃的外观和表面性质的同时，还可以起到装饰作用。

8.7.2 常用建筑玻璃

1. 平板玻璃

平板玻璃又称白片玻璃或净片玻璃，是建筑玻璃中用量最大的一种，习惯上将窗用玻璃、磨光玻璃、磨砂玻璃、压花玻璃、有色玻璃均归入平板玻璃之列。

窗用平板玻璃既透光又透视，透光率可达85%左右，能隔声，略有保温性，具有一定机械强度，但性脆，且紫外线透过率较低。

平板玻璃按生产工艺的不同可分为引拉法玻璃和浮法玻璃。通常按厚度分类，主要有2 mm、3 mm、5 mm、6 mm厚等尺寸，其中以3 mm、5 mm厚的玻璃使用量最大。

平板玻璃按外观质量分为优等品、一等品和合格品三等，成品装箱运输，产量以标准箱计，厚度为2 mm的平板玻璃，每标准箱所装玻璃面积共计10 m^2。

2. 中空玻璃

中空玻璃是由两片或多片平板玻璃构成，用边框隔开，用胶接、焊接或熔接等方法将四周边缘部分密封，玻璃中间充入干燥空气或其他惰性气体。玻璃可采用平板原片，有浮法透明玻璃、彩色玻璃、镜面反射玻璃、夹丝玻璃、钢化玻璃等。由于玻璃与玻璃间存在空腔，因此中空玻璃具有良好的保温、隔热、隔声等性能。还可以在玻璃之间充以各种能漫射光线的材料或电解质等，以获得更好的声控、光控、隔热等效果。

中空玻璃主要用于如宾馆、饭店、办公楼、学校、医院等有采暖、空调、隔音、防结露等需求的建筑中。

3. 钢化玻璃

钢化玻璃又称强化玻璃，是将玻璃加热到玻璃软化温度，经迅速冷却或用化学方法钢化处理所得的玻璃制品，它具有良好的抗弯强度和抗冲击能力。

玻璃经钢化处理后，其机械力学性能大大提高。一旦破碎，局部会发生应力重新分布，先出现网状裂纹，破碎后无尖锐棱角碎块，不伤人，故又称为安全玻璃。但是钢化玻璃不能任意切割、磨削，边角不能碰击，不能现场加工，使用时只能选择现有尺寸规格的成品，或提出具体设计图纸加工定做。

钢化玻璃有普通钢化玻璃、钢化吸热玻璃、磨光钢化玻璃等品种。

4. 夹层玻璃

夹层玻璃是在两片或多片玻璃之间嵌夹透明、柔软而强劲的塑料薄片，经加热、加压黏合而成的平面或曲面的复合玻璃制品。夹层玻璃具有较高的强度，受到破坏时产生辐射状或同心圆形裂纹，碎片不易脱落，且不影响透明度，不产生折光现象，属安全玻璃的一种。

常用的有赛璐珞塑料夹层玻璃和乙烯醇缩丁醛树脂夹层玻璃两种，其玻璃原片可采用普通平板玻璃、磨光玻璃、浮法玻璃、钢化玻璃及吸热玻璃等。

5. 夹丝玻璃

夹丝玻璃也称防碎玻璃或钢丝玻璃。它是将普通平板玻璃加热到已软化红热状态，再将预热处理的钢丝网或铁丝网压入玻璃中间而制成的，表面可以是压花或磨光的。在玻璃遭受冲击或温度剧变时，由于铁丝网的骨架作用，破而不缺、裂而不散，避免了有棱角的小块飞出伤人。当火灾蔓延，夹丝玻璃受热炸裂时，仍能保持完整，起到隔绝火焰的作用，故又称防火玻璃。

6. 压花玻璃

压花玻璃又称花纹玻璃或滚花玻璃，是将熔融的玻璃液在冷却中通过带图案花纹的辊压，使玻璃单面或双面压有深浅不同的各种花纹的制品。在压花玻璃有花纹的一面，用气溶胶法对表面进行喷涂处理，玻璃可呈浅黄色、浅蓝色等。经过喷涂处理的压花玻璃，强度可提高50%～70%。压花玻璃有一般压花玻璃、真空镀膜压花玻璃、彩色膜压花玻璃等。

7. 磨光玻璃

磨光玻璃又称镜面玻璃，是平板玻璃经过抛光后制得的玻璃。磨光玻璃可以单面磨光也可双面磨光，其具有表面平整光滑且有光泽，透光率大于84%，物像透过玻璃不变形等特点。玻璃厚度一般为5～6 mm。

经机械研磨和抛光的磨光玻璃，虽质量较好，但既费工又不经济，被浮法工艺取代后，在一般建筑和汽车工业中用量已逐渐减少。

8. 磨(喷)砂玻璃

磨(喷)砂玻璃又称毛玻璃。通常采用普通平板玻璃经研磨、喷砂或氢氟酸溶蚀等加工，使表面呈均匀粗糙状。由于表面粗糙，使光线产生漫射，有透光不透视、室内光线不刺眼等效果，一般用于建筑物的卫生间、浴室、办公室等门窗及隔断，也用作黑板等。

9. 热反射玻璃

热反射玻璃又称镀膜玻璃或镜面玻璃，既具有较高的热反射能力，又保持了平板玻璃良好的透光性能。

热反射玻璃是在玻璃表面喷涂金、银、铜、铝、铬、镍、铁等金属及金属氧化物，或者粘贴有机薄膜，或者以某种金属或离子置换玻璃中原有的离子而制成的。

10. 玻璃幕墙

玻璃幕墙是以铝合金型材为边框，玻璃为内外复面，其中填充绝热材料的复合墙体。目前，玻璃幕墙所采用的玻璃已由浮法玻璃、钢化玻璃等较为单一品种，发展到吸热玻璃、热反射玻璃、中空玻璃、夹层玻璃、釉面钢化玻璃、丝网印花钢化玻璃及真空镀膜玻璃等。

8.8 建筑陶瓷

8.8.1 建筑陶瓷的概念与分类

陶瓷自古以来就是优良的建筑装饰材料之一，我国的陶瓷生产有着悠久的历史。随着现代科学技术的发展和人民生活水平的提高，建筑陶瓷的应用更加广泛，其品种、花色和性能亦有了很大的变化。

1. 陶瓷的分类

陶瓷是陶器和瓷器的总称。通常陶瓷制品可以分为陶质制品、瓷质制品及炻质制品。

陶质制品通常具有一定的吸水率(>10%)，断面粗糙无光，不透明，敲之声音沙哑，可无釉，也可施釉。陶质制品又分为精陶和粗陶。精陶按其用途不同可分为建筑精陶、美术精陶及日用精陶。粗陶则包括建筑上常用的砖、瓦，以及陶盆、罐及某些日用缸器等。

瓷质制品含杂质少，坯体致密，基本上不吸水(吸水率<1%)，有一定的半透明性，敲之声音清脆，通常都施釉。瓷质制品分为粗瓷和细瓷。例如日用瓷、电瓷、化工瓷等。

炻质制品则是介于陶质制品与瓷质制品之间的一类制品，也称为半瓷。炻器与陶器的区别在于陶器的坯体是多孔结构，而炻器坯体的气孔率却很低，吸水率较小(<2%)，其坯体致密，达到了烧结程度。炻器与瓷器的区别主要在于炻器坯体多数带有颜色半透明性，炻器按其坯体的细密性、均匀性以及粗糙程度分为粗炻器和细炻器。建筑装饰工程中用的外墙砖、地砖等均属于粗炻器；驰名中外的宜兴紫砂陶则属于一种不施釉的有色细炻器。

2. 生产陶瓷的原材料

陶瓷工业中使用的原材料品种繁多。从其来源来说，一种是天然矿物原料，一种是通过化学方法加工处理的化工原料。天然矿物原料通常可分为可塑性物料、瘠性物料、熔剂原料、有机物料等。

1）可塑性物料

黏土是由天然岩石经长期风化而形成的。风化作用分为机械风化(温度变化、冰冻、水力等)、化学风化(空气中的 CO_2 和水作用)和有机风化(动植物遗骸腐蚀)。黏土是多种微细矿物的混合体，其中主要是含水的铝硅酸盐矿物。另外，黏土中还含有石英、铁矿物、碱等多种杂质。杂质的种类和含量，对黏土的可塑性、焙烧温度及制品的性能等有一定的影响，因此，可以根据黏土的组成初步判断制品的质量。如黏土中石英含量较大时，其可塑性差，但收缩性相对较小；黏土中氧化铁、氧化钛含量会影响烧制产品的颜色，而且细而分散的铁化合物还会降低黏土的烧结温度，超过一定数量以后，会使坯体在煅烧过程中起泡等。

2）瘠性原料

瘠性原料包括石英、熟料和废砖粉。石英的主要成分是 SiO_2。当石英的烧制温度达到 573 ℃以上时会发生晶体转变，产生开裂现象，因此，在以石英为原料时应加以控制。加入熟料和废矿粉的目的是为了减少坯体在烧制过程中的收缩。

3）熔剂原料

熔剂原料包括长石和硅灰石。长石是钾、钠、钙等铝硅酸盐一类矿物的总称。其主要作用是降低陶瓷坯体的烧成温度，缩短坯体干燥时间，减少坯体在干燥时产生的收缩和变形。

4）有机物料

有机物料主要包括天然腐殖质或由人工加入的锯末、糠皮、煤粉等，它们能提高物料的可塑性。

8.8.2　陶瓷的釉面装饰

建筑陶瓷的装饰，可以通过对陶瓷坯体的改变实现，也可通过在坯体表面上施釉来实现。釉能大大地提高制品的外观效果，而且对陶瓷制品本身起到一定的保护作用，从而将制品的实用性和装饰性有机地结合起来。

1. 釉的特点和分类

所谓釉，是指附着于陶瓷坯体表面的连续玻璃质层，它具有与玻璃类似的某些物理与化学性质。

釉料必须在坯体烧结温度下成熟，一般要求釉的成熟温度略低于坯体烧成温度。为了便于一次烧成，釉应当具有较高的始熔温度和较宽的熔融温度范围；釉料要与坯体牢固结合，从而在遇到温度变化情况时，不易发生开裂或釉面剥离现象；釉料在高温熔化后，要有适当的黏度和表面张力，以保证冷却后具有平滑、光亮的釉面层；釉面质地坚硬、耐磕碰、不易磨损。

2. 釉下彩绘

在生坯或素烧釉坯上进行彩绘，然后施一层透明或半透明釉，再经釉烧为釉下彩绘。其优点在于由于有釉层的保护，画面不会因为陶瓷在经常使用过程中被损坏，而且画面显得清秀光亮。然而釉下彩绘的画面与色调远远不如釉上彩绘那样丰富多彩，同时难以机械化生产，因而目前难以广泛采用。青花、釉里红及釉下五彩均为我国名贵的釉下彩绘制品。

3. 釉上彩绘

釉上彩绘是在釉烧过的陶瓷釉上用低温彩釉进行彩绘，然后在不高的温度下彩烧的装饰方法。由于釉上彩绘的彩烧温度低，因此基本全部的陶瓷颜料都可以采用，故釉上彩绘的色彩极其丰富，有人工绘制、贴花、喷花、刷花等几种，但是釉上彩绘的画面易于磨损，光滑性差，同时容易发生彩料中的铅溶出从而引起铅中毒的情况。

4. 贵金属装饰

所谓贵金属装饰，是指将金、铂、钯或银等贵金属，用各种方法置于陶瓷表面而形成富有贵金属色泽的图案，具有华丽、高贵的效果，是高级陶瓷制品的一种艺术处理方法。饰金是极其常见的，其他贵金属装饰比较少见，用金装饰陶瓷主要有亮金(如金边和描金)、潜光金及腐蚀金等方法。无论哪种金饰方法，其使用的金材料基本上只有两种，即：金水(液态金)与粉末，此外，还有少量的液态磨光金。

另外，陶瓷装饰还有其他一些方法，如结晶釉、流动釉、裂纹釉等。

8.8.3 常用建筑陶瓷制品

凡是用于装饰内外墙面、铺设地面、卫生间等所用的各种陶瓷材料及其制品统称为建筑陶瓷。建筑陶瓷通常构造致密，质地较为均匀，有一定的强度，耐水、耐磨、耐化学腐蚀、耐久性好等，能拼制出各种色彩图案。

建筑陶瓷的品种很多，最常用的有釉面内墙砖、外墙贴面砖、陶瓷地砖、陶瓷锦砖、卫生陶瓷以及琉璃制品等。

1. 釉面内墙砖

釉面内墙砖又称瓷砖，是将磨细的泥浆脱水干燥后，用半干法压型，素烧后施釉入窑烧制而成的。釉面内墙砖是建筑装饰工程中最常用、最重要的饰面材料之一，具有坚固耐用，色彩鲜艳，易于清洁、防火、防水、耐磨、耐腐蚀等优点。

釉面砖正面施釉，背面有凹凸纹，以便于施工时与基体粘贴牢固。釉面砖因其所用釉料及其生产工艺不同，有许多品种，如白色釉面内墙砖、彩色釉面内墙砖、印花釉面内墙砖等。另外，还配有各种配角砖，如阴角、阻角、压顶条等。

2. 外墙贴面砖

外墙贴面砖是镶嵌于建筑物外墙上的片状陶瓷制品，是采用耐火度较高的优质黏土，经半干压法压制成型，再经 1 100 ℃左右焙烧而成的炻质和陶质制品。坯体颜色较多，如米黄、紫红及白色等。外墙贴面砖具有坚固耐用、色彩鲜艳、易清洗、防火、防水、耐磨、耐腐蚀和维修费用低等特点。

3. 陶瓷地砖

陶瓷地砖是以品质均匀，耐火度较高的黏土作为原料，经压制成型，在高温下烧制而成的。其表面有上釉和不上釉，而且具有表面光平或粗糙等不同的质感与色彩。其背面为了与基材有良好的黏结，常常具有凹凸不平的沟槽等。陶瓷地砖品种规格繁多，尺寸各异，以满足不同的使用环境条件的需要。

4. 陶瓷锦砖

陶瓷锦砖俗称“马赛克”，源于“Mosaic”。它是以优质瓷土烧制而成的小块瓷砖，可上釉和不上釉，目前各地产品多为不挂釉。由于规格小，直接粘贴很困难，故需预先反贴于牛皮纸上，形成联。

陶瓷锦砖美观、耐磨、不吸水、易清洗、抗冻性能好、坚固耐用、造价较低，主要用于室内铺贴地面，也可作为建筑物的外墙饰面，起到装饰作用，并增强建筑物的耐久性。

5. 琉璃制品

琉璃制品是以难熔黏土为原料，经配料、成型、干燥、素烧，表面涂以琉璃釉后，再经烧制而成的制品，一般是施铅釉烧成的用于建筑及艺术装饰的带色陶瓷，包括琉璃瓦、琉璃脊、琉璃兽以及花窗、花格、栏杆等。

6. 陶瓷壁画

陶瓷壁画是以陶瓷面砖、陶板等为基础，经艺术加工而成的现代化建筑装饰。既可镶嵌在高层建筑的外墙面上，也可粘贴在候机室、会客室等内墙面上，具有较强的装饰效果。

【思考和练习】

8-1　对装饰材料在外观上有哪些基本要求？

8-2　常用建筑石材有哪几种？每种石材的特性和用途有哪些？

8-3　列举内墙涂料和外墙涂料各一例，并叙述其主要性能和应用。

8-4　举例说明建筑装饰钢材制品的应用。

8-5　简述铝合金的性质与应用。

8-6　常用的装饰材料中，哪些适宜用于外墙装饰？哪些适宜于内墙装饰？并说明原因。

8-7　玻璃的缺陷有哪些？

8-8　玻璃的基本性质有哪些？

8-9　装饰玻璃有哪些品种，各有何特点？

8-10　什么是建筑陶瓷？其主要原料组成是什么？

8-11　建筑陶瓷常用品种有哪些？各有哪些特性？

第9章　沥青和沥青混合料

【本章要点】

本章主要介绍石油沥青的四大组分及其作用，沥青胶体的三种结构类型，石油沥青的黏滞性、塑性、温度稳定性和大气稳定性及相应的衡量指标，石油沥青的种类，石油沥青的牌号与性能的关系，石油沥青的三大改性方法，沥青混合料的结构与性能的关系，沥青混合料强度的影响因素，沥青混合料的主要技术性质，热拌沥青混合料的配合比设计。

本章涉及的标准规范主要有：

《公路工程沥青及沥青混合料试验规程》(JTG E20—2011)；

《沥青路面施工及验收规范》(GB 50092—1996)；

《道路石油沥青》(NB/SH/T 0522—2010)；

《建筑石油沥青》(GB/T 494—2010)；

《石油沥青纸胎油毡》(GB 326—2007)；

《石油沥青玻璃布胎油毡》(JC/T 84—1996)；

《水乳型沥青防水涂料》(JC/T 408—2005)；

《公路沥青路面设计规范》(JTG D50—2006)。

9.1　概述

沥青材料是由一些极其复杂的高分子碳氢化合物和这些碳氢化合物的非金属(氧、硫、氮)衍生物所组成的混合物。沥青材料的命名和分类方法较多，通常可以分为地沥青和焦油沥青两大类。

9.1.1　地沥青

地沥青包括石油沥青和天然沥青两种。

① 石油沥青是石油经精制加工其他油品后，最后加工而得到的产品。

② 天然沥青是石油在自然条件下，长时间经受地球物理因素作用而形成的产物。

9.1.2 焦油沥青

焦油沥青是各种有机物(煤、泥炭、木材等)干馏加工得到焦油后,经再加工而得到的产品。焦油沥青按其加工的有机物名称命名,如由煤干馏所得的煤焦油,经再加工后得到的沥青,即称为煤沥青。

沥青是一种有机胶凝材料,具有良好的黏性、塑性、耐腐蚀性和憎水性。在建筑工程中主要被用作防潮、防水、防腐蚀材料,用于屋面、地下防水工程及其他防水工程和防腐工程;在道路建筑中主要被用作沥青路面结构。

9.2 石油沥青

9.2.1 定义与生产工艺概述

石油沥青是石油原油经蒸馏提炼出各种轻质油(如汽油、煤油、柴油等)及润滑油以后的残留物,或者再经加工而得的产品。

石油沥青的主要生产过程如下:原油经过常压蒸馏后得到常压渣油,再经减压蒸馏后得到减压渣油(即低标号的慢凝液体沥青)。为提高沥青的稠度,以此渣油为原料,可以采用不同的工艺得到黏稠沥青。在黏稠沥青中掺加煤油或汽油等挥发速度较快的溶剂作为稀释剂的沥青,称为中凝液体沥青,亦称快凝液体沥青。此类沥青在常温条件下具有较大的施工流动性,施工完成后又能在短时间内凝固,具有较高的黏性。

采用硬沥青与软沥青以适当比例调配可以得到不同稠度的调和沥青。按照其比例不同,所得成品可以是黏稠沥青,也可以是慢凝液体沥青。

为充分发挥石油沥青和煤沥青的优点,将煤沥青与石油沥青按适当比例混合成一种稳定胶体,称为混合沥青。

将沥青分散于有乳化剂的水中而形成沥青乳液,这种乳液亦称为乳化沥青。乳化沥青解决了快凝液体沥青需要掺加代价高昂的有机稀释剂的问题,而且不要求石料必须干燥,从而节约了成本,扩大了使用范围。

9.2.2 组分与结构

1. 化学组分

石油沥青是由多种碳氢化合物及其非金属(氧、硫、氮)的衍生物组成的混合物。它的化学组成主要是碳(80%～87%)、氢(10%～15%),其次是氧、硫、氮等(<3%)。此外,还含有一些微量的金属元素(如镍、钒、铁、锰、钙、镁等)。

实际上石油沥青是由多种化合物所组成的混合物,组成结构非常复杂。为了便于研究沥青组成与工程性质之间的关系,通常将沥青中化学成分和物理性能相近且具有一定共同特征的部分，划分为一个化学成分组，这些组就称为“组分”。根据现行的《公路工程沥青及沥青混合料试验规程》(JTG E20—2011)规定，有三组分和四组分两种分析方法。

1) 三组分分析法

石油沥青的三组分分析法是将石油沥青分离为油分、树脂和沥青质三个组分。因为我国富产石蜡基和中间基沥青，油分中往往含有蜡，因此在分析时还应将油蜡分离。这一组分分析方法又称为溶解-吸附法。按三组分分析法得到的各组分物理化学性能如表 9-1 所示。

表 9-1　石油沥青三组分分析法的各组分物理化学性能

物化指标 组分	外观特征	平均分子量	碳氢原子量比	物理化学特征
油分	淡黄色透明液体	200～700	0.5～0.7	可以在众多有机溶剂中溶解，密度 0.91～0.93
树脂	红褐色黏稠半固体	800～3 000	0.7～0.8	温度敏感性高，熔点低于 100 ℃，密度大于 1.0
沥青质	深褐色固体颗粒	1 000～5 000	0.8～1.0	加热不熔化，分解为硬焦炭，使沥青呈黑色

该方法组分界限明确，组分含量能在一定程度上说明它的工程性能，其主要缺点是分析流程复杂，分析时间长。

如前所述，我国的沥青中富含蜡，从分子结构上来看，油和蜡均属于以直链烷烃为主的化学结构，在指定温度时，液态者为油，固态者为蜡。蜡的形态和数量，与油蜡分离的方法、冷冻剂的性能、冷却速度、冷冻温度等参数有关。蜡对沥青工程性能具有重大影响，主要表现为，在高温时蜡会使沥青发软，导致沥青路面高温稳定性降低；而在低温时蜡会使沥青变得脆硬，容易出现裂缝；此外，蜡会使沥青与石料的黏附性降低，在有水的条件下，还会使路面石子产生剥落现象，造成路面破坏；更严重的是，含蜡沥青会使沥青路面的抗滑性降低，影响路面的行车安全。在我国现行国标《公路沥青路面施工技术规范》(JTG F40—2004)中，“重交通道路用石油沥青技术要求”规定，含蜡量(蒸馏法)不大于 3%。

2) 四组分分析法

我国现行四组分分析法将沥青试样先用正庚烷沉淀“沥青质”，再将可溶分(即软沥青质)吸附于氧化铝谱柱上，然后用正庚烷冲洗，所得的组分称为“饱和分”；继续用甲苯冲洗，所得的组分称为“芳香分”；最后用甲苯——乙醇、甲苯、乙醇冲洗，所得组分称为“胶质”。

在沥青四组分中，各组分相对含量的多少决定沥青的性能。树脂含量增大，可使沥青的延性增加；饱和分含量增加，可使沥青黏稠度降低，针入度增加；在有饱和分存在的条件下，沥青质含量增加，可使沥青获得低的温度敏感性；树脂和沥青质的含量增加，可使沥青的黏度提高。

2. 胶体结构

沥青的技术性质，不但取决于它的化学组分及其化学结构，而且取决于它的胶体结构。

1）胶体结构的形成

石油沥青的结构是以沥青质为核心，周围吸附部分树脂和油分，构成胶团，无数胶团分散在油分中而形成胶体结构。

2）胶体结构的分类

根据沥青中各组分的化学组成和相对含量的不同，可以形成不同的胶体结构。沥青的胶体结构，有如图 9-1 所示的三个类型。

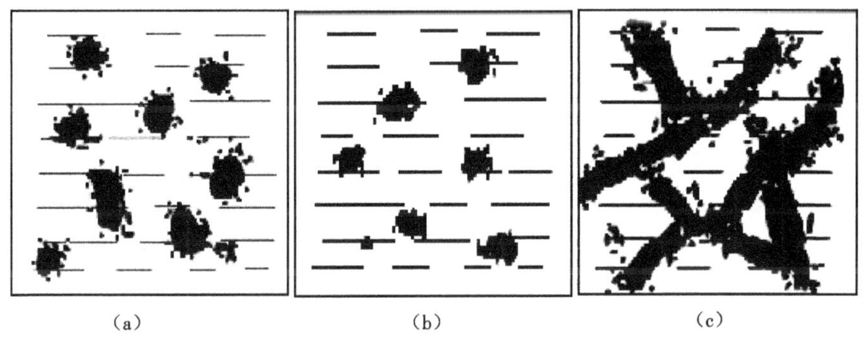

图 9-1　沥青的胶体结构示意图

(a)溶胶型结构；(b)溶-凝胶型结构；(c)凝胶型结构

(1) 溶胶型结构

当沥青质含量相对较少(例如在 10%以下)时，油分和树脂含量相对较高，胶团外膜较厚，胶团相距较远，它们之间吸引力很小(甚至没有吸引力)，胶团可以在分散介质黏滞度许可范围之内自由运动，沥青形成溶胶结构。其特点是，承受荷载时，几乎没有弹性效应，剪应力与剪变率呈线性关系(见图 9-2 曲线 a)，所以亦称其“牛顿流沥青”。

溶胶型沥青的优点是具有较好的自愈性和低温变形能力，因此这类沥青被大量应用于道路工程，其缺点是黏性小而流动性大，温度感应性较差。

(2) 溶-凝胶型结构

当沥青质含量较多(15%～25%)而油分和树脂含量较少时，胶团外膜较薄，胶团靠近聚集，移动比较困难，沥青形成溶-凝胶结构。

具有溶-凝胶结构的石油沥青弹性和黏结性较高，温度稳定性较好，但塑性较差。这类沥青的特点是，在变形的最初阶段，表现出一定程度的弹性效应，随着变形的增加，开始呈现出黏性流动，是一种具有黏-弹特性的伪塑性体。其剪应力与剪变率关系如图(9-2 曲线 b)所示。它有时还有触变性。

修筑现代高等级沥青路面用的沥青,都属于此类胶体结构类型。此类沥青在高温时具有较低的感温性,低温时又具有较好的变形能力。

(3) 凝胶型结构

当沥青质含量很高(大于 30%),并有较多的树脂作为保护膜层时,胶团之间保持一定的吸引力,使胶团靠得很近,形成空间网络结构,此结构即为凝胶型结构。其特点是,当施加荷载很小时,或在荷载时间很短时,具有明显的弹性变形。当应力超过屈服值后,则表现为黏-弹性变形(见图 9-2 曲线 c),有时它还具有明显的触变性。所以凝胶型沥青又称为弹性沥青。这类沥青具有较好的温度感应性,但低温变形能力较差。

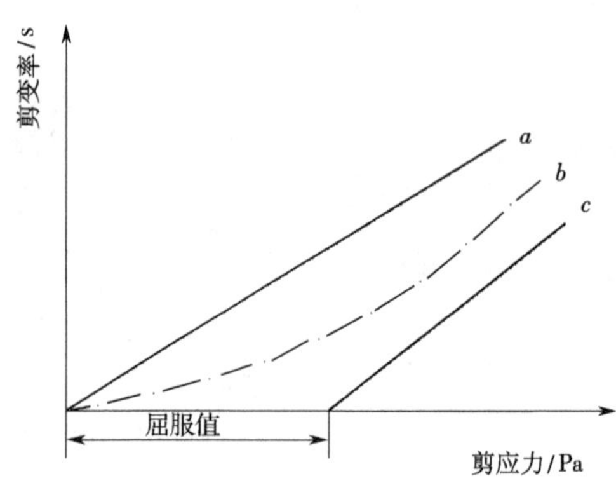

图 9-2 沥青的剪应力与剪变率关系图

蜡对沥青胶体结构具有重要影响,它的存在使沥青在高温时黏度降低,胶体结构向溶胶方向发展;在低温时,蜡容易结晶析出,形成网状结构,胶体结构向凝胶结构发展。

9.2.3 石油沥青的技术性质

1. 密度

沥青的密度指在温度为 15 ℃条件下单位体积沥青的质量,单位为 kg/m^3。其相对密度是指在规定温度下,沥青质量与同体积水质量之比。

沥青的密度与其化学组成有密切的关系,通过测定沥青的密度,可以简单地了解沥青的化学组成。通常黏稠沥青的密度波动范围在 0.96～1.04 kg/m^3。我国富产石蜡基沥青,其特征为含硫量低、含蜡量高、沥青质含量少,所以密度常在 1.00 kg/m^3 以下。

2. 热胀系数

沥青温度上升 1 ℃时的长度或体积的变化分别称为线胀系数或体胀系数,统称热胀系数。

沥青热胀系数会显著影响沥青防水材料和沥青路面的温度稳定性，尤其是有较大含蜡量的沥青，在温度降低时，蜡由液态转变为固态，比容突然增大，沥青的热胀系数发生突变，因而易导致沥青基制品的开裂。

3. 黏滞性(黏性)

石油沥青的黏滞性是反映沥青材料内部阻碍其相对流动的一种特性，简称黏性。也可以说，它反映了沥青软硬、稀稠的程度。在技术性质中，黏滞性是与沥青路面力学行为联系最密切的一种性质。

表征液态沥青流动时内部的阻力大小称为黏滞度，它是现代沥青等级(标号)划分的主要依据。其定义为：在规定温度 T(通常为 20 ℃、25 ℃、30 ℃或 60 ℃)、规定直径 d(为 3 mm、4 mm、5 mm 或 10 mm)的孔流出 50 mL 沥青所需要的时间 t(s)。

表征固态、半固态沥青黏滞性的指标是针入度，它反映了石油沥青对剪切变形的抵抗能力。其定义为：在规定温度 25 ℃条件下，以规定 100 g 的标准针，在规定时间 5 s 内贯入试样中的深度，单位是 1/10 mm。其测定示意图如图 9-3 所示。显然，针入度越大，表示黏度越小，沥青越软。

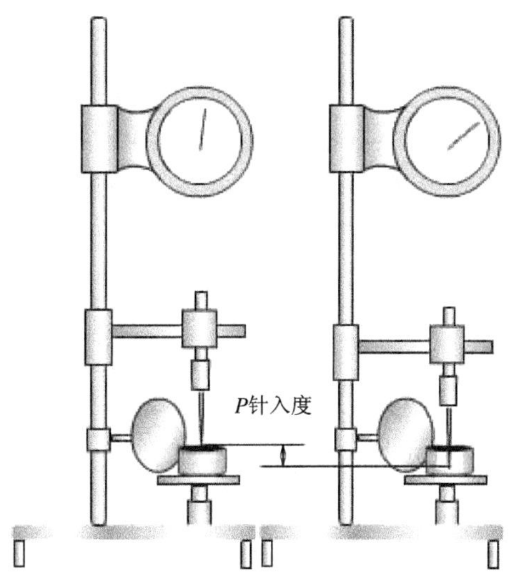

图 9-3　针入度法测定黏稠沥青针入度示意图

4. 塑性(延性)

塑性是指石油沥青在受到外力作用时产生变形而不破坏，除去外力后仍保持变形后的形状不变的性质，或者说是沥青承受塑性变形的能力总和，亦称延性。它是沥青的重要性质之一。

考察塑性大小的指标通常是延伸度，具体方法是将沥青试样制成 8 字形标准试件(最小断面 1 cm^2)，在规定拉伸速度[(5±0.25) cm/min]和规定温度(25 ℃)下拉断时的伸长长度(单位为 cm)，测定示意图如图 9-4 所示，采用仪器为延度仪如图 9-5 所示。延伸度值越大，则沥青塑性越好。

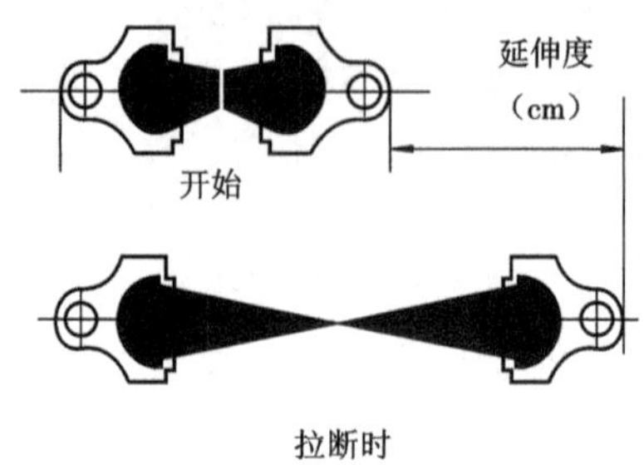

图 9-4　沥青的延伸度测定示意图

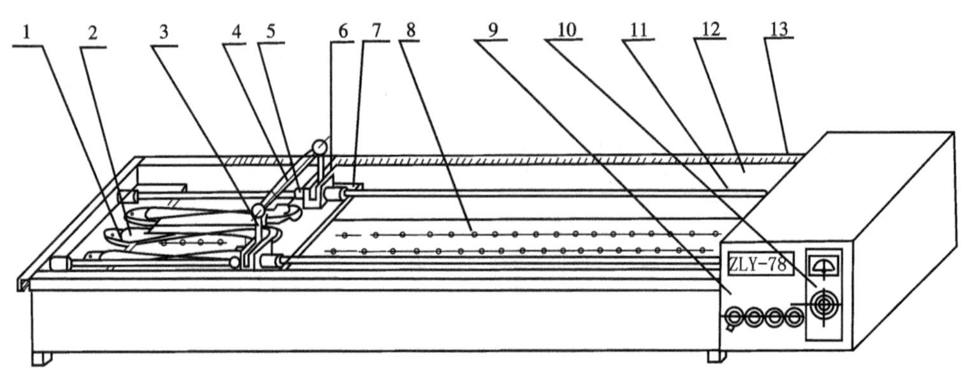

图 9-5　延度仪

1—试模;2—试件;3—操纵杆;4—手柄;5—滑板架;6—指针;
7—滑板;8—底盘;9—控制箱;10—控温仪;11—丝杆;12—挡板;13—标尺

5. 温度敏感性

温度敏感性是指石油沥青的黏滞性和塑性随温度升降而变化的性能,是沥青的重要指标之一,衡量指标是软化点。

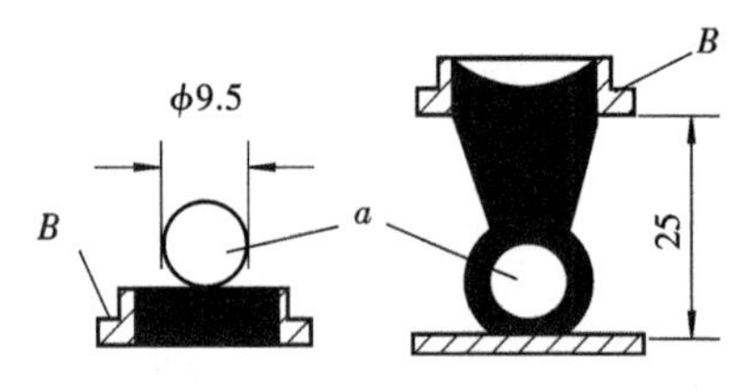

图 9-6　沥青的软化点测定示意图

软化点指沥青由固态转变为具有一定流动性膏体的温度。沥青软化点试验方法规定采用环球法测定软化点(见图 9-6),具体方法为:将沥青试样注于内径为 19.8 mm 的铜环中,环上置一重 3.5 g 的钢球,在规定的加热速度(5 ℃/min)下进行加热,直至在钢球荷重作用下,使沥青产生 25 mm 挠度时测定的沥青温度即为软化点。软化点越高,表明沥青的耐热性越好,即温度稳定性越好。

沥青材料的温度敏感性与沥青路面的施工(如拌和、摊铺、碾压)和使用性能(如高温稳定性和低温抗裂性)都有密切关系。沥青软化点不能太低,不然夏季易融化发软;但也不能太高,否则不易施工,并且质地太硬,冬季易发生脆裂现象。石油沥青温度敏感性与沥青质含量和蜡含量密切相关。沥青质增多,温度敏感性降低。沥青中含蜡量多时,其温度敏感性大。

上面讨论的针入度、延度和软化点是评价黏稠石油沥青路用性能最常用的经验指标,通称为“三大指标”。

6. 大气稳定性(耐久性)

大气稳定性是指石油沥青在热、阳光、氧气和潮湿等因素长期综合作用下抵抗老化的性能,亦称为耐久性。

在大气因素的综合作用下,沥青中的低分子量组分会向高分子量组分转化递变。由于树脂向沥青质转化的速度要比油分变为树脂的速度快得多,因此石油沥青会随时间进展而变硬变脆,亦即“老化”。

7. 黏附性

沥青与集料的黏附作用,是一个复杂的物理、化学过程。黏附性是评价沥青技术性能的一个重要指标,它与集料的黏附性直接影响沥青路面的使用质量和耐久性。

沥青裹覆集料后的抗水性(即抗剥性)不仅与沥青的性质有密切关系,而且与集料性质有关。沥青欲置换水而黏附于石料表面的能力主要取决于沥青与水的界面能和沥青与水的接触角,它们是由沥青的稠度和沥青中极性物质的含量(如沥青酸等)所决定的。随着沥青稠度和沥青酸含量的增加,沥青与石料的黏附性提高。

以上七种性质中黏滞性、塑性、温度敏感性和大气稳定性,是鉴定建筑工程中常用石油沥青品质的主要依据。

此外,为全面评定石油沥青质量和保证安全,还需了解石油沥青的溶解度、闪点、燃点等性质。

溶解度是指石油沥青在三氯乙烯、四氯化碳或苯中溶解的百分率。采用该指标是为了限制有害不溶物(如沥青碳或似碳物)的含量,以免不溶物降低沥青的黏结性。

闪点也称闪火点,是指加热后沥青产生的气体和空气的混合物,在规定的条件下与火焰接触,初次产生蓝色闪光时的沥青温度。此后,按规定加热速度继续加热,直至点火器扫拂过沥青试样表面发生燃烧火焰,并持续 5 s 以上,此时的温度称为燃烧点。闪点和燃点是保证沥青加热质量,运输、贮存和施工安全的重要指标。

9.2.4　石油沥青的技术标准

石油沥青按用途分为道路石油沥青和建筑石油沥青。

道路石油沥青的技术标准列于表 9-2。建筑石油沥青的技术标准列于表 9-3。从表 9-2、表 9-3 可以看出,石油沥青的牌号主要根据针入度、延度和软化点等指标划分,并以针入度值表示。

表 9-2 道路石油沥青的技术标准(JTG F40—2004)

<table>
<tr><th rowspan="2">指　　标</th><th rowspan="2">单位</th><th rowspan="2">等级</th><th colspan="15">沥青标号</th></tr>
<tr><th>160 号</th><th>130 号</th><th>110 号</th><th colspan="5">90 号</th><th colspan="5">70 号</th><th>50 号</th><th>30 号</th></tr>
<tr><td>针入度(25 ℃,5 s,100 g)</td><td>0.1 mm</td><td></td><td>140-200</td><td>120-140</td><td>100-120</td><td colspan="5">80-100</td><td colspan="5">60-80</td><td>40-60</td><td>20-40</td></tr>
<tr><td rowspan="2">针入度指数 PI</td><td rowspan="2"></td><td>A</td><td colspan="15">−1.5～+1.0</td></tr>
<tr><td>B</td><td colspan="15">−1.8～+1.0</td></tr>
<tr><td rowspan="3">软化点(R&B)不小于</td><td rowspan="3">℃</td><td>A</td><td>38</td><td>40</td><td>43</td><td colspan="3">45</td><td colspan="2">44</td><td colspan="2">46</td><td colspan="3">45</td><td>49</td><td>55</td></tr>
<tr><td>B</td><td>36</td><td>39</td><td>42</td><td colspan="3">43</td><td colspan="2">42</td><td colspan="2">44</td><td colspan="3">43</td><td>46</td><td>53</td></tr>
<tr><td>C</td><td>35</td><td>37</td><td>41</td><td colspan="5">42</td><td colspan="5">43</td><td>45</td><td>50</td></tr>
<tr><td>60℃动力粘度不小于</td><td>Pa.s</td><td>A</td><td>—</td><td>60</td><td>120</td><td colspan="3">160</td><td colspan="2">140</td><td colspan="2">180</td><td colspan="3">160</td><td>200</td><td>260</td></tr>
<tr><td rowspan="2">10℃延度不小于</td><td rowspan="2">cm</td><td>A</td><td>50</td><td>50</td><td>40</td><td>45</td><td>30</td><td>20</td><td>30</td><td>20</td><td>20</td><td>25</td><td>25</td><td>20</td><td>15</td><td>15</td><td>10</td></tr>
<tr><td>B</td><td>30</td><td>30</td><td>30</td><td>30</td><td>20</td><td>15</td><td>20</td><td>15</td><td>15</td><td>20</td><td>20</td><td>15</td><td>10</td><td>10</td><td>8</td></tr>
<tr><td rowspan="2">15℃延度不小于</td><td rowspan="2">cm</td><td>A、B</td><td colspan="13">100</td><td>80</td><td>50</td></tr>
<tr><td>C</td><td>80</td><td>80</td><td>60</td><td colspan="5">50</td><td colspan="5">40</td><td>30</td><td>20</td></tr>
<tr><td rowspan="3">蜡含量(蒸馏法)不大于</td><td rowspan="3">%</td><td>A</td><td colspan="15">2.2</td></tr>
<tr><td>B</td><td colspan="15">3.0</td></tr>
<tr><td>C</td><td colspan="15">4.5</td></tr>
<tr><td>闪点　不小于</td><td>℃</td><td></td><td colspan="3">230</td><td colspan="5">245</td><td colspan="7">260</td></tr>
<tr><td>溶解度　不小于</td><td>%</td><td></td><td colspan="15">99.5</td></tr>
<tr><td>密度(15℃)</td><td>g/cm³</td><td></td><td colspan="15">实测记录</td></tr>
<tr><td colspan="18">TFOT(或 RTFOR)后</td></tr>
<tr><td>质量变化　不大于</td><td>%</td><td colspan="16">±0.8</td></tr>
<tr><td rowspan="3">残留针入度比(25℃)不小于</td><td rowspan="3">%</td><td>A</td><td>48</td><td>54</td><td>55</td><td colspan="5">57</td><td colspan="5">61</td><td>63</td><td>65</td></tr>
<tr><td>B</td><td>45</td><td>50</td><td>52</td><td colspan="5">54</td><td colspan="5">58</td><td>60</td><td>62</td></tr>
<tr><td>C</td><td>40</td><td>45</td><td>48</td><td colspan="5">50</td><td colspan="5">54</td><td>58</td><td>60</td></tr>
<tr><td rowspan="2">残留延度(10℃)不小于</td><td rowspan="2">cm</td><td>A</td><td>12</td><td>12</td><td>10</td><td colspan="5">8</td><td colspan="5">6</td><td>4</td><td>—</td></tr>
<tr><td>B</td><td>10</td><td>10</td><td>8</td><td colspan="5">6</td><td colspan="5">4</td><td>2</td><td>—</td></tr>
<tr><td>残留延度(10℃)不小于</td><td>cm</td><td>C</td><td>40</td><td>35</td><td>30</td><td colspan="5">20</td><td colspan="5">15</td><td>10</td><td>—</td></tr>
</table>

注:a. 试验方法按照现行《公路工程沥青及沥青混合料试验规程》(JTJ052—2000)规定的方法执行。用于仲裁试验求取 PI 时的 5 个温度的针入度关系的相关系数不得小于 0.997。

b. 经建设单位同意,表中 PI 值、60 ℃动力黏度、10 ℃延度可作为选择性指标,也可不作为施工质量检验指标。

c. 70 号沥青可根据需要要求供应商提供针入度范围为 60—70 或 70—80 的沥青,50 号沥青可要求提供针入度范围为 40—50 或 50—60 的沥青。

d. 30 号沥青仅适用沥青稳定层。130 号和 160 号沥青除寒冷地区可直接在中低级公路上直接应用外,通常用作乳化沥青、稀释沥青、改性沥青的基质沥青。

e. 老化试验以 TFOT 为准,也可以以 RTFOR 代替。

表 9-3　建筑石油沥青的技术标准(GB/T 494—2010)

项　　目		质量指标		
		40	30	10
针入度(25 ℃,100 g,5 s)/(1/10 mm)		36～50	26～35	10～25
针入度(46 ℃,100 g,5 s)/(1/10 mm)		报告[a]	报告[a]	报告[a]
针入度(0 ℃,200 g,5 s)/(1/10 mm)	不小于	6	6	3
延度(25 ℃,5 cm/min)/cm	不小于	3.5	2.5	1.5
软化点(环球法)/℃	不低于	60	75	95
溶解度(三氯乙烯)/%	不小于	99		
蒸发后质量变化(163 ℃,5 h)/%	不大于	1		
蒸发后 25℃针入度比[b]/%	不小于	65		
闪点(开口杯法)/℃	不低于	260		

注:a 报告应为实测值。

b 测定蒸发后样品的 25 ℃针入度与原 25 ℃针入度之比乘以 100 后所得的百分比,称为蒸发后针入度比。

同一品种的石油沥青材料,牌号越高,表示针入度越大(即黏性越小),塑性越好(即延度越大),温度敏感性越大(即软化点越低)。

选用石油沥青的原则是:根据工程类别(房屋、道路或防腐)、当地气候条件及所处工程部位(屋面、地下)等具体情况,合理选用不同品种和牌号的沥青。在满足使用需求的前提下,尽量选用较大牌号的石油沥青,以保证较长的使用年限。

建筑石油沥青多用来制作防水卷材、防水涂料、沥青胶和沥青嵌缝膏,用于建筑屋面和地下防水沟槽防水、防腐,以及管道防腐等工程。一般屋面用的沥青,软化点应比当地屋面可能达到的最高温度高出 20～25 ℃,亦即比当地最高气温高出 50 ℃左右。一般地区可选用 30 号的石油沥青,夏季炎热地区宜选用 10 号石油沥青。但严寒地区一般不宜使用 10 号石油沥青,以防冬季出现脆裂现象。地下防水防潮层,可选用 60 号或 100 号石油沥青。

道路石油沥青多用来拌制沥青砂浆和沥青混凝土,用于道路路面、车间地坪及地下防水工程。

9.3　其他沥青

9.3.1　改性沥青

工程中使用的沥青材料必须具有其特定的性能,而通常加工厂制备的沥青一般不能很好满足此要求,所以对沥青的流变性能、沥青与集料的黏附性及沥青的耐久性等性能进行改善就显得非常必要。

1. 高聚物类改性剂

在沥青中掺加同石油沥青具有较好相溶性的树脂类高聚物、橡胶类高聚物和树脂-橡胶合金共聚物等改性剂,可赋予石油沥青某些橡胶的特性,从而改善沥青在高温使用时的抗流动性、低温时的脆性、抗滑性和耐久性等性能。

用于沥青改性的聚合物很多,目前使用最普遍的是 SBS 橡胶和 APP 树脂。

1) SBS 改性沥青

SBS 是丁苯橡胶的一种。将丁二烯与苯乙烯嵌段共聚,形成具有苯乙烯(S)-丁二烯(B)-苯乙烯(S)的结构,得到一种热塑性的弹性体,简称 SBS,其在常温下具有橡胶的弹性,高温下又能像橡胶那样熔融流动,成为可塑性材料。

SBS 能够大大提高沥青的性能,主要表现在:低温柔性大大改善,冷脆点降至 −40 ℃;热稳定性提高,耐热度达 90~100 ℃;弹性好、延伸率大,延度可达2 000%;耐候性好。

SBS 改性沥青是目前最成功和用量最大的一种改性沥青,在国内外已得到普遍使用,主要用途是 SBS 改性沥青防水卷材。

2)APP 改性沥青

APP 是聚丙烯(Poly Propylene,缩写为 PP)的一种,根据甲基的不同排列,聚丙烯分无规聚丙烯、等规聚丙烯和间规聚丙烯三种。APP 即无规聚丙烯,其甲基无规则地分布在主链两侧。

无规聚丙烯为黄白色塑料,无明显熔点,加热到 150 ℃后才开始变软。它在 250 ℃ 左右熔化,并可以与石油沥青均匀混合。APP 改性石油沥青与石油沥青相比,其软化点高、延度大、冷脆点降低、黏度增大,具有优异的耐热性和抗老化性,尤其适用于气温较高的地区,主要用于制造防水卷材。

高聚物类改性沥青除了用于建筑工程,作为防水卷材或防水涂料外,还被广泛应用于道路工程中沥青路面的铺筑,可以有效防止高温出现车辙、低温产生裂缝,并具有高的抗滑性,可以延长路面使用年限。

2. 微填料类改性剂

沥青混合料的性状与微填料的颗粒级配、表面性质和孔隙状态等密切相关。如果采用的微填料经过预处理(例如活化、芳化等),则能有效改善沥青的性能,如提高沥青的黏结能力和耐热性,降低沥青的温度敏感性,否则反而会劣化沥青性能。炭黑、高钙粉煤灰、火山灰、页岩粉、滑石粉、石灰石粉和石棉等都可以用作沥青微填料。

3. 纤维类改性剂

常用的纤维物质有聚乙烯纤维、聚树脂纤维等各种人工合成纤维和矿质石棉纤维等。向沥青中加入纤维类物质,可显著提高沥青的高温稳定性,同时可增加低温抗拉强度。纤维改性的效果主要取决于纤维的性能和掺配工艺。

9.3.2 乳化沥青

乳化沥青是将黏稠沥青加热至流态，经机械力的作用而形成微滴（粒径为 2～5 μm）分散在有乳化剂——稳定剂的水中形成的均匀稳定的乳状液，亦称沥青乳液，简称乳液。它主要用于修筑道路路面，其主要组分是沥青、乳化剂、稳定剂和水等。

1. 沥青

沥青是乳化沥青组成的主要材料，沥青的质量直接决定乳化沥青的性能。

在选择作为乳化沥青用的沥青时，首先要考虑它的易乳化性。沥青的易乳化性与其化学结构有密切关系。以工程适用为目的，可认为易乳化性与沥青中的沥青酸含量有关。通常认为沥青酸总量大于 1% 的沥青，采用通用乳化剂和一般工艺即易于形成乳化沥青。另外，相同油源和工艺的沥青，针入度较大者易于形成乳液，但是针入度的选择应根据乳化沥青在路面工程中的用途来决定。

2. 乳化剂

乳化剂是乳化沥青形成的关键材料，从化学结构上看，它是表面活性剂的一种。其分子结构中含有一种"两亲性"分子，分子的一部分具有亲水性质，而另一部分具有亲油性质。亲油部分一般由碳氢原子团，特别是由长链烷基构成，结构差别较小；亲水部分原子团则种类繁多，结构差异较大。因此乳化剂的分类，是以亲水基的结构为依据，按其亲水基在水中是否电离而分为离子型和非离子型两大类。离子型乳化剂按其离子电性，又分为阴离子型乳化剂、阳离子型乳化剂和两性离子型乳化剂。另外，随着乳化沥青的发展，为满足各种特殊要求，衍生出了许多化学结构更为复杂的复合乳化剂。

3. 稳定剂

为使乳液具有良好的贮存稳定性及在施工中喷洒或拌和的机械作用下的稳定性，必要时可加入适量的稳定剂。一般稳定剂可分为有机稳定剂和无机稳定剂两类。常用的有机稳定剂包括聚乙烯醇、聚丙烯酰铵、甲基纤维素钠、糊精、MF 废液等。这类稳定剂可提高乳液的贮存稳定性和施工稳定性。常用的无机稳定剂包括氯化钙、氯化镁、氯化铵和氯化铬等。

乳化沥青具有许多优越性，主要有以下几点。

1）常温施工、节约能源

乳化沥青可以常温施工，施工现场不需要加热设备。扣除制备乳化沥青所消耗的能源后，仍然可以节约大量能源。

2）方便施工、节约沥青

乳化沥青黏结度低，和易性好，施工方便，可以节省人力成本。另外，乳化沥青在集料表面形成的沥青膜较薄，在提高沥青与集料的黏附性的同时，可以节约沥青用量。

3）保护环境、保障健康

乳化沥青常温施工，无需加热，故不污染环境。另外亦可以避免操作人员受热沥青产生的挥发性物质的毒害。

9.3.3 沥青的掺配

除了对沥青进行改性以外,还可以通过将两三种沥青进行掺配的方法,获得所需要的特定性能(如需要的软化点条件)。

务必注意,掺配要遵循同源原则,即同属石油沥青或同属煤沥青才可以掺配。

可以使用如下公式计算两种沥青掺配的比例:

$$Q_1=\frac{T_2-T}{T-T_1}\times 100\% \tag{9-1}$$

$$Q_2=100-Q_1 \tag{9-2}$$

式中 Q_1——较软沥青用量,%;

Q_2——较硬沥青用量,%;

T——要求配制沥青的软化点,℃;

T_1——较软沥青软化点,℃;

T_2——较硬沥青软化点,℃。

9.4 沥青基防水材料

9.4.1 沥青防水卷材

沥青防水卷材指在原纸、纤维织物、纤维毡等胎体浸涂沥青,然后在其表面撒布粉状、粒状或片状材料制成的可卷曲的片状防水材料。沥青防水卷材价格低廉,在我国产量很大。

沥青防水卷材种类繁多,现就比较常用的几种作简单的介绍。

1. 石油沥青纸胎油毡

石油沥青纸胎油毡(简称纸胎油毡)是采用低软化点的石油沥青浸渍原纸,然后用高软化点石油沥青涂盖油纸两面,再涂或撒隔离材料所制成的一种纸胎防水卷材。按卷重和物理性能分为Ⅰ型、Ⅱ型和Ⅲ型。Ⅰ型、Ⅱ型油毡适用于辅助防水、保护隔离层,临时性建筑防水、防潮及建筑包装等,Ⅲ型油毡适用于屋面工程的多层防水。

Ⅰ型、Ⅱ型和Ⅲ型油毡的性能应符合《石油沥青纸胎油毡》(GB 326—2007)的规定,如表 9-4 所示。

纸胎油毡的主要缺点是:低温时柔性差,胎体易腐烂,耐用年限较短。为克服纸胎抗拉能力低、易腐蚀、耐久性差的缺点,我国发展了石油沥青玻璃胎油毡、石油沥青玻璃纤维胎油毡等一系列防水沥青卷材。目前大部分发达国家已淘汰了纸胎,以玻璃布胎体和玻纤毡胎体为主。

表 9-4　石油沥青纸胎油毡技术物理性能

项　　目			指　　标		
			Ⅰ型	Ⅱ型	Ⅲ型
卷重/(kg/卷)		不小于	17.5	22.5	28.5
单位面积浸涂材料总量/(g/m²)		不小于	600	750	1000
不透水性	压力/MPa	不小于	0.02	0.02	0.10
	保持时间/min	不小于	20	30	30
吸水率/(%)		不大于	3.0	2.0	1.0
耐热度/℃			(85±2)℃受热 2 h 涂盖层应无滑动、流淌和集中性气泡		
拉力(纵向)/(N/50 mm)		不小于	240	270	340
柔度			(18±2)℃，绕 ϕ20 mm 圆棒或弯板无裂纹		

2. 石油沥青玻璃布胎油毡

石油沥青玻璃布胎油毡(简称玻璃布油毡)的胎体是用玻璃纤维纺织而成的玻璃纤维布，浸涂石油沥青并在两面涂撒隔离材料而制成的。一般情况下，玻璃布油毡幅宽为 1 000 mm，每卷面积为(10±0.3) m²，技术指标应符合《石油沥青玻璃布胎油毡》(JC/T 84—1996)的要求，如表 9-5 所示。

表 9-5　石油沥青玻璃布胎油毡物理性能

指标名称＼等级		一等	合　格
可溶物含量不小于/(g/m²)		420	380
耐热度/(85±2)℃,2 h		无滑动	气泡现象
不透水性	压力不小于/MPa	0.2	0.1
	保持时间不少于 15 min	无渗漏	
(25±2)℃时纵向拉力不小于/N		400	360
柔性	温度不高于/℃	0	5
	弯曲半径 30 mm	无裂纹	
耐霉菌腐蚀性	质量损失率不大于/(%)	2.0	
	拉力损失率不大于/(%)	15	

玻璃布油毡的低温柔度为 0 ℃，明显优于纸胎油毡。性能指标中还增加了耐霉菌性的要求，使玻璃布油毡可用于长期受潮湿侵蚀的地下防水工程。玻璃布油

毡适用于地下防水、防腐层,以及屋面防水层和管道(热管道除外)的防腐保护层。

3. 石油沥青玻璃纤维胎油毡

不油沥青玻璃纤维胎油毡(简称玻纤胎油毡)系采用玻璃纤维薄毡为胎基,浸涂石油沥青,在其表面涂撒以矿物材料或覆盖聚乙烯膜等隔离材料所制成的一种防水卷材。玻纤胎油毡按每10 m^2质量(kg)分为15号、25号、35号三个标号。玻纤胎油毡幅宽为1 000 mm,15号油毡每卷面积为(20±0.2) m^2,25号、35号每卷面积为(10±0.2) m^2。

玻纤胎油毡与玻璃布油毡的性能相差不多,应用范围也基本相同。只是玻纤胎油毡的纵横向拉力比玻璃布油毡的要均匀得多,用于屋面或地下防水的一些部位,要比玻璃布油毡具有更大的适应性。玻纤胎油毡可采用冷黏法施工,也可用热沥青黏结法进行施工。

9.4.2 沥青防水涂料

沥青防水涂料是指以沥青为基料配制而成的水乳型或溶剂型防水涂料。

水乳型沥青防水涂料是指以水为介质,采用化学乳化剂和(或)矿物乳化剂制得的沥青基防水涂料,主要包括石棉乳化沥青防水涂料、膨润土乳化沥青防水涂料、氯丁橡胶乳化沥青防水涂料、SBS改性乳化沥青防水涂料、APP改性乳化沥青防水涂料、丁苯橡胶乳化沥青防水涂料、再生胶乳化沥青防水涂料等。该类涂料按产品性能分为H型和L型,两个型号的材料主要是耐热度和低温柔度指标不同,适用于不同使用环境温度的场合。按照标准《水乳型沥青防水涂料》(JC/T 408—2005),水乳型沥青防水涂料的物理力学性能指标见表9-6。这类涂料具有耐候性、耐温性能好,能在潮湿基面上施工,与基层黏结性能好,无毒、无污染、施工简单方便等优点,被广泛应用于地下室、卫生间、厨房、屋面工程,特别是近几年来被广泛应用于公路、桥梁等防水。

表9-6 水乳型防水涂料物理力学性能

项　目	L型	H型
固体含量/(%)≥	45	
耐热度/℃	80±2	110±2
	无流淌、滑动、滴落	
不透水性	0.10 MPa,30 min无渗水	
黏结强度/MPa≥	0.30	
表干时间/h≤	8	
实干时间/h≤	24	

续表

<table>
<tr><th colspan="2">项　　目</th><th>L型</th><th>H型</th></tr>
<tr><td rowspan="4">低温柔度/℃</td><td>标准条件</td><td>−15</td><td>0</td></tr>
<tr><td>碱处理</td><td rowspan="3">−10</td><td rowspan="3">5</td></tr>
<tr><td>热处理</td></tr>
<tr><td>紫外线处理</td></tr>
<tr><td rowspan="4">断裂伸长率/(%)≥</td><td>标准条件</td><td colspan="2" rowspan="4">600</td></tr>
<tr><td>碱处理</td></tr>
<tr><td>热处理</td></tr>
<tr><td>紫外线处理</td></tr>
</table>

注:溶剂型防水涂料也称为冷底子油,一般不单独使用。供需双方可以商定温度更低的低温柔度指标。

9.5　沥青混合料

沥青混凝土最广泛的用途是用来修筑道路。沥青混凝土具有平整性好、行车平稳舒适、噪音低等优点。我国在建或已建成的高速公路路面90%以上采用了沥青混凝土路面。应用在各种道路上的沥青面层主要有四种类型,包括沥青表面处治、沥青贯入式碎石、沥青碎石混合料和沥青混凝土混合料。

9.5.1　定义和分类

1. 定义

沥青混合料是将粗集料、细集料、填料及合理选择级配组成后的矿质混合料与适量的沥青材料经拌和而成的均匀混合料,包括沥青混凝土(压实后剩余空隙小于等于10%)和沥青碎石(压实后剩余空隙大于10%),还有开级配或间断级配沥青混合料。

2. 分类

热拌沥青混合料,是经人工组配的矿质混合料与黏稠沥青在专门设备中加热拌和而成,用保温运输工具运送至施工现场,并在热态下进行摊铺和压实的混合料,通称热拌热铺沥青混合料,简称热拌沥青混合料。热拌沥青混合料是沥青混合料中最典型的品种,其他各种沥青混合料均由其发展而来。本节主要详述它的分类、组成结构、技术性质、组成材料和设计方法。

1）按矿质集料级配类型分类

① 连续级配沥青混合料。沥青混合料中的矿料是按级配原则,把从大到小的各级粒径按比例相互搭配组成的混合料,称为连续级配混合料。

② 间断级配沥青混合料。连续级配沥青混合料矿料中缺少一个或若干个档次

粒径的沥青混合料称为间断级配沥青混合料。

2）按混合料密实度分类

① 密级配沥青混凝土混合料。按密实级配原则设计的连续型密级配沥青混合料，其粒径递减系数较小，压实后剩余空隙率小于10%。密级配沥青混凝土混合料按其剩余空隙率又可分为：Ⅰ型密实式沥青混凝土混合料，其剩余空隙率为3%～6%；Ⅱ型半密实式沥青混凝土混合料，其剩余空隙率为4%～10%。

② 开级配沥青混合料。按开级配原则设计的连续型级配混合料，其粒径递减系数较大，压实后剩余空隙率大于15%。也有将剩余空隙率介于密级配和开级配之间的(即剩余空隙率为10%～15%)混合料称为半开级配沥青混合料，也称为沥青碎石混合料。

3）按公称最大粒径分类

沥青混凝土按集料公称最大粒径可分为下列四类。

① 粗粒式沥青混合料：集料最大粒径为26.5 mm或31.5 mm的沥青混合料。

② 中粒式沥青混合料：集料最大粒径为16 mm或19 mm的沥青混合料。

③ 细粒式沥青混合料：集料最大粒径为9.5 mm或13.2 mm的沥青混合料。

④ 砂粒式沥青混合料：集料最大粒径等于或小于4.75 mm的沥青混合料，也称为沥青石屑或沥青砂。

沥青碎石混合料除上述四类外，尚有特粗式沥青碎石混合料，其集料最大粒径为37.5 mm以上。

9.5.2 组成结构

1. 沥青混合料组成结构理论

目前就已有的研究而言，主要有两种沥青混合料组成结构理论。

表面理论认为沥青混合料是由粗集料、细集料和填料经人工组配成密实的级配矿质骨架，此矿质骨架由稠度较稀的沥青混合料分布其表面，而将它们胶结成为一个具有强度的整体。

胶浆理论将沥青混合料看做一种多级空间网状结构的分散体系，即以粗集料为分散相而分散在沥青砂浆的分质中的一种粗分散系。

2. 沥青混合料的组成结构类型

通常沥青-集料混合料按其组成结构可分为下列三类(见图9-7)。

1）悬浮-密实结构

采用连续型密级配矿质混合料与沥青组成的沥青混合料，按粒子干涉理论，为避免次级集料对前级集料密排的干涉，前级集料之间必须留出比次级集料粒径稍大的空隙供次级集料排布。

按此组成的沥青混合料，经过多级密垛虽然可以获得很大的密实度，但是各级集料均为次级集料所隔开，不能直接靠拢而形成骨架，有如悬浮于次级集料及沥青胶浆之间。它虽然具有较高的黏聚力，但摩阻角较低，因此高温稳定性较差。

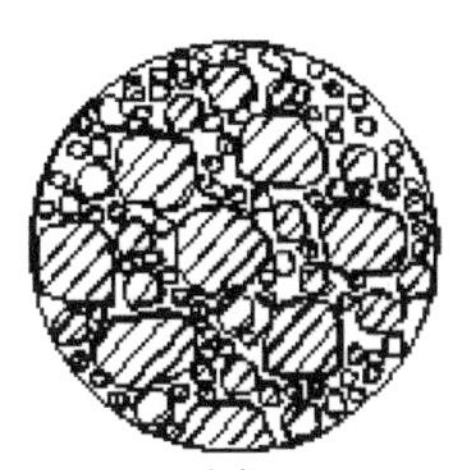
(a)

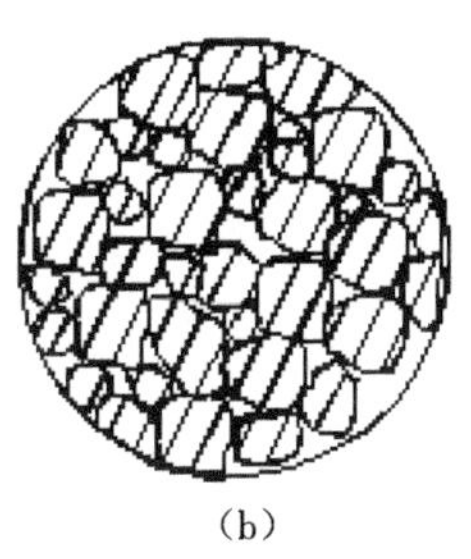
(b)

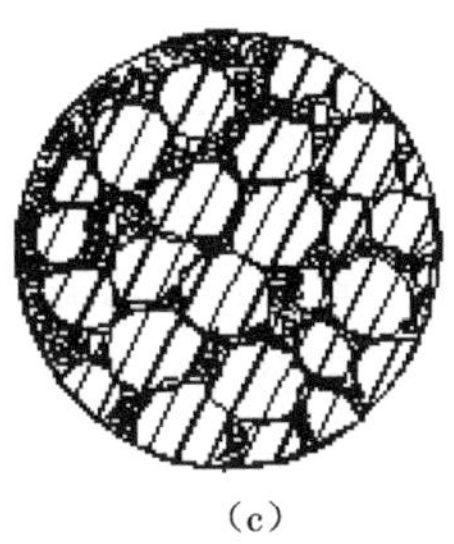
(c)

图9-7 三种典型沥青混合料结构组成示意图

(a)悬浮-密实结构;(b)骨架-空隙结构;(c)密实-骨架结构

2) 骨架-空隙结构

采用连续型开级配矿质混合料与沥青组成的沥青混合料,由于这种矿质混合料递减系数较大,因此粗集料所占的比例较高,细集料很少甚至没有。按此组成的沥青混合料,粗集料可以互相靠拢形成骨架;但由于细料数量过少,不足以填满粗集料之间的空隙,因此形成骨架-空隙结构。它虽然具有较高的内摩阻角,但黏聚力较低。

3) 密实-骨架结构

当采用间断型密级配矿质混合料与沥青组成的沥青混合料时,由于这种矿质混合料断去了中间尺寸粒径的集料,既有较多数量的粗集料可形成空间骨架,同时又有相当数量的细集料可填密骨架的空隙,因此形成密实-骨架结构。它不仅具有较高的黏聚力,而且具有较高的内摩阻角。

上述三种结构的沥青混合料由于结构常数不同,因而其稳定性亦有显著差异。

9.5.3 强度形成原理

1. 沥青混合料抗剪强度的材料参数

沥青混合料在路面结构中产生破坏,主要是在高温时由于抗剪强度不足或塑性变形过剩而产生推挤等,或者是低温时抗拉强度不足及变形能力较差而产生开裂。目前沥青混合料强度和稳定性理论,主要是要求沥青混合料在高温时必须具有一定的抗剪强度和抵抗变形的能力。

为了防止沥青路面产生高温剪切破坏,我国城市道路沥青路面设计方法中,对沥青路面抗剪强度验算,要求在沥青路面面层破裂面上可能产生的应力 τ_α 应不大于沥青混合料的许用剪应力 τ_R。即

$$\tau_\alpha \leqslant \tau_R \tag{9-3}$$

而沥青混合料的许用剪应力 τ_R 取决于沥青混合料的抗剪强度 τ,即

$$\tau_R = \frac{\tau}{k_2} \tag{9-4}$$

式中 k_2——系数,即沥青混合料许用应力与实际强度的比值。

沥青混合料的抗剪强度 τ,可通过三轴试验方法应用莫尔-库仑包络线方程按下式求得,即

$$\tau=c+\sigma\tan\phi \tag{9-5}$$

式中 τ——沥青混合料的抗剪强度,MPa;

σ——正应力,MPa;

c——沥青混合料的黏聚力,MPa;

ϕ——沥青混合料的内摩擦角,rad。

由式(9-5)可知,沥青混合料的抗剪强度主要取决于黏聚力 c 和内摩擦角 ϕ 两个参数。

2. 影响沥青混合料抗剪强度的因素

1) 影响沥青混合料强度的内因

(1) 沥青黏度

在其他因素固定的条件下,沥青混合料的黏聚力是随着沥青黏度的提高而增大的。因为沥青的黏度即沥青内部沥青胶团相互位移时其分散介质抵抗剪切作用的抗力,所以沥青混合料受到剪切作用时,特别是受到短暂的瞬时荷载时,具有高黏度的沥青能赋予沥青混合料较大的黏滞阻力,因而具有较高抗剪强度。在相同的矿料性质和组成条件下,随着沥青黏度的提高,沥青混合料黏聚力有明显的提高,同时内摩擦角亦稍有提高。

(2) 沥青与矿料化学性质

沥青混合料中的沥青按其与矿料的交互作用程度不同可以分为"结构沥青"和"自由沥青",如图 9-8 所示。沥青在矿粉表面产生化学组分的重新排列,形成很薄的扩散溶剂化膜,在此膜厚度以内的沥青称为"结构沥青",在此膜厚度以外的沥青称为"自由沥青"。在沥青混合料中,如果矿粉颗粒之间接触处是由结构沥青膜所联结,这样促成沥青具有更高的黏度和更大的扩散溶化膜的接触面积,因而可以获得更大的黏聚力。反之,如颗粒之间接触处是自由沥青所联结,则具有较小的黏聚力。

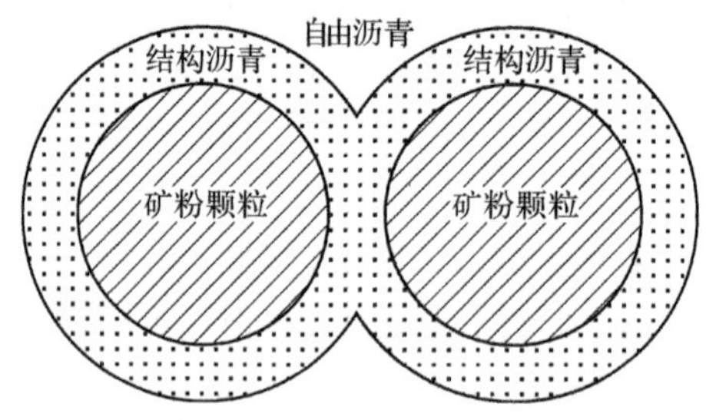

图 9-8 沥青与矿料交互作用的结构图式

沥青与矿料相互作用不仅与沥青的化学性质有关,而且与矿粉的性质有关。当采用石灰石矿粉时,矿粉之间更有可能通过结构沥青来联结,因而具有较高的黏聚力,而与石英石粉的黏聚力则较差。

(3) 矿料比表面积

结构沥青的形成主要是由于矿料与沥青的交互作用,而引起沥青化学组分在矿料表面的重分布。在相同的沥青用量条件下，与沥青产生交互作用的矿料表面积愈大，则形成的沥青膜愈薄，在沥青中结构沥青所占的比率愈大，因而沥青混合料的黏聚力也愈高。

在沥青混合料中矿粉用量虽只占 7%左右，而其表面积却占矿质混合料的总表面积的 80%以上，所以矿粉的性质和用量对沥青混合料的抗剪强度影响很大。为增加沥青与矿料物理-化学的表面作用，在沥青混合料配料时，必须含有适量的矿粉。提高矿粉细度可增加矿粉比表面积，所以对矿粉细度也有一定的要求。

(4) 沥青用量

在沥青和矿料用量固定的条件下，沥青与矿料的比例(即沥青用量)，是影响沥青混合料抗剪强度的重要因素。

沥青用量不仅影响沥青混合料的黏聚力，同时也影响沥青混合料的内摩擦角。通常当沥青薄膜达最佳厚度时，具有最大的黏聚力；随着沥青用量的增加，沥青混合料的内摩擦角逐渐降低。不同沥青用量的沥青混合料结构示意图如图 9-9 所示。

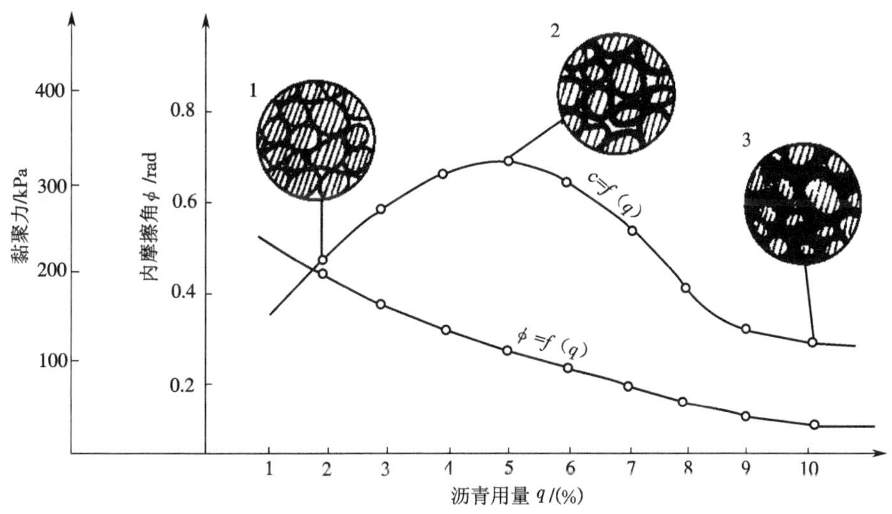

图 9-9　不同沥青用量时沥青混合料结构、黏聚力和内摩擦角的变化示意图

(5) 矿质集料的级配类型、粒度、表面性质

沥青混合料的抗剪强度与矿质集料在沥青混合料中的分布情况有密切关系。如前所述，沥青混合料有密级配、开级配和间断级配等不同组成结构类型，因此矿料级配类型是影响沥青混合料抗剪强度的因素之一。

此外，在沥青混合料中，矿质集料的粗度、形状和表面粗糙度对沥青混合料的抗剪强度都具有极为明显的影响，因为颗粒形状及其粗糙度在很大程度上将决定混合料压实后颗粒间相互位置的特性和颗粒接触有效面积的大小。

2) 影响沥青混合料强度的外因

(1) 温度的影响

沥青混合料是一种热塑性材料，它的抗剪强度随着温度的升高而降低，黏聚力随温度升高而显著降低,但是内摩擦角受温度变化的影响较小。

(2) 形变速率的影响

沥青混合料是一种黏-弹性材料,它的抗剪强度与形变速率有密切关系。在其他条件相同的情况下,变形速率对沥青混合料的内摩擦角影响较小,而对沥青混合料的黏聚力影响较为显著。试验资料表明,黏聚力随变形速率的减小而显著提高,而内摩擦角受变形速率的影响较小。

9.5.4 技术性质

沥青混合料应具有一定力学强度,抵抗自然因素作用的耐久性,保证行车安全、舒适的抗滑性,以及便于施工的工作性等。现就这几方面技术性质分述如下。

1. 高温稳定性

沥青混合料是一种典型的流变性材料,它的强度和抗变形能力等性能会随着温度的升高而降低。所以沥青混凝土路面在夏季高温时,容易在轮压作用下逐渐形成变形下凹、两侧鼓起的所谓“车辙”,这是现代高等级沥青路面最常见的病害。

沥青混合料高温稳定性,是指沥青混合料在夏季高温(通常为 60 ℃)条件下,经车辆荷载长期重复作用后,不产生车辙和波浪等病害的性能。

我国现行《公路沥青路面施工技术规范》(JTG f40—2004)规定,采用马歇尔试验(测试稳定度、流值)来评价沥青混合料高温稳定性;对于高速公路、一级公路、城市快速路以及主干路用沥青混合料,还应通过动稳定度试验检验其抗车辙能力,通过浸水马歇尔试验和冻融劈裂试验检验其水稳定性。

1) 马歇尔试验

马歇尔稳定度的试验方法是 B. 马歇尔(B. Marshall)提出的,迄今已半个多世纪,经过许多研究者的改进,目前普遍测定马歇尔稳定度(MS)、流值(FL)和马歇尔模数(T)三项指标。

马歇尔稳定度是指按标准方法制备的试件,在 60 ℃的恒温水槽中保温 45 min,然后将试件放置于马歇尔稳定度仪上,以(50±5) mm/min 的形变速度加荷载,直至试件破坏时的最大荷载(kN);流值是达到最大破坏荷重时试件的垂直变形(以 0.1 m 计),在有 X-Y 记录仪的马歇尔稳定度仪上,可自动绘出荷载(P)与变形(F)的关系曲线。

马歇尔模数为稳定度除以流值的商,即

$$\mathrm{T}=\frac{\mathrm{MS}\times 10}{\mathrm{FL}} \tag{9-6}$$

式中 T——马歇尔模数,kN/mm;

MS——马歇尔稳定度,kN;

FL——流值,0.1 mm。

2) 车辙试验

车辙试验的方法是采用标准成型方法,首先制成 300 mm×300 mm×50 mm 的沥青混合料试件，在60 ℃的温度条件下，以一定荷载的轮子在同一轨迹上作一定时间的反复行走，形成一定的车辙深度，然后计算试件变形1 mm所需试验车轮行走次数，即为动稳定度，计算公式如下：

$$\mathrm{DS}=\frac{(t_2-t_1)\times 42}{d_2-d_1}\times c_1\times c_2 \tag{9-7}$$

式中 DS——沥青混合料动稳定度，次/mm；

d_1、d_2——时间 t_1、t_2 的变形量，mm；

42——每分钟行走次数，次/min；

c_1、c_2——试验机或试样修正系数。

用于上面层、中面层的沥青混凝土混合料60 ℃时动稳定度，高速公路和一级公路宜不小于800次/mm；对一级公路、城市主干道应不小于600次/mm。

2. 水稳定性

沥青混合料的水稳定性通过浸水马歇尔试验和冻融劈裂试验进行检验。

1）浸水马歇尔试验

浸水马歇尔稳定试验供检验沥青混合料受水损害时抵抗剥落的能力时使用，通过测试其水稳定性检验配合比设计的可行性。

浸水马歇尔试验方法与标准马歇尔试验方法的不同之处在于，试件在已达规定温度的恒温水槽中的保温时间为48 h，其余均与标准马歇尔试验方法相同。

残留稳定度按下式计算：

$$\mathrm{MS}_0=\frac{\mathrm{MS}_1}{\mathrm{MS}}\times 100 \tag{9-8}$$

式中 MS_0——试件的浸水残留稳定度，%；

MS_1——试件浸水48 h后的稳定度，kN。

2）冻融劈裂试验

冻融劈裂试验用于在规定条件下对沥青混合料进行冻融循环，测定混合料试件在受到水损害前后劈裂破坏的强度比，以评价沥青混合料水稳定性。标准试验温度为25 ℃，加载速率为50 mm/min。

冻融劈裂试验的残留强度比按下式计算：

$$\mathrm{TSR}=(R_{\mathrm{T2}}/R_{\mathrm{T1}})\times 100 \tag{9-9}$$

式中 TSR—— 冻融劈裂试验的残留强度比，%；

R_{T2}——冻融循环后第二组试件的劈裂抗拉强度，MPa；

R_{T1}——未冻融循环的第一组试件的劈裂抗拉强度，MPa。

3. 低温抗裂性

除了应具备高温的稳定性外，沥青混合料还要具有良好的低温抗裂性，以保证路面在冬季低温时不产生裂缝。

现行《公路沥青路面施工技术规范》(JTG f40—2004)中要求对密级配沥青混合料在温度−10 ℃、加载速率50 mm/min的条件下进行弯曲试验，测定破坏强度、破坏应变、破坏劲度模量,并根据应力应变曲线的形状,综合评价沥青混合料的低温抗裂性能。

4. 耐久性

沥青混合料长期受自然因素的作用,必须具有较好的耐久性,才能保证路面具有较长的使用年限。

影响沥青混合料耐久性的因素很多,诸如沥青含量、沥青的化学性质、矿料的矿物成分、沥青混合料的组成结构等。我国现行规范采用空隙率、饱和度(即沥青填隙率)和残留稳定度等指标来表征沥青混合料的耐久性。

5. 抗滑性

我国现行国标《沥青路面施工及验收规范》(JTG f40—2004)对抗滑层集料提出了磨光值、道瑞磨耗值和冲击值三项指标。

沥青混合料路面的抗滑性与矿质集料的微表面性质、混合料的级配组成及沥青用量、含蜡量等因素有关。为保证长期高速行车的安全,配料时要特别注意粗集料的耐磨光性。

沥青用量对抗滑性的影响非常敏感,沥青用量超过最佳用量的 0.5%即可使抗滑系数明显降低。

含蜡量对沥青混合料抗滑性有明显的影响,重交通量道路用石油沥青的含蜡量应不大于 3%。

6. 施工和易性

要保证室内配料在现场施工条件下顺利的实现,沥青混合料除了应具备上述的技术要求外,还应具备适宜的施工和易性。

影响沥青混合料施工和易性的因素很多,主要有混合料的级配、当地气温、施工条件三点。

单纯从混合料材料性质而言,影响沥青混合料施工和易性的首先是混合料的级配情况。如粗细集料的颗粒大小相差过大,缺乏中间尺寸,混合料容易分层层积(粗粒集中表面、细粒集中底部);如细集料太少,沥青层就不容易均匀地分布在粗颗粒表面;细集料过多,则使拌和困难。此外当沥青用量过少或矿粉用量过多时,混合料容易产生疏松不易压实。反之,如沥青用量过多或矿粉质量不好,则容易使混合料黏结成团块,不易摊铺。

9.5.5 热拌沥青混合料的技术标准

热拌沥青混合料(HMA)适用于各种等级公路的沥青路面,其种类按集料公称最大粒径、矿料级配、空隙率划分,见表 9-7。

当采用马歇尔试验配合比设计方法设计沥青混合料时,其技术要求应符合表9-8～表 9-11 的规定,并具有良好的施工性能。

对于高速公路和一级公路的公称最大粒径等于或小于 19 mm 的沥青混凝土

(AC)及沥青玛蹄脂碎石(SMA)、排水式沥青磨耗层(OGFC)混合料,需在配合比设计的基础上,进行高温抗车辙性能、水稳定性等性能检验,并应符合表 9-12 和表 9-13 的规定。对不符合要求的沥青混合料,必须更换材料或重新进行配合比设计。

表 9-7　热拌沥青混合料种类

混合料类型	密级配			开级配		半开级配	公称最大粒径(mm)	最大粒径(mm)
	连续级配		间断级配	间断级配				
	沥青混凝土	沥青稳定碎石	沥青玛蹄脂碎石	排水式沥青磨耗层	排水式沥青碎石基层	沥青碎石		
特粗式	—	ATB-40	—	—	ATPB-40	—	37.5	53.0
粗粒式	—	ATB-30	—	—	ATPB-30	—	31.5	37.5
	AC-25	ATB-25	—	—	ATPB-25	—	26.5	31.5
中粒式	AC-20	—	SMA-20	—	—	AM-20	19.0	26.5
	AC-16	—	SMA-16	OGFC-16	—	AM-16	16.0	19.0
细粒式	AC-13	—	SMA-13	OGFC-13	—	AM-13	13.2	16.0
	AC-10	—	SMA-10	OGFC-10	—	AM-10	9.5	13.2
砂粒式	AC-5	—	—	—	—	—	4.75	9.5
设计空隙率(%)	3～5	3～6	3～4	>18	>18	6～12	—	—

注:设计空隙率可按配合比设计要求适当调整。

表 9-8　密级配沥青混凝土混合料马歇尔试验技术标准

(本表适用于公称最大粒径≤26.5 mm 的密级配沥青混凝土混合料)

试验指标		单位	高速公路、一级公路				其他等级公路	行人道路
			夏炎热区(1-1、1-2、1-3、1-4 区)		夏热区及夏凉区(2-1、2-2、2-3、2-4、3-2 区)			
			中轻交通	重载交通	中轻交通	重载交通		
击实次数(双面)		次	75				50	50
试件尺寸		mm	ϕ101.6×63.5					
空隙率 VV	深约 90 mm 以内	%	3～5	4～6	2～4	3～5	3～6	2～4
	深约 90 mm 以下	%	3～6		2～4	3～6	3～6	—
稳定度 MS 不小于		kN	8				5	3
流度 FL		mm	2～4	1.5～4	2～4.5	2～4	2～4.5	2～5

续表

<table>
<tr><td colspan="2" rowspan="3">试验指标</td><td rowspan="3">单位</td><td colspan="4">高速公路、一级公路</td><td rowspan="3">其他等级公路</td><td rowspan="3">行人道路</td></tr>
<tr><td colspan="2">夏炎热区(1-1、1-2、1-3、1-4 区)</td><td colspan="2">夏热区及夏凉区(2-1、2-2、2-3、2-4、3-2 区)</td></tr>
<tr><td>中轻交通</td><td>重载交通</td><td>中轻交通</td><td>重载交通</td></tr>
<tr><td rowspan="7">矿料间隙率 VMA(%)不小于</td><td rowspan="2">设计空隙率(%)</td><td colspan="7">相应于以下公称最大粒径(mm)的最小 VMA 及 VFA 技术要求(%)</td></tr>
<tr><td colspan="2">26.5</td><td>19</td><td>16</td><td>13.2</td><td>9.5</td><td>4.75</td></tr>
<tr><td>2</td><td colspan="2">10</td><td>11</td><td>11.5</td><td>12</td><td>13</td><td>15</td></tr>
<tr><td>3</td><td colspan="2">11</td><td>12</td><td>12.5</td><td>13</td><td>14</td><td>16</td></tr>
<tr><td>4</td><td colspan="2">12</td><td>13</td><td>13.5</td><td>14</td><td>15</td><td>17</td></tr>
<tr><td>5</td><td colspan="2">13</td><td>14</td><td>14.5</td><td>15</td><td>16</td><td>18</td></tr>
<tr><td>6</td><td colspan="2">14</td><td>15</td><td>15.5</td><td>16</td><td>17</td><td>19</td></tr>
<tr><td colspan="2">沥青饱和度 VFA(%)</td><td colspan="2">55～70</td><td colspan="3">65～75</td><td colspan="2">70～85</td></tr>
</table>

注:a. 对空隙率大于 5%的夏炎热区重载交通路段,施工时应至少提高压实度 1 个百分点。

b. 当设计的空隙率不是整数时,由内插确定要求的 VMA 最小值。

c. 对改性沥青混合料,马歇尔试验的流值可适当放宽。

沥青混合料的技术性质决定于组成材料的性质、组成配合比和混合料的制备工艺等因素。为保证沥青混合料的技术性质,首先要正确选择符合质量要求的组成材料,沥青混合料中各组成材料的技术要求具体见各规范。

表 9-9　沥青稳定碎石混合料马歇尔试验配合比设计技术标准

试验指标	单位	密级配基层(ATB)		半开级配面层(AM)	排水式开级配磨耗层(OGFC)	排水式开级配基层(ATPB)
公称最大粒径	mm	26.5	等于或大于 31.5	等于或小于 26.5	等于或小于 26.5	所有尺寸
马歇尔试验尺寸	mm	ϕ101.6×63.5	ϕ152.4×95.3	ϕ101.6×63.5	ϕ101.6×63.5	ϕ152.4×95.3
击实次数(双面)	次	75	112	50	50	75
空隙率 VV	%	3～6		6～10	不小于 18	不小于 18
稳定度不小于	kN	7.5	15	3.5	3.5	—
流值	mm	1.5～4	实测	—	—	—
沥青饱和度 VFA	%	55～70		40～70	—	—

续表

试验指标	单位	密级配基层(ATB)	半开级配面层(AM)	排水式开级配磨耗层(OGFC)	排水式开级配基层(ATPB)
密级配基层ATB的矿料间隙率VMA(%)不小于		设计空隙率(%)	ATB-40	ATB-30	ATB-25
		4	11	11.5	12
		5	12	12.5	13
		6	13	13.5	14

注:在干旱地区,可将密级配沥青稳定碎石基层的空隙率适当放宽到8%。

表9-10 SMA混合料马歇尔试验配合比设计技术要求

试验项目	单位	技术要求	
		不使用改性沥青	使用改性沥青
马歇尔试件尺寸	mm	ϕ101.6 mm×63.5 mm	
马歇尔试件击实次数[1]	—	两面击实50次	
空隙率VV[2]	%	3~4	
矿料间隙率VMA[2],不小于	%	17.0	
粗集料骨架间隙率VCA_{mix}[3],不大于	—	VCA_{DRC}	
沥青饱和度VFA	%	75~85	
稳定度[4],不小于	kN	5.5	6.0
流值	mm	2~5	—
谢伦堡沥青析漏试验的结合料损失	%	不大于0.2	不大于0.1
肯塔堡飞散试验的混合料损失或浸水分散试验	%	不大于20	不大于15

注:a. 对集料坚硬不易击碎,通行重载交通的路段,也可将击实次数增加为双面75次。

b. 对高温稳定性要求较高的重交通路段或炎热地区,设计空隙率允许放宽到4.5%,VMA允许放宽到16.5%(SMA-16)或16%(SMA-19),VFA允许放宽到70%。

c. 试验粗集料骨架间隙率VCA的关键性筛孔,对SMA-19、SMA-16是指4.75 mm,对SMA-13、SMA-10是指2.36 mm。

d. 稳定度难以达到要求时,容许放宽到5.0 kN(非改性)或5.5 kN(改性),但动稳定度检验必须合格。

表9-11 OGFC混合料技术要求

试验项目	单位	技术要求
马歇尔试件尺寸	mm	ϕ101.6 mm×63.5 mm
马歇尔试件击实次数	—	两面击实50次
空隙率	%	18~25

续表

试验项目	单位	技术要求
马歇尔稳定度,不小于	kN	3.5
析漏损失	%	<0.3
肯塔堡飞散损失	%	<20

表 9-12　沥青混合料车辙试验动稳定度技术要求

气候条件与技术指标		相应于下列气候分区所要求的动稳定度(次/mm)								
七月平均最高气温(℃)及气候分区		>30				20～30				<20
		1.夏炎热区				2.夏热区				3.夏凉区
		1-1	1-2	1-3	1-4	2-1	2-2	2-3	2-4	3-2
普通沥青混合料,不小于		800		1 000		600	800			600
改性沥青混合料,不小于		2 400		2 800		2 000	2 400			1 800
SMA混合料	非改性,不小于	1 500								
	改性,不小于	3 000								
OGFC 混合料		1 500(一般交通路段)、3 000(重交通量路段)								

注:a. 如果其他月份的平均最高气温高于七月时,可使用该月平均最高气温。

b. 在特殊情况下,如钢桥面铺装、重载车特别多或纵坡较大的长距离上坡路段、厂矿专用道路,可酌情提高动稳定度的要求。

c. 对因气候寒冷确需使用针入度很大的沥青(如大于100),动稳定度难以达到要求,或因采用石灰岩等不很坚硬的石料,改性沥青混合料的动稳定度难以达到要求等特殊情况,可酌情降低要求。

d. 为满足炎热地区及重载车要求,在配合比设计时采取减少最佳沥青用量的技术措施时,可适当提高试验温度或增加试验荷载进行试验,同时增加试件的碾压成型密度和施工压实度要求。

e. 车辙试验不得采用二次加热的混合料,试验必须检验其密度是否符合试验规程的要求。

f. 如需对公称最大粒径等于和大于 26.5 mm 的混合料进行车辙试验,可适当增加试件的厚度,但不宜作为评定合格与否的依据。

表 9-13　沥青混合料水稳定性检验技术要求

气候条件与技术指标		相应于下列气候的技术要求(%)			
年降雨量(mm)及气候分区		>1 000	500～1 000	250～500	<250
		1.潮湿区	2.湿润区	3.半干区	4.干旱区
浸水马歇尔试验残留稳定度(%),不小于					
普通沥青混合料		80		75	
改性沥青混合料		85		80	
SMA 混合料	普通沥青	75			
	改性沥青	80			

续表

气候条件与技术指标		相应于下列气候的技术要求(%)	
冻融劈裂试验的残留强度比(%),不小于			
普通沥青混合料		75	70
改性沥青混合料		80	75
SMA 混合料	普通沥青	75	
	改性沥青	80	

9.5.6　配合比设计

沥青混合料配合比设计主要包括矿质混合料配合组成设计和沥青最佳用量确定两部分。

1. 矿质混合料的配合组成设计

矿质混合料配合组成设计的目的是选配一种具有足够密实度和较高内摩阻力的矿质混合料,具体步骤如下。

1）确定沥青混合料类型

根据现行《公路沥青路面施工技术规范》(JTG f40—2004)和《公路沥青路面设计规范》(JTG D50—2006)规定,根据道路等级、路面类型、所处的结构层位,按表9-14选定沥青混合料的类型。

2）确定矿质混合料的级配类型

根据已确定的沥青混合料类型,查阅规范推荐的矿质混合料级配范围表(见表9-15～表 9-19),即可确定所需的级配范围。

表 9-14　密级配沥青混凝土混合料矿料级配范围

级配类型		通过下列筛孔(mm)的质量百分率(%)												
		31.5	26.5	19	16	13.2	9.5	4.75	2.36	1.18	0.6	0.3	0.15	0.075
粗粒式	AC-25	100	90-100	75-90	65-83	57-76	45-65	24-52	16-42	12-33	8-24	5-17	4-13	3-7
中粒式	AC-25		100	90-100	78-92	62-80	50-72	26-56	16-44	12-33	8-24	5-17	4-13	3-7
	AC-25			100	90-100	76-92	60-80	34-62	20-48	13-36	9-26	7-18	5-14	4-8
细粒式	AC-25				100	90-100	68-85	38-68	24-50	15-38	10-28	7-20	5-14	4-8
	AC-25					100	90-100	45-75	30-58	20-44	13-32	9-23	6-16	4-8
砂粒式	AC-25						100	90-100	55-75	35-55	20-40	12-28	7-18	5-10

表 9-15　沥青玛蹄脂碎石混合料矿料级配范围

级配类型		通过下列筛孔(mm)的质量百分率(%)											
		26.5	19	16	13.2	9.5	4.75	2.36	1.18	0.6	0.3	0.15	0.075
中粒式	SMA-20	100	90-100	72-92	62-82	40-55	18-30	13-22	12-20	10-16	9-14	8-13	8-12
	SMA-16		100	90-100	65-85	45-65	20-32	15-24	14-22	12-18	10-15	9-14	8-12
细粒式	SMA-13			100	90-100	50-75	20-34	15-26	14-24	12-20	10-16	9-15	8-12
	SMA-10				100	90-100	28-60	20-32	14-26	12-22	10-18	9-16	8-13

表 9-16　开级配排水式磨耗层混合料矿料级配范围

级配类型		通过下列筛孔(mm)的质量百分率(%)														
		53	37.5	31.5	26.5	19	16	13.2	9.5	4.75	2.36	1.18	0.6	0.3	0.15	0.075
特粗式	ATB-40	100	90-100	75-92	65-85	49-71	43-63	37-57	30-50	20-40	15-32	10-25	8-18	5-14	3-10	2-6
	ATB-30		100	90-100	70-90	53-72	44-66	39-60	31-51	20-40	15-32	10-25	8-18	5-14	3-10	2-6
粗粒式	ATB-25			100	90-100	60-80	48-68	42-62	32-52	20-40	15-32	10-25	8-18	5-14	3-10	2-6

表 9-17　密级配沥青稳定碎石混合料矿料级配范围

级配类型		通过下列筛孔(mm)的质量百分率(%)											
		26.5	19	16	13.2	9.5	4.75	2.36	1.18	0.6	0.3	0.15	0.075
中粒式	AM-20	100	90-100	60-85	50-75	40-65	15-40	5-22	2-16	1-12	0-10	0-8	0-5
	AM-16		100	90-100	60-85	45-68	18-40	6-25	14-22	1-14	0-10	0-8	0-5
细粒式	AM-13			100	90-100	50-80	20-45	8-28	14-24	2-16	0-10	0-8	0-6
	AM-10				100	90-100	35-65	10-35	5-22	2-16	0-12	0-9	0-6

表 9-18　半开级配沥青碎石混合料矿料级配范围

级配类型		通过下列筛孔(mm)的质量百分率(%)														
		53	37.5	31.5	26.5	19	16	13.2	9.5	4.75	2.36	1.18	0.6	0.3	0.15	0.075
特粗式	ATPB-40	100	70-100	65-90	55-85	43-75	32-70	20-65	12-50	0-3	0-3	0-3	0-3	0-3	0-3	0-3
	ATPB-30		100	80-100	70-95	53-85	36-80	26-75	14-60	0-3	0-3	0-3	0-3	0-3	0-3	0-3
粗粒式	ATPB-25			100	80-100	60-100	45-90	30-82	16-70	0-3	0-3	0-3	0-3	0-3	0-3	0-3

表 9-19 开级配沥青稳定碎石混合料矿料级配范围

级配类型		通过下列筛孔(mm)的质量百分率(%)										
		19	16	13.2	9.5	4.75	2.36	1.18	0.6	0.3	0.15	0.075
中粒式	OGFC-16	100	90-100	70-90	45-70	12-30	10-22	6-18	4-15	3-12	3-8	2-6
	OGFC-13		100	90-100	60-80	12-30	10-22	6-18	4-15	3-12	3-8	2-6
细粒式	OGFC-10			100	90-100	50-70	10-22	6-18	4-15	3-12	3-8	2-6

3) 矿质混合料配合比例计算

(1) 组成材料的原始数据测定

根据现场取样,对各种矿质原材料进行筛析试验,按筛析结果分别绘出各组成材料的筛分曲线。筛分析曲线如图 9-10 所示,其纵坐标为通过百分率(%),横坐标为筛孔尺寸(mm)。同时测出各组成材料的相对密度,以供计算物理常数使用。

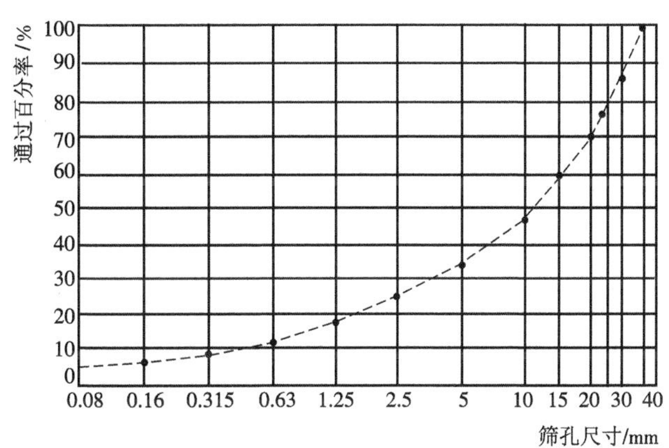

图 9-10 某种矿物的筛分析曲线(连续级配)

(2) 计算组成材料的配合比

由于天然或人工制备的某种集料的级配很难完全符合某一级配范围的要求,只有采用多种集料配合起来才能符合级配范围要求,因此就必须确定组成混合料的各种集料之间的比例。常用的计算法有试算法、图解法和电算法等,此处仅介绍试算法。

① 试算法的基本原理是,如果将几种单一矿质集料混合,欲配制出某种一定级配要求的混合矿料,可以先假定混合矿料中某种粒径的颗粒是由某一种对该粒径占优势的集料所组成,而其他各种集料不含这种粒径。如此根据各个主要粒径去试算各种集料在混合料中的大致比例。

设有 A、B、C 三种集料,欲配制成级配为 M 的矿质混合料,求 A、B、C 集料在混合料中的比例。

按题意作下列两点假设。

首先,设 A、B、C 三种集料在混合料 M 中的用量比例为 X、Y、Z,则

$$X+Y+Z=100 \tag{9-10}$$

其次,设混合料 M 中某一级粒径要求的含量为 $\alpha_{M(i)}$,A、B、C 三种集料在该粒径的含量为 $\alpha_{A(i)}$、$\alpha_{B(i)}$、$\alpha_{C(i)}$,则

$$\alpha_{A(i)} \cdot X+\alpha_{B(i)} \cdot Y+\alpha_{C(i)} \cdot Z=\alpha_{M(i)} \tag{9-11}$$

在上述两点假设的前提下,按下列步骤求 A、B、C 三种集料在混合料中的用量。

② 计算 A 料在矿质混合料中的用量。在计算 A 料在混合料中的用量时,按 A 料在优势含量的某一粒径计算,忽略其他集料在此粒径的含量。

设按粒径尺寸为 i(mm)的粒径来进行计算,则 B 料和 C 料在该粒径的含量 $\alpha_{B(i)}$ 和 $\alpha_{C(i)}$ 均等于零(见图 9-11),图中 d_i、d_j、d_{max} 分别表示粒径尺寸为 i、j 和最大筛孔尺寸。

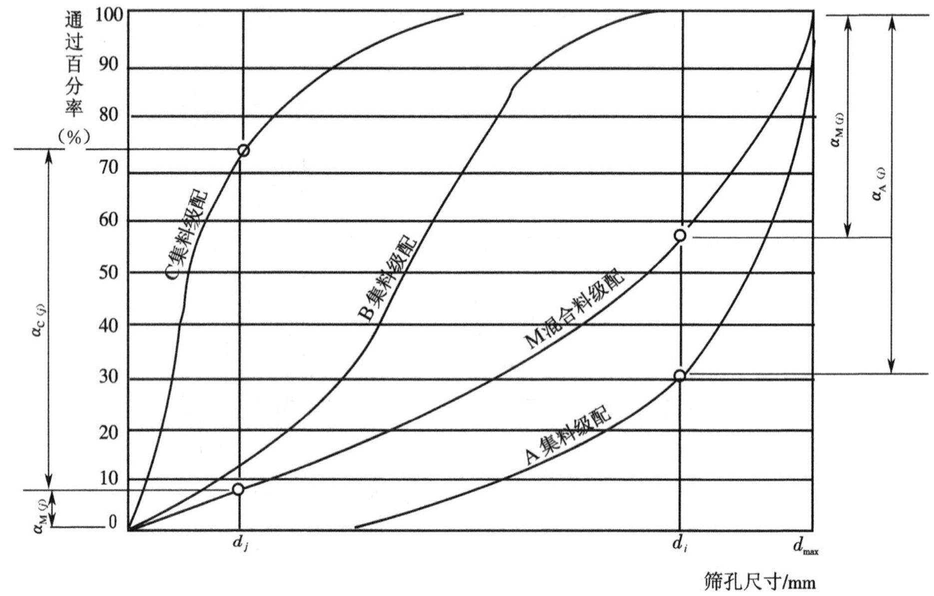

图 9-11　由 A、B、C 合成 M 的试算法示意图

由式(9-9)可得:

$$\alpha_{A(i)} \cdot X=\alpha_{M(i)}$$

即 A 料在混合料中的用量:

$$X=\frac{\alpha_{M(i)}}{\alpha_{A(i)}} \cdot 100 \tag{9-12}$$

③ 计算 C 料在矿质混合料中的用量。同理,在计算 C 料在混合料中的用量时,按 C 料占优势的某一粒径计算,忽略其他集料在此粒径的含量。

设按C料粒径尺寸为j(mm)的粒径来进行计算，则A料和B料在该粒径的含量$\alpha_{A(i)}$和$\alpha_{B(i)}$均等于零。由式(9-9)可得：

$$\alpha_{C(j)} \cdot Z = \alpha_{M(j)}$$

即C料在混合料中的用量：

$$Z = \frac{\alpha_{M(j)}}{\alpha_{C(j)}} \cdot 100 \tag{9-13}$$

④ 计算B料在矿质混合料中的用量。

由式(9-10)和式(9-11)求得A料和C料在混合料中的含量X和Z后，由式(9-12)即可得B料在矿质混合料中的用量Y：

$$Y = 100\% - (X + Z) \tag{9-14}$$

如为四种集料配合，C料、D料仍可按其占优势粒级用试算法确定。

⑤ 校核调整。按以上计算得配合比，经校核如不在要求的级配范围内，应调整配合比重新计算和复核，经几次调整，逐步渐进，直到符合要求为止。如经计算确不能满足级配要求时，可掺加某些单粒级集料或调换其他原始集料。

(3) 调整配合比

通常情况下，合成级配曲线宜尽量接近设计级配中限，尤其应使0.075 mm、2.36 mm和4.75 mm筛孔的通过量尽量接近设计级配范围的中限。

对高速公路、一级公路、城市快速路、主干路等交通量大、重载的道路，宜偏向级配范围的粗限；对一般道路、中小交通量或人行道路等宜偏向级配范围的细限。

合成级配曲线应接近连续的或合理的间断级配，但不应有过多的犬牙交错。当经过再三调整，仍有两个以上的筛孔超出级配范围时，必须对原材料进行调整或更换原材料重新试验。

2. 确定沥青混合料的最佳沥青用量

沥青混合料的最佳沥青用量(Optimum Asphat Content，简称OAC)，可以通过各种理论计算的方法求得其理论数值，然后通过实验方法修正；也可以采用试验的方法确定沥青最佳用量，目前最常用马歇尔法确定沥青最佳用量，步骤如下。

1) 制备试样

首先按确定的矿质混合料配合比，计算各种矿质材料的用量；然后根据表9-9推荐的沥青用量范围，或根据通过经验获得的沥青用量范围，估计适宜的沥青用量。

2) 测定物理力学性能指标

测定沥青混合料的多项物理-力学性能指标，主要包括：毛体积密度、理论最大相对密度、空隙率、沥青体积百分率、矿料间隙率、沥青饱和度、马歇尔稳定度、流值，并计算马歇尔模数。详细的检测方法和计算过程可以参见相应的规范。

3) 马歇尔试验结果分析

① 以沥青用量为横坐标，以密度、空隙率、饱和度、稳定度和流值为纵坐标，绘制沥青用量与上述各项指标的关系图，如图9-12所示。

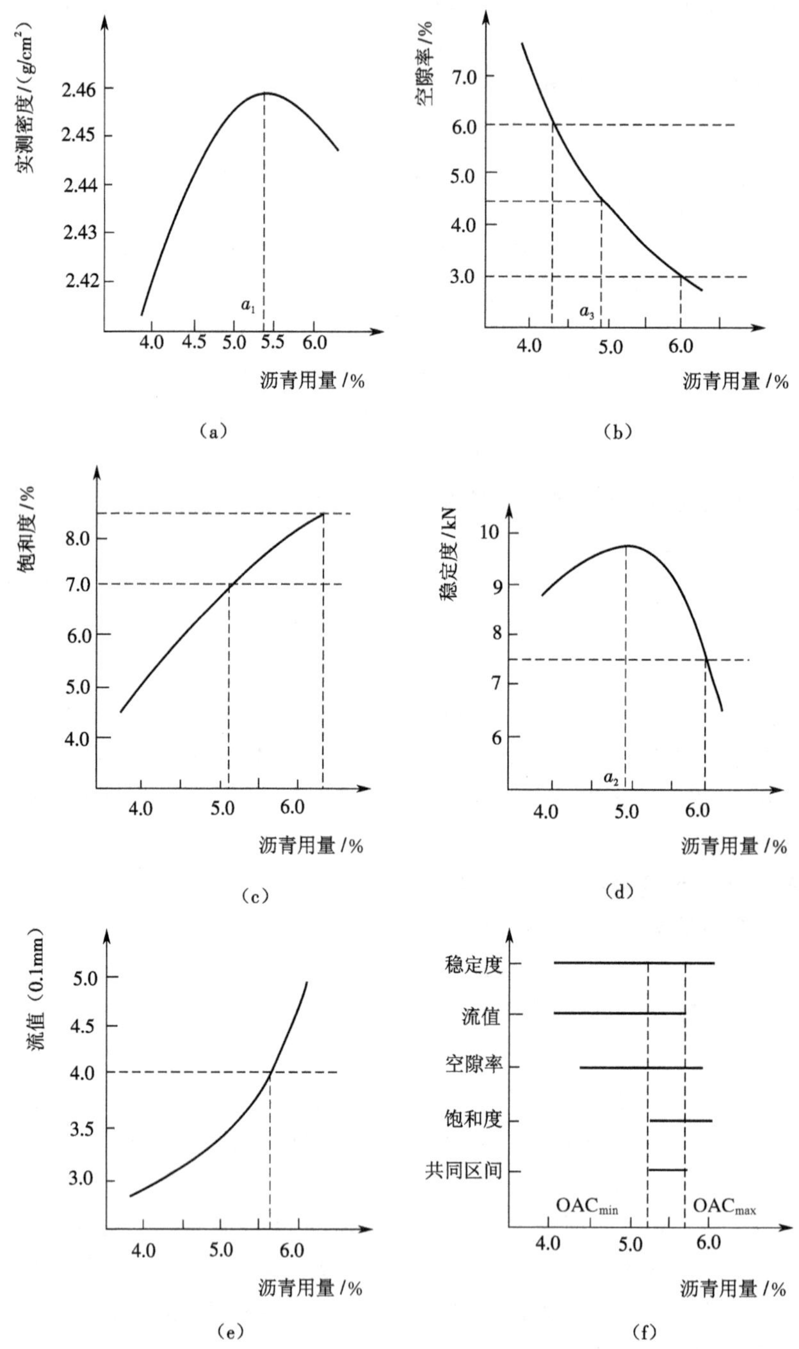

图 9-12 马歇尔试验沥青用量与多项物理、力学指标关系图

② 从图中取相应于密度最大值的沥青用量 a_1，相应于稳定度最大值的沥青用量 a_2，相应于规定空隙率范围的中值的沥青用量 a_3，求取三者的平均值作为最佳沥青用量的初始值 OAC_1，即

$$OAC_1=(a_1+a_2+a_3)/3 \tag{9-15}$$

③ 按图 9-16 求出各指标符合沥青混合料技术标准(见表 9-6)的沥青用量范围 $OAC_{min}\sim OAC_{max}$，其中值为沥青最佳用量初始值 OAC_2，即

$$OAC_2=(OAC_{min}+OAC_{max})/2 \tag{9-16}$$

④ 按最佳沥青用量的初始值 OAC_1 在图中求取相应的各项指标值，检查其是否符合表 9-6 规定的马歇尔设计配合比技术标准。同时检验矿料间隙率是否符合要求，如能符合，由 OAC_1 及 OAC_2 综合决定最佳沥青用量 OAC。如不能符合，应调整级配，重新进行配合比设计，直至各项指标均能符合要求为止。

⑤ 由 OAC_1 和 OAC_2 综合决定最佳沥青用量 OAC 时，还需要根据实践经验、道路等级、气候条件等因素对最佳沥青用量进行调整。

调整依据如下：对热区道路及高速公路、一级公路、城市快速路、主干路，预计有可能造成较大车辙时，可以在中限值 OAC_2 与下限值 OAC_{min} 范围内决定，但一般不宜小于中限值 OAC_2 的 0.5%。对寒区道路以及一般道路，最佳沥青用量可以在中限值 OAC_2 与上限值 OAC_{max} 范围内决定，但一般不宜大于中限值 OAC_2 的 0.3%。

4）水稳定性检验

按最佳沥青用量 OAC 制作马歇尔试件进行浸水马歇尔试验(或真空饱水马歇尔试验)，检验其残留稳定度是否合格。

如当最佳沥青用量 OAC 与两个初始值 OAC_1 和 OAC_2 相差甚大时，宜将 OAC_1、OAC_2 或 OAC 分别制作试件，进行残留稳定度试验。如不符合要求，应重新进行配合比设计。

5）抗车辙能力检验

按最佳沥青用量 OAC 制作车辙试验试件，在 60 ℃条件下用车辙试验机对设计的沥青用量检验其动稳定度。当最佳沥青用量 OAC 与两个初始值 OAC_1 和 OAC_2 相差甚大时，宜将 OAC_1、OAC_2 或 OAC 分别制作试件进行车辙试验。根据试验结果对 OAC 作适当调整，如不符合要求，应重新进行配合比设计。

【例 9-1】 原始资料：修建某城市的快速路路面层，气候条件属于温和地区，路面形式为三层式沥青混凝土路面的上面层，可供应重交通沥青 AH-70，经检验各项指标均符合要求。矿质材料主要为碎石、砂和矿粉，其级配情况如表 9-20 所示。求：①确定各种矿质集料的用量比例；②用马歇尔实验确定最佳沥青用量。

表 9-20 矿质集料的筛分析结果

材料组成	筛(方孔筛)孔尺寸/mm										
	16.0	13.2	9.5	4.75	2.36	1.18	0.6	0.3	0.15	0.075	<0.075
	通过百分率/%										
碎石	100	94.8	53.1	2.6	0	—	—	—	—	—	—
砂	—	—	100	98.4	74.4	51.9	35.9	23.5	12	1.2	0
矿粉	—	—	—	—	—	—	—	—	100	86.8	0

【解】

(1) 首先确定沥青混合料类型

由题给出道路级别为城市快速路,路面类型为细粒式沥青混凝土,路面结构为三层式沥青混凝土上面层,为使上面层具有较好的抗滑性,按表 9-7 选用 AC-1(即细粒式)沥青混凝土混合料。

(2) 确定矿质混合料级配范围

细粒式 AC-1 型沥青混凝土的矿质混合料级配范围要求如表 9-21 所示。

表 9-21 矿质混合料级配范围表

级配类型	筛(方孔筛)孔尺寸/mm									
	16.0	13.2	9.5	4.75	2.36	1.18	0.6	0.3	0.15	0.075
AC-1	100	95～100	70～88	48～68	36～53	24～41	18～30	12～22	8～16	4～8

3. 矿质混合料配合比计算

采用试算法确定矿质混合料的配合比。

按表 9-21 中矿质混合料的级配要求范围,由表 9-20 中三种矿质集料的筛分析结果,可以计算出三种矿料在各筛孔尺寸下的累计筛余百分率、分计筛余百分率和混合矿料级配中值的累计筛余百分率和分计筛余百分率,结果如表 9-22 所示。

表 9-22 三种矿料在各筛孔尺寸下的累计筛余百分率、分计筛余百分率和混合矿料级配中值的累计筛余百分率和分计筛余百分率

材料组成	筛(方孔筛)孔尺寸/mm										
	16.0	13.2	9.5	4.75	2.36	1.18	0.6	0.3	0.15	0.075	<0.075
	累计筛余百分率/%										
碎石	0	5.2	46.9	97.4	100	—	—	—	—	—	—
砂	—	—	0	1.6	25.6	48.1	64.1	76.5	88	98.8	100
矿粉	—	—	—	—	—	—	—	—	0	13.2	100

续表

	分计筛余百分率/%										
碎石	—	5.2	41.7	50.5	2.6	—	—	—	—	—	—
砂	—	—	—	1.6	24	22.5	16	12.4	11.5	10.8	1.2
矿粉	—	—	—	—	—	—	—	—	—	13.2	86.8
矿质混合料	级配中值通过百分率/%										
	100	97.5	79	58	44.5	32.5	24	17	12	6	0
	级配中值累计筛余/%										
	0	2.5	21	42	55.5	67.5	76	83	88	94	100
	级配中值分计筛余/%										
	0	2.5	18.5	21	13.5	12	8.5	7	5	6	6

首先计算碎石在矿质混合料中的用量。在计算碎石在混合料中的用量时，发现它在 4.75 mm 筛孔上占有明显优势，可以忽略其他集料在此粒径的含量，得到碎石在混合料中的用量为：

$$X=\frac{a_{\mathrm{M}(4.75)}}{a_{\mathrm{A}(4.75)}}\times 100\%=(21/50.5)\times 100\%=41.6\%$$

其次计算矿粉在矿质混合料中的用量，其占优势的粒径为<0.075 mm，可以忽略其他集料在此粒径的含量，即矿粉在混合料中的用量为：

$$Z=\frac{a_{\mathrm{M}(<0.075)}}{a_{\mathrm{C}(<0.075)}}\times 100\%=(6/86.8)\times 100\%=6.9\%$$

最后得到细集料在矿质混合料中的用量为：

$$Y=100\%-(X+Z)=100\%-(41.6\%+6.9\%)=51.5\%$$

因此三种材料的用量比为，碎石∶砂∶矿粉=41.6%∶51.5%∶6.9%。矿质混合料合成级配计算结果列于表 9-23 中。

表 9-23　矿质混合料合成级配计算表

设计混合料配合比,%	筛(方孔筛)孔尺寸/mm										
	16.0	13.2	9.5	4.75	2.36	1.18	0.6	0.3	0.15	0.075	<0.075
粗集料	41.6	39.4	22.1	1.1	0	—	—	—	—	—	—
细集料	51.5	51.5	51.5	50.7	38.3	26.7	18.5	12.1	6.2	0.6	0
矿粉	6.9	6.9	6.9	6.9	6.9	6.9	6.9	6.9	6.9	6	0
合成级配	100	97.8	80.5	58.7	45.2	33.6	25.4	19	13.1	6.6	0
目标级配范围	100	95～100	70～88	48～68	36～53	24～41	18～30	12～22	8～16	4～8	0
目标级配中值	100	97.5	79	58	44.5	32.5	24	17	12	6	0

4. 沥青最佳用量确定

① 确定沥青用量与试件性能的关系曲线

通常情况下，细粒式沥青混凝土(AC-1)的沥青用量为 4.5%～6.5%。采用

0.5%的间隔变化，配制 5 组马歇尔试件，按每面各击实 75 次的方法成型。成型试件经过 24 h 后测定其各项指标，以沥青用量为横坐标，以实测密度、空隙率、饱和度、稳定度、流值为纵坐标。画出沥青与它们的关系曲线，如图9-13所示。

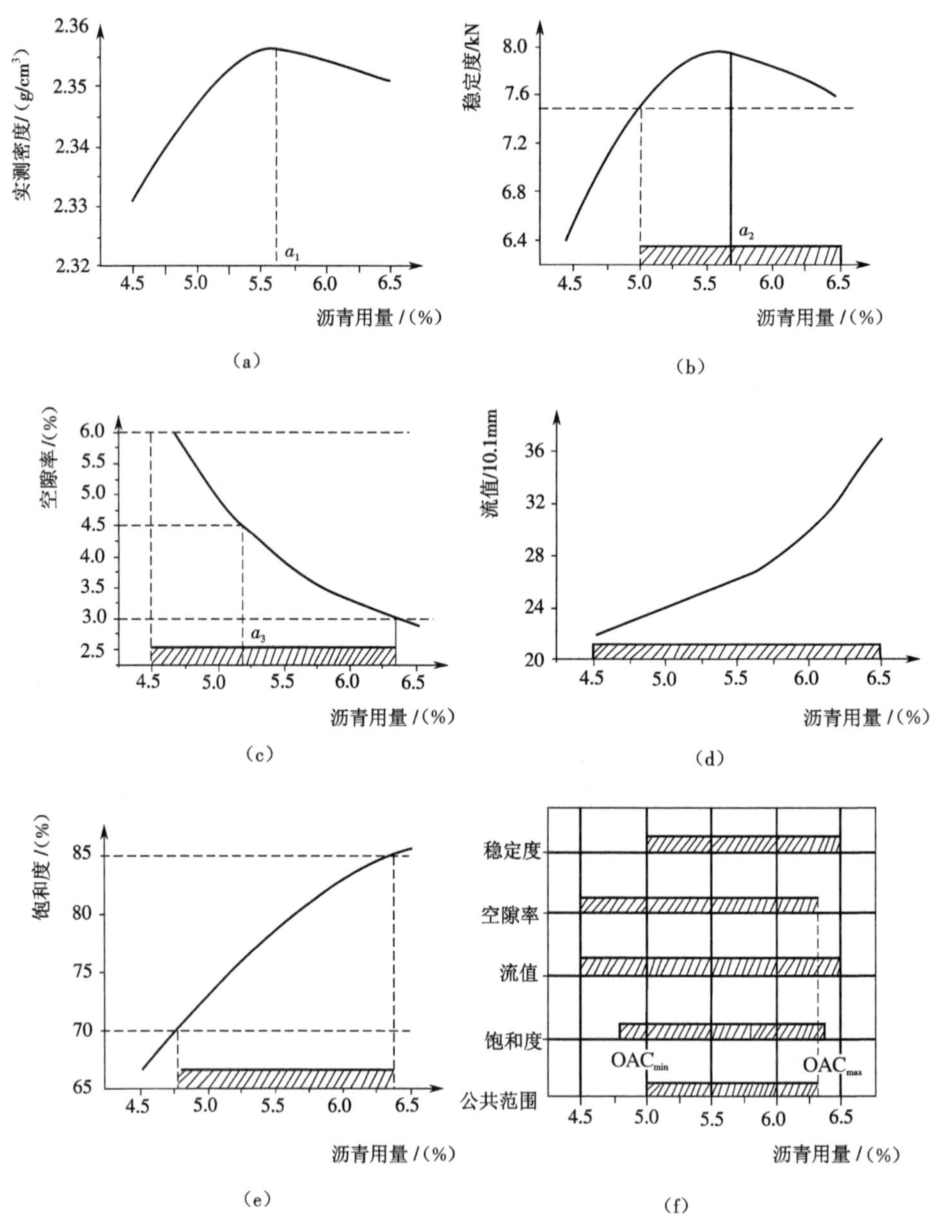

图 9-13　马歇尔试验各项指标与沥青用量关系图

(a)实测密度-沥青用量关系图；(b)稳定度-沥青用量关系图；(c)空隙率-沥青用量关系图；(d)流值-沥青用量关系图；(e)饱和度-沥青用量关系图；(f)各项指标满足要求的范围

② 确定最佳沥青用量 OAC

从图 9-13 得，相应于实测密度最大值的沥青用量 a_1＝5.70％，相应于稳定度最大值的沥青用量 a_2＝5.70％，相应于规定空隙率范围的中值的沥青用量 a_3＝5.20％。

所以　　　OAC_1＝(5.70％＋5.70％＋5.20％)/3＝5.53％

根据《热拌沥青混合料马歇尔试验技术标准》(GB 50092—1996)，对于城市快速路Ⅰ型沥青混合料，稳定度＞7.5 kN，流值在 20～40(0.1 mm)，空隙率 3％～6％，沥青饱和度 70％～85％，分别确定各关系曲线上沥青用量的范围，取得共同部分，得到：

OAC_{min}＝5.0％，　OAC_{max}＝6.32％，　OAC_2＝(5.0％＋6.25％)/2＝5.7％

由于该道路工程气候属于温区，夏季较炎热，为防止可能出现车辙，再选择在中限值 OAC_2 与下限值 OAC_{min} 之间选取一个沥青最佳用量，即 OAC＝5.20％。

③ 水稳定性检验

采用沥青用量为 5.70％和 5.20％制备试件，在浸水 48 h 后测定马歇尔稳定度，试验结果列于表 9-24。

表 9-24　沥青混合料水稳定性试验结果

沥青用量/％	马歇尔稳定度 MS/kN	浸水马歇尔稳定度 MS_1/kN	浸水残留稳定度 MS_0/％
OAC＝5.70	8.3	7.5	89
OAC＝5.20	8.0	6.7	83

从表 9-24 试验结果可知，OAC＝5.70％和 OAC＝5.20％两种沥青用量浸水残留稳定度均大于 75％，符合Ⅰ型沥青混凝土水稳定性要求。

④ 抗车辙能力校核

分别按沥青用量为 5.70％和 5.20％制作车辙试验试件，测定其各自的动稳定度，所得结果对应分别为 1 028 次/mm 和 1 317 次/mm，都大于 800 次/mm，满足规定。

以上实验结果表明：沥青用量为 5.70％和 5.20％的混合料均可满足设计要求，沥青用量为 5.70％时耐久性较好，而沥青用量为 5.20％时抗车辙能力较强。所以需要根据工程经验和具体情况决定如何选用。

【思考和练习】

9-1　石油沥青的主要技术性质有哪些？各用什么指标表示？

9-2　石油沥青的四大组分或三大组分是什么？试述它们的存在形式。

9-3　请叙述沥青三大技术指标与沥青主要组分的相互关系。

9-4　石油沥青的大气稳定性可用什么方法来测定？用什么指标来表示？

9-5　石油沥青为什么会发生老化？沥青老化的后果是什么？

9-6 在建筑屋面防水施工中,选用沥青的原则是什么?在屋面防水和地下防潮、防水工程中,常用哪几种牌号的石油沥青?

9-7 如何鉴别煤沥青和石油沥青?

9-8 试述采用矿物填充材料对沥青进行改性的机理。

9-9 何谓沥青混合料?试述沥青混合料的强度理论。

9-10 影响沥青混合料黏结力的因素有哪些?

9-11 沥青用量对混合料黏结力的影响规律是什么?

9-12 试述沥青混合料的主要技术性质。

9-13 简述沥青在混合料中最佳用量的确定方法。

第 10 章　合成高分子建筑材料

【本章要点】

主要介绍合成高分子材料的基本概念及其性能特点，在此基础上重点介绍了主要高分子建筑材料产品，如建筑塑料、建筑涂料、建筑防水材料、建筑胶黏剂和土工材料等的配方组成、制备工艺和应用领域。

本章涉及的标准规范主要有：

《环境标志产品技术要求　建筑用塑料管材》(HJ/T 226—2005)；

《环境标志产品技术要求　塑料门窗》(HJ/T 237—2006)；

《聚合物乳液建筑防水涂料》(JC/T 864—2008)；

《建筑防水涂料试验方法》(GB/T 16777—2008)；

《水溶性聚乙烯醇建筑胶粘剂》(JC/T 438—2006)；

《聚氯乙烯块状塑料地板胶粘剂》(JC/T 550—2008)；

《建筑防水材料应用技术规程》(DBJ 13—39—2001)；

《建筑防水材料老化试验方法》(GB/T 18244—2000)；

《土工合成材料　塑料土工网》(GB/T 19470—2004)；

《土工合成材料　机织/非织造复合土工布》(GB/T 18887—2002)。

10.1　概述

合成高分子材料是以合成高分子化合物(又称高聚物)为基础组成的材料，主要制品形式为塑料管材、塑料异型材、门窗制品、建筑涂料、防水材料，以及装饰和装修材料等。与传统建筑材料，如钢材、水泥、木材等相比较，高分子建筑材料具有密度低、比强度(强度与质量之比)高、耐水性及耐化学侵蚀性强、抗渗性及防水性好、装饰性好、易加工等许多特点。合成高分子材料也有它的缺点，主要在于其刚性和耐热性差、易燃烧等，因而在实际工程应用中，应扬长避短，合理使用。

本章扼要介绍合成高分子材料的基本概念和主要高聚物的基本性能，并主要介绍高分子建筑材料产品，如建筑塑料、建筑涂料、建筑防水材料、建筑胶黏剂和合成土工材料等。

10.2 合成高分子建筑材料的基本特性

10.2.1 合成高分子建筑材料的结构特征

高分子常由特定的结构单元多次重复组成。这些特定的结构单元称为链节。链节重复的次数 n 称为聚合度。链节分子量与聚合度的乘积即为高分子的分子量。

一般来说,在高分子中,链节可能是相同的,而聚合度往往不是一个固定的数值,因此,高分子是由链节相同而聚合度不同的化合物的混合物所组成的。高分子的分子量则是指混合物的统计平均分子量。分子量是衡量高分子性能的一个重要结构参数,分子量只有达到一定数值时,高分子材料才会表现出作为固体材料使用时应有的力学性能。所以,高分子的分子量一般都要大于 10 000。

高分子合成的化学反应,主要有加聚反应和缩聚反应两种。

加聚反应,是单体在引发剂、光、热等作用下,加成聚合起来形成大分子的反应。当只有一种单体时,加聚反应所得为均聚物,如由乙烯单体加聚反应得到的聚乙烯。有两种或两种以上单体时,加聚反应生成的为共聚物。由于共聚物是由几种单体聚合而成的,它可以把每个单体的性质带到共聚物中来,从而得到更为优越的聚合物。如 SBS 树脂是苯乙烯、丁二烯、苯乙烯的嵌段共聚物,它在高温下具有塑料性质,便于加工,在常温下具有橡胶的性质,有良好的弹性。

缩聚反应,是由两种或两种以上具有可反应官能团(—OH、—COOH、—NH_2等)的单体,在催化剂作用下结合成的大分子,并同时放出低分子副产物质(如 H_2O、HCl、NH_3等)的反应,如由苯酚、甲醛缩聚而成的酚醛树脂。

高分子的结构具有以下特点。

1) 独特的链结构

高分子都具有由很大数目(10^3~10^5数量级)的结构单元组成的长链结构。每一长链中的结构单元相当于一个小分子,这些结构单元可以是一种(均聚物),也可以是几种(共聚物),它们以共价键相连接,形成线型分子、支化分子和网状分子。

2) 高分子链具有柔顺性

一般高分子的主链都有一定的内旋转自由度,结构单元的相对转动可使分子链弯曲而具有柔性。当化学键不能作内旋转,或结构单元有强烈的相互作用,制约了结构单元的相对运动,这时则形成具有一定形状的刚性链。

3) 高分子结构具有多分散性

高分子合成反应是一个随机过程,即使在相同的反应条件下,反应产物中各分子的分子量、单体单元的键合顺序、空间构型的规整度、支化度、交联度,以及共聚物的组成及序列结构等都存在着或多或少的差异。

4) 高分子聚集态结构具有复杂性

高分子的聚集态有晶态和非晶态之分,高分子的晶态比小分子晶态的有序程度差，存在很多缺陷。高分子的非晶态却比小分子液态的有序程度高。高分子链的空间形状可以是卷曲的、折叠的、伸直的和螺旋状的。另外，要将高分子加工成有用的材料，往往需要在其中加入填料、各种助剂、色料等多种添加剂；有时用两种或两种以上的高分子共混改性，可能形成多种多样的微观相结构。复杂的聚集态结构决定高分子材料的使用性能。

高分子材料的性能是其内部结构的具体反映，掌握了高聚物的结构与性能之间的关系，就可为正确选择、合理使用高分子材料，改善高分子材料的性能，以及合成具有预期性能的高聚物提供理论依据。

10.2.2　高分子材料的结构与性质

1. 线型分子结构和体型分子结构

高分子的分子结构，可分为线型分子结构和体型分子结构两类。

线型分子结构是指由链节多次重复而成的长链型分子结构（有时在主链侧有支链）。体型分子结构是指在链与链之间又有化学键“交联”的网状结构。支链很大（或很多）的线型分子高聚合物，具有线型分子与体型分子高聚物之间的性状。

线型分子结构的分子具有柔顺性。它在常温下呈卷曲的线团状，受到拉伸时，变形能力极大，外力去除后，又可恢复成卷曲状。这是许多高分子高聚物具有高弹性的主要原因。

在线团状的线型分子结构中，还存在一些排列整齐的部分，称为晶体部分（晶区）。

一个长链分子可以贯穿晶区和非晶区（线团状区）。分子中晶区所占质量分数（或体积分数）称为结晶度。结晶使分子聚集紧密，分子间作用力增大。结晶度大的高聚物，其密度、强度及硬度均较大，耐热性也较高，但高弹性、伸长率及韧性较低。

体型分子结构的高聚物，由于在长链分子之间被“交联”，致使其柔顺性受到限制，在高聚物受力后，变形较小。但高聚物的机械强度较高、温度稳定性及化学稳定性较好。

2. 高分子材料的力学状态

高分子材料在不同温度下会呈现出玻璃态、高弹态及黏流态等不同的物理状态。由实验可以得到如图 10-1 所示的温度-形变曲线，由图可以清楚地看到，根据试样的力学性能随温度的变化的特点，可以把线型非晶态高聚物按温度区域不同划分为三种力学状态。

玻璃态：玻璃态是指高聚物在温度较低时所表现出的状态。此时，材料受力后只能发生微小的变形，外力除去后，变形立即消失，这种变形称为普通弹性变形。温度越低，物体越坚硬。产生这种现象的原因是温度较低时，不仅线型非结晶高聚物的长链分子整体不具有可移动性，而且线型分子也失去了柔顺性。

高弹态：随着温度升高，高聚物从玻璃态变为高弹态。处于高弹态的高聚物，其

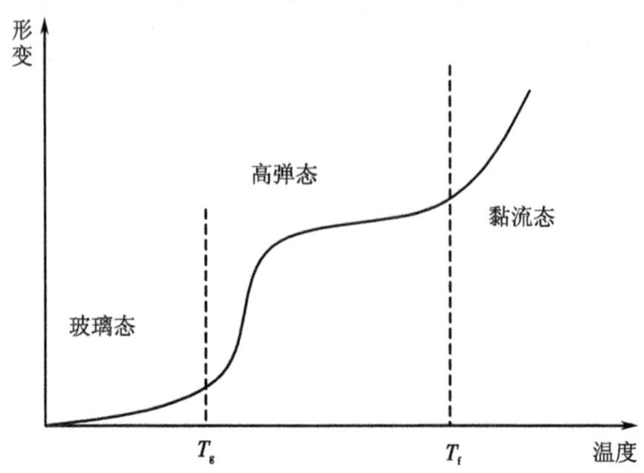

图 10-1　高聚物的温度—形变曲线

长链分子整体虽不可移动,但长链分子本身具有柔顺性。在高聚物受力后会发生极大的可逆变形,称为高弹变形。高弹变形的弹性模量很小,应变值很大,变形的发生和消失要比普通弹性变形慢得多。

黏流态:当温度升得更高时,高聚物呈黏流态。此时,整个长链分子具有可移动性。

高聚物中的结晶体也具有可熔融性。当温度高于熔点时,结晶度高或一般分子量的高聚物即表现为黏流态,分子量很大而结晶度较低的聚合物则先进入高弹态;当温度更高时,非结晶的长链分子具有可移动性,整个高聚物才变为黏流态。

当温度低于熔点而高于玻璃态温度时,具有一定结晶度的线型分子高聚物呈韧性状态。此时,非晶区具有柔顺性,晶区尚未熔融而具有刚性。韧性状态的聚合物既有较高的强度又有较大的变形性能,是合成纤维的主要特征。韧性状态存在的温度范围越宽,该高聚物的使用意义越大。体型结构的高聚物,可以表现为玻璃态或高弹态,不会出现黏流态。

3. 热塑性与热固性

根据高聚物受热后性质的不同,可将其分为热塑性高聚物和热固性高聚物两种。

热塑性高聚物在常温下是一较硬固体,受热后就会变软(甚至熔融),待它冷却,还会变硬,再加热又会变软。这类高聚物一般为线型分子结构,如聚乙烯、聚氯乙烯等。

热固性高聚物是指经一次受热软化(或熔化)后,在热和催化剂或热和压力作用下发生化学交联而变成坚硬的体型分子结构,成为不熔的物质。再受热则不再变软,加热时间越长,化学变化程度越深,若受强热作用,即枯焦破坏。这种高聚物耐热性能好,但不能重复加工使用。

10.2.3　高聚物的分类及命名

高聚物品种繁多,可按不同方式分类。常见的分类方式及类别见表 10-1。

表 10-1　高聚物常用分类方法

分类方式	类　别	特　性
按高聚物的合成反应	加聚高聚物	由加成聚合反应得到,无副产物
	缩聚高聚物	由缩聚反应得到,有副产物
按高聚物的性质	树脂及塑料	高温时为黏流态,常温下为玻璃态,有固定形状
	合成橡胶	具有高弹性
	合成纤维	单丝强度高
按高聚物的热行为	热塑性高聚物	线性分子结构,受热后结构类型不变,具有可塑性及可溶性
	热固性高聚物	体型分子结构,物理一力学性能强,化学稳定性好,失去了可塑性及可溶性

高聚物常用的命名方法如下。

① 在生成高聚物的单体名称之前加“聚”字,如聚乙烯、聚氯乙烯等。

② 在原料名称之后加“树脂”二字,如酚醛树脂、脲醛树脂等。

③ 商品名称,如把聚酰胺纤维称为尼龙或绵纶,把聚丙烯腈纤维称为腈纶等。

④ 高聚物的名称还常用其英文名称的缩写字母表示,如聚乙烯——PE,聚氯乙烯——PVC,聚乙烯醇——PVA,丁苯橡胶——SBR,丙烯腈、丁二烯、苯乙烯共聚物为 ABS 树脂等。

10.2.4　高分子材料的老化

高分子材料在热、光、氧或有害液体等的长期作用下,其各项理化性能会逐渐降低,甚至会出现失去使用价值的现象,称为老化。老化是一个复杂的化学变化过程,其主要化学反应有“降解反应”和“交联反应”两种。

1）降解反应

降解反应是高分子化合物在化学因素和物理因素作用下,大分子发生断裂的反应。降解反应使分子量明显降低,其化学组成虽无改变,但结构发生了变化。降解反应会使高分子材料变软、发黏、失去高弹性。例如,橡胶制品老化后会发黏,失去弹性。

2）交联反应

交联反应可使高分子的聚合度逐渐增大,或使线型结构变为体型结构。高分子材料便会逐渐失去弹性,变硬、变脆、出现龟裂等。例如聚氯乙烯薄膜,在日光照射下,1～2 年内将会丧失柔顺性,变得硬而易碎。

目前防止老化的措施大致有三种:① 改善高聚物结构,提高耐老化能力;② 加入稳定剂(又称防老剂),以吸收紫外线或抑制分子交联(或断裂)反应;③ 设置表面防护层(或涂层),以隔绝光、热及氧气等。

10.2.5 常用高分子建筑材料

1. 聚氯乙烯(PVC)

聚氯乙烯是建筑中应用最多的一种塑料,用聚氯乙烯制造的高分子建筑材料和制品有塑料墙纸、塑料地板、门窗、装饰板、管材、防水卷材、密封条等。它是一种多功能、综合性能优良的塑料,通过配方的变化,可以制成硬质、半硬质和软质的制品,也能得到轻质的发泡制品。

聚氯乙烯热稳定性差,温度超过 110 ℃就开始分解,但它的黏流温度约为 170 ℃,所以加工时必须加热稳定剂、加工助剂和增塑剂。

聚氯乙烯的玻璃化温度为 80 ℃左右,因此,硬质聚氯乙烯的耐热性也不是很高。由于含有氯,所以具有自熄性,这也是它成为高分子建筑材料主要原料的原因之一。但应注意,某些含有较多量增塑剂的软质制品没有自熄性。

聚氯乙烯耐一般有机溶剂,但能溶于环己酮和四氢呋喃等溶剂,利用这一点,聚氯乙烯制品可以用上述溶剂进行黏结。

硬质聚氯乙烯制品的耐老化性较好,但含有增塑剂的软质聚氯乙烯制品会由于增塑剂的迁移、挥发而变硬变脆。硬质聚氯乙烯的机械性能相当好,但抗冲性较差。通过加入抗冲改性剂,如氯化聚乙烯或乙烯醋酸乙烯共聚物等,其抗冲性能可得到改善。软质聚氯乙烯制品的性能则决定于加入增塑剂的品种和数量及其他助剂的情况。

2. 聚烯烃

1) 聚乙烯(PE)

聚乙烯按其密度大小和分子结构主要分为高密度聚乙烯和低密度聚乙烯。

高密度聚乙烯的密度为 0.941～0.967 g/cm^3,分子结构规整度、结晶度较高,为 50%～80%,机械性能较好。

低密度聚乙烯的密度为 0.910～0.940 g/cm^3,由于分子链上带有部分长、短支链,所以结晶度较低,刚度、硬度和拉伸强度不及高密度聚乙烯,但伸长率、冲击强度、低温韧性比高密度聚乙烯好。

还有一种线型低密度聚乙烯是由乙烯和少量 α－烯烃(如丁烯－1、己烯－1、辛烯－1 等)聚合而成的。分子链上无长支链而有较多的短支链,密度与低密度聚乙烯接近,但因它不带长支链,机械性能优于低密度聚乙烯。用它做成的薄膜抗撕裂强度高,冲击韧性和耐应力开裂性好。

聚乙烯还有一些特殊的品种,如高分子量高密度聚乙烯、超高分子量聚乙烯、交联聚乙烯等,用于要求较高性能的场合。

聚乙烯很易燃烧,燃烧时有石蜡气味,火焰呈淡蓝色并且熔融滴落,这会导致火焰的蔓延。通常在作为建筑材料的聚乙烯制品中加入阻燃剂改善其耐燃性。

聚乙烯是一种结晶性的高聚物，熔点为105 ℃～137 ℃。结晶度对密度和耐热性有影响，一般结晶度愈高，密度和耐热性也愈高。低密度聚乙烯使用温度低于100 ℃，而高密度聚乙烯可耐沸水煮。

聚乙烯具有蜡状半透明的外观，透光率较低。它的耐溶剂性特别好，在室温下没有溶剂，加热时，某些非极性烃类溶剂如四氯化碳能使它溶胀甚至溶解。它能耐大多数酸碱，只能被浓硝酸和浓硫酸缓慢地侵蚀。聚乙烯的柔韧性很好，其耐低温性和抗冲性比硬聚氯乙烯好得多。其缺点主要是不易着色。

聚乙烯可以用作各种管材（给水管、燃气管、大口径双壁波纹管等）及钙塑泡沫装饰板等。

2）聚丙烯（PP）

聚丙烯是塑料中密度最小的，约为0.90 g/cm^3 左右。作塑料用的聚丙烯是分子结构很规整的等规高聚物，结晶度达95%，熔点为170 ℃～176 ℃。聚丙烯也易燃，燃烧时有石油臭味，呈现淡蓝色火焰并发生滴落，可能引起火焰蔓延。它的耐热性优于聚乙烯，在100 ℃时还能保持常温时抗拉强度的50%。聚丙烯机械性能优于聚乙烯，耐溶剂性也很好，常温下没有溶剂。

聚丙烯的缺点是耐低温性较差，有一定脆性，且不易着色。通过共聚或加入成核剂，聚丙烯韧性可大大增加。

聚丙烯也用来生产管材，目前无规共聚丙烯管材（PPR管）主要用作上水管。

3. 苯乙烯类高聚物

苯乙烯类高聚物是指以苯乙烯为主要单体，加上其他单体如二烯烃等经共聚而得到的高分子材料，主要有聚苯乙烯、ABS塑料和SBS弹性体等。

1）聚苯乙烯

通用聚苯乙烯为无色透明、类似玻璃的塑料，透光率可达88%～92%，它的机械强度较高，但抗冲击性较差，有脆性，敲击时有金属的清脆声音。聚苯乙烯软化点为80 ℃～90 ℃，耐热性与聚氯乙烯相近。着色性、表面装饰性好。易燃，燃烧时呈黄色火焰，冒黑烟，离开火源后继续燃烧，发出特殊的苯乙烯气味。聚苯乙烯能溶于苯、甲苯等芳香族溶剂。

除了通用聚苯乙烯外，还有多种共聚或共混改性的聚苯乙烯材料。如可发性聚苯乙烯和金属板一起做成泡沫塑料夹心板，可用作轻质墙板；高抗冲聚苯乙烯（HIPS）则用于各种制品。

2）ABS塑料

ABS是丙烯腈-丁二烯-苯乙烯的共聚物。它是不透明的塑料，呈浅象牙色，密度为1.05 g/cm^3。燃烧时呈黄色火焰，冒黑烟。ABS是高分子合金的成功范例，它综合了丙烯氰的耐化学腐蚀性、耐油性、刚度和硬度，丁二烯的韧性、抗冲击性和耐寒性，以及苯乙烯的电性能和加工性能。ABS抗冲性高，耐低温性也相当好，耐热性也比聚苯乙烯好。可用作结构材料,是通用工程塑料中应用最广泛的一种。在建材工业中,ABS塑料可用作管道、管件、百叶窗、门窗框架、高级卫生洁具等。

4. 有机玻璃(PMMA)

有机玻璃是聚甲基丙烯酸甲酯的俗称,是透光率最高的一种塑料,可达92%,透光范围大,为287～2 600 nm,紫外线透过率约73%。同时,它还具有价格低、质量轻、易于机械加工等优点,是经常使用的玻璃替代材料。它适用于航空工业零部件、环保设备、光电子设备零部件、通讯设施、交通设施、机械零部件、建筑模型、医疗设施、教学设施、科研设施、实验设施、装饰装潢、工艺品等诸多领域。

有机玻璃的表面硬度比无机玻璃差,容易划伤,冲击强度较低,经过定向拉伸的产品有良好的抗裂纹性和抗冲击性。燃烧时呈淡蓝色火焰,无滴落,不冒烟,放出丙烯酸单体的典型气味。可溶于氯仿,可用氯仿来黏结。有机玻璃具有优良的耐老化性,处于热带气候下暴晒多年其透明度和色泽变化很小,可用来制造采光天窗、护墙板和广告牌。聚甲基丙烯酸甲酯模塑料还是生产彩色塑料门窗的重要原料。

有机玻璃的其他物理性能为:密度1.19 g/cm^3,冲击强度≥16 kg/cm^3,拉伸强度≥61 kg/m^3,热变型温度≥78 ℃。

5. 聚碳酸酯(PC)

聚碳酸酯通常是指双酚A型聚碳酸酯,是力学性能和耐热性能皆优的非结晶型热塑性工程塑料。透明度高,透光率可达90%以上;拉伸强度和耐热性都很高,150 ℃时拉伸强度仍有39 MPa;耐寒性也好,可在−100～140 ℃范围内使用;冲击韧性极佳;具有自熄性;耐候性好,可用作室外如亭、廊、屋顶等的采光和装饰材料。

6. 聚酰胺(尼龙)

凡在大分子主链上合有重复的酰胺基团(—CO—NH—)的聚合物统称为聚酰胺,俗称尼龙。

尼龙塑料坚韧耐磨,拉伸强度和冲击韧性高,耐热、耐油、耐酸碱和一般溶剂。尼龙的缺点是不耐强的酸碱和酚类化合物,吸水性高,且水会起增塑作用,从而降低尼龙的玻璃化温度和结晶度;尼龙的导热系数低,这对于尼龙作为摩擦部件也是个不利因素;尼龙的热膨胀系数高,模塑时制品的收缩率也较大。

尼龙可广泛用于建筑装修工程中,通常可被制作成建筑小五金、家具脚轮、轴承及无油润滑的静摩擦部件等,它还可喷涂于建筑五金表面作保护装饰层用。

7. 丙烯酸酯树脂

丙烯酸酯树脂广义上讲是(甲基)丙烯酸及衍生物的均聚物和共聚物的统称,均聚物有:聚(甲基)丙烯酸及其盐、聚(甲基)丙烯酸甲醋、丁醋,聚丙烯酰胺、聚丙烯腈等,按不同用途选定不同单体及比例共聚可获得更多的共聚物品种。狭义丙烯酸树脂主要指聚甲基丙烯酸及其盐,是一种聚电解质,其性质受pH值影响。不同聚合方式可得固态、溶液、乳胶等不同形态的树脂。适用多种用途,其中用的最广的是建筑涂料。

8. 有机硅树脂

有机硅是一种憎水、透明的树脂，主要优点是耐高温、耐水。它可用作防水及防潮涂层，并在许多防水材料中作憎水剂。有机硅具有良好的电绝缘性能，因而可以用作绝缘涂层。有机硅树脂还具有优良的耐候性能，因而可用在户外建筑物上作为保护涂层，如耐大气老化涂层、保色和保温涂层、文物和古建筑物的表面保护层等。

有机硅树脂涂料在很大的温度范围内黏度变化都很小，甚至在低温下仍能保持良好的流动性能，这为施工操作带来很大方便。

在建筑工程中，硅树脂的水溶液可作为混凝土的表面防水涂料，使混凝土具有很高的抗水、抗渗和抗冻性能。

9. 热固性塑料

1）不饱和聚酯(UP)

不饱和聚酯未固化时是高黏度的液体。它一般是在室温下固化的，固化时需加入固化剂和促进剂。固化剂为过氧化环己酮，促进剂为环烷酸钴，也可用过氧化苯甲酰和二甲基苯胺系统。

不饱和聚酯的优点是工艺性能良好，它可以在室温下固化，可以不加压或在低压下成型，加工很方便；缺点是固化时收缩率较大，体积收缩率为7%～8%。

由于可供制造不饱和聚酯的原料的种类很多，通过改变配方和工艺，可以制得不同性能的不饱和聚酯，以适应不同用途的需要。不饱和聚酯被大量用来生产玻璃钢制品和人造石材，也是黏结剂的主要原料。

2）环氧树脂(Epoxy)

环氧树脂未固化时为高黏度液体或脆性固体，易溶于丙酮和二甲苯等溶剂。加入固化剂后，可在室温或高温下固化。室温固化剂为多乙烯多胺，如二乙烯三胺、三乙烯四胺。高温固化剂为邻苯二甲酸酐、芳香胺等。

环氧树脂的突出性能是与各种材料具有很强的黏结力，这是由于在固化后的环氧树脂分子中含有各种极性基团(羟基、醚键和氨基)。它在固化时的收缩率很低，而且在发生最大收缩时树脂还处于凝胶态，有一定的流动性，因此不会产生内应力。

环氧树脂也用于生产人造大理石和人造玛瑙，主要用作高级卫生洁具的生产原料。

3）聚氨酯(PU)

聚氨酯是多异氰酸酯与聚酯或聚醚多元醇的高聚物。依反应组分的不同，可得热塑性的聚氨酯(弹性体、纤维、薄膜、泡沫塑料)和热固性的聚氨酯(泡沫塑料、弹性体)。交联的聚氨酯可制成单组分或双组分的涂料、黏合剂、泡沫塑料。根据组成的不同，聚氨酯可以是软质的，也可以是硬质的。

聚氨酯性能优异，机械性能、耐老化性、耐热性等都比聚氯乙烯好得多。作为建筑涂料使用，耐磨性、耐污性和耐老化性都很好。作为泡沫塑料，可以现场浇铸，用作门窗安装时的密封材料,同其他材料有很好的黏结性。聚氨酯泡沫塑料制品通常用作保温材料或轻质墙板。

4) 氨基塑料

氨基塑料通常是指脲醛塑料(UF)和密胺塑料(MF)。

脲醛塑料是脲素和甲醛缩聚的产物,又称脲醛树脂,脲醛树脂主要用来加工成模塑粉。用脲醛的A阶段树脂溶液浸渍填料(常用纸浆),加热使A阶段树脂变为B阶段树脂并干燥,然后磨粉就制得脲醛塑料模塑粉。脲醛塑料比酚醛塑料色彩鲜艳,无毒无味,可加工成建筑小五金等制品。脲醛树脂的另一个主要用途是作为黏合剂来生产胶合板、纸质层压板等。脲醛树脂还能制成泡沫塑料,它的特点是密度很低,仅0.01~0.02 g/cm^3,为软木的1/10;导热系数仅0.024~0.031 W/(m·K),为软木的一半;成本很低。缺点是强度较低。它主要用来作为空心墙的隔热层,可以在现场发泡填充。

密胺树脂是三聚氰胺与甲醛缩聚后得到的一种热固性树脂。密胺塑料的应用与脲醛塑料相近,它的耐水性、电绝缘性能均比脲醛塑料好。在建筑上,密胺塑料常用来生产装饰层压板,这种层压板表面硬度高、耐磨,可作为内墙的高级装饰材料。

5) 玻璃纤维增强塑料(GRP,玻璃钢)

玻璃钢是用玻璃纤维制品(纱、布、短切纤维、毯和无纺布等)增强不饱和聚酯树脂、环氧树脂等得到的一种复合材料。玻璃钢的成型性能好,可以制成各种形状的结构件,也可以现场制作;玻璃钢的质量轻而强度高,可以在满足设计要求的条件下,大大减轻建筑物的自重;具有很好的耐化学腐蚀性能;具有独特的透光性能,可以同时作为结构和采光材料使用。

表10-2列出了常见塑料的技术性能指标。

表10-2 常用塑料的性能

性能	高密度聚乙烯	低密度聚乙烯	聚丙烯	硬聚氯乙烯	有机玻璃	聚苯乙烯	尼龙-66	环氧树脂	酚醛树脂
密度/(g/cm^3)	0.941~0.965	0.910~0.945	0.90~0.915	1.35~1.45	1.17~1.20	1.04~1.065	1.09~1.14	1.11~1.40	1.25~1.36
拉伸强度/MPa	21.8~31.7	8.4~24.6	33.7~42.2	35.2~63.3	49.32~77.3	35.2~62.3	63~84	28.1~91.4	39.2~56.2
延伸率/%	15~100	50~500	200~700	2~40	2~10	1.0~2.5	25~200	3.0~6.0	1.0~1.5
抗冲强度/(kJ/cm^2)	1.4~4.2	1.1~3.4	1.07~1.3	—	0.64~1.1	0.54~0.86	2.1~4.3	0.43~2.1	—
线胀系数(10^{-5}/℃)	11~13	—	6~8.5	5.0~13.5	5~9	6~8	9.9	4.4~6.5	—

续表

性能	高密度聚乙烯	低密度聚乙烯	聚丙烯	硬聚氯乙烯	有机玻璃	聚苯乙烯	尼龙-66	环氧树脂	酚醛树脂
耐热性(连续)/℃	—	—	—	66～79	60～88	—	88～149	121～288	—
热变形温度(0.46 MPa/℃)	60～82	49～65	99～116	57～82	74～107	65～96	182～184	—	—
耐燃性	少烟	少烟	滴落少烟	自熄	缓燃无烟	冒浓烟	自熄	缓燃	缓燃
透光率/%	—	—	—	75～85	90～92	88～92	—	—	—
导热系数/(W/m·K)	0.023	—	0.12	0.13～0.19	0.17～0.25	0.10～0.14	0.13～0.25	0.17～0.21	0.13～0.24
耐溶剂型	室温下无溶剂	室温下无溶剂	室温下无溶剂	溶于环酮、四氢呋喃	溶于氯仿	溶于芳香族溶剂	耐大部分普通溶剂	不溶	不溶

10.2.6 常用合成橡胶和合成纤维

1. 合成橡胶

合成橡胶是在室温下呈高弹态的高分子高聚物，其分子结构为长链线型分子(或带支链的线型分子)，具有良好的柔顺性。橡胶经硫化处理后，一些线型分子交联成体型结构，称为橡皮。橡皮具有所需的强度、弹性、硬度及耐热性，可制作各种橡胶制品。

合成橡胶的品种繁多，性能各异，工程中选用橡胶时，应使其主要性能满足工程要求，如橡胶用作止水材料时，要求其弹性好，强度和硬度较高，低温柔性好；当橡胶制品暴露于大气时，要求选择耐老化性能好、耐热(或耐低温)的橡胶材料；当橡胶制品与油或酸、碱等介质接触时，应按耐油或抗化学腐蚀的要求来选择橡胶品种；当用作电绝缘材料时，应根据其电绝缘性能要求选择橡胶材料。

1) 丁苯橡胶(SBR)

丁苯橡胶是丁二烯、苯乙烯共聚物。根据苯乙烯含量不同及聚合温度的高低，分为不同牌号。

目前，使用较多的是苯乙烯含量小于30%的低温丁苯橡胶。丁苯橡胶有较好的耐水、耐磨及耐老化的性能，但弹性及黏结性能稍差，是制造胶管、胶带等的常用材料，丁苯橡胶与天然橡胶共混，所得产品的用途更广。

丁苯胶乳可作为配制高聚物水泥混凝土的胶结材料。

2) 丁腈橡胶(NBR)

丁腈橡胶是丁二烯、丙烯腈共聚物。其耐油性好，并有较好的耐热、耐磨及耐老化性能，但耐寒性稍差，是制造耐油胶管、油箱密封圈及胶黏剂等的常用材料。

3）氯丁橡胶(CR)

氯丁橡胶是由单体氯丁二烯聚合而成。其耐磨、耐老化性能较好，抗拉强度、黏结力和气密性也较高，但耐寒性、电绝缘性及贮存稳定性较差。常用来生产运输带、胶管及防水卷材等，也可用来配制涂料及胶黏剂，还可作为沥青材料的改性材料。

4）乙丙橡胶(EPM)和三元乙丙橡胶(EPDM 或 EPT)

乙丙橡胶是乙烯、丙烯共聚物，具有质轻、耐热、耐磨、耐老化、低温柔性好、价格便宜等优点。但由于乙烯和丙烯都只有一个双键，它们聚合时已将所有的双键打开，成为饱和状态的长链分子，化学稳定性很好，故硫化困难，自黏和互黏性差，不易黏结和加工。

以三元乙丙橡胶为主体，掺入适量丁基橡胶、硫化剂、促进剂、填料、增韧剂等，可制成三元乙丙橡胶防水卷材。该防水卷材具有质轻、抗拉强度高、延伸率大、耐热、使用寿命长等特点，是屋面防水工程中性能可靠、品质优越的新型防水材料。表 10-3 为常用橡胶的主要特性比较。

表 10-3 常用橡胶的主要特性比较

胶　种	拉伸强度	扯断伸长率	耐气候变化	抗压缩变形	使用温度范围
天然橡胶	极好	极好	差	中等	−40～60 ℃
丁苯橡胶	好	中等	中等	中等	−25～60 ℃
氯丁橡胶	极好	好	好	好	−25～80 ℃
三元乙丙橡胶	好	中等	极好	极好	−45～80 ℃

与传统建筑材料相比，高分子材料既有优点，又有缺点，充分了解高分子材料的特性，扬长避短，才能更好地将它们应用到建筑上去。高分子材料的主要建筑特性有以下几点：①密度小，比强度高；②加工性能优良；③装饰性好；④耐腐蚀性能；⑤电绝缘性能好；⑥减震、吸声和隔热性好；⑦耐水性和耐水蒸气性好；⑧热膨胀系数比较大；⑨易燃烧。

10.3 建筑塑料及其制品

10.3.1 组成

塑料是以各种合成树脂为主要成分，并加入填料和增强剂、增塑剂、固化剂、加工助剂、着色剂、稳定剂(热稳定剂、光氧稳定剂等)及阻燃剂等添加剂，在一定温度下加工成型而得到的原材料。

合成树脂是受热时可软化(或熔化)，在外力作用下具有流动性，常温下呈玻璃态的高聚物。合成树脂是塑料的主体成分，它在塑料中起胶结作用，并决定塑料的力学性质及其受热后的状态。根据所用合成树脂品种的不同，塑料也有热塑性塑料和热固性塑料两类。工程中常取树脂的名称来作为塑料的名称。在多组分塑料中，合成树脂要占到50％以上。

添加剂对塑料的性能有重要影响，它可赋予塑料以树脂所没有的新性能，正确地选用添加剂可极大地扩大塑料的使用范围。

10.3.2 常见建筑塑料制品

高分子建筑材料和制品种类繁多，几乎在建筑物的每个部位都可用上高分子材料。高分子材料不但能装饰美化建筑物，提高建筑构件的功能，而且还能起到保温节能的作用。

表 10-4 按制品的形态将高分子建筑材料和制品分成 11 个大类。

表 10-4 高分子建筑材料和制品的种类、应用和原材料

种 类	应 用	原 材 料
薄膜	防水材料、墙纸、隔离层、土工等	聚乙烯、聚丙烯、聚氯乙烯、橡胶
薄板	地板、地面砖、模板等	聚氯乙烯、聚苯乙烯、聚丙烯、密胺塑料、酚醛塑料
异型板材	护墙板、屋面板	聚氯乙烯、聚氨酯、聚苯乙烯、玻璃钢
管材	给排水管道、电线电缆管	聚氯乙烯、聚丙烯、聚乙烯、ABS、玻璃钢
异型材	门、窗、室内隔断	聚氯乙烯、聚氨酯、玻璃钢
泡沫塑料	隔热材料	聚氨酯、聚苯乙烯、脲醛塑料、酚醛塑料
模制品	建筑五金、卫生洁具、管件	聚氯乙烯、聚丙烯、ABS、脲醛塑料、玻璃钢
溶液或乳液	建筑涂料、黏合剂、防水涂料	聚醋酸乙烯酯、丙烯酸酯、环氧树脂、聚氨酯、氯丁胶、有机硅
复合板材	墙体、屋面材料	聚氯乙烯、聚氨酯、聚苯乙烯、玻璃钢
盒子结构	单元建筑、厨房、卫生间	聚氯乙烯、ABS、玻璃钢
织物	土工、装饰	丙纶、涤纶或其他合成纤维

1. 塑料异型材和门窗

塑料门窗一般以 PVC—U 异型材为承重门窗框，异型材大多是截面形状比较复杂的多腔中空异型材，以提高保温隔热效果。当跨度较大时(一般大于 1 m)，在型材的最大中空室内可插入型钢以提高弯曲强度和刚性。所以，常常将塑料门窗叫做塑钢门窗。塑料窗的主要技术性能指标有：气密性、水密性、抗风压强度和保温性等。

除PVC外也有用其他树脂做原料的产品，如以玻璃纤维增强的酚醛塑料门窗、玻璃钢门窗、以木粉为填料的聚丙烯塑料窗、结皮发泡聚氨酯窗、改性聚丙烯塑料窗、ABS窗等。

2. 塑料管材及管件

塑料管材及管件在建筑上的应用已经非常广泛。塑料管材有如下优点：质量轻，运输和施工方便；表面光滑、流体阻力小；不生锈，耐腐蚀性强；韧性好，强度高；使用寿命长，并且可以回收利用；自动化生产，效率高，总经济成本低。塑料管品种类型繁多。按管的结构，可以将塑料管分成以下几类：普通塑料管、单壁波纹管、双壁波纹管、纤维增强塑料管、塑料与金属复合管、芯层发泡管。

目前，波纹管，特别是双壁波纹管在建筑中获得越来越多的应用。结构先进的塑料双壁波纹管，除具有普通塑料管的耐腐性、绝缘性好、内壁光滑、使用寿命长等优点外，还具有许多独特的技术性能，如刚性大、重量轻、造价低等特点。双壁波纹管已广泛应用于高速公路、邮电、供电等管道及市政管道建设中。

10.4 建筑涂料

10.4.1 建筑涂料的分类

涂料品种很多，分类方法亦有多种形式，一般各国都根据本国涂料生产情况，确定自己的分类方法。我国于2003年出台了《涂料产品分类和命名》(GB/T 2705—2003)国家标准。目前通常采用习惯分类方法，主要有以下几种。

1) 按建筑物的使用部位分类

建筑涂料按其在建筑物的不同部位使用可分为外墙涂料、内墙涂料、地面涂料、顶棚涂料、屋面涂料、地下结构涂料等。

2) 按涂料的状态分类

建筑涂料按其性状可分为溶剂型涂料(如溶剂型聚丙烯酸酯涂料)、水溶性涂料(如聚乙烯醇水玻璃内墙涂料)、乳液型涂料(如聚丙烯酸酯乳液涂料)和粉末涂料等。

3) 按特殊性能或使用功能分类

建筑涂料按其特殊性能或使用功能可分为防火涂料、防腐蚀涂料、防水涂料、防霉涂料、杀虫涂料、隔热涂料、隔声涂料等。

4) 按主要成膜物质性质分类

建筑涂料按其主要成膜物质性质可分为有机系涂料(如聚丙烯酸酯外墙涂料)、无机系涂料(如硅酸钾水玻璃外墙涂料)、有机-无机复合系涂料(如硅溶胶—苯丙复合外墙涂料)等。

5) 按涂膜状态分类

建筑涂料按涂膜状态可分为薄质涂层涂料(如苯丙乳液涂料)、厚质涂层涂料(如乙丙厚质型外墙涂料)、砂壁状涂层涂料(如苯丙彩砂外墙涂料)、彩色复层凹凸花纹外墙涂料等。

10.4.2　建筑涂料的基本组成与功能

1. 建筑涂料的基本组成

与普通涂料类似,建筑涂料也是由多种不同物质经混合、溶解、分散组成的。按这些物质在涂料中所起的不同作用,可将它们分为主要成膜物质、次要成膜物质和辅助成膜物质三大类。

1)主要成膜物质——基料

建筑涂料中的主要成膜物质又称为基料。它的作用是将涂料中的其他组分黏结成附着在被涂基材的表面,形成均匀连续而坚韧的保护膜。基料的性质对所形成的涂膜的硬度、柔性、耐磨性、耐冲击性、耐水性、耐热性、耐候性及其他物理化学性能起到决定性的作用。此外,涂料的状态及涂膜固化方式也由基料性质决定。基料一般为高分子化合物或成膜后能形成高分子化合物的有机物质。

当前我国建筑涂料的主要基料以合成树脂为主,如聚乙烯醇、聚醋酸乙烯及其共聚物、丙烯酸酯及其共聚物、氯乙烯-偏氯乙烯共聚物、环氧树脂、氯化橡胶、聚氨酯树脂等。此外,还有水玻璃、硅溶胶等无机胶结材料。其中以丙烯酸酯及其共聚物的乳液使用最为广泛。

2)次要成膜物质

在涂料工业中,颜料和填料也是构成涂膜的重要组成部分,但它们本身不会单独成膜,必须通过主要成膜物质的作用,与主要成膜物质一起构成涂层,因此称为次要成膜物质。

颜料的品种很多,按化学组成可分为有机颜料和无机颜料;按来源则可分为天然颜料和合成颜料。无机颜料的耐候性及耐磨性较好,资源丰富,价格低廉,因而在建筑涂料中应用最多。有机颜料色彩鲜艳,但耐老化性能往往较无机颜料差。金属颜料主要品种有铝粉及铜粉等。

填料大部分为天然矿物和工业副产物。加入到基料中之后,可改变涂料的某些性能,例如可增加涂膜厚度,提高涂膜耐磨性和耐久性等。同时也可降低涂料成本。常见品种根据其化学成分可分为五大类:钡化合物(重晶石粉、沉淀硫酸钡等)、钙化合物(轻质碳酸钙、重质碳酸钙等)、铝化合物(高岭土、云母粉等)、镁化合物(滑石粉、沉淀碳酸镁等)、硅化合物(硅藻土、石英粉、白炭黑等)。

3)辅助成膜物质

辅助成膜物质主要包括溶剂、水和助剂等。

溶剂和水是建筑涂料的重要成分。涂料涂刷到基材上后,溶剂和水逐步挥发,涂料逐渐干燥硬化,最终形成均匀、连续的涂膜。溶剂和水最终并不存留在涂膜中,但它们对涂料的成膜过程起着极其重要的作用,因此称为辅助成膜物质。建筑涂料中经常使用的溶剂主要有:醇类、醚类、酯类、酮类、苯类等。水是建筑涂料中应用最广泛的溶剂或分散介质之一。它具有无毒、无味、不燃、来源广泛、价格低廉等特点,因此是一种优良的涂料辅助材料。水溶性涂料、水乳性涂料中大量使用水。

建筑涂料制备中使用到多种助剂,常用的有:催干剂、固化剂、增塑剂、润湿剂、分散剂、增稠剂、成膜助剂、防冻剂、消泡剂、防霉剂、防锈剂。

2. 建筑涂料的功能

建筑涂料具有色彩鲜艳、质感丰富、性能全面、施工方便、价廉物美等特点,在建筑饰面材料中越来越受到人们的青睐。因此建筑涂料的主要功能是装饰功能。除此之外,它还应具有保护功能和其他特殊的功能,简述如下。

1) 装饰作用

建筑涂料对建筑物进行施工后,使建筑物的可视面得到美化的功能称为装饰功能。涂装后的建筑物不但色彩丰富,还可具有不同的光泽和平滑度。再加上各种立体图案和标志,和周围环境协调配合,会使人在视觉上产生美观、舒畅之感。室内采用内墙涂料及地面涂料装饰后,可使居住在室内的人们产生愉悦感。若在涂料中掺加粗、细骨料,或采用拉毛、喷涂和滚花等方法进行施工,可以获得各种纹理、图案及质感的涂层,使建筑物产生特殊的艺术效果,从而达到美化环境、装饰建筑的目的。

2) 保护功能

建筑涂料对建筑物进行施工后,能保护建筑物不受环境影响的功能称为保护功能。

建筑物暴露在大气中,受到阳光、雨水、冷热和各种介质的作用,表面会发生风化、腐蚀、生锈、剥落等破坏现象。建筑涂料通过刷涂、滚涂或喷涂等施工方法,涂敷在建筑物的表面上,形成连续的薄膜,产生抵抗气候影响、化学侵蚀及污染等功能,阻止或延迟这些破坏现象的发生和发展,起到保护建筑物,延长其使用寿命的作用。

3) 特种功能

建筑涂料除了固有的装饰和一般性保护功能以外,近年来世界各国都十分重视研究特种功能的建筑涂料,这类涂料又称为功能性建筑涂料。例如:防水涂料、防火涂料、防腐蚀涂料、防霉涂料、杀虫涂料、吸声或隔声涂料、隔热、保温涂料、防辐射涂料、防结露涂料、伪装涂料等。

在工业建筑、道路设施等构筑物上,涂料还可起到标志作用、色彩调节作用、美化环境作用和调节人们心理状况的作用。

10.5 建筑防水材料

依据防水材料的外观形态,防水材料一般分为:防水卷材、防水涂料、密封堵漏材料和防水剂四大类,这四大类材料根据其组成不同又可划分为上百个品种。本节主要介绍这四类防水材料及其常见品种的组成、性能特点及应用。

10.5.1 合成高分子防水卷材

防水卷材是工程防水材料的重要品种之一,在防水材料的应用中处于主导地位,在建筑防水工程的实践中起着重要作用，是一种面广量大的防水材料。常用的防水卷材按照材料的组成不同一般可分为沥青防水卷材、高聚物改性沥青防水卷材和合成高分子防水卷材等三大类。其中，合成高分子防水卷材是以合成橡胶、合成树脂或两者的共混体为基础，加入适量的助剂和填充料等，经过特定工序所制成的防水卷材。该类防水卷材具有拉伸强度高、延伸率大、弹性强、高低温特性好的特点，防水性能优异，是值得大力推广的新型防水卷材。目前多用于高级宾馆、大厦、游泳池、厂房等要求有良好防水性能的屋面、地下等防水工程。

根据主体材料的不同，合成高分子防水卷材一般可分为橡胶型(包括橡塑共混型)和塑料型防水材料两大类，各类又分别有若干品种。

1. 三元乙丙橡胶防水卷材

三元乙丙橡胶防水卷材是以乙烯、丙烯和少量双环戊二烯共聚合成的三元乙丙橡胶为主要原料，掺入适量的丁基橡胶、硫化剂、促进剂、补强剂和软化剂等，经过密炼、拉片、过滤、挤出(或压延)成型、硫化等工序制成的弹性体防水卷材。该卷材是目前耐老化性能最好的一种卷材，使用寿命可达 50 年。它的防水性能好、重量轻、耐候性好、耐臭氧性好，弹性和抗拉强度大，抗裂性强，使用温度范围广，并且可以冷施工。

三元乙丙橡胶卷材是屋面、地下室和水池防水工程的主体材料。它可用于各种建筑防水工程的修缮；外露屋面的防水工程；各种地下工程的防水；厨房、浴室、卫生间的室内防水；桥梁、隧道的防水；带保护层的屋面、楼地面及地下室或蓄水池的防水；电站、水库、排灌渠道、污水处理等防水工程。

2. 聚氯乙烯防水卷材

聚氯乙烯防水卷材是以聚氯乙烯树脂为主要原料，掺加填充料和适量的改性剂、增塑剂、抗氧剂、紫外线吸收剂等，经过捏合、混炼、造粒、挤出或压延、冷却、卷取等工序加工而成的防水卷材。聚氯乙烯防水卷材根据基料的组成与特性可分为 S 型和 P 型，S 型防水卷材的基料是煤焦油与聚氯乙烯树脂的混合料，P 型防水卷材的基料是增塑的聚氯乙烯树脂，该类卷材的特点是抗拉强度和断裂伸长率较高，对基层伸缩、开裂、变形的适应性强；低温柔韧性好，可在较低的温度下施工和应用；卷材的搭接除了可以用黏结剂外，还可以用热空气焊接的方法，接缝处严密。聚氯乙烯防水卷材适用于大型屋面板、空心板作防水层，并可作刚性层下的防水层及旧建筑混凝土构件屋面的修缮，以及地下室或地下工程的防水和防潮，水池、贮水池及污水处理池的防渗，有一定耐腐蚀要求的室内地面工程的防水、防渗。

3. 氯化聚乙烯防水卷材

氯化聚乙烯防水卷材是以含氯量为 30%～40%的氯化聚乙烯树脂为主要原料，配以大量填充料及适当的稳定剂、增塑剂、颜料等制成的非硫化型防水卷材。聚乙烯分子中引入了氯原子后，破坏了聚乙烯的结晶性，使得氯化聚乙烯不仅具有合成树脂的热塑性，还具有橡胶状的弹性。氯化聚乙烯分子中不含有双键，因而具有优良的耐老化、耐腐蚀等性能。

氯化聚乙烯可以制成各种彩色防水卷材，既能起到装饰作用，又能减少对太阳光的吸收，达到隔热的效果。氯化聚乙烯防水卷材现有普通型、玻纤网布增强型和装饰防水型三种，适用于屋面作单层外露防水，以及有保护层的屋面、地下室、水池等工程的防水，也可用于室内装饰用的施工材料，兼有防水与装饰效果。

4. 氯磺化聚乙烯防水卷材

氯磺化聚乙烯防水卷材是以氯磺化聚乙烯为基料，掺入适量的填料、软化剂、稳定剂、硫化剂、促进剂等，经混练、压延等工序所制成的弹性防水卷材。聚乙烯经氯磺化处理后，一部分氢被磺酰氯基所取代，使之成为弹性体，具有较高的机械性能，抗紫外线、抗臭氧、耐候性好，并且由于氯磺化聚乙烯分子中含有大量的氯原子，故又具有很好的阻燃性能，能离火自灭。对酸、碱、盐等化学药品性能稳定，耐腐蚀性能优良。故可用于各种屋面，尤其是化工厂房的屋面防水，也可用于地下工程、桥梁、隧道、污水池、蓄水池的防水，特别适合在有腐蚀介质影响的部位，做建筑防腐及防水处理。

10.5.2 合成高分子防水涂料

1. 防水涂料概述

防水涂料是将在常温下呈黏稠液状态的物质，涂布在基体表面，经溶剂或水分挥发，或各组分间的化学反应，形成具有一定弹性的连续薄膜，使基层表面与水隔绝，起到防水和防潮作用。防水涂料广泛应用于工业与民用建筑物的屋面防水工程、地下混凝土工程的防潮防渗等。防水涂料具有以下特点：适合在复杂表面处形成完整的防水膜，可通过加贴增强材料来提高抗拉强度、自重轻、操作简便、环境污染小、容易修补等。

防水涂料根据组分的不同可分为单组分防水涂料和双组分防水涂料两类。根据成膜物质的不同可分为沥青基防水材料、高聚物改性沥青防水材料和合成高分子材料防水材料三类。如按涂料的介质不同，又可分为溶液型、乳液型和反应型三类。不同介质的防水涂料的性能特点见表10-5。

表10-5 溶剂型、乳液型和反应型防水涂料的性能特点表

项目	溶剂型	乳液型	反应型
成膜机理	通过溶剂的挥发，高分子材料的分子链接触、缠结等过程成膜	通过水分子的蒸发，乳胶颗粒靠近、接触、变形等过程成膜	通过预聚体与固化剂发生化学反应成膜
干燥速度	干燥快、涂膜薄而致密	干燥较慢，一次成膜的致密性较低	可以此形成致密的较厚的涂膜，几乎无收缩
贮存稳定性	贮存稳定性好、应密封贮存	贮存期一般不应超过半年	各组分应分开密封存放
安全性	易燃、易爆，在生产、运输和使用过程中应特别注意防火、防爆	无毒、不燃，生产和使用比较安全	有异味，生产、运输和使用过程应注意防火

续表

项目	溶剂型	乳液型	反应型
施工情况	施工时应通风良好,保证人身安全	施工较安全,操作简单时应通风良好,保证人身安全	施工时需要现场按照规定配方进行配料,搅拌均匀,以保证施工质量

2. 合成高分子防水涂料

合成高分子防水涂料是以合成橡胶或合成树脂为主要成膜物质,加入其他辅料而配制成的单组分或多组分防水涂料。合成高分子防水涂料的品种很多,常见的有硅酮、氯丁橡胶、聚氯乙烯、聚氨酯、丙烯酸酯、丁基橡胶、氯磺化聚乙烯、偏二氯乙烯等防水涂料。合成高分子防水涂料的质量应符合表10-6的要求。

表10-6 合成高分子防水涂料的质量要求

项目		质量要求	
		反应型	挥发型
固体含量/% 不小于		94	65
拉伸强度/MPa 不小于		1.65	0.5
不透水性	柔性	−30 ℃,弯折,无裂纹	−20 ℃,弯折,无裂纹
	压力/MPa 不小于	0.3	0.3
	保持时间/min 不小于	30不渗透	30不渗透

1) 聚氨酯涂膜防水涂料

聚氨酯涂膜防水涂料是由含异氰酸酯基的聚氨酯预聚体(甲组分)和含有多羟基的或胺基固化剂及其他助剂的混合物(乙组分)按一定比例混合所形成的一种反应型涂膜防水材料。聚氨酯涂膜防水涂料一般分为焦油系列聚氨酯涂膜防水涂料和非焦油系列聚氨酯涂膜防水涂料两大类。

在焦油聚氨酯涂膜防水涂料中,甲组分为由甲苯二异氰酸酯作主要原料制备的预聚体,乙组分主要由胺类固化剂、适量煤焦油、增塑剂及填料等制成。该涂料具有橡胶弹性,延伸率大,对基层的伸缩和开裂适应性强,温度适应性好,黏结力强,耐磨蚀,耐油、耐化学药品性好,耐老化性能好,采用冷施工,工艺简单,涂膜没有接缝,能适应任何形状复杂、管道纵横的部位。

非焦油系列聚氨酯涂膜防水涂料的乙组分中不含有煤焦油,它具有较大的弹性和延伸率,较好的抗裂性、耐候性、耐酸碱性和耐老化性。

聚氨酯涂膜防水涂料广泛应用于屋面、地下工程、厕浴间、游泳池等的防水,也可用于室内隔水层及接缝密封,还可用作金属管道、防腐地坪、防腐池的防腐处理等。

2）水性丙烯酸酯防水涂料

水性丙烯酸酯防水涂料是以高固含量丙烯酸酯共聚乳液为基料，掺加填料、颜料及各种助剂经混合研磨而成的水性单组分防水涂料。这类涂料最大优点是具有优良的耐候性、耐热性和耐紫外线性。涂膜柔软，弹性好，能适应基层一定幅度的变形开裂；温度适应性强，在－30 ℃～80 ℃范围内性能无大的变化，可以调制成各种色彩，兼有装饰和隔热效果。适用于各类建筑工程防水、防水层的维修及防水层的保护等。

3）硅橡胶防水涂料

硅橡胶防水涂料是以硅橡胶胶乳及其他乳液的复合物为主要基料，掺入无机填料及各种助剂配制而成的乳液型防水涂料。它由1号和2号组成，涂布时复合使用，1号和2号均为单组分，1号涂布于底层和面层，2号涂布于中间加强层。该类涂料兼有涂膜防水和渗透性防水材料两者的优良特性，具有良好的防水性、渗透性、成膜性、弹性、黏结性、延伸性和耐高低温特性，适应基层变形的能力强。可渗入基底，与基底牢固黏结，成膜速度快，可在潮湿的基层上施工，可刷涂、喷涂或滚涂。硅橡胶防水涂料适用于地下工程、输水及贮水构筑物、卫生间、屋面等的防水、防渗及渗漏修补工程。

4）聚氯乙烯防水涂料

聚氯乙烯防水涂料是以聚氯乙烯和煤焦油为基料，加入适量的防老剂、增塑剂、稳定剂及乳化剂，以水为分散介质所制成的水乳型防水涂料。施工时，一般要铺设玻纤布、聚酯无纺布等胎体进行增强处理。该类防水涂料弹塑性好，耐寒、耐化学腐蚀、耐老化性和成品稳定性好，可在潮湿的基层上冷施工，防水层的总造价低。聚氯乙烯防水涂料可用于地下室、厕浴间、贮水池、屋面、桥涵，仓库、路基和金属管道的防水和防腐。

5）三元乙丙防水涂料

三元乙丙防水涂料是以三元乙丙橡胶为基料，配合其他辅助材料制成混炼胶，以水为橡胶溶剂制成的水乳型涂料。该涂料具有橡胶的高弹性、高强度和高延展性，具有无机物的耐老化性，使用寿命长，耐高低温性能好，成本较低，冷施工施工方便，可制作成各种色彩，以满足防水装饰效果。主要用于工业及民用各种建筑物屋面和地面的防水。

6）氯磺化聚乙烯防水涂料

氯磺化聚乙烯防水涂料具有优良的耐臭氧性、耐热性和耐候性。它的耐矿物油和一般化学介质侵蚀的性能良好，但在芳香族和氧化性溶剂中溶胀。其具有良好的着色性，可以配成各种颜色。这种涂料是单组分的，常用来喷涂在聚氨酯泡沫保温层及其他弹性体(如氯丁橡胶)防水卷材的表面作为耐候的彩色保护层。

10.5.3 建筑嵌缝密封材料

嵌缝密封材料，是指在建筑物中用于进行密封或嵌缝的材料。从狭义的概念来说，嵌缝材料的作用是用于填充缝隙，这些缝隙在建筑结构和施工中是不可避免的。密封材料则用来填充在设计上有意安排的接缝。但它们共同的作用是实现建筑物的防水、防尘和气密性的需要，它们的用途和功能是相同的，因此在广义上通常又把它们统称为建筑密封材料。

由于建筑密封材料的主要功能是防止水分、空气、灰尘和热量通过，实现建筑物的密封，因此要求建筑密封材料必须能长期保持远水性和气密性；不受热和紫外线的影响，能长期保持密封所需要的黏结性和内聚性；并且要求其自身还应具有弹性，能长期经受被黏附构件的伸缩或振动等。

如表 10-7 所示，建筑密封材料通常分为定型密封材料和不定型密封材料两大类。前者是具有特定形状的密封衬垫材料，后者是一种黏稠状的材料，用作密封防水施工的密封材料都属此类。按照材料的性能，不定型密封材料又可分为非弹性和弹性密封材料两个大类。前一大类主要包括以石油沥青和煤焦油沥青为基料的沥青系嵌缝密封材料、以 PVC 树脂或塑料为基料的热塑性嵌经密封材料，以及油性嵌缝密封材料。后一大类是以人工合成高分子树脂为主要原料所产生的新型建筑密封材料。该类材料的弹性及其他性能优良，同时具有较好的抗裂性能和耐久性，温度敏感性变化小，能够适应新型建筑结构及建筑施工的现代化、高层化对密封材料的高性能要求。因此它是一类有发展前景的建筑密封材料。

表 10-7　建筑嵌缝密封材料的分类及主要品种

<table>
<tr><th>大类</th><th colspan="2">类　型</th><th>主要品种</th></tr>
<tr><td rowspan="6">不定型密封材料</td><td rowspan="3">非弹性密封材料</td><td>油性密封材料</td><td>马牌油膏</td></tr>
<tr><td>沥青基密封材料</td><td>橡胶改性沥青基油膏、桐油橡胶改性沥青基油膏、桐油改性沥青基油膏、石棉沥青腻子、沥青鱼油油膏、苯乙烯焦油油膏</td></tr>
<tr><td>热塑性密封材料</td><td>聚氯乙烯胶泥、改性聚氯乙烯胶泥、塑料油膏、改性塑料油膏</td></tr>
<tr><td rowspan="3">弹性密封材料</td><td>溶剂型弹性密封材料</td><td>丁基橡胶密封膏、氯丁橡胶密封膏、氯磺化聚乙烯橡胶密封膏、橡胶改性聚酯密封膏</td></tr>
<tr><td>水乳型弹性密封材料</td><td>水乳型丙烯酸密封膏、水乳氯丁橡胶密封膏、改性 EVA 密封膏、丁苯胶密封膏</td></tr>
<tr><td>反应型弹性密封材料</td><td>聚氨酯密封膏、聚硫密封膏、硅酮密封膏</td></tr>
<tr><td rowspan="2">定型密封材料</td><td colspan="2">密封条带</td><td>铝合金门窗橡胶密封条、丁腈胶-PVC 门窗密封条、自黏性橡胶密封条、水膨胀橡胶密封条、PVC 胶泥墙板防水带</td></tr>
<tr><td colspan="2">止水带</td><td>橡胶止水带、嵌缝止水密封胶、无机材料基止水带、塑料止水带</td></tr>
</table>

1)马牌油膏

马牌油膏,是采用不干性油——蓖麻油经高温热聚后,再加入滑石粉、石棉纤维搅拌均匀制成的一种常温用嵌缝材料。该类材料的耐热、黏结及抗老化性能等均较好,但受原材料的限制,目前已不能大量生产。这些材料在我国开发较早,应用时间较长,但总体上看档次较低,品种少,产品的抗裂性和耐久性较差,温度的敏感性变化较大。

2)橡胶沥青油膏

橡胶沥青油膏是以石油沥青为基料,加入橡胶改性材料和填充料等经混合加工而成,是一种弹塑性冷施工防水嵌缝密封材料,也是目前我国产量最大的品种。它具有优良的防水防潮性能,黏结性好,延伸率高,耐高低温性能好,老化缓慢,适用于各种混凝土屋面及地下工程防水、防渗、防漏和大型轻型板块、墙板的接缝密封等,是一种较好的密封材料。

3)聚氯乙烯胶泥

聚氯乙烯胶泥是以煤焦油为基料,聚氯乙烯为改性材料,掺入一定量的增塑剂、稳定剂和填料,在130~140 ℃下塑化而成的热施工嵌缝材料,是目前屋面防水嵌缝中适用较为广泛的一类密封材料。其主要特点是生产工艺简单,原材料来源广,施工方便,具有良好的耐热性、黏结性、弹塑性、防水性,以及较好的耐寒性、耐腐蚀性和耐老化性能。适用于各种工业厂房和民用建筑的屋面防水嵌缝,以及含硫酸、盐酸、硝酸及氢氧化钠等酸碱腐蚀介质的屋面防水,也可用于地下管道的密封和厕浴间防水等。

4)有机硅建筑密封膏

有机硅建筑密封膏是以有机硅橡胶为基料配制成的一类高弹性高档密封膏。有机硅密封膏分为双组分和单组分两种,单组分应用较多。

单组分有机硅建筑密封膏是将有机硅氧烷和硫化剂、填料及其他添加剂混合均匀后做成的单包装产品装于密闭的容器中备用。施工时,包装筒中的密封膏体嵌填于作业缝中,硅橡胶分子链端的官能团在接触空气中的水分后发生缩合反应,从表面开始固化形成橡胶状弹性体。单组分密封膏的特点是使用方便,使用时不需要称量、混合等操作,适宜野外和现场施工时使用。可在0~80 ℃范围内硫化,胶层越厚,硫化越慢,对于胶层厚度大于10 mm的灌封,一般要添加氧化镁或采用分层灌封来解决。

双组分有机硅建筑密封膏的主剂与单组分的相同,但硫化剂及其机理不同,两者是分开包装的。使用时,两组分按比例搅拌均匀后嵌填于作业缝隙,固化后成为三维网状结构的橡胶状弹性体。与单组分型相比,使用时其固化时间较长。

有机硅建筑密封膏具有优良的耐热、耐寒、耐老化及耐紫外线等耐候性能,与混凝土、铝合金、不锈钢、塑料、陶瓷等材料有良好的黏结力,并且具有良好的伸缩耐疲劳性能,防水、防潮、抗震、气密、水密性能好。

5）聚硫密封材料

聚硫密封材料是以液态聚硫橡胶（多硫高聚物）为主剂，以金属过氧化物（多数为二氧化铅）为固化剂，加入增塑剂、增韧剂、填充剂及着色剂等配制而成，是目前世界上应用最广、使用最成熟的一类弹性密封材料。

聚硫密封材料也分为单组分和双组分两类。目前国内双组分聚硫密封材料的品种较多。这类密封材料的特点是弹性高，具有优异的耐候性，极佳的气密性和水密性，良好的耐油、耐溶剂、耐氧化、耐湿热、耐水和耐低温性能，使用温度范围广，工艺性能好，材料黏度低，对混凝土、陶瓷、木材、玻璃铝合金等均有良好的黏结性能。聚硫密封材料适用于混凝土墙板、屋面板、楼板等部位的接缝密封，金属幕墙、金属门窗框四周、汽车车身等部位的防水、防尘密封，以及游泳池、贮水池、上下水管道、冷藏库、地道、地下室等场所的接缝密封。

6）聚氨酯弹性密封膏

聚氨酯弹性密封膏是由多异氰酸酯与聚醚通过加成反应制成预聚体后，加入固化剂、助剂等在常温下交联固化而成的一类高弹性建筑密封膏，是20世纪90年代以来发展最迅速的三大密封膏品种之一。聚氨酯弹性密封膏分为单组分和双组分两种，以双组分的应用较广，单组分的目前已较少应用。其性能比其他溶剂型和乳液型密封膏优良，可用于要求中等和偏高的工程。

聚氨酯弹性密封膏对金属、混凝土、玻璃、木材等有良好的黏结性能，具有模量低、延伸率大、弹性高、黏结性好、耐低温、耐水、耐油、耐酸碱、抗疲劳及使用年限长等优点，且与聚硫、有机硅等反应型建筑密封膏相比，其价格较低。

聚氨酯弹性密封膏广泛应用于屋面板、外墙板、混凝土建筑物沉降缝、伸缩缝的密封，阳台、窗框、卫生间等部位的防水密封，以及给排水管道、蓄水池、游泳池、道路桥梁、机场跑道等工程的接缝密封与渗漏修补，也可用于玻璃、金属材料的嵌缝。

7）水乳型丙烯酸密封膏

水乳型丙烯酸密封膏是以丙烯酸酯乳液为黏结剂，掺入少量表面活性剂、增塑剂、改性剂，以及填料、颜料等经搅拌研磨而成。该类密封材料具有良好的黏结性能、弹性和低温柔韧性能，无溶剂污染，无毒，不燃，可在潮湿的基层上施工，操作方便，特别是具有优异的耐大气和耐紫外线老化性能，属于中档建筑密封材料，其适用范围广、价格便宜、施工方便，综合性能明显优于非弹性密封膏和热塑性密封膏，但要比聚氨酯、聚硫、有机硅等密封膏差一些。该密封材料中含有约15%的水，故在温度低于0 ℃时不能使用，而且要考虑其中水分的散发所产生的体积收缩，对吸水性较大的材料，如混凝土、加气混凝土、石料、石板、木材等多孔材料构成的接缝的密封比较适宜。水乳型丙烯酸密封膏主要用于外墙伸缩缝、屋面板缝、各种门窗缝、石膏板缝及其他人造板材的接缝、女儿墙与屋面接缝、管道与楼屋面接缝等处的密封。

8）止水带

止水带也称为封缝带，是处理建筑物或地下构筑物接缝（伸缩缝、施工缝、变形缝等)用的一类定型防水密封材料。常用品种有橡胶止水带、塑料止水带等。

橡胶止水带是以天然橡胶或合成橡胶为主要原料,掺入各种助剂及填料,经塑炼、混炼、模压而成,具有良好的弹性、耐磨性和抗撕裂性能,适应变形能力强,防水性能好。但使用温度和使用环境对其物理性能有较大影响,当作用于止水带上的温度超过限值,以及受强烈的氧化作用或受油类等有机溶剂的侵蚀时不宜采用。橡胶止水带一般用于地下工程、小型水坝、贮水池、地下通道、河底隧道、游泳池等工程的变形缝部位的隔离防水,以及水库、输水洞等处闸门密封止水。

塑料止水带目前多为软质聚氯乙烯塑料止水带,是由聚氯乙烯树脂、增塑剂、稳定剂等原料经塑炼、造粒、挤出、加工成型而成。塑料止水带的优点是原料来源丰富,价格低廉,耐久性好,物理力学性能能满足使用要求。可用于地下室、隧道、涵洞、坝体、溢洪道、沟渠等水工构筑物的变形缝的防水。

10.6 建筑胶黏剂

10.6.1 概述

胶黏剂又称黏结剂或黏合剂,它是能把两个物体牢固地黏结成为一个整体的物质。胶黏剂已广泛应用于工农业、国防工业、尖端科技及日常生活等各个领域。在建筑工程中,构件组装、设备安装、室内外装修及建筑物修补等,都大量使用胶黏剂。

与铆接、焊接、螺栓连接等传统连接工艺相比较,合理有效地使用胶黏剂,能够实现多重目的,并具有如下特点:① 整个黏结面上都承受应力,即使黏结应力不是很大,构件承载力也可以较大;② 应力分布在整个黏结面上,避免了应力集中;③ 既可黏结相同材料,也可实现不同质材料的黏结(如织物、橡胶与金属、陶瓷等黏结);④ 既可黏结形状复杂及微型构件,又可进行大面积薄形卷材的粘贴;⑤ 黏结结构质量轻、外形光滑美观;⑥ 既有连接作用又有密封作用。黏结比传统连接方法更灵活、方便和可靠,故黏结技术是发展最快的新技术之一。胶黏剂品种繁多,性能各异,产品更新换代也十分迅速。根据其主要组成成分的不同,胶黏剂分为无机胶黏剂(如硅酸盐水泥、水玻璃、石膏、磷酸盐等)及有机胶黏剂。有机胶黏剂又可分为天然胶料系列胶黏剂和合成高分子材料系列胶黏剂(简称合成胶黏剂)。天然胶料胶黏剂的组分比较简单,其性能往往不能满足工程需要。随着化学工业的发展和胶黏技术的进步,出现了许多合成胶黏剂品种。

本节简要介绍建筑工程中常用的合成胶黏剂。

10.6.2 建筑胶黏剂的组成

建筑胶黏剂品种繁多,性能各异。但不论何类胶种,均以一成膜物质作为主要组分,称之为黏料或基料,它使胶黏剂具有黏附特性。此外还有固化剂(或叫硬化剂)或硫化剂，改进韧性的增韧剂和增塑剂，改进工艺性能的稀释剂或溶剂，给予某些指定特性的填料以及催化剂或促进剂、偶联剂、增黏剂、防老剂（如抗氧剂等）、稳定剂、颜料、香料等。

① 基料　主要包括热塑性树脂，如聚氯乙烯、聚醋酸乙烯、聚乙烯醇缩醛类等；热固性树脂，如环氧树脂、聚氨酯树脂、酚醛树脂，有机硅树脂等；合成橡胶，如氯丁橡胶、丁腈橡胶、聚硫橡胶等；热塑性弹性体，如 ABS，以及这些高分子物的混合体、改性物等。

② 稀释剂　分为非活性稀释剂和活性稀释剂。非活性稀释剂只有降低胶黏剂黏度的作用，涂胶后挥发掉，如丙酮、甲苯等。活性稀释剂既可降低黏度，又能参与固化反应，如环氧树脂胶黏剂中的环氧丙烷苯基醚（690 号）等。

③ 固化剂及促进剂　固化剂可使线型高分子化合物交联成体型结构，使胶液成为不熔不溶的坚固胶层。橡胶中称为硫化剂。促进剂可加速固化速度或降低固化反应温度。

④ 偶联剂　偶联剂的分子一般都含有两个性质不同的基团。一部分基团经水解后能与无机物的表面很好地亲合，另一部分基团能与有机树脂结合，从而使两种不同性质的材料“偶联”起来。将偶联剂掺入胶黏剂中，或用其处理被黏物表面，都能提高胶接强度和改善其水稳定性。常用的偶联剂有硅烷偶联剂，如 KH550、KH560 等。

⑤ 增塑剂与增韧剂　胶黏剂中加入适量的增塑剂或增韧剂，可提高胶层的抗冲击性能和耐低温性，但也会使其耐热性能有所降低。胶黏剂中所用增塑剂与塑料中增塑剂相似。增韧剂是能参与黏料固化反应并改善胶黏剂性能的高分子物质，如在环氧胶黏剂中加入聚酰胺树脂、低分子量聚硫橡胶、丁腈橡胶等，都可改进环氧树脂胶黏剂的韧性并提高其黏接强度。

⑥ 其他添加剂　胶黏剂中还常加入填料、防老化剂（如抗氧剂、抗紫外线剂）等。

10.6.3 建筑工程中常用胶黏剂

1. 环氧树脂类建筑结构胶

环氧树脂因其具有黏结力强、耐老化性好、加工容易、来源广泛等优点而广泛用作建筑结构胶的主要组分。因其多用双酚 A 环氧树脂，在固化后有较大脆性，因而加入增韧剂，常用的增韧剂有聚硫橡胶、聚醚、聚酯、丁腈橡胶等，并加入其他助剂与填料。环氧树脂类建筑结构胶的另一主要组分则是固化剂，目前主要为胺类（要利于常温固化），以及固化促进剂、其他助剂与填料等，大都为 A、B 双组分包装，使用时，按一定比例混合应用即可。

2. 丙烯酸酯类胶黏剂

丙烯酸酯类胶黏剂的固化是由于自由基引发而发生并完成的。因此，除了丙烯酸酯树脂外，有供给自由基的组分，现在主要是有机过氧化物，如过氧化苯甲酰、叔丁基过氧化物、异丙苯过氧化氢、过氧化环己酮等。为能较快地使过氧化物分解,还加入促进剂、有机叔胺和金属盐等,如三乙胺、N,N 二甲基苯胺、环烷酸钴等,因为此两者接触即在常温下发生反应,所以在使用前,将其分为两个组分,此外还加有其他助剂,如阻聚剂(保证贮存稳定性)、填料及其他助剂等。

丙烯酸酯树脂品种繁多,大都用双酯,主要有丙烯酸二缩三乙二醇酯、丙烯酸乙二醇酯、丙烯酸三羟甲基丙烷酯、丙烯酸羟乙酯、丙烯酸羟丙酯、甲基丙烯酸甲酯、丙烯酸和各种不同分子量的丙烯酸环氧树脂(或环氧化物)的加聚物,可以根据其应用时的技术要求选用不同的酯类,或者多项酯类的混合物。

3. 水乳型胶黏剂

用聚醋酸乙烯乳液为主要组分制成的水乳型胶黏剂,俗称乳白胶(也有称白乳胶和白胶),它在木材制品中应用非常广泛。

生产白乳胶的主要原料是聚醋酸乙烯酯,它是一种无色透明有刺激味道的液体。在光、热及引发剂存在下很容易发生聚合。白乳胶制造是将单体(醋酸乙烯酯)分散在水中,进行乳液聚合,和其他自由基聚合反应一样,在聚合过程中也经历链引发、链增长和链终止三个阶段,使聚合反应得以完成。

目前常用的白乳胶生产配方为:醋酸乙烯酯 100 份(质量份),邻苯二甲酸二丁酯(增塑剂) 5～10 份,聚乙烯醇 9～11 份,乳化剂(如 OP10)0.5 份,正辛醇(消泡剂) 0.2～0.5份,引发剂(过硫酸铵)0.1～0.2 份,碳酸氢钠 0～5 份,水 125～145 份。

聚醋酸乙烯配白乳胶是热塑性树脂,软化点低,加之在制造时用聚乙烯醇作保护胶体,而它又是亲水的物质,因而使该胶存在两个致命的弱点,即耐水性与耐温性差,限制了它们更广泛的应用。

4. 石材、面砖建筑胶黏剂

石材、面砖建筑胶黏剂种类很多,主要有以下两种分类方法。

1) 按组分来分类

① 有机胶黏剂类:聚乙烯醇及缩醛类、聚醋酸乙烯乳液和共聚乳液类、天然橡胶与合成橡胶的乳液类、溶剂性弹性体类(如聚氨酯和 SBS 类)、丙烯酸酯乳液类、环氧树脂类等。

② 无机胶黏剂类:水泥为主料的胶黏剂类、硅酸盐类和氧镁水泥类等。

2) 按用途分类

① 基层界面处理剂:如 EVA 乳液、橡胶乳液和环氧乳液等。

② 建筑胶黏剂类:丙烯酸乳液等各类乳液、弹性体及橡胶类、环氧树脂类(含水乳胶)等。

③ 勾缝材料类:水泥砂浆类、环氧树脂类、弹性体类等。

乳液型石材、面砖胶黏剂是目前我国用量最大的石材、面砖、瓷砖的胶黏剂品种,以北京产 JDF—306 胶为例,该胶将填料分散于高分子乳液之中,制成白色胶液,具有黏结性能好,耐高低温性能好和施工性能好等许多优点,其剪切强度大于 1.7

MPa。与此相类似的胶JD—562水型瓷砖黏接剂，也是乳液型胶种，但分A、B组分，而其耐水性、耐腐蚀性更优，黏接强度为1.4 MPa。这类胶种均可应用于面砖、瓷砖、锦砖等的黏结。

石材、面砖建筑胶黏剂可以自行配制，最简单的方法，是取合格的乳液(如橡胶胶乳，EVA乳液等)加入增黏剂和填料(白水泥等)，即可用于黏接石材、面砖、瓷砖等，其黏接力、黏度、成本都可自行调节与控制。

10.7 土工合成材料

10.7.1 概述

土工合成材料是一种新型的岩土工程材料，它以人工合成的高聚物，即塑料、化学纤维、合成橡胶为原料，制造成各种类型的产品，置于土体内部、表面或各层土体之间，发挥过滤、排水、隔离、加筋、防渗、防护等作用。土工合成材料可分为土工织物、土工膜、复合土工合成材料和特种土工合成材料等类型。广泛用于水利、电力、公路、铁路、建筑、海港、采矿、机场、军工、环保等工程的各个领域。

随着土工合成材料应用领域的不断扩大，它们的生产和应用技术也在迅速地提高，使其逐渐形成一门新的边缘性学科。它以岩土力学为基础，与石油化学工程、塑料工程和纺织工程有密切联系，应用于岩土工程和土木建筑工程的各个领域。

10.7.2 土工合成材料的功能及主要应用

土工合成材料的功能是多方面的。综合起来，可以归纳为以下六种基本作用。

1. 土工合成材料的过滤作用

把针刺土工织物置于土体表面或相邻土层之间，可以有效地阻止土颗粒通过，从而防止由于土颗粒的过量流失而造成土体的破坏。同时允许土中的水或气体穿过织物自由排出，以免由于孔隙水压力的升高而造成土体的失稳等不利后果。

把土工织物置于挟有泥沙的流水之中，可以起截留泥沙的作用。

过滤是土工织物的一项主要作用，适用于下列工程：

① 土石坝黏土心墙或黏土斜墙的滤层；

② 土石坝(包括碾压坝、水坠坝、水中倒土坝等)或堤防内的各种排水体的滤层；

③ 储灰坝或尾矿坝的初期坝上游坝面的滤层；

④ 堤、坝、河、渠及海岸块石或混凝土护坡的滤层；

⑤ 水闸下游护坝、海漫或护坡下部的滤层。

其他如公路和飞机场的基层、铁路道碴和人工堆石与地基之间的土工织物隔离层，均同时起过滤作用。

2. 土工合成材料排水作用

有些土工合成材料可以在土体中形成排水通道，把土中的水分汇集起来，沿着材料的平面排出体外。较厚的针刺非织造土工布和某些具有较多孔隙的复合土工合成材料都可以起排水作用。适用于下列工程：

① 土坝内部垂直或水平排水；

② 土坝或土堤中的防渗土工膜后面或混凝土护面下部的排水；

③ 埋入土体中(如水力冲填坝中)消散孔隙水压力；

④ 软基处理中垂直排水(塑料排水带或袋装砂井)；

⑤ 挡土墙后面的排水；

⑥ 各种建筑物周边的排水；

⑦ 排除隧洞周边渗水，减轻衬砌所承受的外水压力；

⑧ 人工填土地基或运动场地基的排水。

3. 土工合成材料隔离作用

有些土工合成材料能够把两种不同粒径的土、砂、石料，或把土、砂、石料与地基或其他建筑材料隔离开来，以免相互混杂，失去各种材料和结构的完整性或预期作用，或者发生土粒流失现象。土工织物和土工膜都可以起隔离作用。适用于下列工程：

① 铁路道碴与路基或地基与软弱地基之间的隔离层；

② 公路基层碎石与路基或地基之间，飞机场、停车场、运动场面层与地基之间的隔离层；

③ 在土石混合坝中，隔离不同的筑坝材料。

4. 土工合成材料加筋作用

很多土工合成材料埋在土体之中，可以分布土体的应力，增加土体的模量，传递拉应力，限制土体侧向位移；还增加土体和其他材料之间的摩擦阻力，提高土体及有关构筑物的稳定性。土工织物、土工格栅、土工加筋带、土工网及一些特种或复合型的土工合成材料，都具有加筋功能。适用于下列工程：

① 在公路(包括临时道路)、铁路、防波堤、运动场等工程中，用以加强软弱地基，同时起隔离与过滤的作用；

② 加强堆土或陡坡的边坡稳定性；

③ 用作挡土墙回填土中的加筋，或用以锚固挡土墙的面板；

④ 修筑包裹式挡土墙或桥台；

⑤ 加固柔性路面，防止反射裂缝的发展；

⑥ 增加破碎岩石边坡的稳定性，也是加筋土挡墙的另一种形式。

其他，如在裂隙或断层发育的基础上，增加边坡的稳定性或加固地基，制造石笼、土砂石袋，在存货场或施工场地的地基上铺放土工织物既可起隔离作用、反滤作用，又可起加筋作用。

5. 土工合成材料防渗作用

土工膜和复合土工合成材料，可以防止液体的渗漏、气体的挥发，保护环境或建筑物的安全。适用于下列工程：

① 土石坝的防渗斜墙或心墙，上游铺盖或库区防渗措施；

② 土石坝或水闸地基的垂直防渗或地下水库的垂直防渗墙；

③ 浆砌石坝或碾压混凝土坝的上游坝面防渗措施，及其他类型混凝土坝的渗漏处理措施；

④ 水闸上游护坝及护坡防渗；

⑤ 渠道防渗；

⑥ 隧道周边及堤坝内埋设涵管的防渗措施；

⑦ 防止蓄水池、游泳池、养鱼池、污水池和各类大型液体容器的渗漏与蒸发；

⑧ 地下室防渗及其他建筑物的防潮措施。

6. 土工合成材料防护作用

多种土工合成材料对土体或水面，可以起防护作用。适用于下列工程：

① 土工织物、注浆模袋、土砂石编织袋、土砂石织物枕、织物软体排等材料防止河岸或海岸被冲刷；

② 防止垃圾、废料或废液污染地下水或散发臭味；

③ 防止水面蒸发或空气中的灰尘污染水面。

10.7.3　土工合成材料的分类及产品

1. 土工织物

土工织物属于透水的土工合成材料，以前叫土工布，所用的原材料一般为丙纶、涤纶或其他合成纤维。按制造工艺的不同，分为以下三大类：① 针织土工织物，目前很少采用；② 有纺织物或机织型土工织物，产量约占土工织物总产量的20%；③ 无纺织物或非织造型土工织物，产量占土工织物总产量的80%以上。

2. 土工膜

制造土工膜的合成高聚物细分为两类：① 塑料类，主要有聚氯乙烯、低密度聚乙烯、中密度聚乙烯、高密度聚乙烯等；② 合成橡胶类，主要有丁基橡胶、环氧丙烷橡胶、氯磺化聚乙烯、三元乙丙橡胶(EPDM)等。

3. 其他土工合成材料

1) 土工网

土工网是高聚物条带或粗股热压制成的只有放大孔眼和刚度较大的平面结构，网孔的形状、大小、厚度和制造方法对土工网的特性影响很大，尤其是力学特性。土工网主要用作垫层加固软基、植草和复合排水材料的基材。

2) 土工格栅

首先在塑料板上冲孔，然后对塑料板沿一个方向或相互垂直的两个方向进行拉伸，实现分子的定向排列，大幅度地提高强度和模量，形成带有矩形孔或方形孔的格栅状结构。原材料多为聚丙烯和聚乙烯。土工格栅的优点是强度高、延伸率低、模量高、蠕变量小、抗摩擦性强、抗腐蚀性好和抗老化等。土工格栅按生产时拉伸的方向分为单向土工格栅和双向土格栅。土工格栅主要用于加筋土和软基处理工程。

3) 土工格室

土工格室是用高聚物通过挤出加工方法制成的蜂窝状和网格状的三维结构,运输和储存时缩叠起来,施工时张开并充填土、砂、砾石或混凝土,能有效地限制格室内的填料,构成具有高侧向约束和高刚度的三维结构。可用作垫层处理软土地基、铺设在坡面作为坡面防护、建造支档结构。

4)土工席垫

土工席垫是由很多粗硬呈卷曲状的单丝相互缠绕并在接点融黏联结形成的三维透水网垫,网组疏松,孔隙率大,约为 90%以上。可以保护表土,保证植物根系的扎根与生长,防止风蚀和雨冲。

5) 土工模袋

土工模袋是双层高聚物化纤织物制成的连续的或单独的袋状材料,可以代替模板用高压泵将混凝土或砂浆灌入模袋中形成板状,用于扩坡等工程。模袋在工厂制造,灌注在现场进行。根据模袋的材质和加工工艺的不同,土工模袋分为机制模袋和简易模袋。机制模袋按有无反滤排水点和充胀后的形状分为有反滤排水点模袋(FP型)、无反滤排水点模袋(YP 型)、无排水点混凝土模袋(CX 型)、铰链块型模袋(RB型)和框格型模袋(NB 型)。

【思考和练习】

10-1 高分子高聚物的分类、合成及命名方法如何?

10-2 简述合成高分子高聚物的分子结构与性能关系。

10-3 简述合成高分子材料老化的原因、类型及防止老化措施。

10-4 建筑塑料的主要组成,各组成成分对性能的影响如何?

10-5 建筑涂料的主要种类及其性能比较。

10-6 建筑胶黏剂的组成、特性及工程中的应用如何?

10-7 简述土工合成材料的种类及其原材料的选用原则。

第11章 木　　材

【本章要点】

本章主要介绍木材的构造和分类、木材的物理力学性质，简单介绍木材的综合利用、腐朽原因及防腐措施。本章的学习目标是：了解木材的构造和分类，熟悉和掌握木材的力学性能特点。

木材在上木工程中的应用有着悠久的历史，曾经是土木建筑的主要材料，用作屋架、梁、板、柱、门窗、桥梁及室内装修制品等。在现代建筑中，新型建筑材料层出不穷，木材作为结构材料，早已被钢材、混凝土等材料取代，但它仍是建筑工程中不可缺少的材料，大量用于制作门窗、地板、混凝土模板及室内装饰制品，故它与钢材、水泥一起并称为建筑工程三大材料。

木材作为建筑材料，具有一系列的优良性能：比强度(强度与体积密度之比)高，轻质高强，抗冻性好，耐化学腐蚀，导电、导热系数低，有较好的弹性和韧性，能承受冲击和振动，易加工，部件连接简便，某些树种有美丽的花纹等。但木材存在着构造上的不均匀、各向异性，存在天然的疵病，吸湿性高、尺寸变化大，易翘曲和开裂，易腐、易燃，且树木生长周期长、成材不易等缺点。因此在应用上受到了限制，所以对木材的节约使用和综合利用是十分重要的。

本章涉及的标准规范主要有：

《木结构设计规范》(2005年版)(GB 50005—2003)

《室内装饰装修材料　人造板及其制品中甲醛释放限量》(GB 18580—2001)

11.1　木材的分类与构造

11.1.1　树木的分类

树木分为针叶树和阔叶树两类。

针叶树树叶细长，大部分为常绿树，树干通直高大，纹理顺直，材质均匀，木质较软且易于加工，故又称为软木材。

针叶树材强度较高，表观密度及胀缩变形较小，耐腐蚀性较强，为建筑工程中的主要用材，被广泛用作承重构件，常用树种有松、杉、柏等。

阔叶树树叶宽大呈片状，大部分为落叶树，多数树种树干通直部分较短，材质坚硬,较难加工,故又称硬(杂)木材。

阔叶树材一般表观密度较大,强度高,胀缩和翘曲变形也大,易开裂,在建筑中常用于尺寸较小的装饰构件。对于具有美丽天然纹理的树种,特别适合于做室内装修、家具及胶合板等。常用树种有水曲柳、榆木、柞木等。阔叶树中也有木质较软易于加工的树种,如杨木、桦木等。

11.1.2 木材的构造与组成

木材的构造是决定木材性能的重要因素。树种不同,其构造相差很大,通常可从宏观和微观两方面观察。

1. 木材的宏观构造

宏观构造是指肉眼或放大镜能观察到的木材组织。由于木材是各向异性的,可通过横切面、径切面和弦切面了解其构造,如图 11-1 所示。

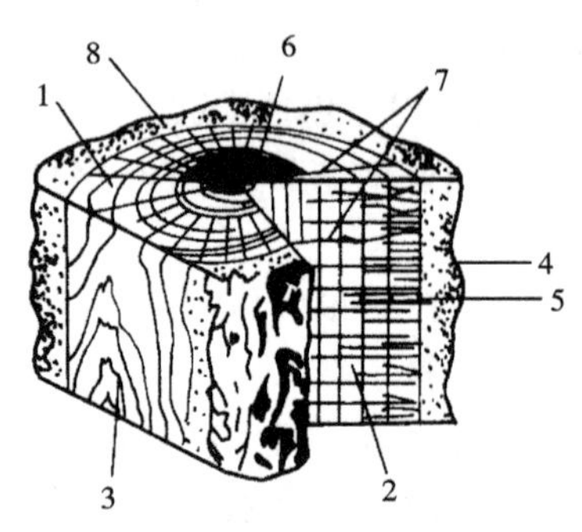

图 11-1 材的宏观构造

1—横切面;2—径切面;3—弦切面;4—树皮;5—木质部;6—髓心;7—髓线;8—年轮

1) 横切面(与树纵轴相垂直的横向切面)

从横切面看,树木主要由树皮、髓心和木质部组成。树皮覆盖在木质部的外表,起保护树木的作用,但在靠近木质部的地方有一层形成层,是树木生长的地方。树皮在建筑上用途不大。建筑用木材主要是使用木质部,木质部是髓心和树皮之间的部分,是木材的主体。在木质部中,靠近髓心的部分颜色较深,称为心材;靠近树皮的部分颜色较浅,称为边材。心材含水量较小,不易翘曲变形,耐蚀性较强;边材含水量较大,易翘曲变形,耐蚀性也不如心材,所以心材利用价值更大。

横切面深浅相间的同心圆,称为年轮。每一年轮中,色浅而质软的部分是春季长成的,称为春材(或早材),因春季树木生长快,细胞大而排列疏松,细胞壁薄;色深而质硬的部分是夏秋季长成的,称为夏材(或晚材),夏季树木生长迟缓,细胞小,细胞壁较厚。相同的树种,夏材越多,木材强度越高;年轮越密且均匀,木材质量越好。常用横切面上沿半径方向一定长度中,所含夏材宽度总和的百分率,即夏材率,来衡量木材的质量。

髓心形如管状,纵穿整个树木的干和枝的中心,是最早生长的木质部分,质松软,强度低,易腐朽。

木材横切面上,有许多径向的、从髓心向树皮呈辐射状的细线条,或断或续地穿过数个年轮,称为髓线,它与周围联结差,是木材中较脆弱的部位,干燥时常沿髓线发生裂纹。阔叶树的髓线较发达,如水曲柳、榆木、柞木等的髓线粗大明显,针叶树的髓线细小不明显。

2）弦切面（与树轴平行的纵向切面）

从弦切面看，包含在树干或主枝木材中的枝条部分称为节子。节子破坏木材的均匀性与完整性，对木材的性能有较大的影响。

3）径切面（通过树轴的纵切面）

从径切面看，木材中纤维排列与纵轴方向不一致出现的倾斜纹理称为斜纹，其会降低木材的强度。

2. 木材的微观构造

在显微镜下所见到的木材组织称为微观构造。针叶树和阔叶树的微观构造不同，如图11-2和图11-3所示。

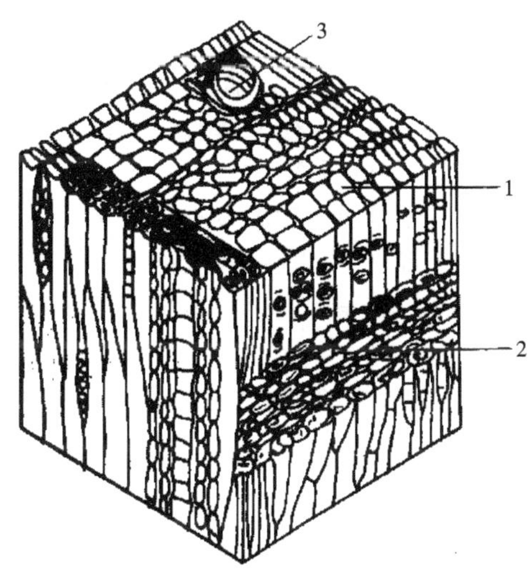

图11-2 针叶树马尾松微观构造

1—管胞；2—髓线；3—树脂道

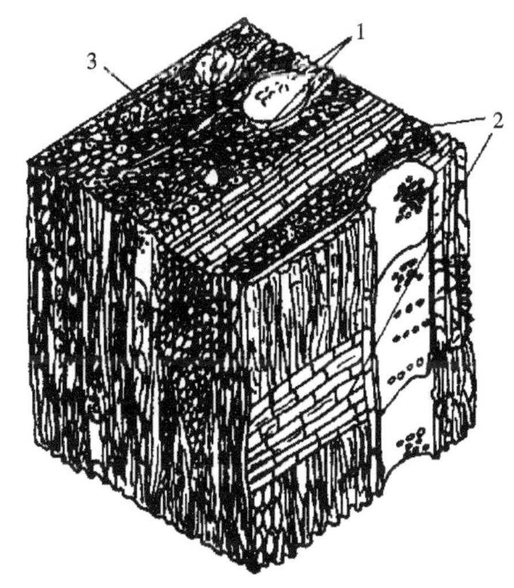

图11-3 阔叶树柞木微观构造

1—导管；2—髓线；3—木纤维

从显微镜下可以看到，木材是由有无数细小空腔的长形细胞紧密结合组成，每个细胞都有细胞壁和细胞腔，细胞壁是由若干层细胞纤维组成，其连接纵向较横向牢固，细胞壁纵向的强度高，而横向的强度低，因而造成木材的各向异性。在组成细胞壁的纤维之间存在极小的空隙，能吸附和渗透水分。

细胞本身的组织构造在很大程度上决定了木材的性质，如细胞壁越厚、腔越小，木材组织越均匀，则木材越密实；表观密度与强度越大，同时胀缩变形也越大。

木材细胞因功能不同主要分为管胞、导管、木纤维、髓线等。管胞在树木中取支撑和输送营养的作用；纤维和半纤维通过木质素粘连在一起，构成了坚韧的细胞壁，使木材具有强度和硬度。

针叶树显微结构较为简单而规则，由管胞、树脂道和髓线组成，管胞是主要为纵向排列的厚壁细胞，约占木材总体积的90%；针叶树的髓线较细小而不明显。阔叶树的显微结构复杂,主要由导管、木纤维及髓线等组成,木纤维是一种厚壁细长的细胞,它是阔叶树的主要成分之一,占木材总体积的50%以上。导管是壁薄而腔大的细胞,约占木材总体积的20%。阔叶树因导管管孔大小和分布不同分为环孔材、散孔材和半环孔材(半散孔材)。环孔材的春材管孔明显比夏材管孔大并成环状排列,如栎木、榆木;散孔材的早、晚材的管孔的大小没有明显区别,分布也比较均匀,年轮也不明显,如桦木、椴木等;半环孔材是指早材管孔到晚材管孔渐变,但界限不明显。有无导管和髓线是否发达是鉴别阔叶树的显著特征。

11.2 木材的主要性能

11.2.1 木材的化学性质

木材的化学组成主要是一些天然高分子化合物。纤维素、半纤维素、木质素是木材细胞壁的主要组成,其中纤维素占50%左右。此外有水,还有少量的油脂、树脂、果胶质、蛋白质、无机物等,这些成分是木材腐朽、虫害、燃烧的内因。

木材的化学性质复杂多变。在常温下木材对稀的盐溶液、稀酸、弱碱有一定的抵抗能力,但随着温度升高,木材的抵抗能力显著降低。而强氧化性的酸、强碱在常温下也会使木材发生湿胀、变色、水解、氧化、酯化、降解交联等反应。在高温下即使是中性水也会使木材发生水解等反应。

木材的上述化学性质是木材某些处理、改性及综合利用的工艺基础。

11.2.2 木材的物理性质

木材的物理和力学性能因树种、产地、气候和树龄的不同而异,以下几个方面与木材使用有关。

1. 密度与表观密度

木材的密度各树种相差不大,一般为1.48～1.56 g/cm³,平均约为1.55 g/cm³。

木材的表观密度则随木材孔隙率、含水量及其他一些因素的变化而不同。一般有气干表观密度、绝干表观密度和饱水表观密度之分。通常以含水率为15%(标准含水率)时的表观密度为准,平均为0.50 g/cm³。木材的表观密度愈大,其湿胀干缩率也愈大。

2. 木材中的水分

由于纤维素、半纤维素、木质素的分子均含有羟基(—OH基),所以木材很易从周围环境中吸收水分,其含水量随所处环境的湿度变化而不同。木材中所含的水根据其存在形式可分为三类。

① 自由水是存在于细胞腔和细胞间隙中的水。木材干燥时,自由水首先蒸发,自由水的含量只影响木材的表观密度、保水性、燃烧性和抗腐蚀性等。

② 吸附水是存在于细胞壁中的水分,吸附水的变化对木材的强度和湿胀干缩性影响很大。

③ 化合水是木材的化学成分中的结合水，它随树种的不同而异，对木材的性质没有影响。

水分进入木材后，首先吸附在细胞壁内的纤维间，成为吸附水。吸附水饱和后，多余的水才成为自由水。木材干燥时正相反，首先失去自由水，然后失去吸附水。

④ 木材的含水量。木材的含水量用含水率表示，指木材所含水的质量占木材干燥质量的百分率。新伐木材的含水率一般在35%以上，长期处于水中的木材含水率更高，风干木材含水率为15%～25%，室内干燥的木材含水率为8%～15%。

3. 木材的纤维饱和点

当吸附水已达饱和状态而又无自由水存在时，木材的含水率称为该木材的纤维饱和点。其值随树种而异，一般为：25%～35%，平均值为30%。它是木材物理、力学性质是否随含水率而发生变化的转折点。

4. 木材的平衡含水率

木材具有吸湿性，即干燥的木材会从周围的湿空气中吸收水分，而潮湿的木材也会向周围放出水分。也就是说，木材的含水率将随周围空气湿度的变化而变化，直到木材含水率与周围空气的湿度达到平衡时为止。此时的含水率称为平衡含水率。平衡含水率随周围大气的温度和相对湿度而变化。图11-4为各种不同温度和湿度的环境条件下，木材相应的平衡含水率。

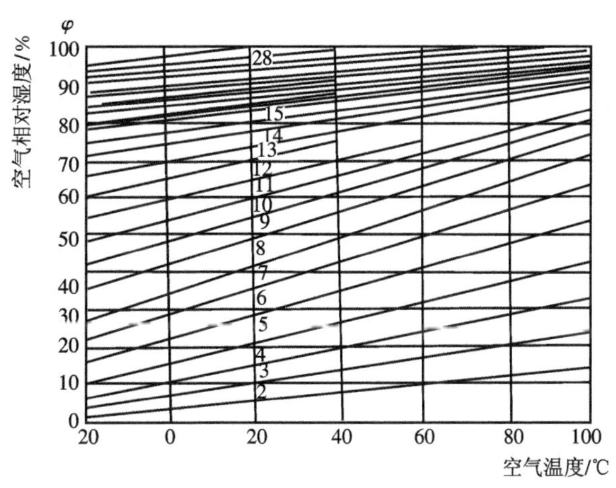

图11-4 木材的平衡含水率

为了避免木材在使用过程中因含水率变化太大而引起变形或开裂，木材使用前，须干燥至使用环境长年平均的平衡含水率。我国平衡含水率平均为15%(北方约为12%，南方约为18%，长江流域一般为15%)。

5. 木材的湿胀干缩

木材细胞壁内吸附水含量的变化会引起木材的变形，即湿胀干缩。木材含水量大于纤维饱点时，表示木材的含水率除吸附水达到饱和外，还有一定数量的自由水，此时，木材如干燥或受潮，只是自由水改变。但含水率小于纤维饱和点时，则表明水分都吸附在细胞壁的纤维上，它的增加或减少能引起体积的膨胀或收缩，即只有吸附水的改变才影响木材的变形，如图 11-5 所示。

木材的这种湿胀干缩性随树种而有差异，一般来讲，表观密度大的，夏材含量多的，胀缩就较大。

木材由于构造不均匀，使各方面胀缩也不一样，在同一木材中，这种变化沿弦向最大，径向次之，纤维方向最小，木材干燥时，弦向为 5%～10%，径向干缩 3%～6%，纤维方向 0.1%～0.35%，这主要是受髓线影响所致，距离髓心较远的一面，其横向更接近典型的弦向，因而收缩较大，使板材背离髓心翘曲。由此可知，木材干燥后，将改变其截面形状和尺寸，如图 11-6 所示。

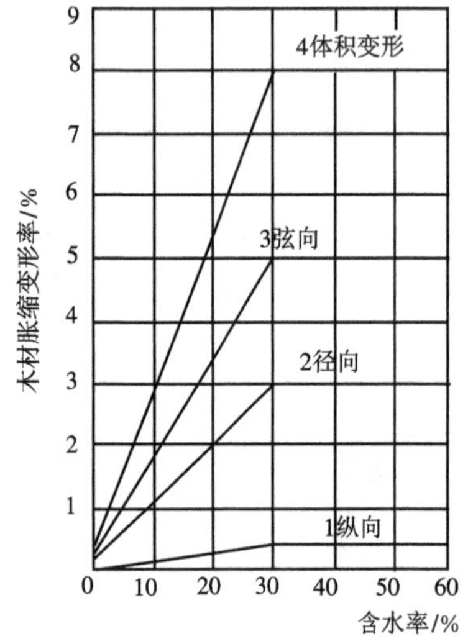

图 11-5 松木含水率与其膨胀的关系

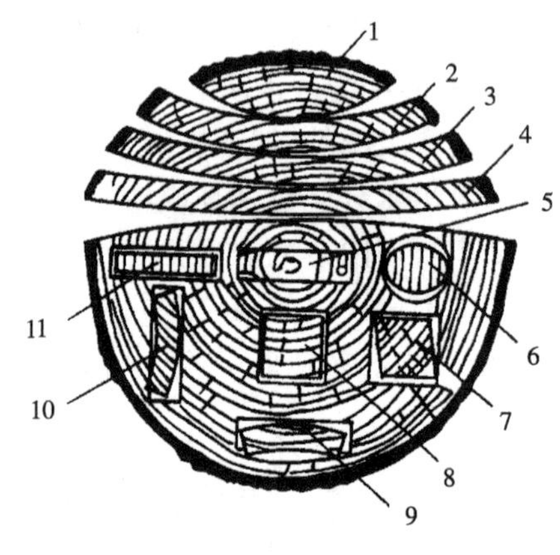

图 11-6 木材干燥后截面形状的改变

1—弓形成橄榄核状；2、3、4—成反翘；5—通过髓以径锯板两头缩小成纺锤形；6—圈形成椭圆形；7—与年轮成对角线的正方形变菱形；8—两边与年轮平行的正方形变长方形；9、10—长方形板的翘曲；11—边材径向锯板较均匀

湿胀干缩将影响木材的使用。干缩会使木材翘曲、开裂、接榫松动、拼缝不严。湿胀可造成表面鼓凸，所以木材在加工或使用前应预先进行干燥，使其接近与环境湿度相适应的平衡含水率。

6. 其他物理性质

木材的导热系数随其表观密度增大而增大。顺纹方向的导热系数大于横纹方向。干木材具有很高的电阻。当木材的含水量提高或温度升高时，木材电阻会降低。木材具有较好的吸声性能，故常用软木板、木丝板、穿孔板等作为吸声材料。

11.2.3 木材的力学性质

1. 木材的强度

木材按受力状态分为抗拉、抗压、抗弯和抗剪四种。由于木材构造的特点，使木材的各种力学性能具有明显的方向性，在顺纹方向(作用力与木材纵向纤维平行的方向)，木材的抗拉和抗压强度都比横纹方向(作用力与木材纵向纤维垂直的方面)高得多，所以在工程上应充分利用它们的顺纹强度。

1) 抗压强度

木材用于受压构件非常广泛。顺纹受压破坏是木材细胞壁丧失稳定性的结果，并非纤维的断裂。木材的顺纹抗压强度较高，仅次于顺纹抗拉和抗弯强度，且木材的疵病对其影响较小。工程中常见的柱、桩、斜撑及桁架等承重构件均是顺纹受压。木材横纹抗压强度比顺纹抗压强度低得多，通常只有顺纹抗压强度的 10%～20%。木材横纹受压时，开始细胞壁弹性变形，此时变形与外力成正比。当超过比例极限时，细胞壁失去稳定，细胞腔被压扁，随即产生大量变形。所以，木材的横纹抗压强度以使用中所限制的变形量来决定，通常取其比例极限作为横纹抗压强度极限指标。

2) 抗拉强度

理论上木材的顺纹抗拉强度是木材各种力学强度中最高的，木材单纤维的抗拉强度可达 80～200 MPa。因此顺纹受拉破坏时往往不是纤维被拉断而是纤维间被撕裂。顺纹抗拉强度为顺纹抗压强度的 2～3 倍。但木材在使用中不可能是单纤维受力，木材的疵病(木节、斜纹、裂缝等)会使木材实际能承受的作用力远远低于单纤维受力。例如当树节断面等于受拉试件断面的 1/4 时，其抗拉强度约为无树节试件抗拉强度的 27%。同时，木材受拉杆件在连接处应力复杂，使顺纹抗拉强度难以被充分利用。另外，含水率对木材顺纹抗拉强度的影响不大。木材的横纹抗拉强度很小，仅为顺纹抗拉强度的 1/40～1/10，这是因为木材纤维之间横向连接薄弱。

3) 抗弯强度

木材受弯曲时内部应力比较复杂，上部纤维是顺纹受压，下部纤维为顺纹受拉，在水平面中还有剪切力作用，破坏时，通常是受压区首先达到强度极限，形成微小的不明显的皱纹，这时并不立即破坏。随着外力增大，皱纹慢慢地在受压区扩展，产生大量塑性变形，当受拉区内纤维达到强度极限时，因纤维本身的断裂及纤维间连接的破坏而最后破坏。

木材的抗弯强度很高，为顺纹抗压强度的 1.5～2 倍，因此，在土木工程中常用作受弯构件，如用于桁架、梁、桥梁、地板等。但木节、斜纹等对木材的抗弯强度影响很大，特别是当它们分布在受拉区时尤为显著。

4) 剪切强度

根据作用力与木材纤维方向的不同，木材的剪切有顺纹剪切、横纹剪切和横纹切断三种，如图 11-7 所示。

顺纹剪切时(见图 11-7(a))，木材的绝大部分纤维本身并不破坏，而只是剪切面上的纤维间的连接发生了破坏。所以，顺纹抗剪强度很小，一般为同一方向抗压强度(顺纹抗压强度)的 15%～30%。横纹剪切时(见图 11-7(b))，剪切是破坏剪切面中纤维的横向连接，因此木材的横纹剪切强度比顺纹剪强度还要低。横纹切断时(见图 11-7(c))，剪切破坏是将木材纤维切断，因此，横纹切断强度较大，一般为顺纹剪切强度的 4～5 倍。

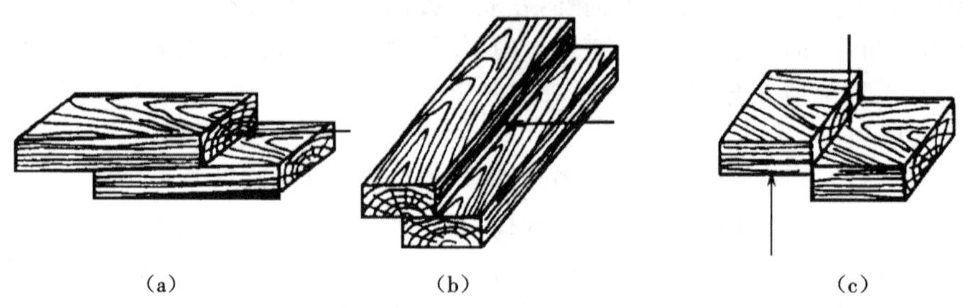

图 11-7　木材的剪切

(a) 顺纹剪切;(b) 横纹剪切;(c) 横纹切断

为了便于比较,现将木材各种强度间数值大小关系列于表 11-1 中。

表 11-1　木材各种强度的大小关系

抗压		抗拉		抗弯	抗剪	
顺纹	横纹	顺纹	横纹		顺纹	横纹切断
1	1/10～1/3	2～3	1/20～1/3	3/2～2	1/7～1/3	1/2～1

建筑工程中常用树种的木材主要物理力学性质见表 11-2。

表 11-2　我国常用树种的木材主要物理力学性质

树种		产地	表观密度/(g/cm³)	干缩系数		顺纹抗压强度/MPa	顺纹抗拉强度/MPa	抗弯强度/MPa	横纹抗压强度/MPa 局部承压极限		顺纹抗剪强度/MPa	
				径向	弦向				径向	弦向	径向	弦向
阔叶树	白桦	黑龙江	0.607	0.227	0.308	42.0	—	87.5	5.2	3.3	7.8	10.6
阔叶树	柞木	长白山	0.766	0.199	0.316	55.6	155.4	124.0	10.4	8.8	11.8	12.9
阔叶树	麻栎	安徽	0.930	0.210	0.389	52.1	155.4	128.6	12.8	10.1	15.9	18.0
阔叶树	水曲柳	长白山	0.686	0.197	0.353	52.5	138.7	118.6	7.6	10.7	11.3	10.5
阔叶树	柏树	湖北	0.600	0.127	0.180	54.3	117.1	100.5	10.7	9.6	9.6	11.1
针叶树	杉木	湖南	0.371	0.123	0.277	37.8	77.2	63.8	3.1	3.3	4.2	4.9
针叶树	冷杉	四川	0.433	0.174	0.341	35.5	97.3	70.0	3.6	4.4	4.9	5.5
针叶树	红松	长白山	0.44	0.122	0.321	33.4	98.1	63.5	3.7	3.8	6.3	6.9
针叶树	落叶松	新疆	0.563	0.162	0.372	39.0	113.0	84.6	3.9	6.1	8.7	6.7
针叶树	马尾松	广西	0.449	0.123	0.277	31.4	66.8	66.5	4.3	4.1	7.4	6.7

2. 影响木材强度的主要因素

木材强度除由本身组织构造因素决定外，还与含水率、疵点(木节、斜纹、裂缝、腐朽及虫蛀等)、负荷持续时间、温度等因素有关。

1）含水量的影响

木材的含水率对木材强度影响很大，当细胞壁中水分增多时，木纤维间的连接力减小，使细胞壁软化，含水率在纤维饱和点以上变化时，只是自由水的变化，因而不影响木材强度，在纤维饱和点以下时，随着含水率的降低，吸附水减少，细胞壁趋于紧密，木材强度增大，反之，强度减小。实验证明，木材含水率的变化，对木材各种强度的影响程度是不同的，对抗弯和顺纹抗压影响较大，对顺纹抗剪影响较小，而对顺纹抗拉几乎没有影响，如图11-8所示。

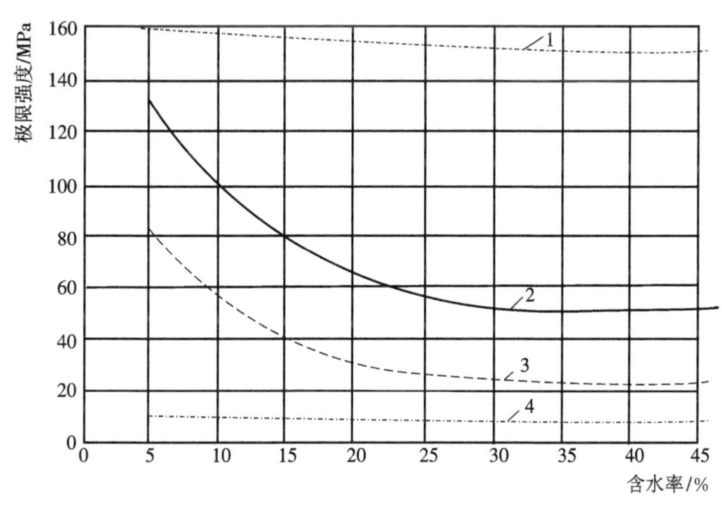

图11-8 含水量对木材强度的影响

1—顺纹受拉；2—弯曲；3—顺纹受压；4—顺纹受剪

为了具有可比性，规定木材以含水率为15%时的强度为标准值，其他含水率时的强度，可按下式换算：

$$\sigma_{15}=\sigma_{w}[1+\alpha(W-15)] \tag{11-1}$$

式中 σ_{15}——含水率为15%时的木材强度；

σ_{w}——含水率为W%的木材强度；

W——试验时木材含水率的百分数；

α——校正系数，随荷载种类和力作用方式而异，见表11-3。

表11-3 木材的含水率校正系数α

强度类别	树　　种	α	强度类别	树　　种	α
顺纹抗压	红松、落叶松、杉榆、桦树	0.05	静力弯曲	一切树种	0.04
			抗剪	一切树种的各类抗剪	0.03
	其他树种	0.04	顺纹抗拉	阔叶树	0.015

当含水率在8%～23%时,上述公式计算误差较小。

2) 负荷时间

木材在长期外力作用下,只有在应力远低于强度极限的某一定范围之下时,才可避免因长期负荷而破坏。而它所能承受的不致引起破坏的最大应力,称为持久强度。木材的持久强度仅为极限强度的50%～60%。木材在外力作用下会产生塑性流变,当应力不超过持久强度时,变形到一定限度后趋于稳定;若应力超过持久强度时,经过一定时间后,变形急剧增加,从而导致木材破坏,因此,在设计木结构时,应考虑负荷时间对木材强度的影响,一般应以持久强度为依据。

3) 温度的影响

温度对木材强度有直接影响,当环境温度升高时,木材中的胶结物质处于软化状态,其强度和弹性均降低。当温度从25 ℃升至50 ℃时,因为木纤维和其间的胶体软化等原因,木材抗压强度会降低20%～40%,抗拉和抗剪强度降低12%～20%。当温度在100 ℃以上时,木材中部分组织会分解、挥发,木材变黑,强度明显下降,达到275 ℃时木材开始燃烧。因此,当环境温度可能超过50 ℃时,不应采用木结构。当温度降至0 ℃以下时,木材中水分结冰,木材强度虽然增大,但材质变脆。一旦解冻,木材的各项强度都将比未解冻时的强度低。

4) 疵病的影响

木材在生长、采伐、保存过程中,所产生的一切缺陷,统称为疵病。木材的疵病主要有木节、斜纹、裂纹、腐朽和虫害等,一般木材或多或少都存在一些疵病,使木材的物理力学性质受到影响。

木节可分活节、死节、松软节、腐朽节等几种,其中,活节影响较小。木节使木材顺纹抗拉强度显著降低,而对顺纹抗压影响较小;在横纹抗压和剪切时,木节反而会使其强度增加。

在木纤维与树轴成一定夹角时,形成斜纹。木材中的斜纹严重降低其顺纹抗拉强度,对抗弯强度也有较大影响,对顺纹抗压强度影响较小。

裂纹、腐朽、虫害等疵病,会造成木材构造的不连续或破坏其组织,严重地影响木材的力学性质,有时甚至能使木材完全失去使用价值。

3. 木材的韧性

木材的韧性较好,因而木结构具有良好的抗震性。木材的韧性受很多因素影响,如木材的密度愈大,冲击韧性愈好;高温会使木材变脆,韧性降低。而负温则会使湿木材变脆,而韧性降低;任何缺陷的存在都会严重降低木材的冲击韧性。

4. 木材的硬度和耐磨性

木材的硬度和耐磨性主要取决于细胞组织的紧密度,各个截面上相差显著。木材横面的硬度和耐磨性都较径切面和弦切面为高。木髓线发达的木材,其弦切面的硬度和耐磨性均比径切面高。

11.3 木材的干燥、防腐和防火

11.3.1 木材的干燥

木材在采伐后、使用前通常都应经干燥处理。干燥处理可防止木材受细菌腐蚀，减少木材在使用中发生收缩裂缝，提高木材的强度和耐久性。干燥方法分为自然干燥和人工干燥两种。

11.3.2 木材的防腐

1. 木材的腐朽原因及条件

木材是天然有机材料，易受真菌、昆虫侵害而腐朽变质。木材受到真菌侵害后，其细胞改变颜色，结构逐渐变松、变脆，强度和耐久性降低，这种现象称为木材的腐蚀(腐朽)。真菌的种类很多，木材中常见的有霉菌、变色菌、腐朽菌三种。霉菌生长在木材表面，是一种发霉的真菌，它对木材不起破坏作用，经过抛光后可去除。变色菌以木材细胞腔内含物为养料，不破坏细胞壁。所以霉菌、变色菌只使木材变色，影响外观，而不影响木材的强度。腐朽菌以木质素为其养料，并通过分泌酶来分解木材细胞壁组织中的纤维素、半纤维素，使木材腐朽败坏，对木材危害严重。

真菌的繁殖和生存，必须同时具备三个条件：适宜的温度、足够的空气和适当的湿度。温度为25～30 ℃，含水率在纤维饱和点以上到50%，又有一定量的空气，最适合真菌的繁殖。当温度大于60 ℃或小于5 ℃时，真菌不能生长，如含水率低于20%或高于150%，真菌也难以生存，所以埋在地下或水中的木桩不易腐烂。而反复受到干湿作用的木材腐朽速度很快。

木材除受真菌腐蚀外，还会遭受昆虫的虫蚀，如白蚁、天牛、蠹虫等的危害。它们在树皮或木质部内生存、繁殖，使木材形成很多孔眼或沟道，破坏木质结构的完整性而使强度严重降低，甚至结构崩溃。

2. 木材的防腐

无论是真菌还是昆虫，其生存繁殖均需要适宜的条件，如水分、空气、养料、温度等，因此，破坏其生存条件是木材防腐的基本做法。如将木材置于通风、干燥处，浸没在水中，深埋于地下或表面涂油漆等方法，都可作为木材的防腐措施，此外，还可采用化学有毒药剂，经喷淋、浸泡或注入木材，从而抑制或杀死菌类、虫类，达到防腐目的。

常用的防腐剂有水溶性的、油溶性的及浆膏类几种。水溶性防腐剂多用于内部木构件的防腐，常用氯化锌、氟化钠、铜铬合剂、硼氟酚合剂、硫酸铜等。油溶性防腐剂主要有杂酚油(又称克里苏油)、杂酚油-煤焦油混合液等。药力持久、毒性大、不易被水冲走、不吸湿，但有臭味，多用于室外、地下、水下等木构件。复合防腐剂主要品种有硼酚合剂、氟铬酚合剂、氟硼酚合剂等。这类防腐剂对菌、虫毒性大,对人、畜毒性小,药效持久,因此应用日益扩大。

11.3.3 木材的防火

木材的易燃性是其主要缺点之一。木材的防火处理,也称阻燃处理,旨在提高木材的耐火性,使之不易燃烧;或者当木材着火后,火焰不致沿材料表面很快蔓延;或者当火焰移开后,木材表面上的火焰立即熄灭。

常用的防火处理方法是在木材表面涂刷或覆盖难燃材料和用防火剂浸注木材。

常用的防火涂层材料有无机涂料(如硅酸盐类、石膏等)、有机涂料(如四氯苯酐醇树脂防火涂料、膨胀型丙烯酸乳胶防火涂料等)。

覆盖材料可用各种金属。

浸注用的防火剂有以磷酸氨为主要成分的磷-氮系列、硼化物系列、卤素系列及磷酸-氨基树脂系列等。

【思考和练习】

11-1 木材为什么是各向异性材料?

11-2 何谓木材的纤维饱和点、平衡含水率?在实际使用中有何意义?

11-3 施工现场木材的贮存需要注意哪些问题?

11-4 试述木材综合利用的实际意义。

11-5 木材从宏观构造观察有哪些主要组成部分?

11-6 木材含水率的变化对其性能有什么影响?

11-7 影响木材强度的因素有哪些,如何影响?

11-8 简述木材的腐蚀原因及防腐方法。

第 12 章　绿色建筑材料与功能材料

【本章要点】

本章主要介绍绿色建材与健康建筑的概念，简要介绍空气主要污染物质对人体的危害、现代混凝土向绿色建材的转化以及对我国绿色建材的状况分析与展望。本章的学习目标是：了解绿色建材的含义和特征，熟悉目前对绿色建材，特别是水泥混凝土的定义所提要求，对我国绿色建材的使用有个初步认识。

材料产业支撑着人类社会的发展，为人类带来了便利和舒适，但同时材料的生产、消耗、使用、处理、循环、回收和废弃也带来沉重的环境负担。这促使各国材料研究者研究新材料的环境复合性，研究材料与环境的相互作用，定量评价材料生命周期对环境的影响，研究开发与环境协调的新型材料。建筑材料工业是主要的原材料基础工业，同时也是造成资源过度消耗、能源短缺和环境污染的主要工业之一。绿色建材是生态环境材料的一个分支，对绿色建材的探讨、开发和应用是建材工作者重要工作内容之一。

本章涉及的标准规范主要有：

《绿色建筑评价标准》(GB/T 50378—2006)

《水泥厂大气污染物排放标准》(GB 4915—2004)

12.1　绿色建材与健康建筑的概念

12.1.1　绿色建材的提出

人口的增长和人类物质活动规模的增大已引起了全球性的环境危机。在历史上没有任何一个世纪比 21 世纪人类面临的环境威胁更为严峻，温室效应、酸雨、臭氧层破坏、气候异常、土壤衰竭与荒漠化等正严重影响着人类的生存环境，大规模的污染在灭绝着某些生物种类的同时也在威胁着人类自身的安全，全球有限的自然资源正日趋枯竭，煤炭、石油等不可再生资源行将耗尽，水资源严重短缺等，使得人类不得不审视自己的生活方式并积极努力应对这一挑战，建筑活动是首先需要考虑的因素之一。

建筑活动是人类最主要的生存活动之一，与其他所有的人工产品相比，建筑应对自然资源、能源的消耗和环境污染负更多的责任。研究表明，当代建筑活动消耗的能源占总能源的50%,占自然资源总量的40%,同时成为最主要的污染源,大约有一半的温室效应气体来自于建筑材料的生产运输、建筑的建造及建筑运行管理有关的能源消耗,建筑造成的垃圾占人类活动的垃圾总量的40%。人类建设活动引起的环境负担占总环境负担的15%～45%,这样的形势迫使人类不得不认真考虑建筑与环境如何适应的问题,绿色建筑的概念由此应运而生。

在1988年的国际材料科学研究会上首次提出了"绿色材料"的概念。1992年在里约热内卢"世界环境与发展大会"上通过的"21世纪议程"宣言中,确立了"可持续发展"的战略方针,制定了未来工业循环再生、协调共生、持续自然的发展原则。近年来,依据上述原则,我国建筑工程界也对建筑材料的发展提出了"环保建材"的概念,国家也制定了研究、开发、生产和使用绿色建筑材料的鼓励政策,为环保建材的发展创造了良好的环境。同时,在全国各行各业颁布了"绿色环保"认证制度和法规,并对水性、溶剂性部分涂料和部分建材产品进行了绿色标志认证,部分地区也已开始制定相应的环保建材标准,拉开了我国环保建材工业的序幕。

12.1.2 绿色建材的含义和特征

从不同的角度理解,"绿色建材"可称为生态型建材、环保型建材或健康型建材。其基本含义是,不用或少用自然资源(利用工业废料或工农业副产品)、采用清洁无污染的生产技术生产的、用有利于环保和人体健康的材料所生产出的可再生的建筑材料。

根据"绿色建材产品"的定义,绿色建材产品是指具有优异的质量、使用性能和环境协调性的建筑材料。即其产品的质量必须符合或优于该产品的国家相关标准,同时在其生产过程中采用符合国家规定允许使用的原材料,排出的废气、废液、废渣、烟尘、粉尘等的数量、成分达到或高于国家允许的排放标准。在使用过程中达到国家规定的无毒、无害标准并在组合成建筑构件时不会引发污染和安全隐患。废弃时对人体、大气、水质、土壤等的影响低于国家环保标准允许的指标规定,并在可能的条件下注意利用废弃物和重复使用。

绿色建材是相对于传统建材而言的一类新型建筑材料,它不仅指新型环境协调材料,也应包括经环境协调化后的传统材料(包括结构材料和功能材料)。其区别于传统建材的基本特征可以归纳为以下五个方面。

① 其生产所用原料尽可能少用天然资源,大量使用尾矿、废渣、垃圾、废液等废弃物。

② 采用低能耗制造工艺和对环境无污染的生产技术。

③ 在产品配制或生产过程中,不得使用对人体和环境有害的污染物质,如甲醛、卤化物溶剂或芳香族碳氢化合物等,产品中不得含有汞及其化合物,不得用铅、镉、铬等金属及其化合物的颜料和添加剂。

④ 产品设计是以改善生产环境、提高生活质量为宗旨的,即产品不仅应不损害

人体健康，而且应有益于人体健康，产品具有多种功能，如抗菌、灭菌、防霉、除臭、隔热、阻燃、防火、调温、调湿、消磁、防射线、抗静电等。

⑤ 产品可循环或可回收再利用，无污染环境的废弃物，建(构)筑物拆除后不会造成二次污染。

绿色建材代表 21 世纪建筑材料的发展方向，是符合世界发展趋势和人类要求的建筑材料，必然在未来的建材行业中占主导地位，成为今后建筑材料发展的必然趋势。

12.1.3　健康建筑的概念

从宏观角度来看健康建筑并不是利用高新技术建成的建筑物，而是利用对环境和健康均有益的材料(即绿色建材)建成的，它向人们提供了一个清洁舒适、有益人体健康的室内环境和清新优美、与自然相协调的室外环境。它是一项庞大的系统工程。事实上，人的一生中的绝大部分时光都是在住宅、工作场所和公共建筑物等环境中度过的，特别是老人、小孩、病人在室内的停留时光几乎达到 90%。如住宅、现代办公大楼以及各种公共场所，尽管有良好的通风设备系统，也只能实施室内空气的循环，无法与外界对流。重复呼吸这些密闭的循环空气，加上家具、建材、修正液、影印机、调色剂、除湿机、空调系统等所释放的有害气体，均可造成室内空气的污染。如果我们能有效地治理有害污染物，并控制在对人类不构成危害的标准以内，就可以实现大环境中的“健康建筑”要求。

12.2　空气主要污染物质对人体的危害

在环境污染被人们广泛认识的今天，室内的污染尤其是室内空气的污染还远远没有进入大多数人的认知视野。室内空气污染这一“隐形杀手”正越来越严重地威胁人们的身心健康。

大量研究表明，造成室内空气污染的物质主要有二氧化硫、一氧化碳、氮氧化物、臭氧、石棉纤维、挥发性有机物、放射性元素、微生物和颗粒物等。同时，室内还存在物理性污染，如对人体有害的光线、电磁辐射、核辐射及噪音等。了解这些污染物的产生和危害性，加速发展绿色建材、健康建筑以改善我们的居住环境和工作环境，将是件十分有意义的事情。

① 二氧化硫。二氧化硫主要由燃煤排放引起。二氧化硫在大气中会氧化，形成硫酸盐气溶胶，毒性将增加 10 倍以上。它将会严重危害人的健康，导致咳嗽、喉痛、胸闷、头痛、眼睛刺激、呼吸困难，甚至呼吸功能衰竭。在此环境下的降雨便是酸雨，它会使水质及土壤酸化，进而导致鱼类和植物大规模死亡。二氧化硫曾是一些发达国家在工业发展时期的主要污染物。

② 氮氧化物。氮氧化物主要是一氧化氮和二氧化氮，是机动车尾气造成的。它

对人的呼吸器官有较强的刺激作用,可引起气管炎、肺炎、肺气肿等。氮氧化物与水作用可生成硝酸盐、亚硝酸盐。亚硝酸盐进入人体,可生成强致癌物亚硝酸胺,也可使人产生缺氧病症。

③ 总悬浮颗粒。总悬浮颗粒量是大气降尘的主要污染指标。大气中总悬浮颗粒来源很广,如工业废气、建筑扬尘、汽车排气、物质燃烧等。其中含有可损害神经系统的污染物质铅、汞、锰等,还有致癌物质苯并芘、砷、铬等。总悬浮颗粒能吸附有害气体、液体、细菌等。各国目前对粒径小于 10 μm 不能被人的上呼吸道阻挡的可吸入性颗粒(即 PM10)非常重视,尤其是粒径小于 2.5 μm 的可吸入性气溶胶(即 PM2.5)。这种气溶胶微粒被吸入人体后,约有 50%吸附在肺壁上,会渗透到肺部组织的深处,可引起支气管炎、肺炎、咽炎、支气管哮喘、肺气肿和肺癌,并破坏肺组织引起呼吸困难,进而导致心肺机能减退甚至衰竭。

④ 甲醛。甲醛无色易溶,有强烈的刺激性气味,是酚醛树脂、脲醛树脂、三聚氰胺树脂、建筑人造板、胶黏剂的重要化工原料。居室中的甲醛主要是由建筑人造板或胶黏剂中挥发出来的,当室内空气中甲醛浓度为 0.1 mg/m^3时,就有异味和不适感,会刺激眼睛而引起流泪;浓度再高时,将引起咽喉不适、恶心、呕吐、咳嗽和肺气肿;当空气中甲醛含量达到 30 mg/m^3时,便能致人死亡。

⑤ 挥发性有机物(VOC)。挥发性有机物主要包括卤化物溶剂、芳香烃化合物等。它们广泛存在于建筑涂料、地面覆盖材料、墙面装饰材料、空调管道衬套材料及胶黏剂中,在施工过程中大量挥发,在使用过程中缓慢释放,是室内挥发性有机物的主要来源之一。

⑥ 重金属铅等。铅在自然界中分布甚广,土壤中含铅$(0.07 \sim 108)\times 10^{-6}$ ppm,工业污染区(如近煤燃烧地)可达$(534 \sim 1\,240)\times 10^{-6}$,许多建材中都含有铅。此外,铅盐、镉,以及铬氧化物铅黄、铅白、红丹等是颜料、油漆、涂料的主要成分。在房屋拆修或油漆烤铲过程中,会有大量含铅粉尘逸散。铅的毒性对神经系统、造血系统、心血管系统、生殖系统等均有明显影响。因此,一些国家的绿色建材中标明不得含有铅及其化合物。

⑦ 石棉。石棉是一种纤维结构的硅酸盐,在建材工业上主要用作保温、防火、绝热材料,如石棉水泥制品的增强材料。石棉对人的危害,直到 20 世纪 80 年代才引起人们的关注。美国已把石棉列为重要的“毒性物质”。“国际癌症研究中心”研究表明:致癌物质石棉引起的病症有石棉肺、肺癌、间皮瘤和消化系统癌症四大类。据统计,接触过石棉的工人得肺癌去世者是正常人的 8 倍,而吸烟的石棉工人因之死亡的则是正常人的 192 倍。石棉引起的疾病到目前为止,尚没有找到可治的药物,唯一的方法就是预防,尽可能不要接触石棉制品。

⑧ 氡气。氡气是土壤及岩石中的铀、镭、钍等放射性元素的衰变产物,是一种无色、无味、具有放射性的气体。某些含铀元素高的建筑材料,如砖、花岗石、混凝土会散发出氡气。长期在氡浓度高的环境中生活会导致肺癌发病率增加,以及其他病症

的产生。

⑨ 噪光。所谓噪光是指对人体心理和生理健康产生一定影响及危害的光线。噪光污染主要指白光污染和人工白昼。长时间在白色光亮污染环境下工作和生活的人，易导致视力下降，同时还会使人产生头昏目眩、食欲下降等类似神经衰弱的病症。如镜面玻璃的反射光比阳光更强烈，其反射系数达 82%～90%，比毛面砖石类外装修建筑墙面的反射系数高 10 倍左右，大大超过人体所能承受的范围。

⑩ 电磁波辐射。现代电器、电子产品大量涌入家庭，电子电器产品所产生的电磁波辐射对人体的健康也产生很大的损害。电磁波是电场和磁场周期变化产生波振动而传递的能量。因此，凡有电流的地方必然会产生电磁波。人体在受到外界电磁波射入时，体内稳定的能量被干扰，从而使人体免疫力出现波动，久而久之，超过一定限度就会影响健康。

上面论述的十项主要污染物质对人体的影响是从它们的严重危害程度谈起的。在人们生活的各方面，它们的危害是不可避免的，只要各类污染物质含量总值不超过危害人体健康的程度，仍然是可以应用的。因此，世界各国对各类产品的工业生产均制定了严格的卫生、环保、安全控制标准与认证。即实行“绿色认证”制度，以保证人们的生命安全与长寿。我国从 1995 年已开始推行这一认证制度并要逐步推广到各个领域。

12.3　向绿色建材转化中的混凝土

在今后相当长的时期内，水泥混凝土仍是最主要结构材料。但这同时意味着，必须加快对传统混凝土的改造，以使其成为可持续发展的材料。根据 2006 年初步统计，我国水泥的年产量已达 12.35 亿吨，约占世界水泥总产量的 40%。近来每年的混凝土用量，均超过 10 亿立方米，约为世界混凝土总用量的 1/3。水泥及混凝土的大量生产，从原料的开采、加工、制造，到配制、生产、施工，以及在使用中和进入废弃阶段，都面临着资源、能源和环保的严峻挑战。

按目前对绿色建材的定义所提要求，混凝土正在下述几个方面发生转变。

12.3.1　节省天然资源和利用工业废料

混凝土以水泥作胶凝材料，而生产水泥要以黏土和石灰石为主要原料；占混凝土体积 70%以上的骨料，主要用天然砂石。据有关部门的资料介绍，目前我国水泥工业每年要用石灰石约 6 亿吨，黏土类原料约 1.2 亿吨。年用量按 10 亿立方米计的混凝土，其骨料按只用天然砂、石估算，则需每年提供 20 多亿吨。如此开采大量的天然资源，给生态环境造成严重负担。为此，水泥的生产和混凝土的配制，必须尽一切可能节省和有效地利用天然资源。

在环境受到威胁的另一重要方面，是各种工业废渣的大量排放、堆积和污染。例如，我国粉煤灰的年排放量为 1.6 亿吨、堆存量已达 5 亿吨；煤矸石已堆存 34 亿吨，占地 1 333.4 万平方米(20 万亩)以上。所以利用各种工业废料生产建筑材料,特别是生产水泥与混凝土具有重要的意义。

1. 水泥原料的节省和代用

1)矿山资源的优化开采利用

低品位矿山经合理搭配开采与均化,使资源得到充分利用,并提高水泥生料的质量,从而节省矿山资源和生产优质水泥。

2)以工业废弃物代替原生矿物资源

大量利用各种工业废弃物制造水泥,如煤矸石、粉煤灰、磷石膏、赤泥、铜渣、电石渣等,以及生活垃圾、下水道污泥、河道淤泥的利用。据统计,目前我国水泥的原料中,至少有 1/5 是以各种废弃物来代替的。

3)发展掺混合材料水泥

目前,我国水泥中加入的工业废渣类混合材料,大约占水泥产量的 20%。现正进一步开发新的混合材料,扩大混合材料水泥的品种,如以粉煤灰、石灰石微粉、矿渣做混合材料的复合水泥,以及生产各种高掺量混合材料水泥。

4)研制生态水泥

以处理工业废弃物和生活垃圾为目的,制造生态水泥,是国家产业技术政策中,对建材工业提出的具体内容之一。这对于节省天然资源、保护生态环境和治理污染,具有深远意义。据悉,国内首条生态水泥生产示范线已在北京建成投产。

2. 混凝土用原材料的革新

1)骨料生产另辟蹊径

利用工业废渣、城市垃圾、下水道污泥为原料,生产人造骨料,包括轻质的和坚实的骨料。利用积存的尾矿,加工成人工砂做细骨料,已形成多个地方标准。特细砂配制混凝土的研究,已成果卓著。海砂的净化处理和工业化加工生产,已经有了先行。对于废弃混凝土的处置,可加工获得再生骨料,则势在必行。

2)大量利用工业废渣作为掺和料

科学地大量使用掺和料,可节省水泥和改善混凝土性能,有效减轻水泥生产对生态环境的重负,尤其是消除工业废渣所造成的污染。随着绿色高性能混凝土的开发应用,混凝土加入掺和料的理论和实践,已进入新阶段。如高掺量粉煤灰混凝土中粉煤灰的掺量,用于碾压混凝土坝可高达 70%;用于高强结构混凝土常为 51%~56%。又如使用超细掺和料硅灰,其有效取代水泥率高达 3%~4%,掺量为 8%~10%时,可配制高强的或高强高抗腐蚀的硅灰混凝土;若与其他掺和材料复合使用,可使混凝土在节省大量水泥的同时,获得诸多所需的高性能。

3)充分发挥各种化学外加剂的效能

外加剂已是近代混凝土必不可少的特征组分,新一代混凝土化学外加剂层出不穷,如氨基磺酸系高效减水剂、缓凝高效减水剂、低掺量的膨胀剂、有机物类防冻剂等。它对于混凝土的改性和实施环境协调化,起到十分重大的作用。

3. 大力发展高性能混凝土

高性能、长寿命，是当今绿色建材研究的目标之一。混凝土的绿色化，就更应包括提高使用寿命的内容。如将重要混凝土建(构)筑物的安全使用期，由习惯的 50 年增至 100 年，因此能成倍地省下维修、拆除、重建的各种消耗，大量节约了资源、能源，降低了对环境的污染。

高性能混凝土能尽可能多地节省水泥，以大量的工业废渣作为掺和料，并获得各项优良性能。如利用磨细矿渣作掺和料，可代替水泥熟料 50%～80%，配制的混凝土具有高性能。大量消纳工业废渣和节省水泥，能双重地减轻对环境的污染，并节省了天然资源。

12.3.2 降低能耗与清洁生产

水泥的生产具有能耗高、污染大的特点。据近期统计数据，我国生产水泥每年要消耗标准煤 1 亿吨，用电达 600 多亿度；仅 2002 年就排放二氧化碳 5.5 亿吨、二氧化硫 68.6 万吨、废水 3 亿吨、粉尘 1 450 万吨。混凝土骨料的开采、加工及运输，混凝土的拌制、浇筑及预制品的养护等，都在大量耗费各种能源和形成环境污染。在许多城市中，星罗棋布的施工现场拌制供应混凝土，是城市扬尘和噪声的主要污染源。为此，水泥及混凝土的生产，必须大力节省能源和降低污染。

1. 水泥生产的节能与环保

1) 扩大采用预分解技术

我国水泥预分解技术水平有了很大提高，在降低能耗、减少粉尘排放和提高产量等方面，均取得明显效益。

2) 发展新型干法生产技术

先进的新型干法生产技术，已成为当今生产水泥技术的主流。建立和发展以新型干法窑为主体的现代水泥生产技术装备体系，可大幅度降低能耗、减少污染物排放，同时提高水泥产品质量，这已被确立为我国水泥工业发展的重点内容。

3) 采用高新粉磨系统和环保装备

水泥生产中的电耗，约 3/4 用于物料的破碎与粉磨，采用高效节能粉磨系统，可大幅度降低电耗。如采用立式磨，整个系统的电耗比球磨系统低 10%～12%。采用高效除尘技术、烟气脱硫技术和遮幕技术等，可基本解决粉尘和二氧化硫排放及噪声污染问题。

4) 研制新型特种水泥

在强化节能、环保的先进工艺条件下，生产优质水泥，以发挥其高性能优势，精简水泥和混凝土的用量。如高贝利特水泥的研制成功，其工业化水平和产品性能均居国际领先地位，现已正式投入工程使用。高贝利特水泥是以 C_2S 为主要矿物成分，除具有改善混凝土脆性、降低温升等特性外，还获得节省资源、能源和降低污染的显著效果。该水泥熟料的烧成温度比传统水泥降低 100 ℃，节煤 20%～30%，二氧化碳的总排放量减少20%～50%,且可利用低品位石灰石。另外高性能水泥,具有高强度、高耐久性和低环境负荷的三大特征,可使水泥基材料的耐久性提高一倍以上,而生产综合能耗降低20%以上,环境负荷降低30%以上。

2. 混凝土配制及施工的节能与环保

1) 搅拌的改进

更新搅拌设备,改变投料次序和方法,以降低能耗和提高效率,并减少粉尘飞扬。采用集中搅拌,使用散装水泥,拌和物以搅拌运输车运送等,可节省电能,降低材料消耗,并减少分散多处的扬尘、噪声和现场环境的污染。

2) 浇筑的革新

采用泵送技术,工程小的也可采用混凝土泵车布料,可消除遗撒、减轻噪声,改善施工条件,提高浇筑质量。再则,采用高流态混凝土,以免除振捣产生的噪声。

3) 降低养护能耗

对于蒸汽养护的混凝土制品,改用太阳能养护以节省电能和热能。现场养护采用养护剂,可显著提高混凝土质量并节约大量水资源。冬期施工采用加防冻剂混凝土,以节省加热养护的能耗。

3. 推广预拌混凝土技术

预拌混凝土,是在专业厂严格的工艺及管理条件下配制出拌和物,运送到施工现场进行浇筑的混凝土。因为预拌混凝土多作为商品出售,亦称为商品混凝土。预拌混凝土的普遍采用,使混凝土的配制从零散落后的手工作业为主,转入集中的大规模工业化生产,是混凝土工程施工的重大变革。

采用预拌混凝土,有利于专业化管理,产品质量稳定可靠,设备利用率高,材料消耗少,生产效率高。尤其是在改善劳动条件、减少城市污染、节省资源和能源方面成效显著,从而加快混凝土的绿色进程。

12.3.3 对混凝土中有害物的限制

为使混凝土制成品投入使用后,不污染环境、不危害人体健康,我国对混凝土中有害物的限制已有如下明确规定。

1. 对外加剂的有害物限制

在某些早强剂、防冻剂中,含有有毒的重铬酸盐、亚硝酸盐,或者含有可释放有害气体的硝铵、尿素等,为此规定:严禁使用对人体产生危害、对环境产生污染的外加剂。如含有六价铬盐、亚硝酸盐等有害成分的早强剂、防冻剂,严禁用于饮水工程及与食品接触的工程;含有硝铵的早强剂、防冻剂和含有尿素的防冻剂,严禁用于办公、居住等建筑工程。对于各类具有室内使用功能的建筑用的能释放氨的混凝土外加剂,限定其释放氨的量,按质量计的百分数为≤0.10%。尿素型混凝土抗冻剂,不得用于民用建筑的冬期混凝土施工等。

2. 对混凝土中含有放射性核素的限制

混凝土中含有天然放射性核素,可来自所用的水泥、砂石骨料和掺和料。当放射性剂量超标时，会形成辐射危害，故要求对包括混凝土在内的建筑主体材料，规定的放射性指标为：内照射指数 $I_{Ra}\leqslant 1.0$、外照射指数 $I_r\leqslant 1.0$。

12.3.4　开发环境友好型混凝土

传统的混凝土因多追求密实，被其覆盖后的土地，造成不透气、不透水，雨水不能大量地渗入，地下水位下降，影响植物生长，产生热岛现象，造成生态失调。为此，需要大力发展环境友好型混凝土。

1. 透水混凝土

为尽量减少因混凝土封闭地面带来的危害，采用单一粒级的粗骨料，不用和少用细骨料，以及通过工艺上的多项措施，使硬化后的混凝土形成良好透水效果的连通孔隙，即透水混凝土。这种混凝土，既可以现浇，又能制成多种预制品，适用于轻量级道路、停车场、人行道、温室地面、网球场等铺筑。也有多种规格的预制透水混凝土管材产品，供雨水或地下水排放、降低地下水位等特需管道工程使用。

2. 植物相容型混凝土

植物相容型混凝土，是指能适应绿色植物生长的混凝土及其制品。采用特制的孔洞型混凝土砌块，铺砌停车场、护坡和庭院等，砌块中的孔洞供填土后进行绿化植被，已较多见，但存有连续性差、绿化面积少的缺点。采用多孔连续型植物相容型混凝土，可大面积连续铺筑，即以多孔混凝土形成骨架，在其孔隙中填充供植物生长的肥料和保水性填料，在骨架表层铺设客土，并通过拌入黏合剂黏附牢固。

3. 海洋及水域生物适应型混凝土

海洋及水域生物适应型混凝土，是利用和发挥混凝土构造特征，营造适宜海洋及水域生物生息的空间和空隙，以维护海洋或水域的生态系统。目前已开发应用的有人造礁石和水质净化的多孔混凝土。

4. 光催化混凝土

利用光催化技术治理大气污染，是一项切实可行的高新技术。由于光催化剂在紫外光照射下，可将污染物还原并吸附，然后可随降水排走，从而达到治理污染的目的。将光催化技术用于水泥混凝土材料，是将纳米级 T_i102 微粉加入水泥拌制混凝土或砂浆，或将该种微粉配成的浆液喷涂混凝土表层，使混凝土获得光催化净化功能。适用于建筑物外墙面、道路面层及两侧护坡处的混凝土及制品等。

12.3.5　发展再生混凝土

任何建筑材料，当进入废弃阶段时，应具有可回收利用性，才能符合生态平衡的要求。用量巨大的混凝土材料，尤其如此。因使用期已满或发展建设的需要，对旧有的混凝土结构物、构筑物需要拆除；混凝土制品厂也会积存大量废弃物等，对废旧混凝土的处置，已成为近代混凝土技术中十分关注的问题。

处置废弃混凝土的最好途径，莫过于循环使用，即一些国家早已开展的再生混凝土研究和应用。在开设的回收利用废旧混凝土的工厂中,以专门的设备和方法将混凝土解体,破碎加工并分离出不同粒级的骨料,具有潜在的活性,可全部用于拌制混凝土,使混凝土生产取得不排污、不积存废料,节水、省料的良好效益,目前国内已有企业在引进使用,取得了良好的环境效益。

或因旧混凝土的处理工艺难度较大,或因对废弃混凝土造成的威胁认识不足,我国对再生混凝土的研究还比较滞后。我们应站在节约资源、保护环境和生态建设的高度,对再生混凝土的性能、机理和工艺等展开全面研究。当前有些城市已受到建筑垃圾的困扰,有的城市用于混凝土的砂石已经枯竭,对于这种情况,我们必须积极面对,未雨绸缪。

12.4 我国绿色建材的状况与展望

我国大规模发展绿色环保建材的技术还不十分完善,为此国家除制定了发展环保建材的鼓励政策外,工作重点是限制一些浪费资源及能源和污染环境十分严重的非环保建材的发展。具体措施包括削减了一大批黏土砖、小水泥、小玻璃等企业,其中许多企业已开始转产环保建材或准环保建材,这为我国的环保建材工业起步奠定了一定的基础。除了上述绿色混凝土的应用以外,目前我国已开发和正在开发的环保建材和准环保建材主要有如下几种。

1. 利用各类废渣为原料生产的建材

此类建材主要是以粉煤灰、煤矸石、尾矿、废砂、废渣、建筑垃圾、生活垃圾等为原料生产的砖、砌块、板材及胶凝材料等。这些产品的特点是节能利废,但其多数的性能尚未达到优良的性能指标,有些还因为加工成本过高而难与传统建材竞争。因此,必须依靠科技进步,继续研究、开发更为成熟的生产技术,使这类产品无论是在成本方面,还是在性能方面都具有与传统建筑材料同等的竞争能力,才能真正大规模地生产和应用环保建材。

2. 利用化学石膏生产的建材产品

以磷石膏、氟石膏或其他工业废石膏为原料代替天然石膏,利用先进的生产工艺和技术可生产各种建筑墙体材料与保温材料。这些产品具有与天然石膏产品相似的优良性能,开辟了石膏建材的新来源;此类产品消除了化工废石膏对环境造成的污染,符合可持续发展的要求。只要在生产中不会对环境产生明显的污染,此类产品应属于环保建材。

3. 以废弃的有机物生产的建材产品

废塑料、废橡胶及废沥青等可用来生产多种建筑装修或保温材料,如防水材料、保温材料、装饰涂料及其他室外工程材料。这些再生材料消除了有机废物可能对环境造成的污染,还节约了石油等资源,在资源可持续利用方面符合环保建材的基本要求。

4. 各种代木材料

现有大部分人造木材多以农林副产品或工业废料为原料，还可开发以其他废料为原料的代木产品。这些代木产品主要是在生产和使用中不危害人的健康，利用高新技术使其成本和能耗降低，是未来环保建材的主要发展方向。

目前这类材料有利用稻草或其他植物秸秆为主要原料生产的稻草板、水泥蒸压草板、植物纤维水泥板、麦秸（碎料）板、稻壳板、蔗渣板、棉秆板等。

5. 以来源广泛的地方材料为原料，利用高科技生产的低成本健康建材

各地区都可能有资源丰富的地方材料，根据这些地方材料的性质和特点，利用现代科学技术，可以生产各种性能良好的健康建材。如某些人造石材、水性涂料、某些复合材料等也是环保建材的发展方向。

6. 利用高科技开发的节能型建材或改善环境的建材

随着材料技术（特别是纳米技术）、生物技术等科学技术的不断进步，具有各种功能的建筑材料将不断涌现。如以太阳能玻璃、太阳能陶瓷、太阳能金属、太阳能塑料等材料所生产的建筑材料，能使建筑材料在使用中不断收集能源，将为满足人类对能源需求作出贡献。利用高科技开发的新型智能建筑材料，除了可为人类提供舒适的生存环境外，还可以调节大气环境（降低污染、调节湿度、改善采光条件或色彩等），减少建材生产对大自然的危害。

7. 氟碳涂层金属板材

氟碳涂层金属板材是在金属表面涂覆极性很强的聚氟树脂塑料漆，使聚氟树脂塑料漆在强电磁场作用下向金属表面渗透，并形成紧密的渗透结合层。这种界面复合涂层充分发挥了聚氟树脂的表面光滑、抗腐蚀的优点，又可利用金属基材的刚度和对聚氟树脂的改性作用，使其具有很强的附着强度和抗老化性能，并且表面的光泽度、耐候性、抗腐蚀能力、抗粉化、抗紫外线和衰变的能力明显优于普通漆、普通化学或电化学表面处理的效果。

氟碳涂层金属板材可以制成各种丰富色彩和质感的表面，还可以采用印刷工艺在其表面印制出石材、木材及其他装饰图案，而且效果十分逼真。这种板材在使用中可进行弯折、弯曲、切削、钻孔、黏结等加工，不会影响其表面装饰的性能。

以这种板材为基本材料可加工成各种饰面装饰材料，如内外墙面、柱面、屋面、天棚、家具、汽车等各种设备的饰面，是目前综合性能最为可靠的饰面材料之一。

8. 低辐射玻璃

低辐射玻璃又称为恒温玻璃，它属于镀膜玻璃中的一种，是一种具有良好热物理性能的环保型玻璃。它可以使太阳能和光线透过，但能将来自玻璃以外物体的二次辐射热反射回去，达到透光透视和隔热的目的。通过调整其镀膜的成分与结构可以获得不同透光性和热反射能力，满足光亮度控制、热量控制、节约能源和改善环境的不同要求。

这种玻璃使白天通过对室外热辐射的反射而降低向室内的热传递；而在夜间，室内物体的热辐射又会被低辐射玻璃反射回室内,阻止了室内热量的散失。因此,这种玻璃可以使室内保持较稳定的昼夜温度,具有夏季节约制冷用电,冬季节约采暖用热的作用,是一种综合效果更佳的节能玻璃。

9. 玻璃化陶瓷饰面材料

随着社会对陶瓷饰面材料性能要求的不断提高和材料技术的不断进步,装饰陶瓷正向时装化、玻璃化、智能化和环保化的方向发展。目前传统的陶瓷在装饰方面的应用正在减少,新兴的陶瓷品种不断涌现。

1) 玻璃化陶瓷

目前常采用的玻璃化陶瓷主要是对陶瓷进行玻璃化加工,或再经过表面磨、抛等工艺,使其产生渗花、表面结晶、表面露颗粒石、各种天然石材纹理和质感等饰面效果。这种全玻化陶瓷饰面材料有的背面粘贴有高强纤维网,其抗折强度比天然花岗岩高(≥35 MPa),每平方米自重只有天然花岗岩的1/3,它吸水性低(≤0.5%),具有花岗岩的耐磨性、耐腐蚀性和耐久性,并且无放射性危害。

2) 微晶玻璃

微晶玻璃是在生产普通玻璃的基础上发展起来的复合材料,其生产工艺为:

原料筛选—配料混合—熔制—初级玻璃原料—核化与晶化加工—退火—研磨抛光—微晶玻璃产品。

在加工过程中,晶核附着在形核剂上或玻璃粉粒表面,当温度上升到析晶温度区间时,晶核会均匀长大成为细小晶体的微晶玻璃。从其结构上来说,微晶玻璃为均匀分布的极小微晶和残余玻璃相组成的复合材料,它集陶瓷与钢化玻璃的综合性能为一体,具有抗弯、抗拉强度高,耐腐蚀性和耐久性好,装饰性好等优点。

上述性能特点使微晶玻璃在各个领域的应用广泛,在建筑装饰工程中,它虽属于玻璃,却砸不碎,碰不破;其表面具有天然石材的质感,却没有色差;它像大规格瓷砖一样致密,并可铺地或挂墙,却没有瓷砖釉面褪色或纹裂的弱点;它也像复合铝板那样可任意着色,形成各种华丽的外观,却不像铝板那样怕氧化和腐蚀。这些性能使其在建筑工程中表现出了优良的综合性能。

3) 玻璃-陶瓷复合饰面材料

玻璃-陶瓷复合材料,是将废碎玻璃与废陶瓷碎片经筛选、破碎、成型、热处理等工艺后制成的饰面材料。该材料属于亚微观状态下的玻璃与陶瓷复合材料,它综合了上述两种材料的特点,保留了陶瓷易加工、可黏结、色彩美观和物理性能好的优点,并赋予玻璃结构致密和晶莹的优点,使其具有良好的装饰性、美观性和建筑物理性能。

玻璃-陶瓷饰面材料的表面硬度、抗折强度和耐磨性等接近天然花岗石,而且其表观密度要比天然花岗石轻15%~30%,比天然大理石轻15%~23%;表面硬度是天然大理石的3倍,是人造树脂型大理石的30倍;表面抛光性与光洁度优于天然花岗石。

利用玻璃-陶瓷饰面材料装饰的建筑给人以典雅、古朴、美观和舒适的感觉，可将其广泛应用于墙面、柱面、楼梯、阳台、桌面、风景壁画、人物肖像、广告牌匾等的饰面装饰。

10. 强化复合木地板材料

人们对于普通实木地板的物理力学性能和使用舒适性十分满意，但是这种地板的表面耐磨性、抗腐蚀性、抗裂性、抗变形性和耐久性较差，因此采用复合木地板已成为人们的共识。

强化复合木地板是在充分发挥木材优点的基础上，利用现代复合材料与技术克服其自身缺点而制成的地板材料。其结构见图 12-1。其中表面极薄的三氧化二铝耐磨层具有很强的耐磨性、耐水性、耐灼烧、耐虫蛀、抗裂和抗腐蚀性。较薄的装饰层可形成色彩丰富逼真的各种木纹理质感，并对地板的表面刚度有增强作用；它还具有很强的色泽稳定性，使地板长期保持原有外观。一定厚度的降噪软木层是采用结构较松软的软木、木纤维或其他化纤材料制成。它对于来自表面的振动具有缓冲作用，使地板表现出较好的弹性和隔音性能。较厚的木材基层是由强度较高的高密度纤维板制成的，它主要承受来自表面的荷载，是地板的主要结构部分。处于地板最底面的高密度防潮平衡层主要起防止水分或潮气进入地板、保护地板上部结构、增加地板的平衡性、改善木地板与地面基层连接效果等作用。各层之间经高温压制而紧密连接和共同作用，使复合木地板具有良好的综合性能。

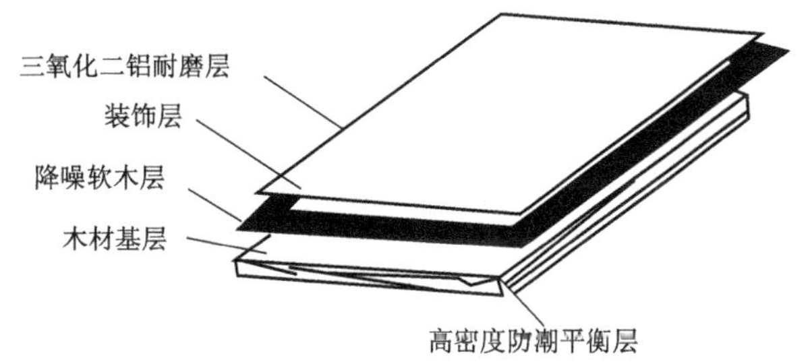

图 12-1　强化复合木地板构造示意图

对于强化复合木地板，国家规定了多项质量指标，除了环保指标、外观指标外，其表面耐磨性是一项关键指标。国家标准要求家庭用强化复合木地板的耐磨性应大于 6 000 转，公共场所用强化复合木地板的耐磨性应大于 9 000 转。

11. 彩色弹性橡胶地板砖

由两层不同密度的材料复合而成，其中彩色面层采用的是经特殊着色的细胶粉或细胶丝，底层采用的是粗胶粉、粗胶丝或胶粒。其中占总量 80%以上的这些胶粉是废橡胶再生材料，通过加入部分黏合剂、颜料、催化剂、防老化剂和紫外线吸收剂等，再经混合模压而成板材。

彩色弹性橡胶地板砖无硬质地板和地面材料生冷硬脆的缺点，其弹性使人脚感舒适、身心放松,而且使人始终处于安全舒适的生理和心理状态。在人体受到磕碰或撞击时不会产生伤害,对老人和儿童居住的房间的地面装饰十分安全。彩色弹性橡胶地板还具有防滑、减振、耐磨、抗静电、疏水性好、无反光和耐老化的优点,具有良好的综合性能。

12. 采光屋面板(聚碳酸酯)

工程中为取得较好的屋面采光效果,充分利用自然光源照明,多采用卡布隆采光板,它是以聚碳酸酯为主,通过一次性挤压制成的透明板材,其断面形式有单层板、双层板和多层板,其双层板内部带肋和方孔的断面。因为聚碳酸酯的耐腐蚀性和耐久性较好,特别是多数采光板表面涂有一层有机硅玻璃树脂,更提高了板材的表面硬度(可达 6H 级),抗紫外线能力进一步提高。

聚碳酸酯采光板具有质量轻、防火、隔热、耐老化、高透光性、高抗冲击和不易破碎的优点,而且可以现场裁切、打孔、冷弯成型等。增强型卡布隆板还在板内掺加了玻璃纤维,使其抗老化能力和抗弯、拉强度得到进一步提高。其产品品种有特殊板、凉意板、防火阻燃弹性板、耐实波浪板等。其抗拉强度可达 94 MPa,导热系数为 0.5 W/(m·K),热膨胀系数为 2.2×10^{-5}。

此外,还有利用聚碳酸酯制作的不透明型强力板材,它是以增强聚碳酸酯为主体,表面覆盖有装饰和防护性薄层(如铝箔等),形成外观漂亮、强度高、耐久性优良的板材,可用于屋面、墙面、隔断等部位。

13. 建筑涂料

当前,建筑涂料正以减少挥发性有机化合物(VOC)的含量为主要目标,沿着低毒、无毒的方向加快更新,以致开发出对环境有益的产品。

1) 高固体分涂料

高固体分涂料,是指固体含量很高而相对减少溶剂比例的涂料。为了达到这一目的,必须采用以先进的聚合技术专门生产的树脂,才能保证高固分涂料的低黏度和高性能。

丙烯酸酯高固体分涂料,是以最新合成技术得到的固态丙烯酸树脂配制的。固态丙烯酸树脂,不但能配制少用溶剂的高固体分涂料,还能溶于不含或少含芳烃的脂肪族溶剂,生产低毒溶剂型涂料。

2) 水性涂料

为根除溶剂型涂料的污染,必须在提高现有水性涂料质量的同时,大力开发新型水性涂料,以取代旧有的溶剂型涂料。如水性环氧树脂涂料、水性聚氨酯涂料和水性木器涂料等,都是国内外着力开发的新品类。

水性木器涂料,俗称水性木器漆,是以水为介质,采用多种不饱和单体,经氧化游离基聚合,并利用加入极性物质产生的效能,通过界面交联和加成共聚等反应,加入需要的助剂,制成的热固性、高光泽的水性涂料。近来我国已有厂家推出水性木器涂料产品,较国外的经济适用,并已形成行业标准。

3）粉末涂料

粉末涂料能够 100%成膜，无溶剂污染，且生产的能耗较低。因此，在国外各种类型的粉末涂料发展很快。我国已有环氧-聚酯粉末涂料产品应用，它是以环氧树脂和聚酯树脂为主要成膜物质，加入颜料、填料、助剂等，配制而成的热固性粉末状涂料。

4）纳米涂料

纳米是一种长度单位，即千分之一微米，为 3～4 个原子厚度。达到纳米级的材料结构，具有许多超常的优异性能。如纳米级活化素，属“无源负离子发生材料”，自身能形成无数永久性电极，导致材料的表面形成永久电场，在活化素表面电场的作用下，空气中的水分子被分解，与甲醛、苯、氨等有害气体反应，达到净化空气的目的。此外，纳米级活化素还具有抗菌抑菌、消除异味、发射易于被人体吸收的远红外线等功能。

利用纳米高科技手段或纳米材料改进建筑材料，在建筑涂料的更新中，已取得不少成果。如在内、外墙乳液型涂料中添加纳米级活化素后，生产的纳米涂料在建筑中就得到很好的应用。

12.5　绝热材料

12.5.1　绝热材料的基本性能

在建筑中，习惯上将用于控制室内热量外流的材料叫作保温材料，把防止室外热量进入室内的材料叫做隔热材料。保温、隔热材料统称为绝热材料。

在建筑工程中绝热材料主要用于墙体和屋顶的保温绝热，热工设备、热力管道的保温，有时也用于冬季施工的保温，一般在冷藏室及冷藏设备上也大量使用。

众所周知，热流总是由高温向低温传递，在冬季要保持室内的温度，就必须在室内不断地提供热源补充由温差产生的热损失。为了能大量减少热损失，采用保温材料，具有重大意义。北京有一幢四单元六层的住宅楼，由于采用矿棉复合板框架结构，其热量损失要比相同的砖混结构减少 40%左右。据统计，保温良好的建筑，其燃料消耗可降低 25%～50%。要解决这个问题就得清楚：什么样的结构热量损失多，什么样的结构热量损失少，以及材料本身的构造情况怎样影响其保温性能，影响材料保温绝热性能的因素有哪些，还要了解如何合理选择绝热材料。

围护结构是由各种建筑材料组合而成的，不同的建筑材料，其导热系数和比热是对建筑物围护结构（墙体、屋盖、地面）进行热工计算的重要参数。选用导热系数小而比热大的建筑材料，可提高围护结构的绝热性能，并保持室内温度的稳定性。

下面介绍绝热材料的基本性能。

1. 导热系数

导热系数是通过材料本身热量传导能力大小的量度，它受本身物质构成、孔隙率、材料所处环境的温度及热流方向的影响。

1）材料的物质构成

材料的导热系数受本身物质的化学组成和分子结构的影响。化学组成和分子结构比较简单的物质比结构复杂的物质有较大的导热系数。

2）孔隙率

由于固体物质的导热系数比空气的导热系数大得多，故材料的孔隙率越大，一般来说，材料的导热系数越小。材料的导热系数不仅与孔隙率有关，而且还与孔隙的大小、分布、形状及连通情况有关。

3）湿度

材料受潮吸湿后，会使其导热系数增大，若水结冰，导热系数会进一步增大，这是由于水的导热系数比空气的导热系数要大 20 多倍，而冰的导热系数约为空气的导热系数的 80 倍。因此，为了保证保温效果，对绝热材料要特别注意防潮。

4）温度

材料的导热系数随温度的升高而增大，这是因为温度升高，材料固体分子的热运动增强，同时材料孔隙中空气的导热和孔壁间的辐射作用也有所增强。

5）热流方向

材料如果是各向异性的，如木材等纤维质材料，当热流平行于纤维延伸方向时，受到的阻力小，而热流垂直于纤维延伸方向时受到的阻力大。

2. 温度稳定性

材料在受热作用下保持其原有性能不变的能力，称为绝热材料的温度稳定性。通常用其不至丧失绝热性能的极限温度来表示。

3. 强度

绝热材料通常采用抗压强度和抗折强度，由于绝热材料含有大量的孔隙，故其强度一般均不大，因此不宜将绝热材料用于承受外界荷载部位。对于某些纤维材料，有时常用材料达到某一变形时的承载能力作为其强度代表值。

4. 吸湿性

绝热材料从潮湿环境中吸收水分的能力称为吸湿性。绝热材料的吸湿性越大，对绝热效果越不利。

选用绝热材料时，应考虑其主要性能达到如下指标：导热系数不宜大于 0.23 W/(m·K)，表观密度或堆积密度不宜大于 600 kg/m^3，块状材料的抗压强度不低于 0.3 MPa，绝热材料的温度稳定性应高于实际使用温度。在实际应用中，由于绝热材料抗压强度等一般都很低，常将绝热材料与承重材料复合使用。另外，由于大多数绝热材料都具有一定的吸水、吸湿能力，故在实际使用时，需在其表层内加防水层或隔汽层。

12.5.2 常用绝热材料和使用功能

常用的保温绝热材料按其成分可分为有机和无机两大类。无机绝热材料是用矿物质原料制成的材料，呈散粒状、纤维状或多孔状。

1. 无机纤维状绝热材料

1)玻璃棉及制品

玻璃棉是用玻璃原料或碎玻璃经熔融后制成的一种纤维状材料，它包括短棉和超细棉两种。短棉指纤维长度在 50～150 mm，单纤维直径为 12×10^{-3} mm 左右的定长玻璃纤维，其外观洁白如棉。短棉又称玻璃棉。超细棉与短棉相比，纤维直径细得多，一般在 4×10^{-3} mm 以下，又称超细玻璃棉。

短棉可以用来制作沥青玻璃棉毡，沥青玻璃棉板等。超细棉可以用来制作普通超细玻璃棉毡、板，也可以用来制作无碱超细玻璃棉毡、高氧硅超玻璃棉毡等。用于围护结构及管道保温。

2)矿棉及矿棉制品

矿棉是以工业废料矿渣为主要原料，经熔化，用喷吹法或离心法而制成的棉丝状绝热材料。矿棉具有质轻、不燃、绝热和电绝缘等性能，且原料来源丰富，成本较低，可制成矿棉板、矿棉防水毡及管套等，也可用于建筑物的墙壁、屋顶、天花板等处的保温绝热和吸声。

2. 无机散粒状绝热材料

1)膨胀蛭石及其制品

蛭石是一种复杂的镁、铁含水铝硅酸盐矿物，由云母类矿物经风化而成，具有层状结构。膨胀蛭石是将蛭石焙烧膨胀后制得的一种松散颗粒状材料。堆积密度 80～200 kg/m^3，$\lambda=0.046\sim0.07$ W/(m·K)，可在 1 000～1 100 ℃温度下使用，可用于填充墙壁、楼板及平屋面保温等。使用时应注意防潮。

膨胀蛭石可与水泥、水玻璃等胶凝材料配合，浇制成板，用于墙、楼板和屋面板等构件的绝热。其水泥制品通常用 10%～15%体积的水泥，85%～90%的膨胀蛭石，用适量水拌和、成型、养护而成。水玻璃膨胀蛭石制品是以膨胀蛭石、水玻璃和适量氟硅酸钠配制而成。

2)膨胀珍珠岩及其制品

膨胀珍珠岩是天然珍珠岩煅烧而得，呈蜂窝泡沫状的白色或灰白色颗粒，是一种高效能的绝热材料。具有质轻、低温绝热性能好、吸湿性好、化学稳定性好、不燃烧、耐腐蚀、施工方便等特点。建筑工程中广泛用于围护结构、低温和超低温保冷设备、热工设备等处的绝热保温，也可用于制作吸声制品。

膨胀珍珠岩制品是以膨胀珍珠岩为主，配合适量胶凝材料(水泥、水玻璃、磷酸盐、沥青等)，经拌和、成型、养护(干燥或固化)后制成的具有一定形状的板、块、管壳等制品。

3. 无机多孔类绝热材料

1) 泡沫混凝土

泡沫混凝土是将水泥、水和松香泡沫剂混合后，经搅拌、成型、养护、硬化而成的一种多孔混凝土,具有多孔、轻质、保温、绝热、吸声等性能。也可用粉煤灰、石灰、石膏和泡沫剂制成粉煤灰泡沫混凝土,宜用于建筑物的围护结构保温绝热。

2) 加气混凝土

加气混凝土是由水泥、石灰、粉煤灰和发气剂(铝粉)配制而成,经成型、蒸汽养护制成的各种混凝土制品,是一种保温绝热性能良好的材料,具有保温、绝热、吸声等性能。加气混凝土表观密度小,热导率值比黏土砖小好多,因而 24 cm 厚的加气混凝土墙体,其保温绝热效果优于 37 cm 厚的砖墙。此外,加气混凝土的耐火性能良好。

3)硅藻土

硅藻土是一种被称为硅藻的水生植物的残骸。硅藻土是由硅藻壳构成的,每个硅藻壳内包含有大量极细小的微孔。硅藻孔隙率为 50%～80%,因此它具有很好的保温绝热性能。硅藻土的化学成分为含水非晶质二氧化硅,其导热系数为 0.060 W/(m·K),最高使用温度约为 900 ℃,硅藻土常用作填充料,或者用其制作硅藻土砖等。

4)微孔硅酸钙

微孔硅酸钙是一种新颖的保温材料,它是用 65%的硅藻土,35%的石灰,再加入前两者总重 5%的石棉、水玻璃和水,经拌和、成型、蒸压处理和烘干等工艺过程而制成的。可用于建筑物的围护结构和管道保温。其效果比水泥膨胀珍珠岩和水泥膨胀蛭石的要好。

5)泡沫玻璃

它是采用碎玻璃 100 份,发泡剂(石灰石、碳化钙或焦炭)1～2 份配料,经粉磨混合、装模,在 800℃温度下烧成,形成大量封闭不相连通的气泡,气孔率达 80%～90%,气孔直径为 0.1～5 mm。泡沫玻璃具有热导率小、抗压强度和抗冻性高、耐久性好等特点。泡沫玻璃可用来砌筑墙体,也可用于冷藏设备的保温,或用作漂浮、过滤材料。可锯割、黏结,易于加工,是一种高级绝热材料。

4. 有机绝热材料

有机保温绝热材料是用有机原料制成。轻质板材由于多孔,吸湿性大、不耐久、不耐高温,只能用于低温绝热。

1)泡沫塑料

泡沫塑料是以各种树脂为基料,加入一定剂量的发泡剂、催化剂、稳定剂等辅助材料,经加热发泡而制成的一种新型轻质、保温、吸声、防震材料,可用于屋面、路面保温,冷库绝热和制成夹心复合板。目前我国生产的有聚苯乙烯泡沫塑料、聚氯乙烯泡沫塑料、聚胺酯泡沫塑料及脲醛泡沫塑料等,硬质泡沫塑料常在建筑工程中使用。

2)植物纤维类绝热板

以植物纤维为主要成分的板材,常用作绝热材料的为各种软质纤维板。

① 软木板　软木板是用栓树的外皮和黄菠萝树皮为原料,经碾碎后与皮胶溶液拌和,加压成型,在温度为 80 ℃的干燥室中干燥一昼夜而制成。软木板具有质轻、导

热系数小、抗渗和防腐性能高的特点。

② 木丝板　是将木材下脚料用机械制成均匀木丝，加入硅酸钠溶液与普通硅酸盐水泥混合，经成型、冷压、养护、干燥而制成，多用于天花板、隔墙板或护墙板。

③ 甘蔗板　是以甘蔗渣为原料，经过蒸制、干燥等工序制成的一种轻质、吸声、保温绝热材料。

④ 蜂窝板　蜂窝板是由两块轻薄的面板，牢固地粘接在一层较厚的蜂窝状芯材两面而成的复合板材，亦称蜂窝夹层结构。蜂窝状芯材通常用浸渍过合成树脂（酚醛、聚酯等）的牛皮纸、玻璃布或铝片经过加工粘合成六角形空腹的整块芯材。面板为浸渍过树脂的牛皮纸、玻璃布、胶合板、纤维板、石膏板等，面板必须用适合的胶黏剂与芯材牢固地黏合在一起。蜂窝板的特点是强度大，导热系数低，抗震性能好，可制成轻质高强结构用板材，也可制成绝热性能良好的非结构用板材和隔声材料。如果芯板以轻质的泡沫塑料代替，则隔热性能更好。

⑤ 窗用绝热薄膜

窗用绝热薄膜，又叫新型防热片，厚度 12～50 mm，用于建筑物窗户的绝热，可以遮蔽阳光，防止室内陈设物褪色，减低冬季热能损失，节约能源，给人们带来舒适环境。使用时，将特制的防热片（薄膜）贴在玻璃上，其功能是将透过玻璃的大部分阳光反射出去，反射率高达 80%。防热片能减少紫外线的透过率，减轻紫外线对室内家具和织物的有害作用，减弱室内温度变化程度，克服建筑物外观的不一致性，并避免玻璃碎片飞出伤人。

绝热薄膜可应用于商业、工业、公共建筑、家庭寓所、宾馆等建筑物的窗户内外表面，也可用于博物馆内艺术品和绘画的紫外线防护。目前北京、广州等地一些宾馆的玻璃窗户也已开始使用防热片。

12.6　吸声材料

12.6.1　材料的吸声性能

当声波遇到材料表面时，一部分声反射，另一部分则穿透材料，其余的部分传递给材料被吸收。这些被吸收的能量（E）与入射声能（E_0）之比，称为吸声系数，它是评定材料吸声性能好坏的主要指标，用公式表示如下：

$$\alpha=\frac{E}{E_0} \tag{12-1}$$

式中　α——材料的吸声系数；

E——被材料吸收的（包括透过）声能；

E_0——传递给材料的全部入射声能。

假如入射的声能 65%被吸收，其余的 35%被反射，则该材料的吸声系数就等于

0.65。当入射的声能100%被吸收,无反射时,吸声系数等于1。当门窗开启时,吸声系数相当于1。一般材料的吸声系数在0~1之间,吸声系数越大,吸声效果越好。只有悬挂的空间吸声体,由于有效吸声面积大于计算面积,可获得吸声系数大于1的情况。

材料的吸声性能除与材料本身性质、厚度及材料表面的条件(有无空气层及空气层的厚度)有关外,尚与声波的入射角度和频率有关,同一材料,对于高、中、低不同频率的吸声系数不同。为了全面反映材料的吸声性能,规定取125、250、500、1 000、2 000、4 000 Hz等6个频率的吸声系数来表示材料的吸声频率特性,凡6个频率的平均吸声系数大于0.2的材料,可称为吸声材料。在音乐厅、影剧院、大会堂、播音室等内部的墙面、地面、天棚等部位,适当采用吸声材料,能改善声波在室内传播的质量,获得良好的音响效果。

12.6.2 选用吸声材料的基本要求

① 为发挥吸声材料的作用,必须选择气孔是开放的且互相连通的材料,开放连通的气孔越多,吸声性能越好,这与保温绝热材料有着完全不同的要求。同样都是多孔材料,但由于使用功能不同,则对气孔的要求也不同,保温绝热材料则要求封闭的、不连通的气孔。

② 大多数吸声材料强度较低,因此,吸声材料应设置在护壁台以上,以免撞坏,多数吸声材料易于吸温,安装时应考虑到胀缩的影响。

③ 应尽可能选用吸声系数较高的材料,以便使用较少的材料达到较好的效果。

④ 注意吸声材料和隔声材料的区别。

12.6.3 吸声材料的类型及其结构形式

吸声材料按吸声机理的不同可分为两类。一类是多孔性吸声材料,主要是纤维质和开孔型结构材料;另一类是吸声的柔性材料、膜状材料、板状材料和穿孔板。多孔性吸声材料从表面至内部存在许多细小的敞开孔道,当声波入射至材料表面时,声波很快地顺着微孔进人材料内部,引起孔隙内的空气振动,由于摩擦、空气黏滞阻力和材料内部的热传导作用,相当一部分声能转化为热能而被吸收。而柔性材料、膜状材料、板状材料和穿孔板,在声波作用下发生共振作用使声能转变为机械能被吸收。它们对于不同频率有择优倾向,柔性材料和穿孔板以吸收中频声波为主,膜状材料以吸收低中频声波为主,而板状材料以吸收低频声波为主。

1. 多孔性吸声材料

多孔性吸声材料是比较常用的一种吸声材料。多孔件吸声材料的吸声性能与材料的表观密度和内部构造有关。在建筑装修中,吸声材料的厚度、材料背后的空气层以及材料的表面状况都对吸声性能产生影响。

(1) 材料表观密度和构造的影响　多孔材料表观密度增加,意味着微孔减少,能使低频吸声效果有所提高，但高频吸声性能却下降。材料孔隙率高、孔隙细小，吸声性能较好；孔隙过大，效果较差。但过多的封闭微孔，对吸声并不一定有利。

(2) 材料厚度的影响　多孔材料的低频吸声系数，一般随着厚度的增加而提高，但厚度对高频影响不显著。材料的厚度增加到一定程度后，吸声效果的变化就不明显。所以为提高材料吸声性能而无限制地增加厚度是不适宜的。

(3) 背后空气层的影响　大部分吸声材料都是周边固定在龙骨上，安装在离墙面 5～15 mm 处。材料背后空气层的作用相当于增加了材料的厚度，吸声效能一般随空气层厚度增加而提高。当材料离墙面的安装距离(即空气层厚度)等于 1/4 波长的奇数倍时，可获得最大的吸声系数。根据这个原理，借调整材料背后空气层厚度的办法，可达到提高吸声效果的目的。

(4) 表面特征的影响　吸声材料表面的空洞和开口孔隙对吸声是有利的。当材料吸湿或表面喷涂油漆、孔口充水或堵塞，会大大降低吸声材料的吸声效果。

多孔性吸声材料与绝热材料都是多孔性材料，但在材料孔隙特征上有着很大差别：绝热材料一般具有封闭的互不连通的气孔，这种气孔愈多则保温绝热效果愈好；而对于吸声材料，则具有开放的互相连通的气孔，这种气孔愈多，则其吸声性能愈好。

2. 薄板振动吸声结构

薄板振动吸声结构的特点是具有低频吸声特性，同时还有助声波的扩散。建筑中常用胶合板、薄木板、硬质纤维板、石膏板、石棉水泥或金属板等，把它们周边固定在墙或顶棚的龙骨上，并在背后留有空气层，即成薄板振动吸声结构。

薄板振动吸声结构是在声波作用下发生振动，板振动时由于板内部和龙骨间出现摩擦损耗，使声能转变为机械振动，而起吸声作用。由于低频声波比高频声波容易激起薄板产生振动，所以具有低频吸声特性。建筑中常用的薄板振动吸声结构的共振频率在 80～300 Hz 之间，在此共振频率附近的吸声系数最大，为 0.2～0.5，而在其他频率附近的吸声系数就较低。

3. 共振腔吸声结构

共振腔吸声结构具有封闭的空腔和较小的开口，很像个瓶子。当瓶腔内空气受到外力激荡，会按一定的频率振动，这就是共振吸声器。每个单独的共振器都有一个共振频率，在其共振频率附近，由于颈部空气分子在声波的作用下像活塞一样进行往复运动，因摩擦而消耗声能。若在腔口蒙一层细布或疏松的棉絮，可以加宽和提高共振频率范围的吸声量。为了获得较宽频带的吸声性能，常采用组合共振腔吸声结构或穿孔板组合共振腔吸声结构。

4. 穿孔板组合共振腔吸声结构

穿孔板组合共振腔吸声结构具有适合中频的吸声特性。这种吸声结构与单独的共振吸声器相似，可看作是多个单独共振器并联而成。穿孔板厚度、穿孔率、孔径、孔距、背后空气层厚度以及是否填充多孔吸声材料等，都直接影响吸声结构的吸声性能。这种吸声结构由穿孔的胶合板、硬质纤维板、石膏板、石棉水泥板、铝合板、薄钢板等，将周边固定在龙骨上，并在背后设置空气层而构成。这种吸声结构在建筑中使用比较普遍。

5. 柔性吸声材料

具有密闭气孔和一定弹性的材料，如聚氯乙烯泡沫塑料，表面仍为多孔材料，但具有密闭气孔，声波引起的空气振动不易直接传递至材料内部，只能相应地产生振动，在振动过程中由于克服材料内部的摩擦而消耗了声能，引起声波衰减。这种材料的吸声特性是在一定的频率范围内出现一个或多个吸收频率。

6. 悬挂空间吸声体

悬挂于空间的吸声体，由于声波与吸声材料的两个或两个以上的表面接触，增加了有效的吸声面积，产生边缘效应，加上声波的衍射作用，大大提高实际的吸声效果。实际使用时，可根据不同的使用地点和要求，设计成各种形式的悬挂在顶棚下的空间吸声体。空间吸声体有平板形、球形、圆锥形、棱锥形等多种形式。

7. 帘幕吸声体

帘幕吸声体是用具有通气性能的纺织品，安装在离墙面或窗洞一定距离处，背后设置空气层。这种吸声体对中、高频都有一定的吸声效果。帘幕吸声体安装、拆卸方便，兼具装饰作用，应用价值较高。

12.6.4 隔声材料

隔声是阻止声波透过的措施，隔声性能以隔声量来表示，隔声是指一种材料入射声能与透过声能相差的分贝数，值愈大，其隔声性能愈好。

人们要隔绝的声音按其传播途径可分为空气声(由于空气的振动)和固体声(由于固体撞击或振动)两种。对空气声，根据声学中的“质量定律”，墙或板传声的大小，主要取决于其单位面积质量，质量越大，越不易振动，则隔声效果愈好，因此应选择密实、沉重的材料(如黏土砖、钢筋混凝土、钢板等)作为隔声材料。对固体声隔声最有效的措施是采用不连续的结构处理，即在墙壁和承重梁之间，房屋的框架和墙板之间加弹性衬垫，如毛毡、软木、橡皮等材料或在楼板上加弹性地毯。注意不能简单把吸声材料作为隔声材料来使用。

【思考和练习】

12-1 绿色建材的含义和特征是什么?

12-2 健康建筑包括哪几个方面?

12-3 开发环境友好型混凝土有何意义?

12-4 我国绿色建材的状况与展望?

12-5　何谓绝热材料？影响绝热材料绝热性能的因素有哪些？

12-6　选用绝热材料时应主要考虑哪些方面的性能要求？

12-7　选用吸声材料有哪些基本要求？

附　　录

试验一　土木工程材料基本性质试验

一、密度试验

密度是材料在密实状态下单位体积的质量。本试验可以用水泥或烧结普通砖为样品，进行密度测定。

1. 主要仪器

主要仪器包括：(如试图 1-1 所示)天平(称量 1 000 g，感量 0.01 g)、烘箱、筛子(孔径 0.20 mm)、温度计等。

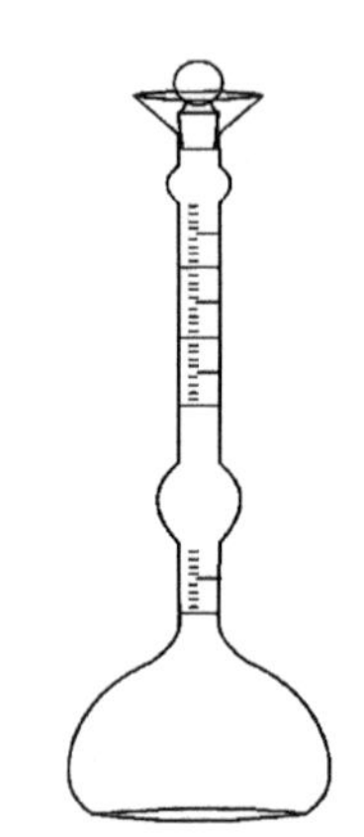

试图 1-1　李氏瓶

2. 试验步骤

① 水泥试样直接采用粉体，烧结黏土砖取样后将其破碎、磨细，全部通过 0.2 mm 孔筛，再放入烘箱中，在不超过 110℃的温度下，烘至恒重，取出后置干燥器中冷却至室温备用。

② 将无水煤油注入试图 1-1 所示的李氏瓶至凸颈下 0～1 mL 刻度线范围内。用滤纸将瓶颈内液面上部内壁吸附的煤油仔细擦净。

③ 将注有煤油的李氏瓶放入恒温水槽内，使刻度线以下的李氏瓶瓶体浸入水中，水温控制在 20 ℃±0.5 ℃，恒温 30 min 后读出液面的初始体积 V_1(以弯液面下部切线为准)，精确到 0.05 mL。

④ 从恒温水槽中取出李氏瓶、擦干外表面、放于物理天平上，称得初始质量 m_1。

⑤ 用小匙将物料徐徐装入李氏瓶中，下料速度不得超过瓶内液体浸没物料的速度，以免阻塞。如有阻塞，应将瓶微倾且摇动，在物料下沉后再继续添加，直至液面上升接近 20 mL 的刻度时为止。

⑥ 排除瓶中气泡。以左手指捏住瓶颈上部，右手指托着瓶底，左右摆动或转动，使其中气泡上浮，每 3～5 s 观察一次，直至无气泡上升为止。同时将瓶颈倾斜并缓缓转动，以便使瓶内煤油将黏附在瓶颈内壁上的物料洗入煤油中。

⑦ 将瓶置于天平上称出加入物料后的质量 m_2，再将李氏瓶放入恒温水槽中，在相同水温下恒温 30 min，读出第二次体积读数 V_2。

3. 结果计算

① 按式(试 1-1)计算试样密度 ρ(精确至 0.01 g/cm^3)：

$$\rho=\frac{m_2-m_1}{V_2-V_1} \tag{试 1-1}$$

式中　ρ——材料的密度，g/cm^3；

m_1——李氏瓶、水的质量，g；

m_2——李氏瓶、水和物料的质量，g；

V_1——初始体积读数，mL；

V_2——第二次体积读数，mL。

② 以两次试验结果的平均值作为密度的测定结果。两次试验结果的差值不得大于 0.02 g/cm^3，否则应重新取样进行试验。

二、块状材料表观密度试验

表观密度，是指在自然状态下材料包含自身孔隙在内的单位体积的质量。以烧结普通砖为试件，进行表观密度测定。

1. 主要仪器

主要仪器包括：案秤(称量 6 kg，感量 50 g)、直尺(精度为 1 mm)、烘箱。当试件较小时，应选用精度为 0.1 mm 的游标卡尺和感量为 0.1 g 的天平。

2. 试验步骤

① 将每组 5 个试件放入(105±5) ℃的烘箱中烘至恒重，取出冷却至室温秤重 m(g)。

② 用直尺量出试件的各方向尺寸，并计算出其体积 V_0(cm^3)。对于六面体试件，量尺寸时，长、宽、高各方向尺寸，取其平均值得 a、b、c，则：$V=abc$(cm^3)。

3. 结果计算

① 材料的表观密度 ρ_0 按式(试 1-2)计算(精确至 10 kg/cm^3)。

$$\rho_0=\frac{m}{V_0}\times 1\,000 \tag{试 1-2}$$

② 表观密度以 5 个试件试验结果的平均值表示，计算精确至 10 kg/cm^3。

三、孔隙率计算

将已测得的烧结普通砖的密度 ρ 与表观密度 ρ_0 代入式(试 1-3)，可计算得出普通砖的孔隙率 p(精确至 1%)：

$$p=\frac{\rho-\rho_0}{\rho}\times 100\ (\%) \tag{试 1-3}$$

四、散装材料表观密度试验

测定散粒状材料的表现密度，即材料在自然状态下单位体积(包括内部封闭孔隙与实体体积之和，但不包括颗粒之间的空隙体积)的烘干质量。

1. 试验仪器

① 天平：称量 5 kg，感量 1 g，型号及尺寸应能允许在臂上悬挂试样吊篮，并在水中称量，结构如试图 1-2 所示。

② 吊篮：两只，直径和高度均为 150 mm，由孔径为 1～2 mm 筛网或钻有 2～3

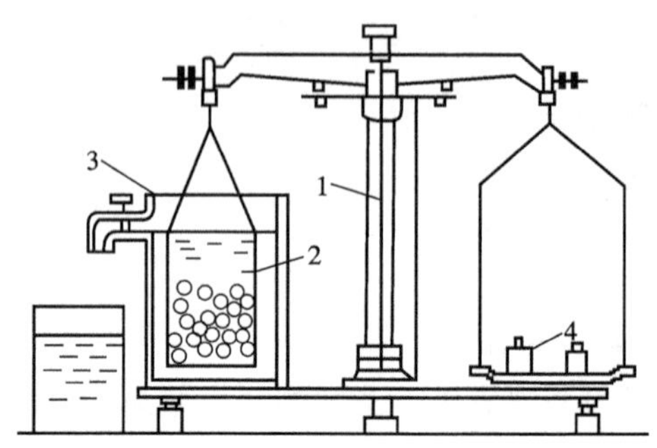

试图 1-2　静水密度天平示意图

1—天平;2—吊篮;3—盛水容器;4—砝码

mm 孔洞的耐锈金属板制成。

③ 盛水容器:容器的侧向有溢流孔。

④ 烘箱:能使温度控制在(105±5)℃。

⑤ 标准筛:筛孔为 5 mm。

⑥ 温度计:0~100℃,分度 1℃。

⑦ 带盖容器、浅盘、刷子和毛巾等。

2. 试验方法

① 将试样筛除 4.75 mm 以下颗粒,用四分法缩分如试表 1-1 所列规定数量的样品,用刷子刷洗干净后分为 2 份备用。

试表 1-1　测定密度所需要的试样最小质量

公称最大粒径/mm	方孔筛	9.5	16	19	26.5	31.5	37.5	63	75
每一份试样的最小质量/kg		1	1	1	1.5	1.5	2	3	3

② 取试样 1 份装入吊篮中,并浸入盛水容器中,水面至少应高出试样 20 mm。

③ 浸水 24 h 后,移放到盛水的称量容器中,并用上下升降吊篮的方法排除气泡(试样不得露出水面)。吊篮升降速度为每次 1 s,升降高度为 30~50 mm。

④ 测定水温后(此时吊篮应全浸在水中),用天平称量吊篮及试样在水中的质量为 m_2,称量时盛水容器中,水面的高度由容器的溢流孔控制。

⑤ 提取吊篮,将试样置于浅盘中,放入(105±5) ℃的烘箱中烘干至恒重。取出放入带盖的容器中冷却至室温后,称出试样的质量为 m_0(此时恒重系指相邻两次称量间隔时间大于 3 h 的情况下,其前后两次称量之差小于该项试验所要求的称量精度,以下均同)。

⑥ 称量吊篮在同样温度的水中的质量为 m_1,称量时盛水容器的水面高度仍由溢流孔控制(试验时各项称量可以在 15~25 ℃的温度范围内进行,但从加水静置的最后 2 h 起直至试验结束,其温度相差不应超过 2 ℃)。

散粒状材料的表观密度 ρ_0 按式(试 1-4)计算。

$$\rho_0=\left(\frac{m_0}{m_0+m_1-m_2}-\alpha_t\right)\rho_w \tag{试 1-4}$$

式中　m_0——烘干后试样质量,g;

m_1——吊篮在水中的质量,g;

m_2——吊篮及试样在水中的质量,g;

α_t——考虑称量时的水温对密度影响的修正系数,参见试表 1-2;

ρ_w——水的密度(设水在 4℃时的密度为 1 kg/m^3)。

试表 1-2　不同水温下碎石和卵石表观密度的修正系数表

水温/℃	15	16	17	18	19	20	21	22	23	24	25
修正系数 α_t	0.002	0.003	0.003	0.004	0.004	0.005	0.005	0.006	0.006	0.007	0.007

粗集料的表观密度计算精确至 0.01。

以两次计算的算术平均值作为试验结果,如其偏差大于 20 kg/m^3 时,则应重新取样进行试验。对材质不均匀的颗粒,两次试验结果超过规定误差,可取 4 次试验的算术平均值作为试验结果。

五、散装材料的堆积密度试验

测定散粒状材料的堆积密度,即散粒状材料装填于容器中,包括材料空隙(颗粒之间的)和孔隙(颗粒内部的)在内的单位体积质量。堆积密度包括松散堆积密度和紧密堆积密度。

1. 试验仪器

① 台秤:称量 10 kg,感量 10 g。

② 磅秤:称量 50 kg 或 100 kg,感量 50 g。

③ 容量筒:根据散状材料的粒径选取。

④ 垫棒、直尺、小铲。

⑤ 烘箱:能使温度控制在(105±5) ℃。

2. 试验方法

① 用四分法缩分按规定取代表样,在(105±5) ℃的烘箱中烘干,也可以摊在清洁的地面上风干,拌匀后分成 2 份备用。

② 松散堆积密度:取样品 1 份,置于平整干净的地板(或铁板)上,用小铲铲起试样,从容量筒口中心上方 50 mm 处徐徐倒入,使材料自由落入容量筒内,除去突出筒口表面的颗粒,最后称量为 m_1,将试样倒出,称量容量筒质量为 m_0。

③ 紧密堆积密度:取样品 1 份,分 3 层装入密度筒中,每装完一层在筒底垫放 1 根直径为 25 mm 的钢筋,把筒按住,左右交替颠击地面各 25 次然后装入第二层,用同样方法颠实,然后再装入第三层(第二次时钢筋的位置与第一次时垂直),待三层试

样装填完毕后，加料直到试样超出容量筒口，用钢筋在筒边缘滚转，刮下高出筒口的颗粒，并以合适的颗粒填入凹陷处，使表面稍凸部分的体积大致相等，然后称量为 m_2。

3. 结果计算

堆积密度按下式计算：

$$\rho_0'=\frac{m_1(\text{或 } m_2)-m_0}{V_0'} \tag{试 1-5}$$

式中 ρ_0'——粗集料堆积密度(或振实密度)，g/cm³；

m_0——容量筒的质量，g；

m_1——自然堆积时粗集料试样与筒的质量，g；

m_2——振实堆积时粗集料试样与筒的质量，g；

V_0'——容量筒的容积，L。

以两次试验的算术平均值为试验结果，计算至两位小数。

六、散粒状材料空隙率

散粒状材料空隙率 p'，可根据表观密度和堆积密度按下式计算：

$$P'=\left[1-\frac{\rho_0}{\rho_0'}\right]\times 100\% \tag{试 1-6}$$

式中 P'——散装材料的空隙率，%；

ρ_0——散装材料的表观密度，g/cm³；

ρ_0'——散装材料的堆积密度 g/cm³。

散粒状材料的空隙率计算至 1%。

七、吸水率试验

1. 主要仪器设备

主要仪器设备包括：天平、游标卡尺、烘箱等。

2. 试验步骤

① 取有代表性试件(如石材)每组 3 块，将试件置于烘箱中，以不超过 110 ℃的温度烘干至恒重，然后再以感量为 0.1 g 的天平称其质量 m_0(g)。

② 将试件放在金属盆或玻璃盆中，在盆底可放些垫条如玻璃管(杆)等使试件底面与盆底不致紧贴，使水能够自由进入试件内。

③ 加水至试件高度的 1/3 处，过 24 h 后再加水至高度的 2/3 处，再过 24 h 加满水，再放置 24 h。这样逐次加水能使试件孔隙中的空气逐渐逸出。

④ 取出试件，擦去表面水分，称其重量 m_1(g)，用排水法测出试件的体积 V_0(cm³)。为检查试件吸水是否饱和，可将试件再浸入水中至高度的 3/4 处，24 h 后重新称量，两次质量之差不超过 1%。

3. 试验结果计算

① 按式(试 1-7)、式(试 1-8)计算吸水率 W(%)(精确至 0.1%)：

$$\text{质量吸水率}\quad W_m=\frac{m_1-m_0}{m_0}\times 100(\%) \tag{试 1-7}$$

$$\text{体积吸水率}\quad W_v=\frac{m_1-m_0}{V_0}\frac{1}{\rho_w}\times 100(\%) \tag{试 1-8}$$

② 取三个试样的吸水率计算其平均值(精确至 0.1%)。

试验二　水 泥 试 验

为了保证建筑工程的质量和进行施工控制，一般施工前需对水泥的质量进行检验。国家和建材行业颁布了一系列水泥试验标准来指导水泥试验，以保证检验结果的可靠性。

水泥试验的种类很多，且不同水泥品种的试验方法和试验要求有所不同。本节对通用水泥的最主要的物理力学性能——细度、标准稠度用水量、凝结时间、体积安定性、胶砂强度试验进行介绍，主要参照的规范有《水泥细度检验方法　筛析法》(GB/T 1345—2005)、《水泥标准稠度用水量、凝结时间、安定性检验方法》(GB/T 1346—2011)、《水泥胶砂强度检验方法(ISO 法)》(GB/T 17671—1999)。

一、水泥试验的一般规定

① 取样方法：以同一水泥厂、同品种、同标号、同期到达的、一般不超过 200 t 为一批。取样应有代表性，应从 20 个以上不同部位抽取等量样品，总量不少于 12 kg。

② 试样应充分拌匀，通过 0.9 mm 的方孔筛，记录筛余百分率及筛余物情况。将样品分成两份，一份密封保存 3 个月，一份用于试验。

③ 试验用水必须是洁净的淡水。

④ 试验室温度应为 18～22 ℃，相对湿度应不小于 50%。养护箱温度为 (20±1) ℃，相对湿度应大于 90%。养护池水温为 (20±1) ℃。

⑤ 水泥试样、标准砂、拌和水及仪器用具的温度应与试验室温度相同。

二、水泥细度试验

1. 实验目的和意义

水泥的许多性质(如凝结时间、强度、收缩等)都与水泥的细度有关，因此水泥的细度是评价水泥质量的一个指标。

普通水泥的水泥细度检验用负压筛法或水筛法。如两种方法的检验结果有争议，以负压筛法为准。

2. 水筛法

(1) 主要仪器设备

① 水筛及筛座。水筛采用边长为 0.080 mm 的方孔铜丝筛网，筛框内径 125 mm，高 80 mm。

② 喷头。直径 55 mm，面上均匀分布 90 个孔，孔径 0.5～0.7 mm，喷头安装高度离筛网 35～75 mm 为宜。

③ 天平(称量 100 g，感量 0.05 g)、烘箱等。

(2) 试验步骤

① 称取已通过 0.9 mm 方孔筛的试样 50 g，倒入水筛内，立即用洁净的自来水冲至大部分细粉通过，再将筛子置于筛座上，用(0.05±0.02) MPa 压力的喷头水连

续冲洗 3 min。

② 将筛余物冲到筛的一边，用少量的水将其全部冲移至蒸发皿内，沉淀后将水倒出。

③ 将蒸发皿放在烘箱中烘至恒重，称量筛余量。

(3) 结果计算

将筛余量的质量克数乘以 2 即得筛余百分数，结果计算至 0.1%，并以一次试验结果作为检验结果。

3. 负压筛法

(1) 主要仪器设备

① 负压筛。采用边长为 0.080 mm 的方孔铜丝筛网，并附有透明的筛盖，筛盖与筛口应有良好的密封性。

② 负压筛仪。由筛座、负压源及收尘器组成。

(2) 试验步骤

① 检查负压系统，压力应在 4 000～6 000 Pa 范围内。

② 称取过筛(0.9 mm 方孔筛)水泥试样 25 g，置于洁净的负压筛中，盖上筛盖并放在筛座上。

③ 启动负压筛并连续筛析 2 min，在此期间如有试样黏附于筛盖，可轻轻敲击筛盖使试样落下。

④ 筛毕取下，用天平称取筛余物的质量，精确至 0.05 g。

(3) 结果计算

以筛余量的质量克数乘以 4，即得筛余百分数，结果计算至 0.1%，并以一次试验结果作为检验结果。

三、水泥标准稠度用水量测定

1. 实验目的和意义

水泥的凝结时间和安定性测定等都与它们的用水量有关。为了便于检验，必须人为规定一个标准稠度，统一用标准稠度的水泥净浆进行检验。该试验的主要目的就是为凝结时间和安定性试验提供标准稠度的水泥净浆，也可用来检验水泥的需水量。

水泥标准稠度用水量可用调整水量法或固定水量法测定，有争议时以调整水量法为准。

2. 主要仪器设备

① 水泥净浆搅拌机。由主机、搅拌叶和搅拌锅等组成，搅拌叶片能以双转速转动。

② 标准稠度测定仪。由机身(见试图 2-1)、试锥和试模(见试图 2-2)组成，滑动部分(滑杆、指针及试锥)的总质量为(300±2) g。

3. 实验步骤

① 称取水泥试样 500 g，量取 142.5 mL(固定水量法时)或适量的净水(调整水

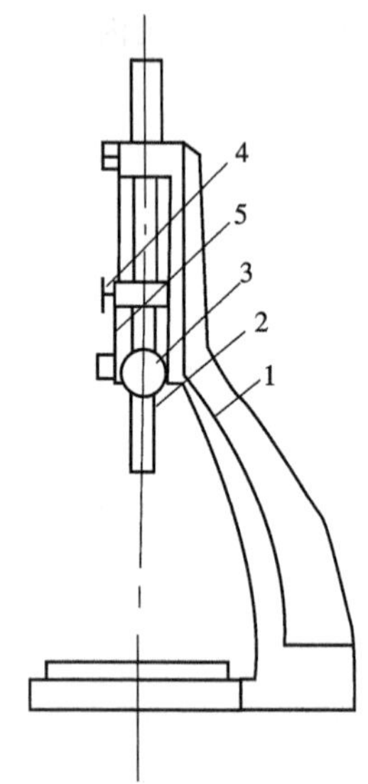

试图 2-1 标准稠度测定仪

1—支座;2—滑杆;3—止动螺丝;
4—指针;5—标尺

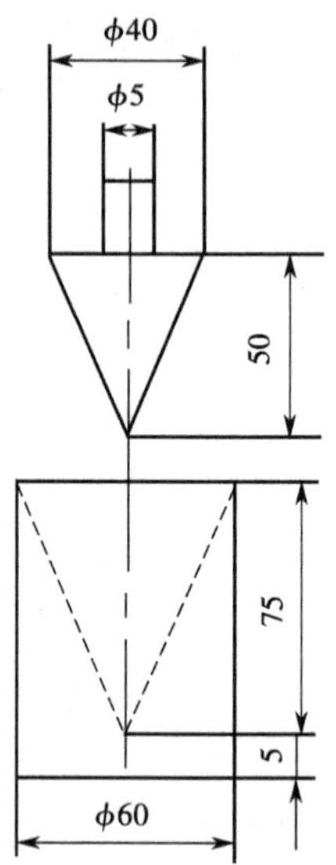

试图 2-2 试锥和试模

(单位:mm)

量法时)。

② 用湿布将搅拌锅和搅拌叶片擦湿,将称好的水泥倒入锅内,将锅固定在锅座上,升至搅拌位置。

③ 开动搅拌机慢速搅拌,徐徐加入拌和水,慢速搅拌 120 s,停止 15 s,再快速搅拌 120 s 后停机。

④ 搅拌结束后,立即将水泥净浆装入试锥模内,用小刀插捣并振动数次,排出气泡并刮平,再放置到基座上。将试锥尖降至净浆表面,拧紧止动螺丝,将指针调到零,然后突然放松止动螺丝,让试锥自由沉入浆体中,等试锥停止下沉时,记录下沉深度,整个操作应在搅拌后 1.5 min 内完成。

4. 试验结果

① 用调整水量法时,以试锥下沉深度为(28±2) mm 时作为水泥净浆的标准稠度,以用水量/水泥质量的百分数作为标准稠度用水量。如下沉深度小于或大于此范围,则应相应增加或减少用水量,重新试验,直至满足要求为止。

② 用固定水量法测试时,当试锥下沉深度不小于 13 mm 时,可从标准稠度测定仪的标尺上直接读出标准稠度用水量,也可根据试锥下沉深度 S(mm),按下式计算出标准稠度用水量 P(%):

$$P=33.4-0.185S \tag{试 2-1}$$

当试锥下沉深度小于 13 mm 时,应改用调整水量法测定。

四、水泥凝结时间测定

1. 实验目的和意义

水泥加水拌和后形成水泥浆，水泥浆会逐渐失去可塑性而获得强度。从水泥加水起到开始失去可塑性的时间，称为初凝时间；从水泥加水起到完全失去可塑性并具有强度的时间，称为终凝时间。

从施工的角度来说，水泥初凝不宜太早，终凝不宜太迟，以保证水泥拌和以后有足够的时间进行施工，施工结束以后能保证强度的发展。凝结时间是评定水泥质量的一个重要指标。

2. 主要仪器设备

① 凝结时间测定仪是将标准稠度测定仪的试锥换成试针，锥模换成圆模(见试图 2-3)。

② 养护箱。

③ 测定标准稠度时所需的仪器。

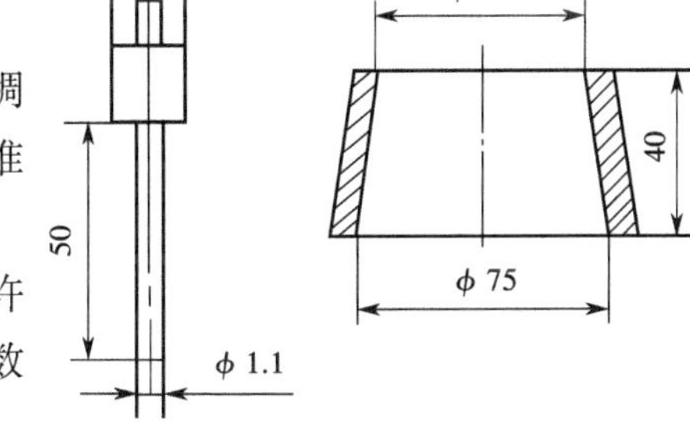

试图 2-3　试针及圆模(单位：mm)

3. 试验步骤

① 称取水泥试样 500 g，按测定的标准稠度用水量乘以水泥质量数加水，搅拌制备标准稠度的水泥净浆，并记录开始加水的时间。

② 将圆模放置在玻璃板上，内侧涂少许机油。将水泥净浆立即一次装入圆模，振动数次刮平，然后放入养护箱内。

③ 调整测定仪，使试针接触圆模底面，将指针调至标尺最下面刻度作为零点。测定时从养护箱中取出试件放到测试仪的试针下，将试针调到与试件表面刚要接触时止住，测定时突然放开止动螺丝，让试针自由插入浆体中，到指针停止下沉时记录指针刻度数。

最终测定时，为防止撞弯试针，应轻托滑杆，使之徐徐下降。但测定初凝时间时，仍需以自由下落时的读数为准。

④ 以加水时算起，30 min 后进行第一次测定，以后每隔一定时间测一次。临近初凝时，每隔 5 min 测一次；临近终凝时，每隔 15 min 测一次。到达初凝和终凝时应立即重复测一次，两次结论相同时才能得出最终结论。每次测定时，试针贯入的位置至少要距圆模内壁 10 mm 以上，并不得让试针落入原测试孔内，每次测定后，均需将试件放回养护箱内，并将试针擦净，试件不得受振动。

4. 试验结果

① 自加水时刻起，至试针插入净浆中距底板 2～3 mm 时所经过的时间为初凝时间，用小时(h)和分(min)表示。

② 自加水时刻起，至试针插入净浆中 1～0.5 mm 时所经历的时间为终凝时间，

用小时(h)和分(min)表示。

五、水泥安定性试验

1. 实验目的和意义

造成水泥体积安定性不良的主要原因有游离氧化钙过多、氧化镁过多和掺入的石膏过多。对于氧化镁和石膏含量,规定水泥出厂时应符合要求。对游离氧化钙的危害作用,则通过沸煮法来检验。安定性检验分雷氏法和试饼法两种,有争议时以雷氏法为准。

2. 主要仪器设备

① 测定标准稠度所需的仪器。

② 雷氏夹。铜质材料制成,形状如试图 2-4,用 300 g 砝码校正时,两根针尖距离增加应在(17.5±2.5) mm 范围内,见试图 2-5。

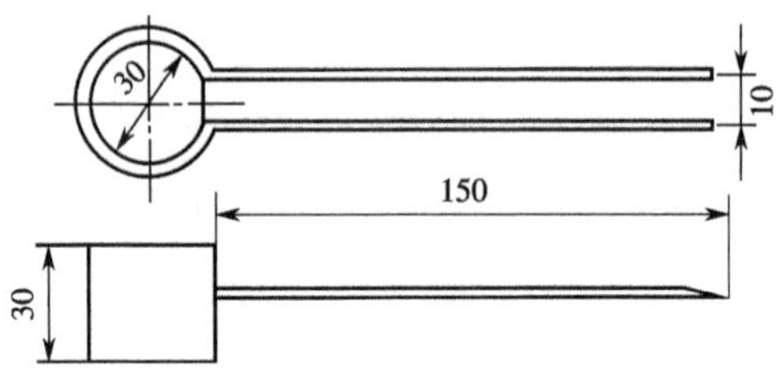

试图 2-4 雷氏夹(单位:mm)

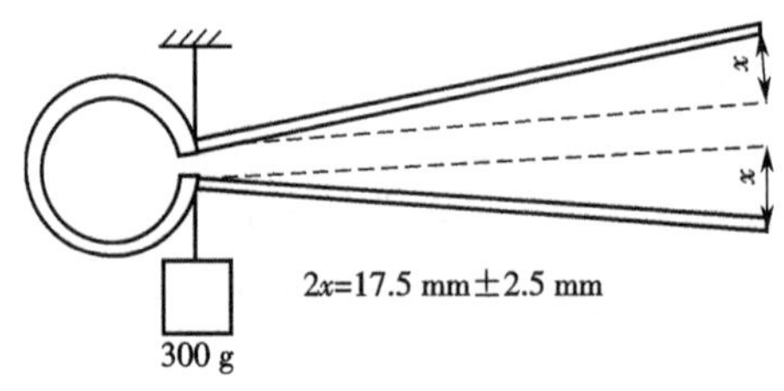

试图 2-5 雷氏夹校正图

③ 雷氏夹膨胀测定仪。标尺最小刻度为 1 mm。

④ 沸煮箱。有效容积为 410 mm×240 mm×310 mm,内设篦板及两组加热器。能在(30±5) min 内将一定量的试验用水由 20 ℃升至沸腾,然后保持恒沸 3 h。

⑤ 标准养护箱、玻璃板等。

3. 检验方法

(1) 试饼法

① 将制备好的标准稠度的水泥净浆取出约 150 g,分成两等份,使之成球形,分别放在已涂一层薄机油的玻璃板上,轻轻振动玻璃板使水泥浆摊开,并用小刀由边缘向中间抹,做成直径 70～80 mm、中心厚约 10 mm、边缘渐薄、表面光滑的试饼,放入标准养护箱内。

② 标准养护(24±2) h后,编号,除去玻璃板,检查试饼。在无缺陷的情况下将试饼置于沸煮的篦板上,调好水位和水温,接通电源,开启沸煮箱,在(30±5) min内加热至沸腾并恒沸3 h±5 min。

③ 沸煮结束后放掉热水,冷却至室温,如目测未发现裂纹,或用直尺检查平面无弯曲时,则体积安定性合格,反之为不合格。当两个试饼的判别结果有矛盾时,也判为不合格。

(2) 雷氏法

① 将两个雷氏夹分别放在已涂一层薄机油的玻璃板(质量为75～80 g)上,再准备两块同样的玻璃板作盖板。

② 将制备好的标准稠度水泥净浆装入雷氏夹的圆模内,轻扶雷氏夹,用小刀插捣15次左右后抹平,盖上玻璃板,送至标准养护箱。

③ 养护(24±2) h后,除去玻璃板,测量每个雷氏夹两个指针尖端间的距离(A),精确至0.5,然后将试件放在沸煮箱的篦板上,指针朝上,在(30±5) min内加热至沸腾并恒沸3 h±5 min。

④ 到出沸煮后冷却至室温的试件,用膨胀值测定仪测量雷氏夹两指针尖间距离(C),计算膨胀值($C-A$),取两个试件膨胀值的算术平均值作为试验的结果。当结果不大于5 mm时,水泥安定性合格,反之,为不合格。若两个试件的膨胀值相差超过5 mm时,应用同一样品立即重做一次试验。

六、水泥胶砂强度试验

1. 试验的目的和意义

水泥作为主要的胶凝材料,其强度对混凝土的强度有决定性的影响。水泥的强度用标准的水泥胶砂试件抗折和抗压强度来表示,并根据强度测定值来划分水泥的强度等级。

2. 主要仪器设备

① 胶砂搅拌机。行星式胶砂搅拌机,应符合《行星式水泥胶砂搅拌机》(JC/T 681—2005)的要求。

② 胶砂振动台。应符合《水泥胶砂振动台》(JC/T 723—2005)的要求。

③ 试模。可装卸的三联模,一次制成的三条试件尺寸都为40 mm×40 mm×160 mm,如试图2-6所示。

④ 下料漏斗。与试模配套使用,下料口宽为4～5 mm。

⑤ 水泥电动抗折试验机。应符合《水泥胶砂电动抗折试验机》(JC/T 724—2005)的要求。

⑥ 压力试验机及抗压夹具。试验机最大量程以200～300 kN为宜,在较大的4/5量程范围内使用时,记录的荷载应有±1%的精度。抗压夹具以硬钢制成,试件受压尺寸为62.5 mm×40 mm,加压面须磨平。

⑦ 刮刀、量筒、天平等。

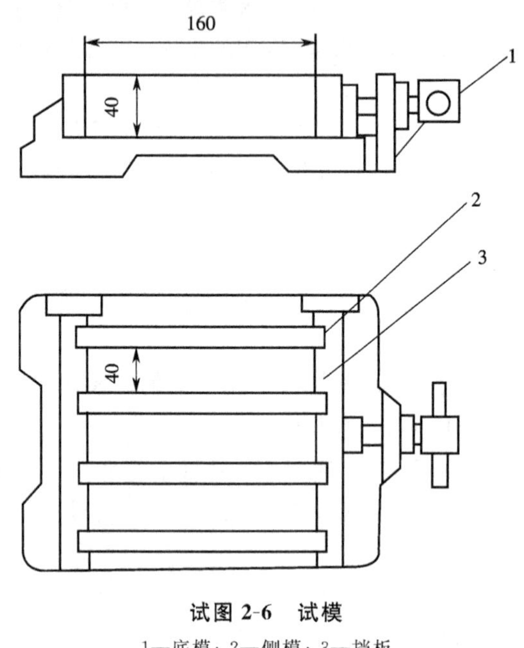

试图 2-6 试模

1—底模；2—侧模；3—挡板

(单位:mm)

⑧ 试验筛。金属丝网试验筛应符合《金属丝编织网试验筛》(GB/T 6003.1—1997)的要求,筛孔尺寸分别为 2.0 mm、1.6 mm、1.0 mm、0.5 mm、0.16 mm 与 0.080 mm。

3. 检验方法

1)称料

水泥与标准砂的质量比为 1∶3,水灰比为 0.50。每成型三条试条需称量水泥 450 g,标准砂 1 350 g,水 225 mL(W/C=0.50)。

2)搅拌

把水加入锅中,再加入水泥,把锅放在固定架上,上升至固定位置。然后立即开动机器,低速搅拌 30 s 后,在第二个 30 s 开始时同时均匀地将砂子加入。把机器转至高速再拌 30 s。停拌 90 s,在第一个 15 s 内用一胶皮刮具将叶片和锅壁上的胶砂刮入锅中间。在高速下继续搅拌 60 s。各个搅拌阶段,时间误差应在±1 s 以内。

3)成型

胶砂制备后立即进行成型。将空试模和模套固定在振实台上,用一个适当勺子直接从搅拌锅里将胶砂分两层装入试模,装第一层时,每个槽里约放 300 g 胶砂,用大播料器垂直架在模套顶部沿每个模槽来回一次将料层插平,接着振实 60 次,再装入第二层胶砂,用小播料器播平,再振实 60 次。移走模套,从振实台上取下试模,用一金属直尺以近似 90°的角度架在试模模顶的一端,然后沿试模长度方向以横向锯割动作慢慢向另一端移动,一次将超过试模部分的胶砂刮去,并用同一直尺以近乎水平的情况下将试体表面抹平。在试模上作标记或加字条标明试件编号和试件相对于振实台的位置。

4)养护与脱模

将成型好的试件连试模送入标准养护箱(温度(20±1) ℃,湿度大于 90%)养护(22±2) h,然后取出脱模。硬化较慢的水泥允许延期脱模,水面至少高出试件 5 cm。

5) 强度试验

(1) 抗折强度

① 各龄期试件,规定在 24 h±15 min,48 h±30 min,72 h±45 min,7 d±2 h,28 d±8 h 时间内进行强度试验。

② 到时间后,取出三条试件先进行抗折试验。测试前须先擦去试件表面的水分和砂粒,清洁夹具的圆柱表面。

③ 将试件一个侧面放在试验机支撑圆柱上,试件长轴垂直于支撑圆柱,通过加荷圆柱以(50±10) N/s 的速度均匀地将荷载垂直地加在棱柱体相对侧面上,直至折断。

④ 保持两个半截棱柱体处于潮湿状态直至抗压试验。

⑤ 抗折强度 R_f 可按下式计算(精确至 0.01):

$$R_f = 1.5F_fL/(b \cdot h^2) \qquad \text{(试 2-2)}$$

式中　F_f——抗折破坏荷载,N;

L——两支撑圆柱间距离,100 mm;

b——试件宽度,40 mm;

h——试件高度,40 mm。

⑥ 以三个试件的算术平均值作为抗折强度试验结果。当三个强度值中有一个超过平均值的±10%时,应剔除后再取平均值作为抗折强度试验结果。

(2) 抗压强度试验

① 抗折试验后的两个断块应立即进行抗压强度试验,抗压试验需用抗压夹具进行,试件的受压面为 40 mm×40 mm。测定前应先清除试件受压面与加压板间的砂粒或杂质。测定时应以试件侧面作为受压面,并使夹具对准压力机压板中心。

② 加荷速度控制在(2.4±0.2) kN/s 范围内,均匀地加荷直至破坏。

③ 抗压强度 R_c 按下式计算(精确至 0.1 MPa):

$$R_c = F_c/\mathrm{A} \qquad \text{(试 2-3)}$$

式中　F_c——抗压破坏荷载,N;

A——受压面积,通常取 40 mm×40 mm=1 600 mm^2。

④ 以一组三个棱柱体上得到的六个抗压强度测定值的算术平均值作为抗压强度试验结果。如六个测定值中有一个超出六个平均值的±10%,就应剔除这个结果,

而以剩下五个的平均值为结果。如果五个测定值中再有超出它们平均值的±10%时,则此组结果作废。

七、水泥试验结果评定

水泥试验的结果应根据所试验的水泥品种,参照相应的技术规范进行评定,并应具有明确的结论。

试验三　混凝土试验

一、砂石材料取样方法

1. 砂石材料取样方法的规定

① 在料堆上取砂样时，取样部位应均匀分布。取样前先将取样部位表层铲除，然后从不同部位抽取大致等量的砂 8 份，组成一组样品。将所取试样置于平板上，在潮湿状态下拌和均匀，并堆成厚度约为 20 mm 的圆饼。重复上述过程，直至把样品缩分到试验所需的量为止。

② 在料堆上取石子样品时，取样部位应均匀分布。取样前先将取样部位表层铲除，然后从不同部位抽取大致等量的石子 15 份(在料堆的顶部、中部和底部均匀分布的 15 个不同部位取得)组成一组样品。试样也进行缩分。

2. 砂的筛分试验

(1) 试验目的和意义

通过砂子筛分试验，绘出颗粒级配曲线，并计算砂的细度模数，由此可以确定砂的级配好坏和粗细程度。砂的级配好坏和粒度大小，对于混凝土的水泥用量具有显著的影响。

(2) 仪器设备

① 方孔标准筛：孔径为 150 μm、300 μm、600 μm、1.18 mm、2.36 mm、4.75 mm、9.50 mm 的标准筛及底盘和盖各一个。

② 天平(称量 1 kg，感量 1 g)。

③ 烘箱、摇筛机、瓷盘、容量、毛刷等。

(3) 试样制备

将试样缩分至约 1 100 g，放在烘箱中于(105±5) ℃下烘干至恒量，待冷却至室温后，筛除大于 9.50 mm 的颗粒(并算出其筛余百分率)，分为大致相等的两份备用。

(4) 试验步骤

① 称取烘干试样 500 g，精确到 1 g。

② 将试样倒入按孔径大小从上到下组合的套筛(附筛底)上，然后进行筛分。将套筛置于摇筛机上，摇 10 min；取下套筛，按孔大小顺序再逐个用手筛，筛至每分钟通过量小于试样总量的 0.1%为止。通过的试样并入下一号筛中，并和下一号筛中的试样一起过筛，按此顺序进行，直至各号筛全部筛完为止。

③ 称出各号筛的筛余量，精确至 1 g，试样在各号筛上的筛余量不得超过按下式计算出的量：

$$G=\frac{A\times d^{1/2}}{200} \qquad (试 3\text{-}1)$$

式中　G——在一个筛上的筛余量，g；

A——筛面面积，mm^2；

d——筛孔尺寸，mm。

筛余量超过时，应按下列方法之一进行处理。

① 将该粒级试样分成少于上式计算出的量，分别筛分，并以筛余量之和作为该号筛的筛余量。

② 将该粒级及以下各粒级的筛余混合均匀，称了其质量，精确至 1 g。再用四分法缩分为大致相等的两份，取其中一份，称出其质量，精确至 1 g，继续筛分。计算该粒级及以下各粒级的分计筛余量时应根据缩分比例进行修正。

(5) 试验结果

① 计算分计筛余百分率：各号筛余百分率与试样总量之比，计算精确至 0.1%。

② 计算累计筛余百分率：该号筛的筛余百分率加上该号筛以下各筛余百分率之和，计算精确至 0.1%。筛分后，如每号筛的筛余量与筛底的剩余量之和与原试样质量之差超过 1%时，需重新试验。

③ 砂的细度模数可按下式计算，精确至 0.01：

$$M_x = \frac{(A_2 + A_3 + A_4 + A_5 + A_6) - 5A_1}{100 - A_1} \tag{试 3-2}$$

式中　$A_1 \sim A_6$分别为 150 μm～4.75 mm 六个筛上的累计筛余率。

M_x——细度模数，无量纲量。

④ 累计筛余百分率取两次试验结果的算术平均值，精确至 1%。细度模数取两次试验结果的算术平均值，精确至 0.1。如两次试验的细度模数之差超过 0.02 时，须重新检验。

3. 砂的表观密度试验

(1) 试验的目的和意义

测定砂的表观密度，以此评定砂的质量。砂的表观密度也是进行混凝土配合比设计的必要数据之一。

(2) 主要仪器设备

① 托盘天平：称量 1 000 g，感量 1 g。

② 容量瓶：容积为 500 L。

③ 煤箱、干燥器、浅盘、料勺、温度计等。

(3) 试样制备

将取回的试样用四分法缩分至约 660 g，放在烘箱中于(105±5) ℃下烘干至恒量，待冷却至室温后分成两份备用。

(4) 试验步骤

① 称取烘干试样 300 g(G_0)，精确至 1 g，将试样装入 15～25 ℃冷开水至接近 500 mL 的刻度处，用手旋转摇动容量瓶，使砂样充分摇动，排除气泡，塞紧瓶塞，静置

24 h。然后用滴管小心加水至容量瓶 500 mL 刻度处，塞紧瓶塞，擦干瓶外水分，称出其质量(G_1)，精确至 1 g。

② 倒出瓶内水和试样，洗净容量瓶，再向容量瓶内注入 15～25 ℃水至 500 mL 刻度处，塞紧瓶塞，擦干瓶外水分，称出其质量(G_2)，精确至 1 g。

(5) 试验结果

试样的表观密度按下式计算：

$$\rho_0=\frac{G_0}{G_0+G_2-G_1}\times\rho_{水} \quad (试\ 3\text{-}3)$$

式中 ρ_0——砂的表观密度，kg/m^3；

G_0——试样、水及容量瓶的总质量，g；

G_1——水及容量瓶的总质量，g；

$\rho_{水}$——水的密度，1 000 kg/m^3。

表观密度取两次试验结果的算术平均值，精确至 10 kg/m^3；如两次试验结果之差大于 20 kg/m^3，需重新试验。

4. 砂的堆积密度试验

(1) 试验目的和意义

测定砂的堆积密度并计算空隙率，借以评定砂的质量。砂的堆积密度也是混凝土配合比设计必需的重要数据之一。在运输中，可以根据砂的堆积密度换算砂的运输质量和体积。

(2) 仪器设备

① 天平：称量 10 kg，感量 1 g。

② 容量筒：圆柱形金属桶，内径 108 mm，净高 109 mm，壁厚 2 mm，筒底厚约 5 mm，容积为 1 L。容量筒应先校正体积，将温度为(20±2) ℃的饮用水装满容量筒，用玻璃板沿筒口滑移，使其紧贴水面并擦干筒外壁水分，然后称出其质量，精确至 1 g。用下式计算容积：

$$V=G_1-G_2 \quad (试\ 3\text{-}4)$$

式中 V——容量筒容积，mL；

G_1——容量筒、玻璃板和水的总质量，g。

G_2——容量筒和玻璃板质量，g。

③ 烘箱、漏斗或料勺、毛刷、搪瓷盘、直尺等。

(3) 试样制备

用搪瓷盘装取试样约 3L，放在烘箱中于(105±5) ℃下烘干至恒量，待冷却至室温后，筛除大于 4.75 mm 的颗粒，分为大致相等的两份备用。

(4) 试验步骤

称容量筒质量(G_2)，用漏斗或料勺将试样从容量筒中心上方 50 mm 处徐徐倒入，让试样以自由落体式落下，当容量筒上部试样呈锥体，且容量筒四周溢满时，即停止加料。然后用直尺沿筒口中心线向两边刮平，称出试样和容量筒的总质量，精确至1 g。

(5) 试验结果

① 堆积密度按下式计算(精确至0.01)：

$$\rho_0'=\frac{G_2-G_1}{V} \tag{试 3-5}$$

式中 ρ_0'——堆积密度，kg/m^3；

G_1——容量筒质量，g；

G_2——试样和容量筒的总质量，g；

V——容量筒的容积，L。

② 空隙率 P' 按下式计算(精确至1%)：

$$P'=\left(1-\frac{\rho}{\rho_0'}\right)\times 100\% \tag{试 3-6}$$

式中 P'——砂的空隙率；

ρ_0——砂的表观密度；

ρ_0'——砂的堆积密度。

堆积密度取两次试验结果的算术平均值，精确至10 kg/m^3。空隙率取两次试验结果的算术平均值，精确至1%。

5. 砂的含水率试验

(1) 试验目的和意义

测定砂的含水率，以供搅拌混凝土时校正加水量和用砂量之用。此外，砂料的含水率对于砂料的体积也有很大影响。当验收砂时也可根据其含水率来进行体积的折算。本试验参照《普通混凝土用砂、石质量及检验方法标准》(JGJ 52—2006)进行。

(2) 主要仪器设备

① 天平：称量2 kg，感量2 g。

② 烘箱、干燥器、浅盘等。

(3) 试验步骤

① 将约500 g试样装入已称得质量为 G_1 的浅盘中，称出试样连同浅盘的总量 G_2。摊开试样，置于温度为(105±5) ℃的烘箱中烘干至恒重，然后置于干燥器中冷却至室温。

② 称烘干试样连同浅盘的总质量 G_3。

(4) 试验结果

试样的含水率 W 按下式计算(精确至0.1%)：

$$W=\frac{G_2-G_3}{G_3-G_1}\times 100\% \tag{试 3-7}$$

式中 G_1——容器的质量，g；

G_2——未烘干试样和容器的总质量，g；

G_3——烘干试样和容器的总质量，g。

以两次测定值的算术平均值作为试验结果。砂的表面含水率，可由此试验值减去其吸水率来求得。

6. 石子的筛分试验

(1) 试验目的和意义

石子的颗粒级配对于混凝土中水泥用量的大小具有显著的影响，它是评定石子质量的一个重要依据。

(2) 仪器设备

① 方孔标准筛：孔径为 2.36 mm、4.75 mm、9.50 mm、16.0 mm、19.0 mm、26.5 mm、31.5 mm、37.5 mm、53.0 mm、63.0 mm、75.0 mm、90.0 mm 的筛各一只，并附有底盘和筛盖(筛框内径为 300 mm)。

② 台秤：称量 10 kg，感量 1 g。

③ 烘箱、摇筛机、瓷盘、毛刷等。

(3) 试样制备

将试样缩分至略大于试表 3-1 规定的数量，烘干或风干后备用。

试表 3-1　颗粒级配试验所需试样数量

最大粒径/mm	9.5	16.0	19.0	26.5	31.5	37.5	63.0	75.0
最少试样质量/kg	1.9	3.2	3.8	5.0	6.3	7.5	12.6	16.0

(4) 试验步骤

① 称取按试表 3-2 规定数量的试样一份，精确到 1 g。

试表 3-2　视密度试验所需试样数量

最大粒径/mm	<26.5	31.5	37.5	63.0	75.0
最少试样质量/kg	2.0	3.0	4.0	6.0	6.0

② 将试样倒入按孔径大小从上到下组合的套筛(附筛底)上，然后进行筛分。将套筛置于摇筛机上，摇 10 min；取下套筛，按筛孔大小顺序再逐个用手筛，筛至每分钟通过量小于试样总量的 0.1%为止。通过的试样并入下一号筛中，并和下一号筛中的试样一起过筛，按此顺序进行，直至各号筛全部筛完为止。当筛余颗粒的粒径大于 19.0 mm 时，允许用手指拨动颗粒。

③ 称出各号筛的筛余量，精确至 1 g。

(5) 试验结果

① 计算分计筛余百分率：各号筛的筛余量与试样总量之比，计算精确至 0.1%。

② 计算累计筛余百分率:该号筛的筛余百分率加上该号筛以上各筛余百分率之和,计算精确至0.1%。筛分后,如每号筛的筛余量与筛底的剩余量之和同原试样质量之差超过1%时,需重新试验。

③ 根据各号筛的累计筛余百分率,评定该试样的颗粒级配。

7. 卵石或碎石的表观密度试验(广口瓶法)

(1) 试验目的和意义

石子的表观密度是指不包括颗粒之间空隙在内,但却包括颗粒内部孔隙在内的单位体积的质量。

石子的表观密度与石子的矿物成分有关。测定石子的表观密度,可以鉴别石子的质量,同时也是计算空隙率和进行混凝土配合比设计的必要数据之一。此法可用于最大粒径不大于37.5 mm的卵石或碎石。

(2) 主要仪器设备

① 天平。最大称量2 kg,感量1 g。

② 广口瓶。容积为1 000 mL,磨口并带有玻璃片。

③ 筛(孔径4.75 mm)、烘箱、搪瓷盘、毛巾、温度计等。

(3) 试样制备

按规定取样,并缩分至略大于试表3-3规定的数量,风干后筛除小于4.75 mm的颗粒,然后洗刷干净,分为大致相等的两份备用。

试表3-3 表观密度试验所需试样数量

最大粒径/mm	<26.5	31.5	37.5	63.0	75.0
最少试样质量/kg	2.0	3.0	4.0	6.0	6.0

(4) 试验步骤

① 将试样浸水饱和后,装入广口瓶中。装试样时,广口瓶应倾斜放置,注入饮用水,用玻璃片覆盖瓶口。以上下左右摇晃的方法排除气泡。

② 气泡排尽后,向瓶中添加饮用水,直至水面凸出瓶口边缘。然后用玻璃片沿瓶口迅速滑行,使其紧贴瓶口水面。擦干瓶外水分后,称出试样、水、瓶和玻璃片总质量,精确至1 g。

③ 将瓶中试样倒入搪瓷盘,放入烘箱中于(105±5) ℃下烘干至恒量,待冷却至室温后,称出其质量,精确至1 g。

④ 将瓶洗净并重新注入饮用水,用玻璃片紧贴瓶口水面,擦干瓶外水分后,称出水、瓶和玻璃片总质量,精确至1 g。

(5) 试验结果

试样的表观密度 ρ_0 按下式计算:

$$\rho_0=\left(\frac{G_0}{G_0+G_2-G_1}\right)\times\rho_{水} \tag{试 3-8}$$

式中　ρ_0——石子的视密度，kg/m³；

G_0——烘干试样的质量，g；

G_1——试样、水、瓶和玻璃片的总质量，g；

G_2——水、瓶和玻璃片的总质量，g；

$\rho_{水}$——水的密度，取 1 000 kg/m³。

表观密度取两次试验结果的算术平均值，精确至 10 kg/m³；如两次试验结果之差大于 20 kg/m³，需重新试验。对颗粒材质不均匀的试样，如两次试验结果之差超过 20 kg/m³，可取 4 次试验结果的算术平均值。

8. 卵石或碎石的堆积密度试验

(1) 试验目的和意义

测定干燥石子堆积密度并计算空隙率，借以评定石子质量的好坏。同时，石子的堆积密度也是混凝土配合比设计必需的重要数据之一。

(2) 仪器设备

① 台秤：称量 10 kg，感量 10 g。

② 磅秤：最大称量 50 kg 或 100 kg，感量 50 g。

③ 容量筒：其规格见试表 3-4。容量筒应先校正体积，将温度为 20 ℃±2 ℃的饮用水装满容量筒，用玻璃板沿筒口滑移，使其紧贴水面并擦干筒外壁水分，然后称出其质量，精确至 10 g。用下式计算容积：

$$V=G_1'-G_2' \tag{试 3-9}$$

式中　V——容量筒容积，mL；

G_1'——容量筒、玻璃板和水的总质量，g；

G_2' 容量筒和玻璃板质量，g。

试表 3-4　容量筒的规格要求

最大粒径/mm	容量筒容积/L	容量筒规格		
		内径/mm	净高/mm	壁厚/mm
9.5、16.0、19.0、26.5	10	208	294	2
31.5、37.5	20	294	294	3
53.0、63.0、75.0	30	360	294	4

④ 直尺、小铲等。

(3) 试样的制备

按试表 3-5 的规定取样。试样烘干或风干后，拌匀并分为大致相等两份备用。

试表 3-5　堆积密度试验取样质量

石子最大粒径/mm	取样质量/kg
9.5、16.0、19.0、26.5	40
31.5、37.5	80
63.0、75.0	120

(4) 试验步骤

取试样一份,用小铲将试样从容量筒中心上方 50 mm 处徐徐倒入,让试样以自由落体落下,当容量筒上部试样呈锥体,且容量筒四周溢满时,即停止加料。除去凸出容量筒表面的颗粒,并以合适的颗粒填入凹陷部分,使表面稍凸起部分和凹陷部分的体积大致相等,称出试样和容量筒的总质量,精确至 10 g。

(5) 试验结果

① 堆积密度 ρ_0' 按下式计算(精确至 10 kg/m³)

$$\rho_0'=\frac{G_2-G_1}{V} \tag{试 3-10}$$

式中 ρ_0'——堆积密度,kg/m³;

G_1——容量筒质量,g;

G_2——试样和容量筒的总质量,g;

V——容量筒的容积,L。

② 石子的空隙率 p' 按下式计算(精确至 1%)

$$p'=\left(1-\frac{\rho_0'}{\rho_0}\right)\times 100\% \tag{试 3-11}$$

式中 p'——石子的空隙率;

ρ_0——石子的表观密度;

ρ_0'——石子的堆积密度。

堆积密度取两次试验结果的算术平均值,精确至 10 kg/m³。空隙率取两次试验结果的算术平均值,精确至 1%。

9. 卵石或碎石的含水率试验

(1) 试验目的和意义

测定石子的含水率,用于混凝土调整加水量之用。本试验参照《普通混凝土用砂、石质量及检验方法标准》(JGJ 52—2006)进行。

(2) 主要仪器设备

① 天平:称量 5 kg,感量 5 g。

② 烘箱、浅盘等。

(3) 试样制备

将取回的试样用四分法缩取不少于试表 3-6 规定的数量,再分为两份备用。

试表 3-6　取样质量

最大粒径/mm	31.5	37.5	63.0	75.0
取样质量/kg	2	3	4	5

(4)试验步骤

① 将约 500 g 试样装入已称得质量为 G_1 的浅盘中，称出试样连同浅盘的总质量 G_2。摊开试样，置于温度为(105±5) ℃的烘箱中烘干至恒重，然后置于干燥器中冷却至室温。

② 称烘干试样连同浅盘的总质量 G_3。

(5) 试验结果

试样的含水率 W 按下式计算(精确到 0.1%)：

$$W=\frac{G_2-G_3}{G_3-G_1}\times 100\% \qquad \text{(试 3-12)}$$

式中　G_1——容器的质量，g；

G_2——未烘干试样和容器的总质量，g；

G_3——烘干试样和容器的总质量，g。

以两次测定值的算术平均值作为实验结果。

二、新拌混凝土试验

1. 实验室拌和方法

1) 一般规定

① 同一组混凝土拌和物的取样应从同一盘混凝土或同一车混凝土中取样。取样量应多于试验所需量的 1.5 倍，且宜不小于 20 L。

② 混凝土拌和物的取样应具有代表性，宜采用多次采样的方法。一般在同一盘混凝土或同一车混凝土中的约 1/4 处、1/2 处和 3/4 处之间分别采样，从第一次取样到最后一次取样不宜超过 15 min，然后人工搅拌均匀。

③ 在实验室制备混凝土拌和物时，拌和时实验室的温度应保持在(20±5) ℃，所用材料的温度应与施工现场保持一致。需要模拟施工条件下所用的混凝土时，所用原材料的温度宜与施工现场保持一致。

④ 实验室拌制混凝土时，材料用量应以质量计。称量精度：骨料为±1%，水、水泥、掺和料、外加剂均为±0.5%。

⑤ 从取样或制样完毕到开始做各项性能试验均不宜超过 5 min。

2)主要拌和设备

① 搅拌机：容积为 75～100 L，转速为 18～22 r/min。

② 天平：最大称重 5 kg，感量 1 g。

③ 台秤：最大称重 50 kg，感量 50 g。

④ 量筒:200 mL、1 000 mL。

⑤ 容器:1 L、5 L、10 L。

⑥ 拌板和拌铲:拌板为 1.5 m×2 m 的钢板。

3)拌和方法

(1) 人工拌和法

① 测定砂、石含水率,按所定配合比备料。

② 将拌板和拌铲用湿布润湿后,将砂倒在拌板上,然后加上水泥,用铲自拌板一端翻倒另一端,如此重复,直至充分混合,颜色均匀为止。再加上石料,翻拌至均匀混合。

③ 将干拌和料堆成堆,在中间作一凹槽,将已称量好的水,倒入一半左右在凹槽中,注意勿使水流出。然后仔细翻拌。每翻拌一次,用铲在拌和物上铲切一次。从加水完毕时算起,至少应翻拌 6 次。拌和时间(从加水完毕时算起),应大致符合下列规定:

a. 拌和料体积为 30 L 以下时,为 4～5 min;

b. 拌和料体积为 30～50 L 时,为 5～9 min;

c. 拌和料体积为 50～75 L 时,为 9～12 min。

④ 拌好后应根据实验要求,立即作坍落度试验或成型试件。从加水时算起,全部操作必须在 30 min 内完成。

(2) 机械搅拌法

① 按实验配合比配料。

② 搅拌前,要用相同配合比的水泥砂浆,对搅拌机进行涮膛,然后倒出并刮去多余的砂浆。其目的是让水泥浆薄薄黏附在搅拌机的筒壁上,以免正式拌和时影响配合比。

③ 开动搅拌机,向搅拌机内按顺序加入石子、砂和水泥。干拌均匀,再将水徐徐加入,全部加料时间不应超过 2 min。

④ 水全部加入后,继续拌和 2 min。

⑤ 将混凝土拌和物从搅拌机中卸出,倾倒在拌和板上,再经人工翻拌 1～2 min,使拌和物均匀一致,即可进行试验。

2. 新拌混凝土和易性试验

混凝土拌和物应具有适应构件尺寸和施工条件的和易性,即应具有适宜的流动性和良好的黏聚性与保水性,借以保证施工质量,从而获得均匀密实的混凝土。测定混凝土拌和物和易性常用的方法是测定它的坍落度与坍落度扩展度或维勃稠度。

1)坍落度与坍落扩展度试验

(1) 试验目的和意义

坍落度是表示新拌混凝土稠度大小的一种指标,用它来反映混凝土拌和物流动性的大小。对于高流态混凝土用坍落度与坍落扩展度来反映拌和物的流动性。

本方法适用于骨料最大粒径不大于 40 mm、坍落度不小于 10 mm 的拌和物稠度的测试。

（2）实验设备

① 标准圆锥坍落筒。坍落度与坍落扩展度试验所用的混凝土坍落度仪应符合《混凝土坍落度仪》（JG/T 248—2009）中有关技术要求的规定。常用的标准圆锥坍落筒见试图 3-1。

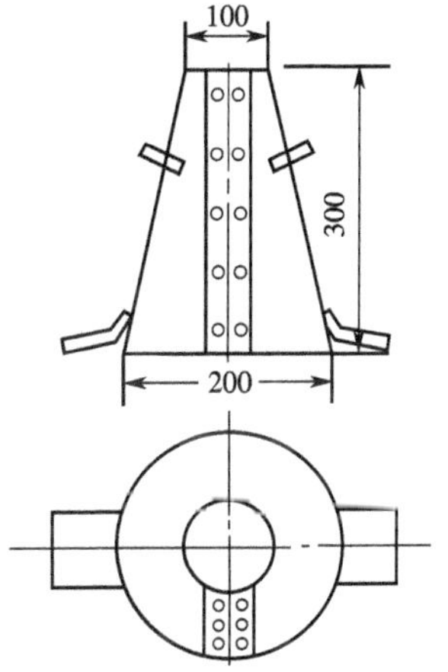

试图 3-1　标准圆锥坍落筒

（单位：mm）

② 弹头行捣棒：直径 16 mm、长 650 mm 的金属棒，端部磨圆。

③ 小铁铲、装料漏斗、钢尺、抹刀。

（3）实验步骤

① 湿润坍落度筒及底板，但在坍落筒内壁和底板上应无明水。底板应放置在竖直水平面上，并把筒放在底板中心，然后用脚踩住两边的脚踏板，坍落筒在装料时应保持固定的位置。

② 取得的混凝土试样用小铲分三层均匀地装入筒内，使捣实后每层高度为筒高的 1/3 左右。每层用捣棒插捣 25 次。插捣应沿螺旋方向由外向中心进行，各次插捣应在截面上均匀分布。插捣筒边混凝土时，捣棒可以稍微倾斜。插捣底层时，捣棒应贯穿整个深度，插捣第二层和顶层时，捣棒应插透本层至下一层的表面；浇灌顶面时，混凝土应灌到高出筒口。插捣过程中，如混凝土沉落到低于筒口，则应随时添加。顶层插捣完后，刮去多余的混凝土，用抹刀抹平。

③ 清除筒边底板上的混凝土后，垂直平稳地提起坍落筒。坍落筒的提高过程应在 5～10 s 内完成；从开始装料到提坍落筒的整个过程应不间断地进行，并且在 150 s 内完成。

④ 提起坍落筒后，测量筒高与坍落后的混凝土试体最高点之间的高度差，即为该混凝土拌和物的坍落度值。坍落度的测定见图 13。坍落筒提离后，如混凝土发生崩坍或一边剪坏现象，则应重新取样另行测定；如第二次试验仍出现上述现象，则表示该混凝土和易性不好，应予记录备查。

⑤ 观察坍落后的混凝土试体的黏聚性及保水性。黏聚性的检查方法是用捣棒在已坍落的混凝土锥体侧面轻轻敲打，此时如果锥体逐渐下沉，则表示黏聚性好，如果锥体倒塌、部分崩裂或出现离析现象，则表示黏聚性不好。保水性以混凝土拌和物稀浆从底部析出的程度来评定，锥体部分的混凝土因失浆而骨料外露，则表明此混凝土拌和物的保水性性能不好；如坍落筒提起后无稀浆或仅有少量稀浆自底部析出，则表示混凝土拌和物的保水性性能良好。混凝土拌和物的砂浆、黏聚性和保水性观察方法分别见试表 3-7、试表 3-8 和试表 3-9。

试表 3-7 混凝土砂率的观察方法

用抹刀抹混凝土面的次数	抹面状态	判断
1～2	砂浆饱满,表面平整,不见石子	砂率过大
5～6	砂浆尚满,表面平整,微见石子	砂率适中
>6	石子裸露,有空隙,不易抹平	砂率过小

试表 3-8 混凝土黏聚性的观察方法

测定坍落度后,用弹头捣棒轻轻敲打锥体侧面,所观察到的现象	判断
锥体渐渐下沉,侧面看到砂浆饱满,不见蜂窝	黏聚性良好
锥体突然崩坍或溃散,侧面看到石子裸露,浆体流淌	黏聚性不好

试表 3-9 混凝土保水性的观察方法

做坍落度试验在插捣时和提起圆锥筒后,所观察到的现象	判断
有较多的水分从底部流出	保水性差
有少量的水分从底部流出	保水性稍差
无水分从底部流出	保水性良好

⑥ 当混凝土拌和物的坍落度大于 220 mm 时,用钢尺测量混凝土扩展后最终的最大直径和最小直径,在这两个直径之差小于 50 mm 的条件下,用其算术平均值作为坍落度扩展值;否则,此次试验无效。

如果发现粗骨料在中央集堆或边缘有水泥浆析出,表示此混凝土拌和物抗离析性不好,应予记录。

⑦ 混凝土拌和物坍落度和坍落扩展度值以毫米为单位,测量精确至 1 mm。

(4) 和易性调整

如果坍落度不符合设计要求,就应立即调整配合比。具体来说,当坍落度过小时,应保持水灰比不变,适当添加水泥和水;当坍落度过大时,则应保持砂率不变,适当添加砂与石子;当黏聚性不良时,应酌量增大砂率(增加砂子用量);反之,若砂浆过多时,则应酌量减少砂率(可适当增加石子用量)。根据实践经验,要使坍落度增大 10 mm,水泥和水各需添加 2%(相当于原用量);要使坍落度减少 10 mm,则砂子和石子各添加约 2%(相当于原用量)。添加材料后,应重新测量坍落度。调整时间不能拖得太长。从加水算起,如果超过 0.5h,则应重新配料拌和,进行试验。

2)维勃稠度试验

(1) 试验的目的和意义

较干硬的混凝土的拌和物(坍落度小于 10 mm),用维勃稠度仪测定其稠度作为它的和易性指标。

本方法适用于骨料最大粒径不大于 40 mm、维勃稠度在 5～30 s 之间的混凝土拌和物稠度的测定。

(2) 实验设备

① 维勃稠度仪。应符合《维勃稠度仪》(JG 3043)中有关技术要求。

② 弹头型捣棒。直径 16 mm、长 650 mm 的金属棒，端部磨圆。

(3) 试验步骤

① 维勃稠度仪应放置在坚实水平面上，用湿布把容器、坍落度筒、喂料斗内壁及其他用具润湿。

② 将喂料斗提到坍落度筒的上方扣紧，校正容器位置，使其中心与喂料斗中心重合，然后拧紧固定螺丝。

③ 将混凝土拌和物经喂料斗分三层装入坍落度筒。装料及插捣方法同坍落度试验。

④ 把喂料筒转离，抹平后垂直提起坍落度筒，此时应注意不使混凝土试体产生横向的扭动。

⑤ 把透明圆盘转到混凝土圆台顶面，放松测杆螺钉，降下圆盘，使其轻轻接触到混凝土顶面。

⑥ 拧紧定位螺钉，并检查测杆螺钉是否已经完全放松。

⑦ 在开启振动台的同时用秒表计时，当振动到透明圆盘的底面被水泥浆布满的瞬间停止计时，并关闭振动台。

⑧ 由秒表读出时间即为该混凝土拌和物的维勃稠度值，精确至 1 s。

3. 新拌混凝土表观密度试验

(1) 试验目的和意义

测定混凝土拌和物单位体积的质量，可作为评定混凝土质量的一项指标，也可用来计算每立方米混凝土所需材料用量。

(2) 实验设备

① 台秤。称量 50 kg，感量 50 g。

② 容量筒。容量筒为金属制成的圆筒，两旁有提手。对骨料最大粒径不大于 40 mm 的拌和物采用容积为 5 L 的容量筒，其内径与内高均为(186±2) mm，筒壁厚为 3 mm；骨料最大粒径大于 40 mm 时，容量筒的内径与内高均应大于骨料最大粒径的 4 倍。容量筒的上缘及内壁应光滑平整，顶面与底面平行并与圆柱体的轴垂直。

容量筒容积应予以标定，标定方法可采用一块能覆盖住容量筒顶面的玻璃板，先称出玻璃板和空桶的质量，然后向容量筒中灌入清水，当接近上口时，一边不断地加水，一边把玻璃板沿筒口徐徐推入盖严，应注意使玻璃板下不带任何气泡，然后擦净玻璃板面及筒壁外的水分，将容量筒连同玻璃板放在台秤上称其质量；两次质量之差即为容量筒的容积。

③ 振动台、捣棒等。

(3) 试验步骤

① 用湿布把容量筒内外擦干净,称出容量筒质量,精确到 50 g。

② 混凝土的装料及捣实方法应根据拌和物的稠度而定。坍落度不大于 70 mm 的混凝土,用振动台振实为宜;大于 70 mm 的用捣棒捣实为宜。采用捣棒捣实时,应根据容量筒的大小决定分层与插捣次数:用 5 L 容量筒时,混凝土拌和物应分两层装入,每层的插捣次数应大于 25 次;用大于 5 L 的容量筒时,每层混凝土的高度不应大于 100 mm,每层的插捣次数应按每 100 cm^2 截面不小于 12 次计算。各次插捣应由边缘向中心均匀插捣,插捣底层时捣棒应贯穿整个深度,插捣第二层时,捣棒应插透本层至下层的表面;每一层捣完后用橡皮锤轻轻沿容器外壁敲打 5~10 次,进行振实,直至拌和物表面插捣孔消失并不见大气泡为止。

采用振动台振实时,应一次将混凝土拌和物灌到高出容量筒口。装料时可用捣棒稍加插捣,振动过程中如混凝土低于筒口,应随时添加混凝土,振动直至表面出浆为止。

③ 用刮尺将筒口多余的混凝土拌和物刮去,表面如有凹陷应填平;将容量筒外壁擦净,称出混凝土试样与容量筒总质量,精确至 50 g。

(4) 试验结果

混凝土拌和物表观密度按下式计算,精确到 10 kg/m^3:

$$\rho_0=\frac{m_2-m_1}{V_0} \tag{试 3-13}$$

式中 ρ_0——表观密度,kg/m^3;

m_1——容量筒的质量,kg;

m_2——容量筒和试样总质量,kg;

V_0——容量筒的容积,L。

三、混凝土力学性能试验

1. 混凝土力学性能试验的一般规定

(1) 适用范围

适用于普通混凝土的力学性能试验。

(2) 取样

普通混凝土力学性能试验以三个试件为一组,每一组试件所用的混凝土拌和物,均应从同一次拌和的拌和物中取得。

(3) 试件的尺寸、形状和公差

试件的尺寸应根据混凝土中骨料的最大粒径按试表 3-10 选定。

试表 3-10 混凝土试件尺寸选用表

试件截面尺寸/mm	骨料最大粒径/mm	
	劈裂抗拉强度	其他试验
100×100	40	31.5
150×150	40	40
200×200	—	63

参照《普通混凝土力学性能试验方法标准》(GB/T 50081—2002)及《建设用卵石、碎石》(GB/T 14685—2011)

对于抗拉强度和劈裂抗拉强度试验，边长为 150 mm 的立方体试件是标准试件，边长为 100 mm 和 150 mm 的立方体是非标准试件。

对于轴心抗拉强度和静力受压弹性模量试验，边长为 150 mm×150 mm×300 mm 的棱柱体试件是标准试件，边长为 100 mm×100 mm×300 mm 和 200 mm×200 mm×400 mm 的棱柱体试件是非标准试件。

对于抗拉强度试验，边长为 150 mm×150 mm×600 mm(或 550 mm)的棱柱体试件是标准试件，边长为 100 mm×100 mm×400 mm 的棱柱体试件是非标准试件。

试件承压面的平整度公差不得超过±0.000 5d(d 为边长)；试件相邻面间的夹角应为 90°，其公差不得超过±0.5°；试件各边长、直径和高的尺寸公差不得超过±1 mm。

(4) 试件制作

① 根据混凝土拌和物的坍落度确定混凝土成型方法，坍落度不大于 70 mm 的混凝土宜用振动方法，大于 70 mm 的宜用捣棒人工捣实。检查现浇混凝土或预制构件的混凝土，试件成型方法与实际采用的方法相同。

② 取样或拌制好的混凝土拌和物应至少用铁锹再来回拌和三次。

③ 采用振动台成型时，可将混凝土拌和物一次装入试模，装料时应用抹刀沿各试模壁插捣，并使混凝土拌和物高出试模口。振动时试模不得有任何跳动，振动应持续到表面出浆为止，不得过振。刮除试模上口多余的混凝土，待混凝土临近初凝时，用抹刀抹平。

④ 采用人工插捣制作试件时，混凝土拌和物应分两层装入模内，每层的装料厚度大致相等。插捣应按螺旋方向从边缘向中心均匀进行。在插捣底层混凝土时，捣棒应达到试模底部；插捣上层时，捣棒应贯穿上层后插入下层 20～30 mm；插捣时捣棒应保持垂直，不得倾斜。然后用抹刀沿试模内壁插捣数次。每层插捣次数按在 100 cm^2 截面积内不得少于 12 次；插捣后应用橡皮锤轻轻敲击试模四周，直至插捣棒孔留下的空洞消失为止。刮除试模上口多余的混凝土，待混凝土临近初凝时，用抹刀抹平。

(5) 试件的养护

① 试件成型后应立即用不透水的薄膜覆盖表面。

② 采用标准养护的试件,应在温度为(20±5) ℃的环境中静置一昼夜或两昼夜,然后编号、拆模。拆模后应立即放入温度为(20±2) ℃,相对湿度为95%以上的标准养护室中养护,或在温度为(20±2) ℃的不流动的 $Ca(OH)_2$ 饱和溶液中养护。标准养护室内的试件应放在支架上,彼此间隔 10~20 mm,试件表面应保持潮湿,并不得被水直接冲淋。

③ 同条件养护试件的拆模时间可与实际构件的拆模时间相同,拆模后,试件仍需保持同条件养护。

④ 标准养护龄期为 28 d(从搅拌加水开始计时)。

(6) 材料试验机

① 所采用试验机的精确度为±1%,试件破坏载荷应大于全量程的 20%且小于全量程的 80%。

② 应具有加荷速度指示装置或加荷速度控制装置,并应能均匀、连续地加荷。

③ 上下压板应有足够的刚度,其中的一块应有球形支座,以便与试件对中。

2. 混凝土抗压强度试验

(1) 试验目的和意义

测定混凝土立方体试件的抗压强度。

(2) 试验设备

压力试验机、金属直尺等。当混凝土强度等级大于 C60 时,试件周围应设防崩裂网罩。

(3) 试验步骤

① 试件从养护地点取出后应立即进行试验,将试件表面与上下承压板面擦干净。

② 将试件安放在试验机的下压板上,试件的承压面应与成型时的顶面垂直。试件的中心应与试验机下压板中心对准,开动试验机,当上压板与试件接近时,调整球座,使均匀接触。

③ 在试验过程中应连续均匀地加载,混凝土强度等级小于 C30 时,加荷速度取 0.3~0.5 MPa/s;混凝土强度等级大于等于 C30 且小于 C60 时,取 0.5~0.8 MPa/s;混凝土强度等级大于等于 C60 时,取 0.8~1.0 MPa/s。

④ 当试件接近破坏开始急剧变形时,应停止调整试验机油门,直至破坏,然后记录破坏荷载。

(4) 试验结果

① 混凝土立方体抗压强度应按下式计算:

$$f_{cu}=\frac{F}{A} \tag{试 3-14}$$

式中 f_{cu}——混凝土立方体抗压强度,MPa;

F——试件破坏荷载，N；

A——试件承压面积，mm^2。

混凝土立方体抗压强度计算应精确至 0.1 MPa。

② 取三个试件测值的算术平均值作为该组试件的强度（精确至 0.1 MPa）。三个测值中的最大值或最小值如有一个与中间值的差值超过中间值的 15%时，则舍去最大值和最小值取中间值。如最大值和最小值与中间值的差值均超过中间值的 15%，则该组试件的试验结果无效。

③ 混凝土强度等级小于 C60 时，用非标准试件测得的强度值均应按试表 3-11 规定乘以尺寸换算系数。当混凝土强度等级大于等于 C60 时，宜采用标准试件；使用非标准试件时，尺寸换算系数应由试验确定。

试表 3-11　抗压强度换算系数

试件尺寸/mm	换算系数
100×100×100	0.95
150×150×150	1.0
200×200×200	1.05

3. 混凝土劈裂抗拉强度

(1) 实验目的和意义

测量混凝土立方体的劈裂抗拉强度。

(2) 试验设备

① 压力试验机。

② 垫块：采用半径为 75 mm 钢制弧形垫块，其横截面尺寸如试图 3-2 所示。垫块的长度与试件相同。

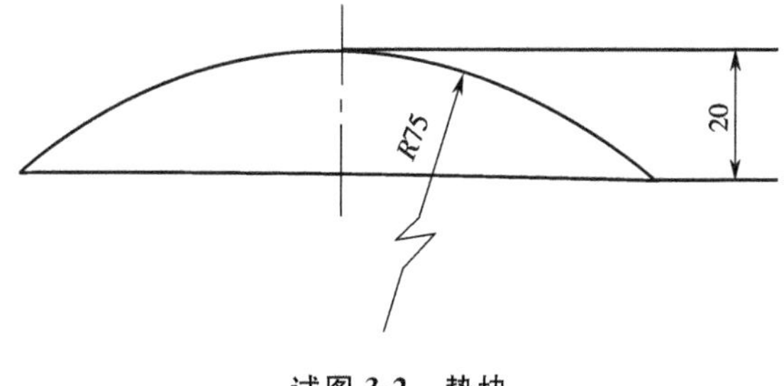

试图 3-2　垫块

（单位：mm）

③ 垫条：采用三层胶合板制成，宽度为 20 mm，厚度为 3～4 mm，不小于试件长度，垫条不得重复使用。

④ 支架:为钢支架,如试图 3-3 所示。

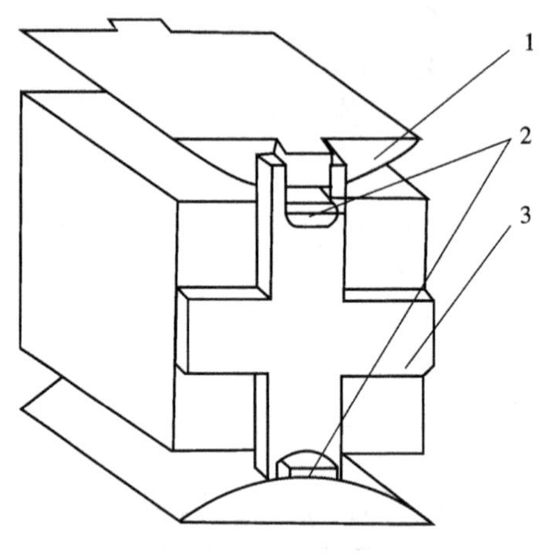

试图 3-3 支架示意图

1—垫块;2—垫条;3—支架

(3) 试验步骤

① 试件从养护地点取出后应及时进行试验,将试件表面与上下承压板面擦干净。

② 将试件放在试验机的下压板中心位置,劈裂承压面和破裂面应与试件成型时的顶面垂直;在上下压板与试件之间垫以垫块及垫条各一个,垫块与垫条应与试件上下面的中心线对准并与成型时的顶面垂直。宜把垫条及试件安装在定位架上使用。

③ 开动试验机,当上压板与垫块接近时,调整球座,使接触均衡。加荷应连续均匀,当混凝土强度等级小于 C30 时,加荷速率取 0.02~0.05 MPa/s;当混凝土强度等级大于等于 C30 且小于 C60 时,取 0.05~0.08 MPa/s;当混凝土强度等级大于等于 C60 时,取 0.08~0.10 MPa/s。

④试件接近破坏时,应停止调整试验机油门,直至试件破坏,然后记录破坏荷载。

(4) 试验结果

① 混凝土劈裂抗拉强度应按下式计算:

$$f_{ts}=\frac{2F}{\pi A}=0.637\,\frac{F}{A} \qquad \text{(试 3-15)}$$

式中 f_{ts}——混凝土壁裂抗拉强度,MPa;

F——试件破坏荷载,N;

A——试件壁裂面面积,mm^2。

混凝土壁裂抗拉强度计算应精确至 0.1 MPa。

② 取三个试件测值的算术平均值作为该组试件的强度值(精确至 0.1 MPa)。三个测值中的最大值或最小值中如有一个与中间值的差值超过中间值的 15%时,则将最大值与最小值一并舍去取中间值。如最大值和最小值与中间值的差值均超过中

间值的 15%，则该组试件的试验结果无效。

③ 采用 100 mm×100 mm×100 mm 非标准试件测得的劈裂抗拉强度值，应乘以尺寸换算系数 0.85。当混凝土强度等级大于等于 C60 时，宜采用标准试件；使用非标准试件时，尺寸换算系数应由试验确定。

4. 混凝土静力受压弹性模量试验

(1) 试验的目的和意义

测定混凝土的静力受压弹性模量(简称弹性模量)。弹性模量值取应力为 1/3 轴心抗压强度时的加荷割线模量。

(2) 试验设备

① 压力试验机。

② 微变形测量仪，测量精度不得低于 0.001 mm，采用千分表时，要附有夹具，如金属环夹具(见试图 3-4)。

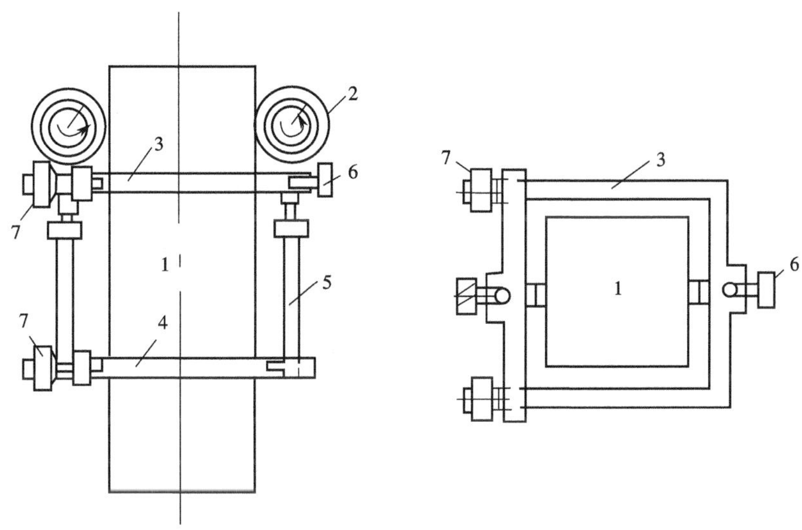

试图 3-4　千分表测定混凝土静力弹性模量装置

1—试件；2—量表；3—上金属环；4—下金属环；5—接触杆；6、7—固定螺丝

(3) 试验步骤

① 试件从养护地点取出后应及时进行试验，将试件表面与上下承压板面擦干净。

② 取 3 个试件，按混凝土轴心抗压试验方法测定其轴心抗压强度(f_{cp})，另外 3 个试件用于测定混凝土的弹性模量。

③ 在测定混凝土弹性模量时，变形测量仪应安装在试件两侧的中线并对称于试件的两端。

④ 应仔细调整试件在压力机上的位置，使其轴心与下压板的中心线对准。开动压力试验机，当上压板与试件接近时调整球座，使接触均衡。

⑤ 加荷至基准应力为 0.5 MPa 的初始荷载值 F_0，保持 60 s 并在以后的 30 s 内记录每测点的变形读数 ε_0。应立即连续均匀地加荷至应力为轴心抗压强度 f_{cp} 的 1/3 的荷载值 F_a，保持恒载 60 s 后，并在以后的 30 s 内记录每一测点的变形读数 ε_a。加荷速度与混凝土抗压强度试验要求相同。

⑥ 当以上这些变形值之差与它们平均值之比大于 20%时，应重新对中试件并重复试验。如果无法使其减少到低于 20%时，则此次试验无效。

⑦ 在确认试件对中后，以与加荷速度相同的速度即荷载至基准荷载应力 0.5 MPa(F_0)，恒载 60 s；然后用同样的加荷速度和卸荷速度，以及 60 s 的保持恒载(F_0及 F_a)至少进行两次反复预压。在最后一次预压完成后，在基准应力为 0.5 MPa(F_0)持荷 60 s 并在以后的 30 s 内记录每一测点的变形读数 ε_0；再用同样的加荷速度加荷至 F_a，保持恒载 60 s 后并在以后的 30 s 内记录每一测点的变形读数 ε_a。弹性模量试验方法示意图见试图 3-5。

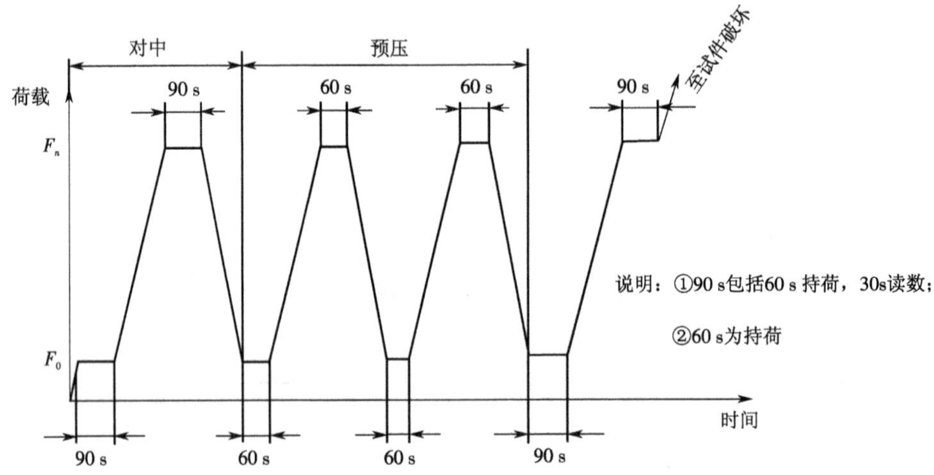

试图 3-5　弹性模量试验方法示意图

⑧ 卸除变形测量仪，以同样的速度加荷至破坏，记录破坏荷载；如果试件的抗压强度与 f_{cp}之差超过 f_{cp}的 20%时，则应注明。

(4) 试验结果

① 混凝土弹性模量值应按下式计算：

$$E_c=\frac{F_a-F_0}{A}\times\frac{L}{\varepsilon_a-\varepsilon_0} \tag{试 3-16}$$

式中 E_c——混凝土弹性模量，MPa；

F_a——应力为 1/3 轴心抗压强度时的荷载，N；

F_0——应力为 0.5 MPa 时的初始荷载，N；

A——试件承压面积，mm^2；

L——测量标距，mm；

ε_a——最后一次加载至 F_a 时试件两侧变形的平均值，mm；

ε_0——最后一次加载至 F 时试件两侧变形的平均值，mm。

混凝土弹性模量计算精确至 100 MPa。

② 弹性模量按 3 个试件测值的算术平均值计算。如果其中有 1 个试件的轴心抗压强度值与用以确定检验控制荷载的轴心抗压强度值相差超过后者的 20%时，则弹性模量值按另两个试件测值的算术平均值计算；如有两个试件超过上述规定时，则此试验无效。

5. 抗折强度试验

(1) 试验目的和意义

测定混凝土的抗折强度，以提供道路混凝土设计参数，用以控制道路混凝土的施工质量。

(2) 试验设备

试验机应能施加均匀、连续、速度可控的荷载，并带有能使两个相等荷载同时作用在试件跨度 3 分点处的抗折试验装置，如试图 3-6 所示。试件的支座和加荷头应采用直径为 20～40 mm、长度不小于试件截面宽度 b+10 mm 的硬钢圆柱，支座脚点固定铰支，其他应为滚动支点。

(3) 试验步骤

① 试件从养护地点取出后应及时进行试验，将试件表面擦干净。

② 试图 3-6 装置试件，安装尺寸偏差不得大于 1 mm。试件的承压面应为试件成型时的侧面。支座及承压面与圆柱的接触面应平稳、均匀，否则应垫平。

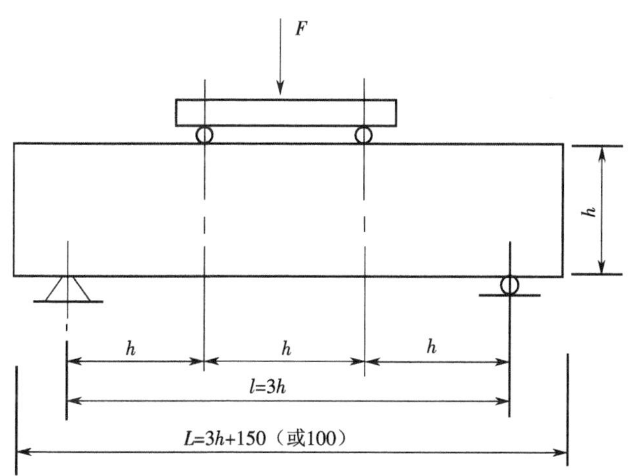

试图 3-6　抗折试验装置

（尺寸单位：mm）

③ 施加荷载应保持均匀、连续。当混凝土强度等级小于 C30 时，加荷载速度取 0.02～0.05 MPa/s；混凝土强度等级大于等于 C30 且小于 C60 时，取 0.05～0.08

MPa/s;混凝土强度等级大于等于 C60 时,取 0.08～0.10 MPa/s。当试件接近破坏时,应停止调整试验机油门,直至试件破坏,然后记录破坏荷载及试件下边缘断裂的位置。

(4) 试验结果

① 若试件下边缘断裂位置处于两个集中荷载作用线之间,则试件的抗折强度 f_t,按下式计算;

$$f_t=\frac{Fl}{bh^2} \tag{试 3-17}$$

式中 f_t——混凝土抗折强度,MPa;

F——试件破坏荷载,N;

l——支座间跨度,mm;

h——试件截面高度,mm;

b——试件截面宽度,mm。

混凝土抗折强度计算应精确至 0.1 MPa。

② 取三个试件测值的算术平均值作为该试件的强度值(精确至 0.1 MPa)。三个测值中的最大值或最小值中如有一个与中间值的差值超过中间值的 15%时,则取中间值。如最大值和最小值的差值均超过中间值的 15%,则该组试件结果无效。

③ 三个试件中若有一个折断面位于两个集中荷载之外,则混凝土抗折强度值按另两个试件的试验结果计算。若这两个测值的差值不大于这两个测值的较小值的 15%时,则该组试件的抗折强度值按这两个测值的平均值计算,否则该组试件的试验结果无效。若有两个试件的下边缘断裂位置均位于两个集中荷载作用线之外,则该组试件的试验结果无效。

④ 当采用 100 mm×100 mm×400 mm 非标准试件时,应乘以尺寸换算系数 0.85。当混凝土强度等级大于等于 C60 时,宜采用标准试件;使用非标准试件时,尺寸换算系数应由试验确定。

试验四 砂浆试验

本试验主要包括砂浆的稠度、分层度和抗压强度试验。

1. 砂浆拌和物取样及试样拌和

① 建筑砂浆试验用料应根据不同要求，可从同一盘搅拌或同一车运送的砂浆中取出；试验室取样时，可以从拌和的砂浆中取出，所取试样数量应多于试验用料的1～2倍。

② 试验室拌制砂浆进行试验时，试验材料应与现场用料一致，并提前运入室内，使砂风干；拌和时室温应为(20±5) ℃；水泥若有结块应充分混合均匀，并通过孔径为0.9 mm的筛。砂子应采用孔径为4.75 mm的筛过筛。材料称量精度要求：水泥、外加剂等为±0.5%，砂、石灰膏等为±1%。

③ 在建筑工程中，大量应用混合砂浆，其试样拌和方法为：按计算配合比，采用风干砂，配备5 L砂浆用的水泥和砂，以质量配合比计。

先将称好的水泥和砂倒入拌锅中干拌均匀(约拌1.5 min)，然后用拌铲在中间做一凹槽，将称好的石灰膏倒人凹槽中，并倒入适量的水，将石灰膏调稀，然后再与水泥和砂共同拌和，继续逐次加水搅拌，直至拌和物色泽一致，和易性凭经验观察基本符合要求时，即可进行稠度试验，一般需拌和5 min。

2. 砂浆稠度试验

(1) 试验目的

通过试验，确定砂浆拌和物流动性是否满足施工要求。

(2) 主要仪器设备

① 砂浆稠度测定仪。标准圆锥体和杆的总质量为300 g，圆锥体高度为145 mm，底部直径为75 mm，圆锥筒高180 mm，底口直径150 mm(见试图4-1)。

② 拌和锅、拌铲、捣棒、量筒、秒表等。

(3) 试验步骤

① 将拌和好的砂浆立即做稠度试验，一次装入圆锥筒内，装至距离口约10 mm，用捣棒插捣25次，并将容器轻轻敲击5～6次。

② 将盛有砂浆的圆锥筒移至砂浆稠度测定仪底座上，放松固定螺丝并放下圆锥体，对准容器的中心，并使锥尖正好接触到砂浆表面时拧紧固定螺丝。将指针调至刻度盘零点，然后突然放松固定螺丝，使圆锥体自由沉入砂浆中，并同时按下秒表，经10 s后读

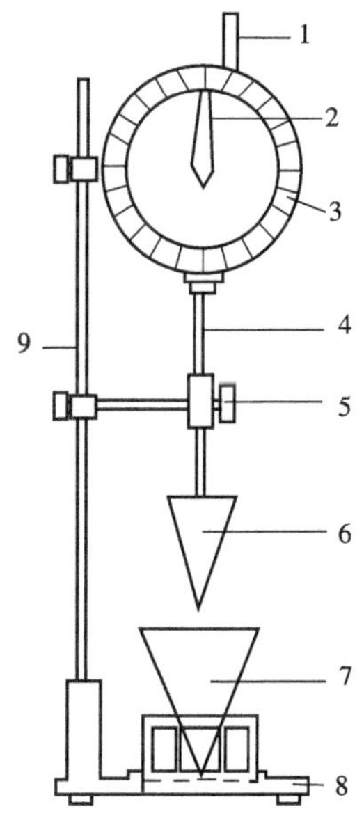

试图4-1 砂浆稠度测定仪

1—齿条测杆；2—指针；3—刻度盘；4—滑杆；5—固定螺丝；6—圆锥体；7—圆锥筒；8—底座；9—支架

出下沉的深度,即为砂浆稠度值(精确至 1 mm)。

③ 圆锥筒内的砂浆,只允许测定一次稠度,重复测定时应重新取样测之。如测定的稠度值不符合要求,可酌情加水或石灰膏,经重新拌和后再测,直至稠度满足要求为止。但自拌和加水时算起,不得超过 30 min。

(4) 试验结果

取两次测定结果的平均值作为该砂浆的稠度值(精确至 1 mm)。如两次测定值之差大于 20 mm,应重新配料测定。

(5) 记录格式及试验结论

① 记录格式。

试样名称____

试样编号	1	2	平均值	备注
新拌砂浆稠度 K/mm	—	—	—	—

② 试验结论

根据试验结果确定砂浆的流动性。

3. 砂浆分层度试验

(1) 试验目的

通过试验,确定砂浆拌和物保水性是否满足施工要求。

(2) 主要仪器设备

砂浆分层度仪,为圆筒形,其内径为 150 mm,上节(无底)高 200 mm,下节(带底)净高 10 mm,用金属制成。其他需用仪器同砂浆稠度试验。

(3) 试验步骤

① 将拌和好的砂浆,立即分两层装入分层度仪中,每层用捣棒插捣 25 次,最后抹平,移至稠度仪上,测定其稠度 K_1。

② 静置 30 min 后,除去上节 200 mm 砂浆,将剩下的 100 mm 砂浆重新拌和后测定其稠度 K_2。

③ 两次测定的稠度值之差(K_1-K_2),即为砂浆的分层度值(精确至 1 mm)。

(4) 试验结果

取两次测试值的平均值,作为所测砂浆的分层度值。两次测试值之差若大于 20 mm,应重做试验。

(5) 记录格式及试验结论

① 记录格式。

试样名称____

试样编号	新拌砂浆稠度/(K_1/mm)	静置 30 min 后稠度/(K_2/mm)	分层度/mm(K_1-K_2)	备注
—	—	—	—	—

② 试验结论。

根据试验结果确定砂浆的保水性。

4. 砂浆抗压强度试验

(1) 试验目的

为确定砌筑砂浆配合比或控制砌筑工程质量,均应做砂浆立方体抗压强度试验。

(2) 主要仪器设备

① 试模,有底或无底的立方体金属模,内壁边长为 70.7 mrn,每组两个三联模。

② 压力机(50～100 kN)、捣棒(直径 10 mm,长 310 mrn)、镘刀等。

(3) 试验步骤

① 用于多孔基面的砂浆,采用无底试模,下垫砖块,砖面上铺一层湿纸,允许砂浆中部分水被砖面吸收;用于较密实基面的砂浆,应采用带底的试模,以便不使水分流失。

② 采用无底试模时,将试模内壁涂一薄层机油,置于铺有湿纸的砖上(砖含水率不大于 20%,而吸水率不小于 10%),一次装满砂浆,并使其高出模口,用捣棒插捣 25 次,静置 15～30 min 后,用刮刀刮去多余的砂浆,并抹平。

③ 采用带底试模时,砂浆应分两层装入,每层厚约 4 cm,并用捣棒将每层插捣 12 次,面层捣完后,在试模相邻两个侧面,用刮刀沿模内壁插捣 6 次,然后抹平。

④ 试件成型后,经(24±2) h 室温养护后即可编号脱模。并按下列规定进行继续养护:

a. 在空气中硬化的砂浆(如混合砂浆),养护温度为(20±3) ℃,相对湿度为 60%～80%。

b. 在潮湿环境中硬化的砂浆(如水泥砂浆与微沫砂浆),养护温度为(20±3) ℃,相对湿度在 90%以上。

c. 养护期间,试件放置彼此间隔不小于 10 mm。

⑤ 试件于养护 28 d 后测定其抗压强度,试验前,擦干净试块表面,测量试件尺寸(精确至 1 mm),并计算受压面积 A。

⑥ 以试件的侧面作为受压面,将试件置于压力机下承压板的中心位置,开动压力机进行加荷,加荷速度为 0.5～1.5 kN/s,直至破坏,记录破坏荷载 P。

(4) 试验结果

① 按下式计算试件的抗压强度 $f_{m,cu}$(精确至 0.1 MPa):

$$f_{m,cu}=P/A \tag{试 4-1}$$

② 6 个试件测值的算术平均值作为该组试件的抗压强度值,精确至 0.1 MPa。

当 6 个试件的最大值或最小值与平均值之差超过 20%时,以中间 4 个试件的平均值作为该组试件的抗压强度值。

(5) 记录格式及试验结论

① 记录格式。

试样名称____

试样编号	1	2	3	4	5	6	平均值	备注
抗压强度 $f_{m,cu}$/MPa	—	—	—	—	—	—	—	—

② 试验结论。

根据标准养护 28 d 的砂浆试件抗压强度平均值来评定砂浆的强度等级,要求试配强度应不低于设计强度的 115%。

试验五　钢筋试验

一、钢筋拉伸试验

1. 仪器设备

万能材料试验机(示值误差不大于1%)、游标卡尺(精度0.1 mm)。

2. 试件的制作

① 钢筋试件一般不经切削。

② 在试件表面，选用一系列等分小冲点、细划线标出原始标距，测量标距长度L_0(见试图5-1)。

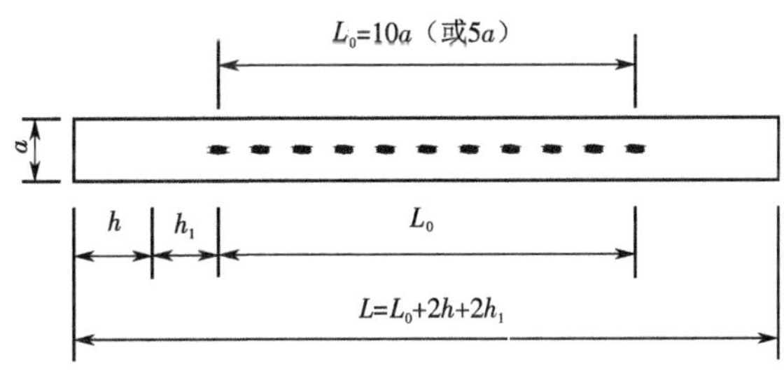

试图5-1　不经切削的试件

3. 试验步骤

① 调整试验机测力度盘的指针，使其对准零点，并拨动副指针，使之与主指针重叠。

② 将试件固定在试验机夹头内，开动试验机进行拉伸。屈服前，应力增加速度为10 MPa/s，并保持试验机控制器固定于这一速率位置上，直至该性能测出为止；屈服后，试验机活动夹头在荷载作用下的移动速度不大于0.5 L/min(其中L为两夹头之间的距离)。

4. 试验结果

(1) 屈服点σ_s和抗拉强度σ_b测定

① 拉伸中，测力度盘的指针停止转动时的恒定荷载，或第一次回转时的最小荷载，即为所求的屈服点荷载F_S(N)。按下式计算试件的屈服点：

$$\sigma_s=\frac{F_S}{A} \tag{试 5-1}$$

式中　σ_s——屈服点，计算精确到10 MPa；

F_S——屈服点荷载；

A——试件的公称横截面积，mm^2。

② 试件连续加荷至试件拉断，由测力度盘读出最大荷载F_b(N)。按下式计算试件的抗拉强度。

$$\sigma_b=\frac{F_b}{A} \tag{试 5-2}$$

式中 σ_b——抗拉强度,计算精确至 10 MPa;

F_b——最大荷载;

A——试件的公称横截面积,mm^2。

(2) 伸长率的测定

① 将已拉断试件的两段在断裂处对齐,尽量使其轴线位于一条直线上。如拉断处由于各种原因形成缝隙,则此缝隙应计入试件拉断后的标距部分长度内。

② 如拉断处到邻近的标距端点距离大于 1/3 L_0时,可用卡尺直接量出已被拉长的标距长度 L_1(mm)。

③ 如拉断处到邻近的标距端点距离小于等于 1/3 L_0时,可按下述移位法确定 L_1。

在长段上,从拉断处 O 取基本等于短格数,得 B 点,接着取等于长段所余格数(偶数)的一半,得 C 点;或者取所余格数(奇数)减 1 或加 1 的一半,得 C 与 C_1点。移位后的 L_1分别为 $AO+OB+2BC$,或者 $AO+OB+BC+BC_1$(如试图 5-2 所示)。

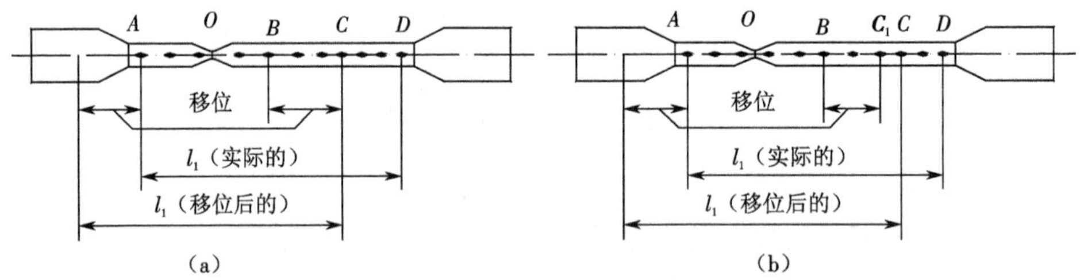

试图 5-2 用移位法确定计算标距

(a) 长段所余格数为偶数;(b) 长段所余格数为奇数

④ 伸长率按下式计算(精确至 1%):

$$\delta_{10}(\delta_5)=\frac{L_1-L_0}{L_0}\times 100\% \tag{试 5-3}$$

式中 $\delta_{10}(\delta_5)$——分别表示 $L_0=10a$ 或 $L_0=5a$ 时的伸长率;

a——钢盘的直径。

如试件拉断处位于标距之外,则断后伸长率无效,应重做试验。

二、钢筋冷弯试验

1. 仪器设备

压力机或万能试验机,具有足够硬度的一组冷弯压头。

2. 试验步骤

① 冷弯试样长度按下式确定。

$$L=5a+150\ (mm)$$

② 调整两支辊间距离 $L=d+2.5a$,此距离在试验期间保持不变。

③ 将试件放置于两支辊上，试件轴线应与弯曲压头轴线垂直，弯曲压头在两支座之间的中点处对试件连续施加力使其弯曲，直至达到规定的弯曲角度，见试图5-3。

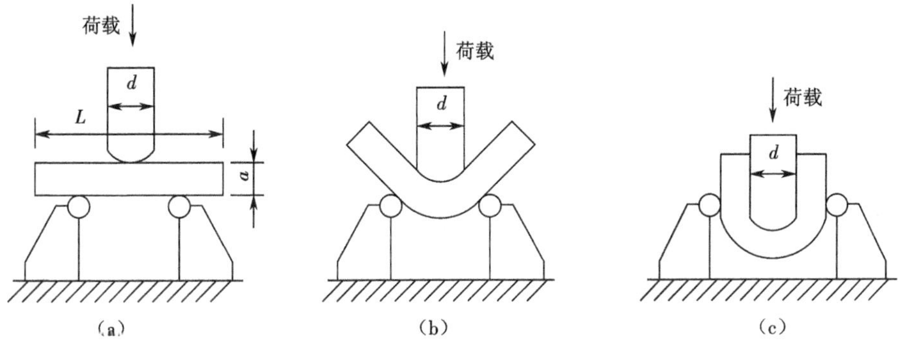

试图 5-3　钢筋冷弯试验图

(a)装好的试件；(b)弯曲 90°；(c)弯曲 180°

3. 试验结果

按有关标准规定检查试件弯曲外表面，若无裂纹、裂缝、起层，则评定试件冷弯试验合格。

试验六　石油沥青试验

一、针入度试验

本方法适用于测定针入度小于 350 的固体和半固体沥青材料的针入度；也适用于测定针入度 350～500 的沥青材料的针入度，但需采用深度为 60 mm、装样量不超过 125 mL 的盛样皿测定针入度或采用 50 g 载荷下测定的针入度乘以 2 的二次方根得到。

沥青的针入度以标准针在一定的荷重、时间及温度条件下垂直穿入沥青的深度来表示，单位 1/10 mm。如未另行规定，标准针、针连杆与附加砝码的总重量为(100±0.05) g，温度为(25±0.1) ℃，时间为 5 s。特定试验可采用的其他条件如试表 6-1。

试表 6-1　针入度试验采用的条件

温度/℃	载荷/g	时间/s
0	200	60
4	200	60
46	50	5

1. 主要仪器设备

① 针入度仪：允许针连杆在无明显摩擦下垂直运动，并且能指示穿入深度准确至 0.1 mm 的仪器均可以使用，如试图 6-1 所示。

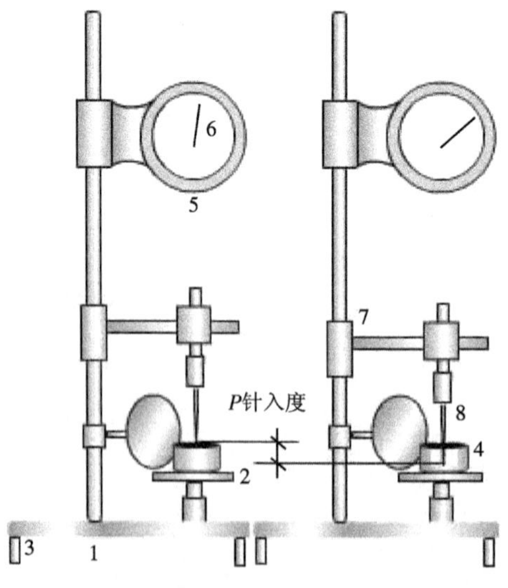

试图 6-1　针入度计

1—底座；2—圆形平台；3—调平螺丝；4—试样；5—刻度盘；6—指针；7—活杆；8—标准针

针连杆重应为(47.5±0.05) g,针和针连杆组合总重量应为(50±0.05) g。针入度仪附带(50±0.05) g和(100±0.05) g砝码各一个。仪器设备设有放置平底玻璃皿的平台,并有可调水平的机构,针连杆应与平台相垂直。仪器设有针连杆制动按钮,紧压按钮,针连杆可自由下落。针连杆易于卸下,以便定期检查其质量。

② 标准针:应由硬化回火的不锈钢制成,每根针都应附有国家计量部门的检验单。

③ 试样皿:金属或玻璃的圆柱形平底皿,尺寸见试表 6-2。

试表 6-2　针入度试验所用的试样皿尺寸

	直径/mm	深度/mm
针入度小于 200 时	55	35
针入度 200～350 时	55	70
针入度 350～500 时	50	60

④ 恒温水浴:容量不小于 10 L,能保持温度在试验温度的±0.1 ℃范围内。

⑤ 温度计:液体玻璃温度计,刻度范围 0～50 ℃,分度为 0.1 ℃。

平底玻璃皿(容量不小于 350 mL,深度要没过最大样品皿)、计时器(刻度为 0.1 s或小于 0.1 s)、加热设备等。

2. 样品设备

① 将沥青试样小心加热,不断搅拌以防局部过热,加热到使样品能够自由流动。加热时焦油沥青的加热温度不超过软化点 60 ℃,石油沥青不超过软化点 90 ℃。加热时间不得超过 30 min,加热搅拌过程中避免试样中进入气泡。

② 将试样倒入预先选好的试样皿中,试样深度应大于预计穿入深度 10 mm。同时将试样倒入两个试样皿。

③ 试样皿在 15～30 ℃的室温下冷却 1～1.5 h(小试样皿)或 1.5～2 h(大试样皿),并防止灰尘落入试样皿。然后将两个试样皿和平底玻璃皿一起放入保持规定试验温度的恒温水浴中,水面应没过试样表面 10 mm 以上,小试样皿恒温 1～1.5 h,大试样皿 1.5～2 h。

3. 实验步骤

① 调节针入度计水平,检查连杆和导轨,无明显摩擦。用甲苯或合适溶剂清洗针,用干净布擦干。固紧好针,放好规定质量的砝码。

② 将已恒温到试验温度的试样皿和平底玻璃皿取出,放置在针入度仪的平台上。

③ 慢慢放下针连杆,使针尖刚好与试样表面接触。必要时用放置在合适位置的光源反射来观察。拉下活杆,使其与针连杆顶端相接触,调节针入度仪刻度盘使指针

为零。

④ 用手紧压按钮,同时启动秒表,使标准针自由下落穿入沥青试样,到规定时间,停压按钮,使针停止移动。

⑤ 拉下活杆使其再与针连杆顶端接触,此时刻度盘指针的读数即为试样的针入度,用 1/10 mm 表示。

⑥ 同一试样重复测定至少 3 次,各试验点之间及试验皿边缘之间的距离都不得小于 10 mm。每次测定前都要用干净的针。当测定针入度大于 200 的沥青试样时,至少用 3 根针,每次测定后将针留在试样中,直至 3 次测定完成,才能把针从试样中取出;当测定针入度小于 200 的沥青试样时,可将针取出用甲苯或其他合适有机溶剂擦净后继续使用。

4. 试验结果

取 3 次测定针入度的平均值,取至整数,作为试验结果。3 次测定的针入度值相差不应大于试表 6-3 所列出数值。

试表 6-3 针入度试验数据范围

针入度	0～49	50～149	150～249	250～350
最大差值	2	4	6	8

二、延度试验

用规定的试件在一定温度下以一定速度拉伸至断裂时的长度,称为沥青的延度,以 cm 表示。非经特殊说明,试验温度为(25±0.5) ℃,拉伸速度为(5±0.5) cm/min。

1. 主要仪器设备

① 延度仪:能将试件浸没于水中,按照(5±0.5) cm/min 速度拉伸试件,仪器在开动时应无明显的振动。

② 试件模具:由两个端模和两个侧模组成,其形状及尺寸应符合试图 6-2 所示的要求。

③ 水浴:容量至少为 10 L,能保持试验温度变化不大于 0.1 ℃,试件浸入水中深度不得小于 10 cm,水浴中设置带孔隔架,隔架距底部不小于 5 cm。

④ 温度计:0～50 ℃,分度 0.1 ℃和 0.5 ℃各一支。

⑤ 筛(筛孔为 0.3～0.5 mm 的金属网)、隔离剂(按重量计由 2 份甘油和一份滑石粉混合而成)等。

2. 试验准备

① 将隔离剂拌和均匀,涂于磨光的金属板上和铜模侧模的内表面,将模具组装在金属板上。

② 小心加热沥青样品并防止局部过热,直到完全变成液体能够倾倒。石油沥青

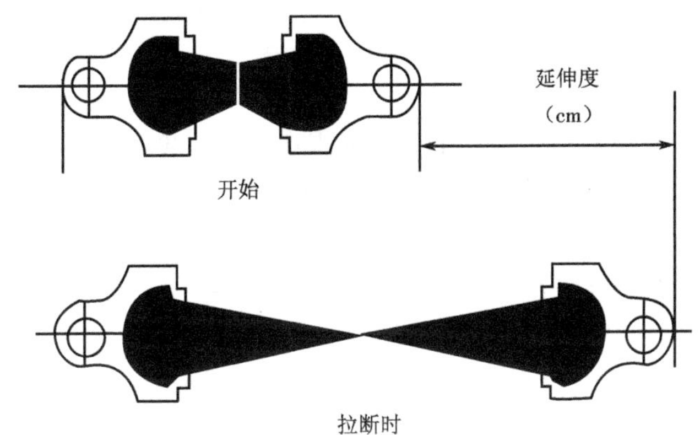

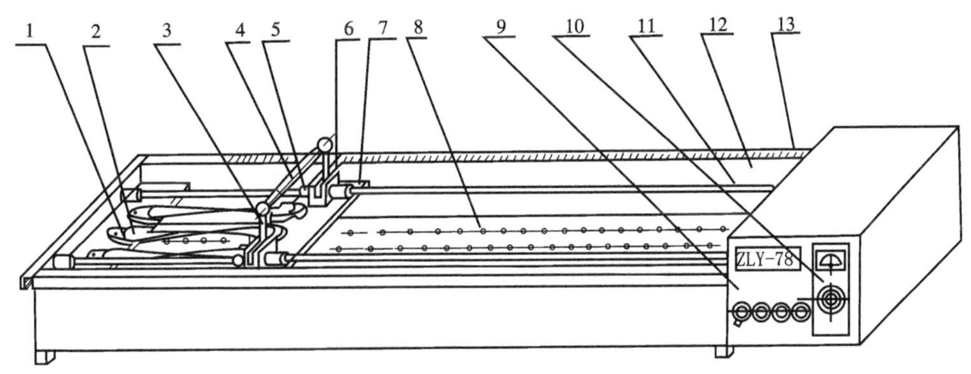

试图 6-2　延度仪模具

1—试模；2—试件；3—操纵杆；4—手柄；5—滑板架；6—指针；7—滑板；8—底盘；9—控制箱；10—控温仪；11—丝杆；12—侧板；13—标尺

样品加热至倾倒温度的时间不超过 2 h，其加热温度不得超过预计软化点 110 ℃；煤焦油沥青样品加热至倾倒温度的时间不超过 30 min，其加热温度不得超过预计软化点 55 ℃。把熔化了的样品过筛，在充分搅拌之后，把样品倒入模具中。在倒样品时使试样呈细流状，自模的一端至另一端往返倒入，使试样略高出模具。

③ 试件在空气中冷却 30～40 min，然后放入规定温度的水浴中保持 30 min 后取出，用热刀将高出模具的沥青刮去，使沥青面与模面齐平。沥青刮去时，刀尖自模的中间刮向两边，表面应刮得十分光滑。

④ 将试件连同金属板一起放入水中，并在试验温度下保持 85～95 min。检查延度仪拉伸速度是否符合要求，移动滑板使指针对着标尺的零点。然后从板上取下试件，拆掉侧模，立即进行拉伸试验。

3. 试验步骤

① 将模具两端的孔分别套在延度仪的金属柱上，然后以一定的速度拉伸，直到

试件拉伸断裂。拉伸速度允许误差±5%,测量试件从拉伸到断裂所经过的距离,以 cm 表示。试验时,试件距水面和水底的距离应不小于 25 mm,并且要使温度保持在规定温度的±0.5 ℃的范围内。

② 试验中观察沥青的拉伸情况。如发现沥青浮于水面或沉入槽底时,则试验不正常,应使用乙醇或食盐调整水的密度至与试样密度相近,使沥青材料既不浮于水面,又不沉入槽底。

③ 试样拉断时指针所指标尺上的读数,即为试样的延度,以 cm 表示。正常的试验应将试样拉成锥形,直至在断裂时实际横断面面积接近于零。如三次试验不到正常结果,则报告在此条件下延度无法测定。

4. 试验结果

若 3 个试件测定值在其平均值的 5% 以内,取平行测定 3 个结果的平均值作为测定结果。若 3 个试件测定值不在其平均值的 5% 以内,但其中两个较高值在平均值的 5% 之内,则弃去最低测定值,取两个较高值的平均值作为测定结果,否则重新测定。

三、软化点测定

置于锥状黄铜环中的两块水平沥青圆片,在加热介质中以一定速度加热,每块沥青片上置有一只钢球。软化点为当试件软化到使两个放在沥青上的钢球下落 25 mm 距离时的温度平均值,以℃表示。沥青是没有严格熔点的黏性物质,随着温度升高它们逐渐变软,黏度降低。因此软化点必须严格按照试验方法来测定。

1. 主要仪器设备

(1) 沥青软化点测定仪器

沥青软化点测定仪器由以下几部分组成。

① 钢球:两只直径为 9.5 mm,质量为(3.50±0.05) g 的钢制圆球;

② 环:两只黄铜制的锥环或肩环,其形状及尺寸如试图 6-3 所示;

③ 钢球定位器:两只钢球定位器用于使钢球定位于试样中央,其一般形式和尺寸如试图 6-3 所示;

④ 环支撑架和支架:一只铜支撑架用于支撑两个水平位置的环,形状如试图 6-3 所示,其安装如试图 6-3 所示。支撑架上的肩环的底部距离下支撑板的上表面距离为 25 mm,下支撑板的下表面距离浴槽底部为(16±3) mm;

⑤ 支撑板:扁平光滑黄铜板,尺寸约为 50 mm×75 mm;

⑥ 水银温度计:测量范围 30~180 ℃,分度值 0.5 ℃。

(2) 其他设备

电炉及其他加热器、金属板或玻璃板、筛(筛孔为 0.3~0.5 mm 的金属网)、小刀(切沥青用)、隔离剂(甘油 2 份、滑石粉 1 份,以重量计)、加热介质(甘油或新煮沸过的蒸馏水)。

2. 试验准备

① 所有石油沥青试样的准备和测试必须在 6 h 内完成,煤焦油沥青必须在

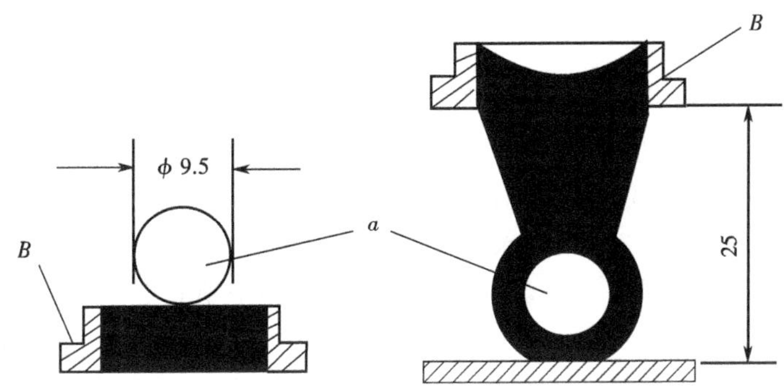

试图 6-3　沥青的软化点测定示意图

4.5 h 内完成。小心加热试样，并不断搅拌以防止局部过热，直到样品可以流动。小心搅拌以避免气泡进入样品中。石油沥青样品加热至倾倒温度的时间不超过 2 h，其加热温度不超过预计沥青软化点 110 ℃。煤焦油沥青样品加热至倾倒温度的时间不超过 30 min，其加热温度不超过煤焦油沥青预计沥青软化点 55 ℃。如果重复试验，不能重新加热样品，应在干净的容器内用新鲜样品制备试样。

② 若估计软化点在 120 ℃以上，应将黄铜环和支撑板预热至 80～100 ℃，然后将铜环放到涂有隔离剂的支撑板上。否则会出现沥青试样从铜环中完全脱落。

③ 向每一个环中倒入略过量的沥青试样，让试样在室温下至少冷却 30 min，对于在室温下较软的样品，应将试件在低于预计软化点 10 ℃以上的环境中冷却 30 min。从开始倒入试样时起至完成试验的时间不得超过 240 min。

④ 当试样冷却后，用稍加热的小刀或刮刀干净地刮去多余的沥青，使得每一个圆片饱满且和环的顶部齐平。

3. 试验步骤

① 选择合适的加热介质，新煮沸过的蒸馏水适于软化点为 30～80 ℃的沥青，起始加热介质温度应为(5±1) ℃。甘油适于软化点为 80～157 ℃的沥青，起始加热介质温度应为(30±1) ℃。为了进行比较，所有软化点低于 80 ℃的沥青应在水浴中测定，而高于 80℃则应在甘油浴中测定。

② 把仪器放在通风橱内并配置两个样品环、钢球定位器，并将温度计插入合适的位置，浴槽装满加热介质，并使仪器处于适当的位置。用镊子将钢球置于浴槽底部，使其同支架的其他部位达到相同的起始温度。如果有必要，将浴槽置于冰水中，或小心加热并维持适当的起始浴温达 15 min，并使仪器处于适当位置，注意不要玷污浴液。

③ 再次用镊子从浴槽底部将钢球夹住并置于定位器中。

④ 从浴槽底部加热使温度以恒定的速率 5 ℃/min 上升。为防止通风的影响有必要时可用保护装置。试验期间不能取加热速率的平均值，在加热 3 min 后，升温速度应达到(5±0.5) ℃/min，若温度上升速率超过此限定范围，则此次试验失败。

⑤ 当两个试环的球刚触及下支撑板时,分别记录温度计所显示的温度。

4. 实验结果

① 取两个温度的平均值作为沥青的软化点,并注明浴槽中所使用加热介质的种类。如果两个温度的差值超过 1 ℃,则重新试验。

② 因为软化点的测定是条件性的试验方法,对于给定的沥青试样,当软化点略高于 80 ℃时,水浴中测定的软化点低于甘油浴中测定的软化点。软化点高于 80 ℃时,从水浴变成甘油浴时的变化是不连续的。在甘油浴所报告的在最低可能石油沥青软化点为 84.5 ℃,而煤焦油沥青的最低可能软化点为 82 ℃。当甘油浴中软化点低于这些值时,应转化为水浴中的软化点,并在报告中注明。

③ 将甘油浴软化点转化为水浴软化点时,石油沥青的校正值为-4.5 ℃,对煤焦油沥青的为-2.0 ℃。采用此校正值只能粗略地表示出软化点的高低,欲得到准确的软化点应在水浴中重复试验。无论在什么情况下,如果甘油浴中所测得的石油沥青软化点的平均值为 80 ℃或更低,则应在水浴中重复试验。

④ 将水浴中略高于 80 ℃的软化点转化为甘油浴中的软化点时,石油沥青的校正值为±2.0 ℃。采用此校正值只能粗略地表示出软化点的高低,欲得到准确的软化点应在甘油浴中重复试验。无论在什么情况下,如果水浴中两次测定温度的平均值为 85.0 ℃或更高,则应在甘油浴中重复试验。

试验七　木材试验

一、木材试验的一般规定

(1) 取样

试样的制作必须按《木材物理力学试验方法总则》(GB/T 1928—2009)的规定进行。

(2) 试样制作

试样毛坯达到当地平衡含水率时，方可制作试件。试样各面加工均应平整，其中一对相对面必须是正确的弦切面；试样尺寸的允许误差，长度为±1 mm，宽或厚度为±0.5 m，试样上不允许有任何缺陷，并必须清楚地写上编号。

(3) 主要仪器设备

① 木材全能试验机。承载力为20～50 kN。

② 天平(感量0.001 g)、秤量瓶、烘箱等。

③ 测量工具。钢直角尺、量角卡规(角度为106°32′)、钢尺、游标卡尺。

二、木材含水量测定

木材含水率测定按标准《木材含水率测定方法》(GB/T 1931—2009)进行试验。

(1) 试验目的

通过测定木材含水率，来判定木材在应用环境中，其质量、体积密度、强度、热工性能、胀缩变形等诸多性质可能产生的变化。

(2) 试验步骤

① 试样截取后，应立即称量，准确至0.001 g。

② 将试样放入温度为(103±2) ℃的烘箱中烘10 h后，自烘箱中任意取出2～3个试样进行第一次试称，以后每隔2 h试称一次。最后两次质量差不超过0.002 g时，即为恒重。

③ 将试样自烘箱中取出放入玻璃干燥器内的称量瓶中，并盖好瓶盖。试样冷却到室温后，即从称量瓶中取出称量。

(3) 试验结果

试样的含水率W(%)按下式计算(准确至0.1%)：

$$W=\frac{m_1-m_2}{m_2}\times 100\% \qquad \text{(试 7-1)}$$

式中　m_1、m_2——分别为试样烘干前后的质量，g。

(4) 记录格式及试验结论

① 记录格式。

试样名称____

试样干燥前质量 m_1/g	试样干燥后质量 m_2/g	木材含水率 W/%
—	—	—

② 试验结论____。

三、木材顺纹抗拉强度试验

木材顺纹抗拉强度测定按《木材顺纹抗拉强度试验方法》(GB/T 1938—2009)进行。

(1) 试件制备

试件按试图 7-1 所示的形状和尺寸制作。纹理必须通直,年轮层应垂直于试样有效部分(指中部 600 mm 长的一段)的宽面,有效部分与两端夹持部分之间的过渡弧应平滑,并与试样中心线相对称,有效部分宽、厚尺寸允许误差不超过±0.5 mm,并在全长上相差不得大于 0.1 mm。软材树种的试样,须在两端被夹持部分附以 90 mm ×14 mm×8 mm 的硬木夹垫,用胶合剂或木螺钉固定在试样上。

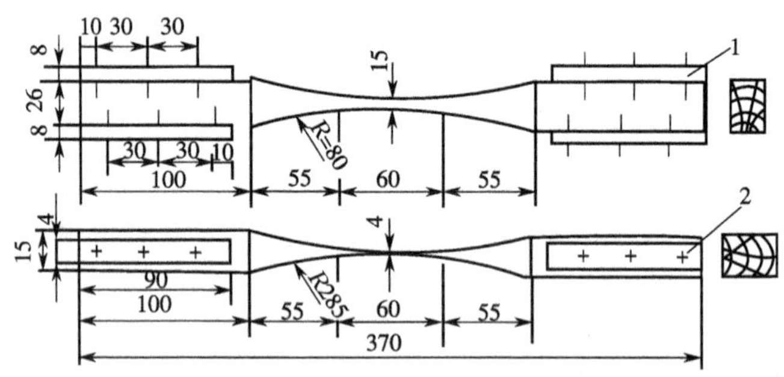

试图 7-1 顺纹抗拉试件形状和尺寸

1—木夹垫;2—木螺钉

(2) 试验步骤

① 在试件有效部分中央,用卡尺测量厚度 a 和宽度 b(精确至 0.1 mm)。

② 将试样两端夹紧在试验机的钳口中,使两端靠近弧形部分露出 20~25 mm,先夹上端,调试验机零点,再夹下端。

③ 以每分钟(12±2.4) kN 的速度均匀加荷,直到试件拉断为止,记录破坏荷载 P(N)。若试样拉断处不在有效部分范围内,则试验结果作废。

④ 阔叶树试验后,应立即在有效部分截取 30 mm 一段,测定其含水率。

(3) 试验结果

含水率为 W%的木材顺纹抗拉强度 σ_{tw} 按下式计算(精确至 0.1 MPa):

$$\sigma_{tw}=P/(a\cdot b) \qquad (试 7\text{-}2)$$

四、木材顺纹抗压强度试验

木材顺纹抗压强度测定按《木材顺纹抗压强度试验方法》(GB/T 1935—2009)进

行。

(1) 试件制备

试件尺寸为 20 mm×20 mm×30 mm,其长轴与木材纹理相平行,并垂直于受压面。

(2) 试验步骤

① 用卡尺测量试件受力面的长度 a 及宽度 b(精确至 0.1 mm)。

② 将试件立放在试验机承压板的中心位置,以每分钟(40±8) kN 的速度均匀加荷,直至试样破坏,试验机指针明显退回时为止。记录破坏荷载 P(N)。

③ 试验后立即将整个试样进行含水率测定。

(3) 试验结果

含水率为 W 的木材顺纹抗压强度 σ_{cw} 按下式计算(精确至 0.1 MPa):

$$\sigma_{cw}=P/(a\cdot b) \quad (试 7\text{-}3)$$

五、木材抗弯强度试验

木材抗弯强度测定按《木材抗弯强度及弹性模量试验方法》(GB/T 1936—2009)进行。

(1) 试件制备

试件尺寸为 20 mm×20 mm×300 mm,其长轴方向与木材纹理相平行。

(2) 试验步骤

① 木材只做弦向抗弯试验。在试件长度的中央,用卡尺沿径向测量宽度 b,沿弦向测量高度 h(精确至 0.1 mm)。

② 将试件放于试验机抗弯支座上,其跨距为 240 mm,试件上放上抗弯压头使试件三等分受力。抗弯支座和压头与试样两径面间必须分别加垫 30 mm×20 mm×5 mm 的钢垫片(见试图 7-2)。

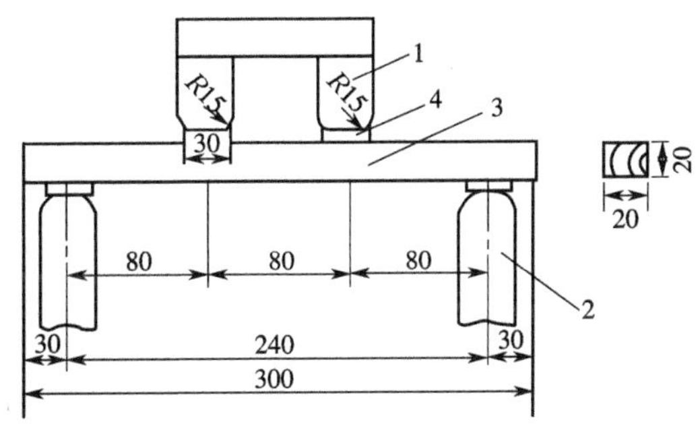

试图 7-2　抗弯强度试验装置

1—试验机压头;2—试验机支座;3—试样;4—钢垫片

③ 以每分钟(5±1) kN 的速度均匀加荷,直到试样破坏为止,记录破坏荷载 P(N),并立即从靠近试样破坏处,锯取长约 30 mm 的木块一段,随即测定其含水率。

(3)试验结果

含水率为W%的木材抗弯强度σ_{fw}按式(试 7-4)计算(精确至 0.1 MPa):

$$\sigma_{fw}=PL/(bh^2) \quad (试\ 7\text{-}4)$$

式中 L——支座间跨距,mm;

b、h——试样的宽和高,mm。

六、木材顺纹抗剪强度试验

木材顺纹抗剪强度测定按《木材顺纹抗剪强度试验方法》(GB/T 1937—2009)进行。

(1) 试件制备

制作抗剪试件时,应使受剪面为正确的弦面或径面,试件形状见试图 7-3,试样尺寸误差不超过±0.5 mm,试样缺角部分的角度,须用特制的角度为 106°32′的角规进行检查。

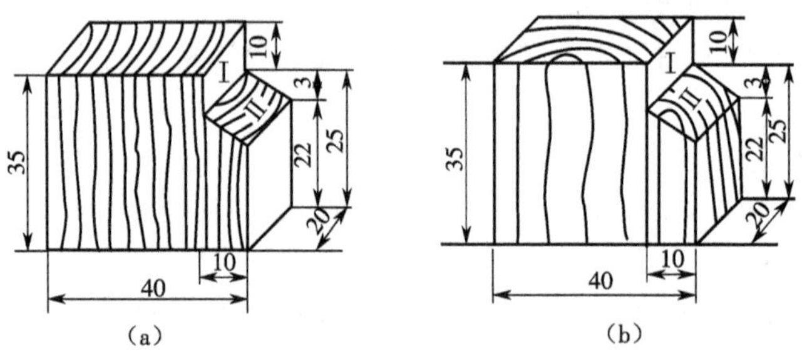

试图 7-3 顺纹抗剪试样的形状和尺寸

(a)弦面抗剪试样;(b)径面抗剪试样

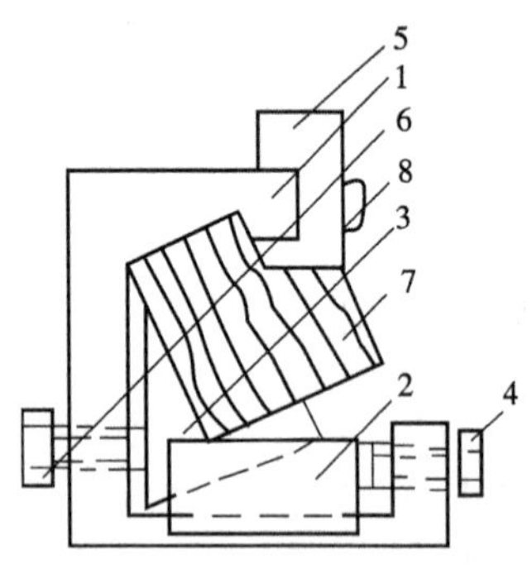

试图 7-4 顺纹抗剪试验附件及试验装置

1—附件主体;2—楔块;3—斜 L 形垫块;4,6—螺杆;5—压块;7—试样;8—回头螺钉

(2) 试验步骤

① 用卡尺测量试件受剪面的宽度 b 和高度 h(精确至 0.1 mm)。

② 将试件装入木材抗剪夹具的斜 L 形垫块 3 上(见试图 7-4),调整螺杆 4 和 6,使试样顶面和缺角 I 面贴紧夹具上部凹角的相邻两侧面,至试样不动为止。再将压块 5 置于试样斜面Ⅱ上,并使其侧面紧靠附件的主体。

③ 将装好试件的抗剪夹具置入试验机上,使压块 5 的中心对准试验机上压头的中心,以每分钟(15±3) kN 的速度均匀加荷,直至试样破坏为止,记录破坏荷载 P(N)。

④ 将试件破坏后的小块部分,立即进行含水率测定。

(3) 结果计算

含水率为 $W\%$ 的试件的顺纹抗剪强度 σ_{sw} 按下式计算(精确至 0.1 MPa)：

$$\sigma_{sw}=P\cos\theta/(b\cdot h) \tag{试 7-5}$$

式中　θ——加荷方向与顺纹方向之间的夹角($16°42'$)；

$\cos\theta=0.957\ 8$。

b、h——试样的宽和高，mm。

七、木材标准含水率强度换算

含水率对木材强度的影响很大，将试验时试件含水率 $W\%$ 的强度 σ_w 换算成标准含水率($W=15\%$)的强度 σ_{15}，方能进行比较。其换算式为：

$$\sigma_{15}=\sigma_w[1+\alpha(W-15)] \tag{试 7-6}$$

式中　σ_{15}——含水率为 15%时的木材强度；

σ_w——含水率为 $W\%$ 的木材强度；

W——试验时木材含水率的百分数；

α——校正系数，随荷载种类和力的作用方式而异，见正文 315 页，表 11-3。

八、木材试验结果评定

由试验结果确定木材在标准含水率下的平均抗拉、抗压、抗弯与抗剪强度，并由此比较其抗拉、压、弯、剪强度的大小关系。

参 考 文 献

[1] 杨静. 建筑材料[M]. 北京:中国水利水电出版社,2004.

[2] 宋少民,孙凌. 土木工程材料[M]. 武汉:武汉理工大学出版社,2006.

[3] 湖南大学,同济大学,东南大学,天津大学. 土木工程材料[M]. 北京:中国建筑工业出版社,2003.

[4] 曹文达,曹栋. 建筑工程材料[M]. 北京:金盾出版社,2000.

[5] 高琼英. 建筑材料[M]. 武汉:武汉工业大学出版社,1997.

[6] 中国建筑工业出版社. 现行建筑材料规范大全(增补本)[M]. 北京:中国建筑工业出版社,2000.

[7] 陈志源,李启令. 土木工程材料[M]. 武汉:武汉工业大学出版社,2000.

[8] 湖南大学. 建筑材料[M]. 4 版. 北京:中国建筑工业出版社,1997.

[9] Neville A. M. (英). PrGperties of Concrete[M]. Longman Group Limited, England, 1995.

[10] 湖南大学,等. 土木工程材料[M]. 北京:中国建筑工业出版社,2002.

[11] 周士琼. 土木工程材料[M]. 北京:中国铁道出版社,2004.

[12] 吴科如,等. 建筑材料[M]. 2 版. 上海:同济大学出版社,1998.

[13] Neville, Adam. Properties of Concret (Third Edition)[M]. Pitman Publishing Limited. London, 1981.

[14] 沈旦申,等. 粉煤灰优质混凝土[M]. 上海:上海科学技术出版社,1992.

[15] 张冠伦,等. 混凝土外加剂原理及应用[M]. 北京:中国建筑工业出版社,1996.

[16] 中国新型建筑材料公司等. 新型建筑材料实用手册[M]. 2 版. 北京:中国建筑工业出版社,1992.

[17] 陈睿,刘真. 武汉理工大学学报[J]. 2001,23(12):24-25.

[18] 冯乃谦. 高性能混凝土结构[M]. 北京:机械工业出版社,2004.

[19] Peng Gai-Fei, Yang Wen-Wu, Zhao Jie, Liu Ye-Feng, Bian Song-Hua and Zhao Li-Hong. Explosive spalling and residual mechanical properties of fiber-toughened high-performance concrete subjected to high temperatures [J]. Cement and Concrete Research, 2006, Vol. 36, 723-727.

[20] 吴中伟,张鸿直. 膨胀混凝土[M]. 北京:中国铁道出版社,1990.

[21] Tazawa E. , Autogenous Shrinkage of Concrete[J]. New York: E & FN Spon,1998:9-51.

[22] Tazawa, E. Miyazawa, S. Kasai, T. Chemical shrinkage and autogenous

shrinkage of cementpaste[J]. CCR,1995,25(2):288-292.
[23] 钱晓倩. 土木工程材料[M]. 杭州:浙江大学出版社,2003.
[24] 吴科如,张雄. 土木工程材料[M]. 上海:同济大学出版社,2003.
[25] 宋少民,孙凌. 木工程材料[M]. 武汉:武汉理工大学出版社,2006.
[26] 吴中伟,廉慧珍. 高性能混凝土[M]. 北京:中国铁道出版社,1999.
[27] 中国工程院土木水利与建筑学部等. 混凝土结构耐久性设计与施工指南[M]. 北京:中国建筑工业出版社,2004.
[28] 赵方冉. 土木工程材料[M]. 上海:同济大学出版社,2004.
[29] 宓永宁. 土木工程材料[M]. 北京:中国农业大学出版社,2005.
[30] 杨静. 建筑材料[M]. 北京:中国水利水电出版社,2004.
[31] 蒲心诚. 超高强高性能混凝土原理配制结构性能应用[M]. 重庆:重庆大学出版社,2004.
[32] 汪澜. 水泥混凝土组成性能应用[M]. 北京:中国建材出版社,2005.
[33] 吴中伟. 高性能混凝土的发展趋势与问题[J]. 北京:建筑技术,1998(1).
[34] 路来军,朱效荣. C100 高性能混凝土的研究与应用[J]. 北京:混凝土,2003(7).
[35] 刘娟红,李政. 粉煤灰和磨细矿渣对北京地铁 5 号线清河斜拉桥大体积混凝土性能的影响[J]. 混凝土,2004(12).
[36] 肖南,彭明祥. 中央电视台新台址建设工程主楼底板混凝土施工技术[C]. 全国高性能混凝土和矿物掺合料的研究与工程应用技术交流会论文集 2006,(3).
[37] 沈荣熹,崔琪,李清海. 新型纤维增强水泥基复合材料[M]. 北京:中国建材工业出版社,2004.
[38] 黄承逵. 纤维混凝土结构[M]. 北京:机械工业出版社,2004.
[39] 邓宗才. 高性能合成纤维混凝土[M]. 北京:科学出版社,2002.
[40] 沈荣熹,王璋水,崔玉忠. 纤维增强水泥与纤维增强混凝土[M]. 北京:化学工业出版社,2006.
[41] 徐羽白. 新型混凝土工程施工工艺[M]. 北京:化学工业出版社,2004.
[42] 李继业,刘福胜. 新型混凝土实用技术手册[M]. 北京:化学工业出版社,2005.
[43] 铁道科学研究院. 铁路混凝土工程施工技术指南[M]. 北京:中国铁道出版社,2005.
[44] 雍本. 特种混凝土施工手册[M]. 北京:中国建材工业出版社,2005.
[45] 严捍东. 新型建筑材料教程[M]. 北京:中国建材工业出版社,2005.
[46] 向才旺. 新型建筑装饰材料实用手册[M]. 北京:中国建材工业出版社,2001.
[47] 傅德海. 干粉砂浆应用指南[M]. 北京:中国建材工业出版社,2006.
[48] 郑德明. 土木工程材料[M]. 北京:机械工业出版社,2005.

[49] 柯国军.土木工程材料[M].北京:北京大学出版社,2006.
[50] 柳俊哲.土木工程材料[M].北京:科学出版社,2005.
[51] 苏达根.土木工程材料[M].北京:高等教育出版社,2003.
[52] 《建筑用钢筋标准汇编》编写组.建筑用钢筋标准汇编[M].北京:中国标准出版社,2002.
[53] 刘正武.土木工程材料[M].上海:同济大学出版社,2005.
[54] 王立久.建筑材料学[M].北京:中国水利水电出版社,2000.
[55] 张书梅.建筑装饰材料[M].北京:机械工业出版社,2003.
[56] 严家伋.道路建筑材料[M].3版.北京:人民交通出版社,2004.
[57] 侯子义.道路建筑材料[M].天津:天津大学出版社,2004.
[58] 李立寒,张南鹭.道路建筑材料[M].上海:同济大学出版社,1999.
[59] 王国建,刘琳.建筑涂料与涂装[M].北京:中国轻工业出版社,2002.
[60] 刘琳,王国建.建筑涂料[M].北京:中国石化出版社,2007.
[61] 张雄.建筑功能材料[M].北京:中国建筑工业出版社,2000.
[62] 贺曼罗.建筑胶黏剂[M].北京:化学工业出版社,1999.
[63] 周大纲.土工合成材料制造技术及性能[M].北京:中国轻工业出版社,2001.
[64] 钟世云,许乾慰,王公善.聚合物降解与稳定化[M].北京:中国化工出版社,2003.
[65] 严捍东.新型建筑材料教程[M].北京:中国建材工业出版社,2005.
[66] 西安建筑科技大学.建筑材料[M].北京:中国建筑工业出版社,1997.
[67] 王福川.现代建筑装修材料及其施工[M].北京:中国建筑工业出版社,1986.
[68] 项桦太.建筑防水技术[M].北京:中国建筑工业出版社,1994.
[69] 崔琪,姚燕,李清海.新型墙体材料[M].北京:化学工业出版社材料学与工程出版中心,2004.
[70] 湖南大学,等.土木工程材料[M].北京:中国建筑工业出版社,2006.
[71] 中国建筑材料科学研究院.绿色建材与建材绿色化[M].北京:化学工业出版社,2003.
[72] 吴清仁,吴善淦.生态建材与环保[M].北京:化学工业出版社,2003.
[73] 杨静.建筑材料与人居环境[M].北京:清华大学出版社,2003.
[74] 赵方冉.土木建筑工程材料[M].北京:中国建材工业出版社,2003.